图灵电子与电气工程丛书

运算放大器权威指南
Op Amps for Everyone, Fifth Edition（第5版）

[美] 布鲁斯·卡特（Bruce Carter）
罗恩·曼西尼（Ron Mancini）著　　孙宗晓 译

人民邮电出版社
北　京

图书在版编目（CIP）数据

运算放大器权威指南：第5版 ／（美）布鲁斯·卡特
(Bruce Carter)，（美）罗恩·曼西尼（Ron Mancini）
著；孙宗晓译. -- 2版. -- 北京：人民邮电出版社，
2022.2
（图灵电子与电气工程丛书）
ISBN 978-7-115-58095-5

Ⅰ. ①运… Ⅱ. ①布… ②罗… ③孙… Ⅲ. ①运算放
大器—指南 Ⅳ. ①TN722.7-62

中国版本图书馆CIP数据核字(2021)第245419号

内 容 提 要

本书出自德州仪器公司前应用工程师之手，书中凝结了作者多年的工作经验、智慧和专业知识，为工程师优化模拟电子设计提供了大量的方法、技术和技巧，从而以尽可能低的成本、尽可能小的尺寸设计出可靠且低功耗的电路。书中还利用分销商提供的实际元件，将理论与实践相结合，提出了实用的解决方案。第5版增加了关于故障诊断、负电源开关稳压电路设计的内容，囊括了前几版中关于单电源运放电路设计的内容，而且还总结了作者多年来在实际工作中存在的误解和犯下的错误，让读者避免在设计中遇到类似的问题。

本书是从事电子电路设计的工程技术人员不可或缺的指南和参考书。

◆ 著　　　[美] 布鲁斯·卡特（Bruce Carter）
　　　　　　　　罗恩·曼西尼（Ron Mancini）

译　　　孙宗晓
责任编辑　温　雪
责任印制　周昇亮

◆ 人民邮电出版社出版发行　　北京市丰台区成寿寺路 11 号
邮编 100164　电子邮件 315@ptpress.com.cn
网址　https://www.ptpress.com.cn
固安县铭成印刷有限公司印刷

◆ 开本：787×1092　1/16
印张：26　　　　　　　　2022 年 2 月第 2 版
字数：683 千字　　　　　2025 年 1 月河北第 10 次印刷
著作权合同登记号　图字：01-2019-6605 号

定价：109.80元
读者服务热线：(010)84084456-6009　印装质量热线：(010)81055316
反盗版热线：(010)81055315
广告经营许可证：京东市监广登字 20170147 号

版 权 声 明

注 意

本书涉及领域的知识和实践标准在不断变化。新的研究和经验拓展我们的理解，因此须对研究方法、专业实践或医疗方法作出调整。从业者和研究人员必须始终依靠自身经验和知识来评估和使用本书中提到的所有信息、方法、化合物或本书中描述的实验。在使用这些信息或方法时，他们应注意自身和他人的安全，包括注意他们负有专业责任的当事人的安全。在法律允许的最大范围内，爱思唯尔、译文的原文作者、原文编辑及原文内容提供者均不对因产品责任、疏忽或其他人身或财产伤害及/或损失承担责任，亦不对由于使用或操作文中提到的方法、产品、说明或思想而导致的人身或财产伤害及/或损失承担责任。

变化的世界

从本书第 1 版付梓到现在（2017 年）的 16 年里，世界在很多方面发生了变化。不考虑地缘政治，模拟电路设计领域也改变了很多。

在 2000 年，各大半导体厂商才刚刚推出高速运算放大器（简称运放）；然而现在，高速运算放大器已有了数百种型号。当时难以想象，现在运放已经在诸如射频设计的高速应用中占据了一席之地。

低功耗或低电压的设计也是崭新的应用领域。利用从工作电压低到 1 V 甚至更低的单电源运放，到微安级工作电流的低功耗运放，再到外形尺寸可与小型无源元件媲美的新型封装运放，今天的设计师能够设计出体积更小、功耗更低、用更小电池供电的运放电路。今天，在一个晶片上可以集成数十甚至上百个运放，使得诸如医用超声接收器的多通道单片模拟前端集成电路成为可能。

运放在极端环境下也得到了应用。在宇宙飞船、工作温度高达 200℃的井下钻探应用，以及喷气式发动机等极端的振动与应力的环境中，都能看到运放的身影。

然而，在这个快速变化的世界中，运放电路设计的很多基本原理并没有改变。本书介绍的基本反馈方程、增益计算技巧，以及滤波器设计技巧等内容，对电池供电的玩具中的运放和武器系统中的运放同样适用。工程师只需要意识到与其具体应用有关的特殊要求，例如对玩具而言的低成本，对植入式医疗器械而言的极高可靠性。

本书的前四版经历了如下变化。

❑ 第 1 版是德州仪器（TI）公司的一份设计指南（编号 SLOD006），主要由罗恩·曼西尼编写，少数章节由我（布鲁斯·卡特）和其他作者创作。

❑ 由于第 1 版有很多排印错误，因而第 2 版（SLOD006B）很快就出版了。遗憾的是，TI公司已将这份设计指南下架。

❑ 第 3 版是 Elsevier 出版社出版的第一个版本，增加了很多内容。这一版中包含从数百次用户咨询中精选出的应用资料。我扩充了罗恩·曼西尼总结的关于增益和偏移量的 4 种情形，列出了所有可能的增益与偏移量的组合。这些组合包括放大、衰减、改变偏移量和稳压。这样，我们得到了所有可能情形的组合，既包含罗恩总结的 4 种情形，也包含没有偏移量的简单情形。这一版中，还指出了只有偏移而增益为 0 的情形实际代表稳压器。新类型的运放，如全差分运放，也包含其中。

❑ 第 4 版是我从 TI 公司离职后出版的第一个版本。由于不再受到只能利用原公司的产品和应用资料的限制，这一版包含了很多来自其他供应商的信息。与前三版相比，这一版的篇幅显著缩减，主要强调了设计每种可能的增益和偏移量的组合所对应的运放电路的方法，以及设计滤波器的方法。

五年后的今天，我意识到第 4 版的修订对实现本书的意图帮了倒忙——这一版中省略了罗恩编写的一些极好的背景材料。这样，一些没有经验的工程师读完这一版后，无法了解里面讲的某些事情背后的原因，比如，为什么运放在能够工作的最低增益下最不稳定，为什么不能运用使 $R_G > R_F$ 的方式构造反相衰减器。在和经验不够多的工程师一起工作时，我多么希望能给他们提供本书的第 1~3 版！长期以来，我一直担心现在的工程教育在模拟电路设计方面存在缺失。我有很多同事，他们虽然获得了世界一流大学的博士学位，但是并不能区分电路本身不稳定和外部噪声拾取！因此，本书第 5 版增加了关于故障诊断的章节，这是我长期以来一直想增加的。正像第 3 版在很大程度上利用了客户遇到的问题和错误，这一版也会提到多年来我的同事们存在的误解和犯下的错误，为的是让读者在设计中避免遇到类似的问题。

❑ 第 5 版将包含上面提到的关于故障诊断的章节，以及其他受欢迎的内容。前几版用了很大篇幅鼓励工程师们为了更好的性能设计双电源供电的运放电路，但是在关于稳压器的章节中只介绍了正电源稳压器的设计。为此，这一版增加了负电源开关稳压电路设计的内容。当然，前几版中关于单电源运放电路设计的内容仍然包含在这一版中。

目　　录

第1章

运算放大器的地位

1.1 问题

1934 年，家住纽约市的哈利·布莱克（Harry Black）[1]每天乘坐火车和轮渡去新泽西州的贝尔实验室上班。乘坐轮渡让他感到身心放松，从而可以进行一些概念性思考。他有一个棘手的问题需要解决：当电话线很长的时候需要使用放大器，但是不稳定的放大器限制了电话的服务范围。放大器增益的初始容差过大，不过稍事调整即可解决。遗憾的是，出厂调测合格的放大器在现场使用时，增益漂移往往还是过大，要么使音量过低，要么使话音失真。

为了制造出稳定的放大器，人们进行了种种尝试，但是温度变化和电话线上供电电压的极限值导致了无法控制的增益漂移。无源元件的漂移特性要比有源元件好很多，因此，如果能设法让放大器的增益取决于无源元件，这一问题就能得到解决。有一次坐轮渡时，哈利灵光一现，想到了解决这一问题的新方法，马上记录了下来。

1.2 解决方案

这一新方法是：首先制作一个增益和带宽都比实际需求高很多的放大器，然后将放大器输出信号的一部分反馈到输入，以使整个电路（包括放大器和反馈元件）的增益取决于反馈电路而不是放大器。这样，电路的增益就由无源反馈网络而不是有源放大器决定了，无源反馈网络的稳定性比放大器好很多。这种技术称为负反馈，是所有现代运算放大器的基本工作原理。哈利在轮渡上记录了第一个有意设计的负反馈电路。我相信，早就有人无意中设计出了负反馈电路，只是没注意到负反馈的效果而已！

我仿佛能听到那个时代贝尔实验室的经理和放大器设计师们在痛苦地叫喊着。我猜他们会这样说："设计 30 kHz 增益带宽积（GBW）的放大器已经够难了，现在那个傻瓜却要设计一个 3 MHz 增益带宽积的放大器，而他最终想要的就是 30 kHz 的增益带宽积。"尽管如此，时间证明哈利是对的。然而，还有一个小问题哈利没有详细讨论，即放大器自激振荡的问题。有时，开环增益很大的放大器在闭环工作时会发生振荡。很多人研究过这个不稳定性问题，到 20 世纪 40 年代已经对其有了充分的了解，但是解决过程需要冗长且复杂的数学计算。又过去了几年，仍然没有人能够让这个问题的解法变得简单易懂。

1945 年，H.W. 伯德（H.W. Bode）给出了一套分析反馈系统稳定性的图解方法。在那以前，反馈系统的分析要使用乘除法，因此传递函数的计算是一件费时费力的辛苦活儿。要知道，直到 20 世纪 70 年代，工程师们才有了计算器或是计算机。伯德提出了一套对数方法，将原本计算反馈系统稳定性的复杂数学推导，转化成了简单直观的图形分析。自此，反馈系统的设计虽然还是复杂的，但不再是一门被少数精通数学的电气工程师独占的"绝学"。任何一名电气工程师都可以用伯德的方法分析反馈电路的稳定性，反馈电路的实际应用从此增多。然而，直到计算机和传感器的时代来临，反馈电路设计才开始大量出现。

1.3   运算放大器的诞生

最早的实时计算机是模拟计算机，它使用预编程的方程和输入数据来计算控制系统的行为。这种编程是通过将一系列对数据进行数学运算的电路硬连接在一起实现的，而这种硬连接的局限性最终导致模拟计算机的应用逐渐减少。模拟计算机的核心是一种称作运算放大器的器件，通过改变连接方式，运算放大器可以对输入信号进行加减乘除、微分和积分等数学运算。运算放大器正是因此得名，而它的简称就是我们耳熟能详的**运放**（op amp）。运放使用具有很大开环增益的放大器，当环路闭合时放大器执行由外部无源元件控制的数学运算。由于使用电子管作为核心器件，当时的运放体积非常大，并且需要高压电源。然而，作为模拟计算机的核心部件，人们接受了它大尺寸、高功耗的短板。很快人们发现，这些针对模拟计算机设计的运算放大器还有他用，并成为物理实验室中趁手的器件。

那段时间，通用模拟计算机成了大学和大公司实验室里研究工作的关键工具。与此同时，实验技术还对传感器的信号调理提出了需求，这成了运放的另一应用领域。信号调理这一应用领域逐渐扩展，对运放的需求也超过了模拟计算机对运放的需求。在模拟计算机逐渐被数字计算机取代之后，由于在通用模拟领域的重要性，运放并没有随之消亡。最终，模拟计算机彻底让位于数字计算机（对实时测量来说很可惜），但由于测量应用有增无减，运放的需求因而随之增长。

1.3.1   电子管时代

在引入晶体管之前，最早用于信号调理的运放是用电子管制造的，因此又大又笨重。20 世纪 50 年代出现了工作电压较低的小型电子管，运放的体积随之缩小，能达到和建筑用砖一样的大小。因此，当时的运放模块有个俗名——**砖块**。随着电子管和其他元件的微型化，运放渐渐缩小到了标准八脚电子管的大小。

最早供应市场的运放之一是 George A. Philbrick Research 公司出品的 K2-W 型运放，它包含两个电子管，供电电压是 ±300 V。若这么高的电压都没有让你心生敬畏，那么它的全差分特性一定会令你大吃一惊。与更常见的单端输出运放不同，全差分运放有两个输出：一个同相输出和一个反相输出。这就需要闭合两条反馈环路，而不是像单端输出运放中那样只有一条。先别害怕，这两条反馈环路所需元件的值完全相同，因而并不需要全新的设计方法。如今，全差分运放又得新生，因为它是驱动全差分模数转换器（ADC）的理想元件。全差分运放还可以用来驱动差分信号，如数字用户线路（DSL）和 600 Ω 平衡音频电路。可以说，运放已经历了一次轮回。

1.3.2 晶体管时代

20 世纪 60 年代，晶体管的大量上市使运放的体积缩小到了几十立方厘米，但是"砖块"这一俗名仍然沿用。如今，任何灌胶封装或采用其他非集成电路封装方式的电路模块都可以称作"砖块"。大多数早期的运放针对特定的应用领域制造，因此未必通用。当时，运放都是专用产品，不同厂家生产的运放规格和封装都不一样，因此大多是独家供应的。

1.3.3 集成电路时代

20 世纪 50 年代末到 60 年代早期，人们开始研发集成电路（IC），不过直到 60 年代中期，仙童公司才推出 μA709。它由罗伯特·J. 维德勒（Robert J. Widlar）设计，是第一种在商业上获得成功的集成运放。μA709 有一些问题，但是能干的工程师可以克服这些问题并把它应用到不同的模拟电路中。μA709 最主要的弱点是稳定性不够：它需要进行外部补偿。另外，μA709 对外部环境相当敏感，任何不利的条件都可能使其自毁。这种自毁行为如此普遍，以至于某家主要的军用元器件厂商发表过一篇标题好像是 "The 12 Pearl Harbor Conditions of the μA709" 的文章。

μA709 的负面遗产一直持续到现在：如果使用不当，尤其是外部补偿设计不当，那么 μA709 不会稳定工作。今天的工程师甚至不知道这一元器件型号，然而关于不稳定性的记忆留了下来——由于存在错误使用的问题，如今市场上已经很少有未补偿的运放了。当下，稳定性仍然是运放电路设计中最不为人所知的问题之一，也是运放最容易被误用的方式之一。即使是有多年模拟设计经验的工程师，对这一问题也没有统一的意见。然而，明智的工程师会仔细阅读运放的数据手册，使运放的闭环增益不低于规范中指定的值。这可能是反直觉的，然而，运放在规定的最低增益下最不稳定。后面的章节将深入讨论这一现象。

μA741 在 μA709 之后推出。它是一种内部补偿运放，只要在数据手册要求的条件下使用，就不需要外部补偿电路。另外，它也比 μA709 更能容忍外部条件的变化。

相比 μA709 来说，μA741 留下了更多的正面遗产。事实上，741 这个元器件型号像 2N2222 三极管或 1N4148 二极管一样深入人心，工程师提起运放时，一般总是首先想到它。只要不出现严重错误，μA741 总会工作，这与 μA709 不同，也是它深受几代工程师喜爱并长盛不衰的原因之一。μA741 的供电电压是 ±15 V，这导致了数百种提供 ±15 V 电压的电源器件的出现。这一情况正如晶体管-晶体管逻辑电路（TTL）之于+5 V 电压，RS232 串行接口之于 ±12 V 电压一样。此后多年，每种新推出的运放都采用和 μA741 一样的 ±15 V 供电电压。甚至到今天，在要求宽动态范围和高耐用性时，μA741 依旧是很好的选择。

自 μA741 之后，每年都有数不尽的新型运放推出，它们的性能和可靠性也日新月异。现在，任何能够读懂数据手册的人都可以用运放来设计模拟电路。

如今，集成运放这一类产品已经发展得蔚为大观：从增益带宽积 5 kHz 的极低功耗低频运放到超过 3 GHz 的高频运放，从 0.9 V 供电就可以保证正常工作的低压运放到能承受 1000 V 电压不致损坏的高压运放，都有产品供应。运放的输入电流和输入失调电压已经小到客户在进货复验时难以测量的程度。运放真正成了"万能"的模拟集成电路，可以用于各种模拟应用领域，用作线路驱动器、放大器、电平转换器、振荡器、滤波器、信号调理电路、执行器驱动、电流源、电压源等。留给设计师的问题是，如何快速选择合适的电路和运放型号组合，然后计算出电路中无源元件的量值，从而使实际电路的转移特性符合设计要求。

　　需要注意的是，任何一种运放都不可能适合所有的应用。可以理想地用作传感器接口的运放，可能在射频（RF）应用中完全无法工作。类似地，有着优良射频性能的运放，其直流指标可能极其糟糕。厂家供应的成百上千种型号的运放，其优化方式略有不同，设计师的任务就是从大量型号中找出适合具体应用的种类。本书讨论完成这一任务的方法，至少可以应用于信号链中运放的选择。

　　本书讨论使用运放进行的电路设计，而不是运放内部的电路。书中不涉及过于繁复的计算。读者可以从适合自己水平的部分开始阅读本书，再进入较为深入的论题。本书将运放视为一种完整的元件。如果读者需要了解运放的内部结构，需要查询其他资料。

　　运放在电路中是非常基本的元件，它也将继续成为模拟电路设计中的关键部分。随着电子设备的更新换代，越来越多的功能将集成在硅片上，越来越多的模拟电路也集成了进去。不要担心模拟电路的前景，随着数字电路应用的增加，模拟电路的应用也会同样增长。这是因为数据主要来源于现实世界，接口也发生在电路和现实世界之间，而现实世界是一个"模拟"的世界。因此，新一代的电子设备会对模拟电路提出新的要求。为了满足新的要求，人们也会研发新型运放。即使在遥远的未来，模拟电路设计和运放电路设计也会是电路设计的基本技能。

1.4　参考文献

[1]　BLACK H S. Stabilized feedback amplifiers[J]. Bell System Technical Journal, 1934, 13: 23-26.

第 2 章

理想运放公式的推导[①]

2.1 引言

本章将深入探讨运算放大器（简称运放）最基本的实际应用。在探讨这些应用之前，我们首先简要讨论一下作为理想元件的运放的最简单电路组态。

运算放大器到底是什么？第 1 章已经介绍了运放的诞生。考虑到可能有读者跳过了第 1 章，下面以更加实用的方式简要复述一下。

运算放大器，正如其名，首先是一种放大器。由于在其发明的年代，这种放大器首先应用于模拟计算机中对信号进行数学运算，因此称为运算放大器。当然，对现在的大部分电路设计师而言，运算放大器英文名称中的 operational 可能是指这一器件能够对信号进行放大、滤波、缓冲等各种操作[②]。对很多工程师来说，最能反映运放名称中"运算"用途的工作，是本章将要介绍的加法器和减法器。

每一个没有经验的爱好者都会像图 2-1 一样试验运放。这里，我建议每一位读者都这样试验一下，以复现第 1 章中哈利·布莱克遇到的问题。使用同相输入端（图上标为+）作为信号输入，将反相输入端（图上标为−）接地。这样，就可以得到一个增益高达成千上万甚至百万倍的放大器。在极其安静的环境中将话筒连接到输入端，这一电路可以用来拾取距离很远的话音或者其他声音。当然，试验者制造的噪声和环境噪声也会灌进运放，使运放饱和，输出信号削顶。但实际上更有可能发生的是放大器会振荡起来，发出像一大群野猫打架一样的啸叫。当年哈利·布莱克在电话线放大器上遇到的正是类似的问题（至少是在信号失真方面）。如果你没有阅读第 1 章，现在是时候返回去重新看一下了，真的非常有趣！

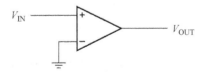

V_{IN} V_{OUT}

图 2-1　最简单（但并没有什么用）的运放电路

[①] 本章和后面的章节经常使用基本的电路分析方法，每位工程师都应当熟悉这些方法。有意回顾这些方法的读者请参见附录 A。

[②] 运算放大器的英文全称为 operational amplifier。英文 operational 可理解为"运算"，也可理解为"操作"。

——译者注

哈利·布莱克的解决方案本质上是采用负反馈（馈入到反相输入端）来抵消大部分的信号幅度。具体地说，将放大器的输出反相 180 度，馈入到放大器的输入端，这样就可以抵消上一段提到的高增益中的大部分。采用附录 A 介绍的分压器来决定到底抵消多少信号，就可以得到 2.3 节将要提到的同相放大电路。但是，在仔细探讨同相放大电路以及其他有用的运放电路之前，我们需要走出第一步。首先，需要介绍运放的关键参数。从理想运放开始介绍这些参数很合适。在对理想运放的基本分析结束后，后面的章节及附录 B 将介绍实际运放的参数，以及这些参数对实际电路的影响。

2.2　理想运放假设

理想运放（ideal op amp）之所以得名，是因为在本节以及类似的分析中，假设运放的关键参数是理想的。正如砍掉近处的灌木之后能更容易看到远处的森林一样，这一假设简化了分析，扫除了理解问题关键道路上的障碍。虽然理想运放分析使用了与实际不甚相符的理想参数，但是这种分析经常是有效的，因为很多运放非常接近理想运放。另外，当工作在几千赫兹的低频时，使用理想运放假设进行分析可以得到精确的结果。本章讨论电压反馈运放，电流反馈运放将在后面的章节讨论。

电路设计师有时希望存在现实的理想运放，但是如果这种元件真的存在，它会毁灭整个宇宙。（2.10 节会讨论这一问题！）幸好理想运放在实际中并不存在，然而现在的运放可以极其接近理想状态，因此理想运放分析也可以极其接近现实情况。现实运放与理想运放假设主要有如下不同。

- ❑ 理想运放假设中，输入失调电压为 0；现实运放中，诸如输入失调电压等直流参数，与理想状况不同。
- ❑ 理想运放的输入电流为 0。也就是说，其输入阻抗为无穷大。这一假设对于场效应管输入的现实运放几乎成立，因为这种运放的输入电流可以小到 1 pA 以下。但是对于双极型高速运放，这一假设不一定成立，因为很多这类运放的输入电流可能会达到几十微安（μA）。
- ❑ 理想运放的增益为无穷大。也就是说，理想运放可以使输出电压达到任意值来满足输入条件。而实际上，输出电压接近电源轨时会出现饱和现象。应当注意，饱和现象限制了输出电压的范围，而非否定了这一假设。
- ❑ 理想运放的增益级会驱动输出电压，使得两个输入引脚之间的电压（误差电压）为零。这一假设表明，如果运放的一个输入端连接到"硬"电压源（比如地），则运放会尽其所能，使另一个输入端的电压值与其电压值相等，也就是两个输入端处于"虚短路"状态。
- ❑ 理想运放的输出阻抗为 0。理想运放能够驱动阻抗任意小的负载，而不在其自身的输出阻抗上产生压降。在大部分现实运放中，对于较小的输出电流，输出阻抗一般为几分之一欧姆，所以这一假设在大部分情况下成立。
- ❑ 理想运放的频率响应是平的。也就是说，理想运放的增益不随频率增加而变化。在将现实运放应用在低频范围内时，理想运放的这一假设是有效的。而在现实运放中，交流参数（如增益）是频率的函数。现实运放在直流下增益很大，在频率较高时增益较小。

表 2-1 列出了理想运放的基本假设，图 2-2[①] 给出了理想运放的图示。

表 2-1　理想运放的基本假设

参数名称	符　号	值
输入电流	I_{IN}	0
输入失调电压	V_{OS}	0
输入阻抗	Z_{IN}	∞
输出阻抗	Z_{OUT}	0
增益	a	∞

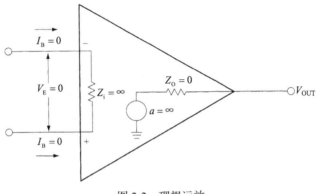

图 2-2　理想运放

2.3　同相放大电路

同相放大电路的输入信号与同相输入端连接（图 2-3）。因此，对输入信号源来说，同相放大电路输入端呈现高阻抗。在理想运放条件下输入失调电压 $V_{OS} = V_E = 0$，因此反相输入端的电压必须与同相输入端相同。运放的输出端向 R_F[②] 提供电流，直到反相输入端的电压为 V_{IN}，从而使 R_G 上的电压也等于 V_{IN}。

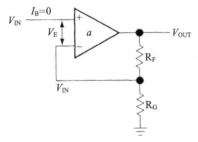

图 2-3　同相放大电路

[①] 电原理图中的电阻符号有两种常用画法：美国常用 ANSI Y32.2 标准规定的"之字形"符号，欧洲常用 IEC 60617 标准规定的"矩形框"符号。国内的推荐性标准 GB/T 4728 等同采用了 IEC 的相应标准。本书中文版的电原理图中保留了原书中的画法。厂商的数据手册等文献资料中两种画法均广泛使用，读者应当能够识别。——译者注

[②] 关于电阻、电容等无源元件及其值的写法，在后续内容中采用如下约定：指元件本身时，采用正体（如 R_F）；指元件的值时，采用斜体（如 R_F）。——译者注

使用分压器规则可以计算出 V_{IN}：V_{OUT} 是分压器的输入，而 V_{IN} 是分压器的输出。由于运放的两个输入端均没有电流流入，因此我们可以使用分压器规则：首先写出式(2-1)，经过变换得到增益，由式(2-2)给出。

$$V_{IN} = V_{OUT} \frac{R_G}{R_G + R_F} \tag{2-1}$$

$$\frac{V_{OUT}}{V_{IN}} = \frac{R_G + R_F}{R_G} = 1 + \frac{R_F}{R_G} \tag{2-2}$$

当 R_G 远远大于 R_F 时，(R_F/R_G) 趋近于 0，式(2-2)简化为式(2-3)：

$$\frac{V_{OUT}}{V_{IN}} = 1 \tag{2-3}$$

在这些条件下，$V_{OUT}/V_{IN} = 1$，电路变为单位增益缓冲器，增益为 1。单位增益缓冲器中，R_G 一般不连接（开路），不会改变效果；R_G 开路时，R_F 的值与增益无关，因此一般可以短路（直接将反相输入端与输出端用导线连接）。但是有的运放在 R_F 短路时会自毁（尤其是电流反馈运放），因此很多缓冲器设计中依然保留 R_F。此时，缓冲器电路中的 R_F 起到过压防护的作用[①]，在过电压时限制流入反相输入端静电放电（ESD）结构的电流（一般小于 1 mA），从而保护反相输入端免受过电压伤害。此时电阻 R_F 几乎可取任意值。

2.4   反相放大电路

在反相放大电路（图 2-4）中，运放的同相输入端接地。我们前面假设，输入误差电压为零，因此反馈会使运放的反相输入端一直处于地电位（一般称作虚地，因为这一端并未实际接地，只是表现与实际的地类似）。假设流入运放输入端的电流为零，这样，流经 R_F 和 R_G 的电流相等。使用基尔霍夫定律，可以写出式(2-4)；式中之所以加入负号，是因为这里是反相输入端。变换得式(2-5)。

$$I_1 = \frac{V_{IN}}{R_G} = -I_2 = -\frac{V_{OUT}}{R_F} \tag{2-4}$$

$$\frac{V_{OUT}}{V_{IN}} = -\frac{R_F}{R_G} \tag{2-5}$$

注意，增益仅与反馈电阻 R_F 和增益电阻 R_G 有关，所以反馈实现了它的功能：使增益和运放本身的参数无关。实际的电阻取值取决于需要的输入阻抗大小。根据式(2-5)，如果 $R_F = 10\,k\Omega$，$R_G = 10\,k\Omega$，那么增益为-1；如果 $R_F = 100\,k\Omega$，$R_G = 100\,k\Omega$，增益仍然为-1。输入阻抗是 $10\,k\Omega$ 或 $100\,k\Omega$，决定了电路吸收电流的大小、杂散电容的效应和其他一些问题，但是并不影响增益，因为增益是由 R_F/R_G 的比例决定的。

---

① 在电流反馈运放组成的缓冲器电路中，保留 R_F 尚有更重要的原因：它决定了电流反馈放大器的稳定性。

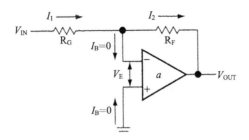

图 2-4 反相放大电路

最后要说明一点：输出信号是输入信号经过放大和反相之后的结果。电路的输入阻抗为 R_G，因为反相输入端保持在地电位。

2.5 加法器

对反相放大电路增加更多的输入，可以构成加法器（图 2-5）。反馈使电阻与运放反相输入相连的一端保持虚地，因此，增加新的输入并不影响已有的输入。

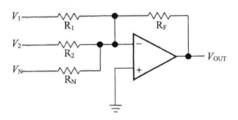

图 2-5 加法器电路

使用叠加定理，计算出每个输入对应的输出电压，它们的代数和就是总的输出电压。式(2-6)是 V_1 和 V_2 接地时输出电压的方程，式(2-7)和式(2-8)是另外两个叠加方程。最终结果表示为式(2-9)。

$$V_{\text{OUTN}} = -\frac{R_F}{R_N}V_N \tag{2-6}$$

$$V_{\text{OUT1}} = -\frac{R_F}{R_1}V_1 \tag{2-7}$$

$$V_{\text{OUT2}} = -\frac{R_F}{R_2}V_2 \tag{2-8}$$

$$V_{\text{OUT}} = -\left(\frac{R_F}{R_1}V_1 + \frac{R_F}{R_2}V_2 + \frac{R_F}{R_N}V_N\right) \tag{2-9}$$

2.6 差分放大器

差分放大器放大两个输入端输入信号的差值（图 2-6）。使用叠加定理计算每个输入电压产生的输出电压，将它们相加即可得到最终的输出电压。

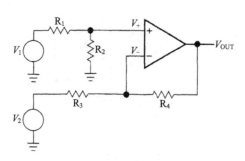

图 2-6   差分放大器

输入电压 V_1 产生的输出由式(2-10)和式(2-11)计算。使用分压器规则计算同相输入端的电压 V_+，然后使用同相运放增益公式（式(2-2)）计算出同相输出电压 V_{OUT1}（式(2-11)）。

$$V_+ = V_1 \frac{R_2}{R_1 + R_2} \tag{2-10}$$

$$V_{OUT1} = V_+(G_+) = V_1 \frac{R_2}{R_1 + R_2} \left(\frac{R_3 + R_4}{R_3} \right) \tag{2-11}$$

然后使用反相增益公式（式(2-5)）计算反相输出级的输出电压 V_{OUT2}（式(2-12)）。将两电压相加，得式(2-13)。

$$V_{OUT2} = V_2 \left(\frac{-R_4}{R_3} \right) \tag{2-12}$$

$$V_{OUT} = V_1 \frac{R_2}{R_1 + R_2} \left(\frac{R_3 + R_4}{R_3} \right) - V_2 \frac{R_4}{R_3} \tag{2-13}$$

在 $R_2 = R_4$，$R_1 = R_3$ 时，式(2-13)简化为式(2-14)。

$$V_{OUT} = (V_1 - V_2) \frac{R_4}{R_3} \tag{2-14}$$

显然，电路将差分信号 $(V_1 - V_2)$ 放大了本级增益 (R_4/R_3) 倍，这就是该电路称为差分放大器的原因。差分放大器放大信号的差分成分，抑制信号的共模成分。图 2-7 显示了共模信号输入到差分放大器时的情况。因为差分放大器能够抑制共模信号，所以这一电路常用于从信号中去掉直流或共模噪声。

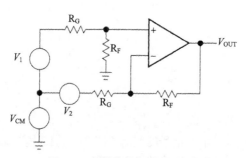

图 2-7   共模信号与差分放大器

这一差分放大电路的缺点是两个输入端的输入阻抗不同。在需要输入阻抗匹配的高性能应用场合，可以使用为其专门设计的双运放或三运放的差分放大电路（详见 12.3 节）。

2.7 复杂的反馈网络

当反馈环中包含复杂的电路网络时，由于无法使用简单的增益公式，电路分析要困难一些。常用的技巧是写出并求解结点或环路方程。在只有一个输入电压时，叠加定理无法使用，但是正如下面的例子所显示的，可以使用戴维南（Thévenin）定理。

有时，反馈环中需要包含到地的低阻抗路径。在反相放大电路的输入阻抗给定（因此输入电阻的阻值也确定了），而放大器的增益指标限制了反馈电阻的阻值时，一般的反相放大电路可能难以做到这一点。通过在反馈环中使用 T 形电阻网络（图 2-8），可以为系统增加一个自由度，从而在输入电阻阻值和放大器的增益两个指标得到满足的同时，为反馈环中增加一条到地的低直流电阻路径。

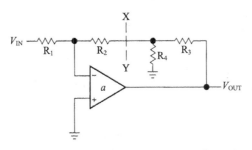

图 2-8　反馈环中的 T 形电阻网络

将电路从 X—Y 处断开，对 R_4 左边计算戴维南等效电压（式(2-15)）。式(2-16)给出了戴维南等效阻抗。

$$V_{TH} = V_{OUT} \frac{R_4}{R_3 + R_4} \tag{2-15}$$

$$R_{TH} = R_3 \parallel R_4 \tag{2-16}$$

将 X—Y 右边的电路用戴维南等效电路代替（图 2-9），用反相放大电路的增益公式计算增益（式(2-17)）。

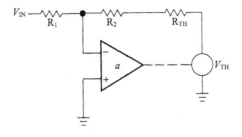

图 2-9　对 T 形电阻网络应用戴维南定理

将戴维南等效值代入式(2-17)，得式(2-18)。进行代数变换，可得电路增益（式(2-19)）。

$$-\frac{V_{\text{TH}}}{V_{\text{IN}}} = \frac{R_2 + R_{\text{TH}}}{R_1} \tag{2-17}$$

$$-\frac{V_{\text{OUT}}}{V_{\text{IN}}} = \frac{R_2 + R_{\text{TH}}}{R_1}\left(\frac{R_3 + R_4}{R_4}\right) = \frac{R_2 + (R_3 \parallel R_4)}{R_1}\left(\frac{R_3 + R_4}{R_4}\right) \tag{2-18}$$

$$-\frac{V_{\text{OUT}}}{V_{\text{IN}}} = \frac{R_2 + R_3 + \dfrac{R_2 R_3}{R_4}}{R_1} \tag{2-19}$$

举例说明： 设计一个反相放大电路，使输入电阻为 10 kΩ（$R_G = 10$ kΩ），增益为 100，反馈电阻为 20 kΩ 以下。由于在简单的反相放大电路中 R_F 必须为 1000 kΩ，故这些条件不可能同时满足。在反馈环路中使用 $R_2 = R_4 = 10$ kΩ，$R_3 = 485$ kΩ 的 T 形网络，可以基本满足上面的条件[①]。

2.8　阻抗匹配放大器

高速运放电路可能使用同轴电缆来发送与接收信号。为保证特征阻抗为 50 Ω 的同轴电缆中传输的信号不发生反射（反射可能会导致信号失真，使图像重影），电路的输入/输出阻抗也必须为 50 Ω，与同轴电缆匹配。

由于同相放大电路的输入阻抗很高，因此设计输入阻抗匹配的同相放大器（图 2-10）非常容易：只需要让 $R_{\text{IN}} = 50$ Ω 即可。R_F 和 R_G 可以选择较大的值（几百欧姆量级），以保证对输入/输出电路的阻抗影响最小。匹配电阻 R_M 与运放输出端串联，将输出阻抗提升到 50 Ω；终端电阻 R_T 连接在下一级的输入[②]，与同轴电缆匹配。

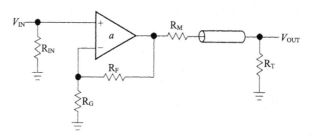

图 2-10　阻抗匹配放大器

匹配电阻 R_M 和终端电阻 R_T 的阻值相等。因为 R_T 上（图 2-10 中 V_{OUT} 端）没有其他负载，故它们组成了 1/2 的分压器。R_F 和 R_G 经常选用相等的值，使放大电路的增益为 2。此时，整个系统的增益为 1（2 × 1/2 = 1）。

[①] 借用图 2-8 和图 2-9，输入电阻 $R_1 = 10$ kΩ，满足条件；按式(2-19)计算增益为 98，基本满足增益为 100 的条件；戴维南等效电路中的反馈电阻为 $R_2 + (R_3 \parallel R_4)$，略小于要求的最大值 20 kΩ。——译者注

[②] 对下一级来说，相当于本级的 R_{IN}。——译者注

2.9　电容

电容是电路设计师常用的一种重要元件，因此这一节简要讨论电容对电路性能的影响。电容的阻抗是 $X_C = 1/(2\pi f C)$。注意在频率为 0（也就是直流）的情况下，电容的阻抗（这里没有电阻性成分，因此这一阻抗也就是电抗）是无穷大；在频率无穷大的情况下，电容的阻抗为 0。使用终值定理也可以得到上述结果。上述结果可以给读者提供有关电容在电路中效果的初步印象。当电容和电阻一起使用时，有一个重要的参数是**转折频率**。略去繁复的数学推导，这里只给出重要的结论：在转折频率 $f = 1/(2\pi RC)$ 处，电路的增益为–3 dB。

在图 2-11 所示的低通滤波器电路中，电容与反馈电阻 R_F 并联。电路的增益由式(2-20)给出[①]。

$$\frac{V_{\text{OUT}}}{V_{\text{IN}}} = -\frac{X_C \parallel R_F}{R_G} \tag{2-20}$$

频率很低时，X_C 趋近于无穷大，式(2-20)中 R_F 占主要地位，电容几乎不起作用。此时，增益为 $-R_F/R_G$。频率很高时，X_C 趋近于 0，反馈电阻被电容短路，电路增益降低到 0。在转折频率处，$X_C = R_F$。由于 X_C 和 R_F 并联的复阻抗等于两者向量和的一半，故增益下降到频率很低时的 $1/\sqrt{2}$。

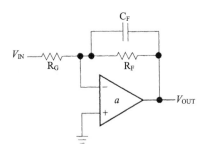

图 2-11　低通滤波器

与上一个例子的作用相反，将电容与增益电阻 R_G 并联，可以得到高通滤波器（图 2-12）。式(2-21)给出了这种高通滤波器的增益。

$$\frac{V_{\text{OUT}}}{V_{\text{IN}}} = 1 + \frac{R_F}{X_C \parallel R_G} \tag{2-21}$$

频率很低时，X_C 趋近于无穷大，式(2-21)中 R_G 占主要地位，电容几乎不起作用。此时，增益为 $1 + R_F/R_G$。频率很高时，X_C 趋近于 0，增益电阻被电容短路，电路增益升高到最大值。

---

　① 需要注意的是，容抗和感抗本身是纯虚数；在定量计算同时包含电阻和电容的电路时，需要使用复数运算。本节中不加区分作为一个复数的容抗及其模，但这不影响本节对直流、高频和转折频率这三个点的定性及半定量分析。——译者注

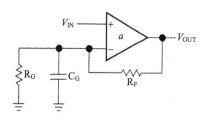

图 2-12   高通滤波器

上述简单的分析技巧可以用来快速定性分析电路的频率特性。后续章节中讨论需要更精确分析的应用场景时，将介绍更完善的分析方法。

2.10   为什么理想运放会毁灭整个宇宙

为了不干扰读者阅读前面关于各种电路组态的重要讨论，我们把关于理想运放参数的有些幽默的讨论放在这一节。这些讨论也是对理想运放的精彩评价，能让读者在后续的章节中回想起来。理想运放的主要指标如下。

❑ 理想运放不需要供电电流，因此也不需要电源。因此，即使不需要开机，理想运放也会变得很危险！

❑ 理想运放没有电源，也没有高电平输出电压 V_{OH} 和低电平输出电压 V_{OL} 的限制。因此，理想运放的输出摆幅可以达到 $\pm\infty$ V。

❑ 理想运放的输出阻抗为 0，因此可以在最高和最低输出电压时提供无穷大的电流。

❑ 理想运放的开环增益为无穷大，因此，即使是最弱的信号（在没有反馈元件时）也可以让输出摆幅达到无穷大。

❑ 理想运放的压摆率为无穷大，因此，它的输出可以立刻在两个无穷大的"电源轨"（都是毁灭性的！）之间摆动。

因此，如果存在真正的理想运放，即使不加电源把它摆放在桌子上，它也会把同相输入端和反相输入端之间极其微小的电压差放大到无穷大，并以无穷大的电流从输出端输出。由此产生的毁灭性功率冲击会以理想运放为中心，以光速向外传播！

上面的有些幽默的讨论，是为了让读者透彻理解如下几点。

(1) 在使用理想运放模型时，设计者必须了解真实运放的哪些参数不如模型理想，并对理想运放模型做出相应的调整。理想运放模型是电路仿真和分析的好起点，但在解释真实运放的行为时，只使用理想运放模型是不够的。

(2) 前面所有的数学分析都可以用一句简单的话来总结：**运放会在力所能及的范围内改变其输出电压，以使它的两个输入端保持电压相等**。如果将本书的内容提炼成一句话，就是上面这句。这一基本原理可以用来推导所有的运放电路，并解释所有的运放应用。当然，在应用这条原理时，还需要像第(1)点中所说的，考虑实际运放的特点。

(3) 一位敏锐的模拟电路设计师可能会在前面"毁灭宇宙"的讨论中发现一个破绽：回流路

径在哪里？当使用单端运放时，回流路径是地。但是前面的讨论中根本没有接电源，当然也就没有地！所以为了技术上的正确性起见，能够毁灭宇宙的理想运放肯定是全差分运放：这种运放有两个输出端，一个输出端的回流路径是另一个输出端。本书在介绍单端运放及其单电源应用时，将详细讨论如何设计正确的回流路径。

2.11　小结

如果假设合适，运放电路的分析会变得非常简单直接。这些假设包括输入电流为 0、输入失调电压为 0，以及增益为无穷大。因为现在的运放在大部分实际应用中的特性非常接近这些假设，所以在分析电路时应用它们是符合实际的。

运放的增益在低频时很高，因此在处理低频信号时，增益为无穷大的假设是成立的。对于 CMOS 运放来说，输入电流为 fA 量级，对大部分应用来说几乎为 0。很多运放的输入电路进行了激光微调，使其输入失调电压降低到几微伏（μV），对大部分应用可认为是 0。这样，对于要求不高的应用来说，理想运放成了现实。

第 3 章

交流耦合单电源运放电路的设计

前一章假设运放都使用双电源（或称分离电源）供电，这在广泛使用电池供电便携式设备的现实世界中并不总是成立。如图 3-1 所示，给运放供电的双电源一般电压相等，极性相反，电源的中间抽头接地。一端接地的输入信号源以电源的中间抽头（地）为参考，因此输出也自然以地电位为参考。

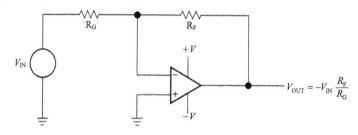

图 3-1　双电源反相放大电路

现在引入虚地和直流工作点的概念。虽然前一章讨论理想运放时已经提到了虚地，然而在本章中，虚地这一概念侧重指本级放大电路的信号摆动时围绕的参考点。也就是说，输入与输出信号在正负两个方向上偏离虚地（未必是系统真实的地线）的电压值相等。读者的目标是为本级电路建立一个局部的小"生态系统"，本级电路的局部地与系统的真实地线未必一样。但是与双电源供电运放电路中的系统地线一样，在本级电路中，虚地也是信号的真实参考点。同样，直流工作点也是一级电路的局部参数。即使后面的其他放大级在同样的直流工作点上工作，也不推荐将两级电路直接连接，因为直流失调（后面章节会提到的真实运放的参数之一）会随后面放大级的增益一起快速增长。因此，应当使用电容将不同放大级的直流工作点隔离开来，如图 3-2 所示。

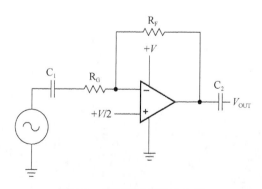

图 3-2　单电源反相放大电路

图 3-2 中，C_1 和 C_2 将本级的直流工作点与电路的其他部分隔离。标有 "$+V/2$"、连接到同相输入端的电压即为字面之意：这一电压正是运放供电电压的一半。

为了让读者对这一电路有更清晰的理解，在不进行复杂定量计算的情况下，对图 3-2 所示的电路进行一些定性的思想实验。

视本级虚地为零电位，则本级运放的正电源电压为 $+V/2$，负电源电压为 $-V/2$，虚地在两者之间。由于 C_1 和 C_2 隔离了直流工作点，故本级电路不会"知道"自己的地其实是系统中的 $+V/2$ 电压。

考虑反相输入端的交流信号。理想运放电路的转移特性依然成立，增益仍然是 $-R_F/R_G$。上述分析忽略了输入耦合电容 C_1 和输出耦合电容 C_2 的效应，这一点将在后面讨论。

考虑同相输入端的直流电压。第一眼看上去，读者也许会认为，这一电压会被放大 $1+R_F/R_G$ 倍，导致本级电路工作异常（信号削顶）。但是 C_1 将 R_G 与其他直流电压隔离开，因此对同相输入端的直流电压来说，R_G 处于开路状态，运放的工作状态如同同相缓冲器（增益为 1）。按照理想运放模型，同相输入端的直流电压也出现在反相输入端。在没有交流信号的情况下，运放的输出使两个输入端的直流电压相同（对上述电路来说，三者都是 $+V/2$）。因此，运放在直流工作点 $+V/2$ 上处于平衡状态。

上述定性分析向读者展示了如何在一级单电源运放电路中使用理想运放假设的知识。当然，并没有任何规定要求直流工作点必须是电源电压的一半。然而，电路的电压摆幅是受限的，尤其是在电池供电的低电压应用中。理想状况下，运放的输出电压（C_2 之前）会在电源电压 $+V$ 与系统的真实地之间摆动，正负摆幅是相等的。如果选用非 $+V/2$ 的其他电压作为直流工作点，则电压摆幅在某个方向上会受到限制。

在某些实际情况下，直流工作点也可能选用 $+V/2$ 之外的值。最常见的是在信号链中驱动模数转换器（ADC）的最后一级运放。如果模数转换器使用了不同于 $+V/2$ 的参考电压，且提供了参考电压输出，可以将直流工作点设定到与其相同。

有很多种方法可以用来生成供电电压一半的参考电压 $+V/2$。最简单的办法是用两个同阻值的电阻构成分压器。但是必须注意的是，这一方法在电源两端并联了电阻，因此增加了系统的工作电流。可以使用较大的电阻值以减小电流，但是电阻值较大的话，参考电压更容易受到干扰。解决这一问题的常见方法是，在分压器的输出与地之间增加退耦电容以旁路干扰（图 3-3）。

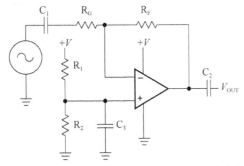

图 3-3　使用局部直流工作点的单电源反相放大电路

在图 3-3 中，R_1 和 R_2 的阻值相同（如 10 kΩ），C_3 是退耦电容（常见的容量是 0.1 μF）。你也许会想用这一简单的分压器电路为信号链中所有的运放提供参考，但是这种做法是不推荐的，因为少量的信号泄漏会导致级间串扰。电容 C_3 可以起到退耦作用，但是在频率较低时作用会减弱。在频率很高时，电容的寄生电感会起作用，同样导致退耦作用减弱。

在这种情况下，为了给所有的放大级提供参考电压，需要一种低阻抗的电压参考器件。元器件厂商生产一种叫作"基准电压源"的器件。比如在 5 V 电源电压的系统中，可以使用 2.5 V 电压的基准源，而这恰巧是一种很容易得到的器件，仿佛器件设计者是为你的应用而量身定制的！

使用外部基准源提供参考的电路如图 3-4 所示。图中 C_3 是基准源输出的退耦电容，信号链中所有运放的虚地（参考电压）均连接到图中的"$+V_{REF}$"网络，类似第二个电源。不同的是，在双电源供电的系统中，第二个电源与 $+V$ 大小相等、符号相反，而这里是在 $+V$ 和地之间距离的中点处。

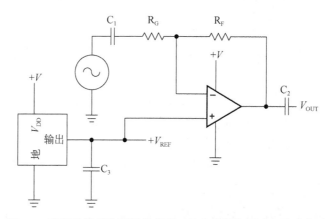

图 3-4　使用外部基准源提供直流工作点的单电源反相放大电路

使用外部基准源给电路带来了一些影响。第一个影响是反相输入端的参考电压不一定是 $+V/2$。然而在实际电路中，由于电阻的阻值不可能完全相等，因此图 3-3 所示的电路也不能保证参考电压是精确的 $+V/2$。使用外部基准源带来的优势是，不需要在每一级都重复图 3-3 中的 R_1、R_2 和 C_3 组成的分压器。这样可以节约印制板面积、元器件费用，以及增加可靠性。

使用外部基准源的另一个影响在系统整合方面。如果系统中信号链末端的模数转换器具有参考电压输出，那就可以利用它来给电路中各级提供电压参考。但是需要注意的是，模数转换器的参考电压输出能力往往有限，以至于可能无法驱动多于两级的电路。当然，反其道而行之也是可行的：如果模数转换器具有参考电压输入，也就是可以使用外部基准源提供参考电压，那么就可以用同一个外部基准源为信号链中所有放大级和模数转换器提供参考。

新手常犯的一个应用错误是使用运放来缓冲模数转换器的参考电压输出，以给信号链中的放大级提供参考电压（图 3-5）。

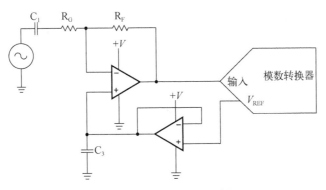

图 3-5 错误的参考电压缓冲方法

乍一看，这一电路的正确点可能很多：输入端与直流工作点用 C_1 隔离；为了让信号的直流参考点与模数转换器的参考电压 V_{REF} 相匹配，输出未加耦合电容；有时模数转换器的参考电压输出能力较弱，所以使用运放进行了缓冲。问题在于运放输出端的电容 C_3：大部分运放不能直接驱动容性负载，否则会变得不稳定（容易产生自激振荡）。极少数能够直接驱动容性负载的运放均会在数据手册中明示这一点，如果使用这类运放，图 3-5 所示的电路就可以直接使用了。然而，在大部分情况下，需要在运放的输出端和电容之间串联一个电阻来修正问题（图 3-6）。

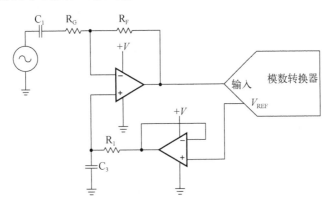

图 3-6 正确的参考电压缓冲方法

图 3-6 中增加的电阻 R_1 将运放输出与电容隔离开。R_1 的阻值不需要很大，$10\,\Omega$ 在很多情况下够用了。

到此为止，我们讨论的都是交流耦合的反相放大电路组态。对这一电路来说，还有一个要点尚未讨论到：耦合电容 C_1 和 C_2 起到了阻隔直流的作用，同时也构成了高通滤波器。设计者的责任是选择合适的电容量，以使信号不受影响。此时，可以将 C_1 和 R_G 组成的电路网络考虑为一个单极点高通滤波器。与此类似，输出耦合电容 C_2 和后面一级电路的输入阻抗一起，也构成一个高通滤波器。让这些高通滤波器的转折频率低于系统中感兴趣的最低频率的百分之一，是一个不错的经验法则。这样，这些高通滤波器就不会对信号产生明显影响了。

下面讨论单电源供电的同相放大电路。这是最常见的运放误用之一。数不清的类似设计无法工作，浪费了无数的排故时间，甚至还可能让人因此丢了饭碗。所以请留心这一部分内容，也许它可以帮你保住个人前途！

有问题的电路如图 3-7 所示。请给自己提个醒：**这一电路是错误的，不要这样做！**

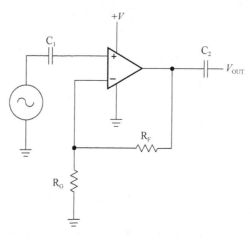

图 3-7　错误的单电源同相放大电路

错误具体发生在哪儿？可以试一下前面用过的思想实验法：电容 C_1 和 C_2 将本级电路的直流工作点与电路的其他级隔离开。然而本级的直流工作点到底是什么？遵循前面对理想运放电路和单电源运放电路的讨论，是否可以说直流工作点由 R_F 和 R_G 组成的分压器决定？如果 R_F 与 R_G 的阻值相等，当输出摆幅达到电源电压 $+V$ 时，反相输入端的电压为 $+V/2$；输出摆幅达到地时，反相输入端的电压也与地相等。甚至在 R_F 是 R_G 的 10 倍时，反相输入端的电压也在电源电压和地之间。对吗？总之，反相输入端的电压与同相输入端相等，对吗？

实际情况没有这么简单。为了分析这一电路，必须提前介绍一些实际运放的限制。

❑ 限制 1：所用运放的输入电压范围可能并不包含地。少数运放在内部设计上使用了复杂的技巧以使输入电压范围包含地，然而这些运放有其他的限制，可能不适用于具体的应用场景。

❑ 限制 2：反相输入端的电容连接了运放内部晶体管的基极[①]。这个晶体管性能很好，但是对任何晶体管，基极处于直流开路状态时都不会正常工作。即使像图 3-7 中一样在上面连接电容，用交流信号驱动，仍然不一定会得到想要的结果。晶体管需要很小的基极偏置电流来使其导通，工作在线性区域。虽然这一电流的绝对值很小，但是必须存在。基极的直流电压值并不重要，在运放的负电源输入和正电源输入之间，晶体管都会导通（参考数据手册中的"绝对最大值"表格）。

所以主要的问题是，同相输入端没有输入偏置电流。当然，电容的漏电流可能就足够了，因此你可能搭出过类似图 3-7 的电路，并且它凑巧工作了。这只能说明你运气很好。修正这一电路的第一步是增加两个电阻（图 3-8）。注意，这一电路也是错误的！

---

① 如果是场效应管输入的运放，那么连接的就是场效应管的栅极。——译者注

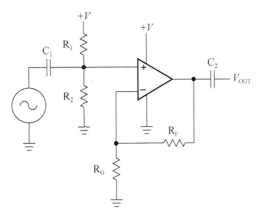

图 3-8　另一种错误的单电源同相放大电路

　　请继续进行思想实验。考虑直流工作点，同相输入端的电压被 R_1 和 R_2 确定为+$V/2$。这一分压器为输入端提供了需要的偏置电流，同时确定了直流工作点。遗憾的是，电路的直流增益是 $1 + R_F/R_G$。所以，除非 $R_F = R_G$（也就是交流增益为 1），否则从电路输出端看的虚地都是不正确的，因为 R_F 和 R_G 构成的分压器将把反相输入端的直流电压拉到低于+$V/2$ 的值，导致同相输入端与反相输入端不平衡。

　　显然，这一修正也是不够的。增加电容 C_3（图 3-9）可以解决这一问题。

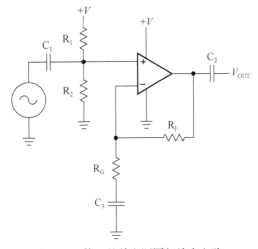

图 3-9　修正的单电源同相放大电路

进行如下与前面类似的分析。

□ 考虑直流工作点，同相输入端的电压被 R_1 和 R_2 确定为+$V/2$。这一分压器为输入端提供了需要的偏置电流，同时确定了直流工作点（与图 3-8 所示电路完全一样）。

□ 由于 C_3 阻隔了直流，R_G 的下端处于直流开路状态。对直流来说，R_F 构成了单位增益缓冲器，本级直流增益为 1。

□ 因此，运放的输出端的直流电压也是+$V/2$，这是正确的。

□ 反相输入端从输出端通过 R_F 获得偏置电流，直流电压也是+$V/2$。

❏ 在 C_3 的容量足够大、感兴趣的最低频率附近的阻抗足够低的情况下，电路的交流增益为 $1 + R_F/R_G$。

这一电路终于修改正确了。然而，上面的修正充满了如下折中考虑。

❏ 本电路中，不能像图 3-3 中一样，用电容来旁路 R_1 和 R_2 组成的分压器。在同相输入端增加的对地电容会把信号与地短路，这使得电源上的噪声全都通过分压器加到了同相输入端（量值为原来的一半）。这是非常差的设计，因为电源的噪声将随信号一起放大！如果要应用本电路，电源最好十分干净。在必须这样做的情况下，建议使用与运放的电源电压相等的基准源，然而这就要求更高的供电电压以供给基准源。

❏ 与前面的讨论一样，R_1 和 R_2 组成的分压器也会浪费电流。

❏ 没有办法直接使用模数转换器的参考电压，除非它与本级电路的供电电压恰好相等。

总而言之，这种情况下应该尽量使用反相放大电路。在交流耦合系统中，必须使用同相放大电路的情况并不多。有一种情况是在使用高速运放时，电阻往往要取比较小的值。在增益较高的情况下，较低的输入阻抗（也就是 R_G 的值）可能会给输入带来过大的负载。

读者现在应当具备了正确设定一级放大电路的直流工作点的知识，因此我们不再继续详细讨论交流耦合的运放电路。最后，设计要点总结如下。

❏ 分别分析同相输入端与反相输入端的直流工作点。它们都应当是 $+V/2$。

❏ 要十分注意连接到地的电阻。可能需要为这些电阻增加隔直电容，以防止与其连接的元件和它组成的分压器将直流工作点强行拉低。后面介绍全差分运放时，还会涉及这一点。

下一章将介绍更复杂的主题：单电源运放电路级间不能使用交流耦合时，应当怎么办？

第4章

直流耦合单电源运放电路的设计

4.1 引言

前一章假设电路只放大交流信号，无须同时具备直流增益和交流增益。这在很多情况下并不符合事实，如在传感器信号调理电路的放大器中，需要放大的测量值**就是**传感器输出的直流电压，而这种直流电压往往是缓变的。这种情况下，放大电路必须保留信号的直流分量，其直流精度也是至关重要的。为了减少长线路上的噪声拾取，传感器信号调理电路的前端放大部分往往和系统的其他部分离得很远。这时电路可能必须使用单电源供电（如电池供电）。在单电源供电的情况下，直流信号放大器的设计工作会复杂很多。

输入端连接到地或是连接到不同的参考电压的要求，给单电源运放电路的设计带来了难度。除非特别说明，本章讨论的所有运放电路均为单电源电路。

使用单一电源限制了输出电压的极性。如电源电压 V_{CC} = 10 V 时，电路的输出电压限制在 $0 \leqslant V_{OUT} \leqslant 10$ V 的范围内。也就是说，当单电源放大电路的电源电压为正时，电源电压的限制使电路无法输出负电压，但未限制电路的输入端出现负电压。只要运放的输入引脚不出现负电压，电路就能处理负电压输入。

在使用正电源供电的单电源运放电路处理负电压输入时，必须注意运放的输入引脚对反向电压击穿是高度敏感的。在电路输入和供电电压极性相反时，还需要注意在所有可能的上电条件下，运放的输入引脚均不要出现负电压。

4.2 简单的入门例子

考虑图 4-1 所示的电路。第一眼看上去，这一电路像是要通过串联的方式将参考电压 V_{REF} 加到输入电压 V_{IN} 上。而这一参考电压正是加在运放同相输入端的参考电压。这好像是难以实现的挑战。然而实际上，这是直流耦合应用中最常见的电路之一。有一些传感器的输出中包含直流偏移量，这一电路可以用来缓冲这类传感器的输出。如果这正是你的应用场合，那就可以松口气了：只要保证同相输入端的+V_{REF}电压与传感器输出电压的直流偏移量相等就行了。如果它们不相等，输出上就会出现显著的直流偏移，导致测量误差。

虽然这一简单的电路很巧妙，但是它容易受到漂移效应和温度变化的影响。下面讨论更加实际的电路。

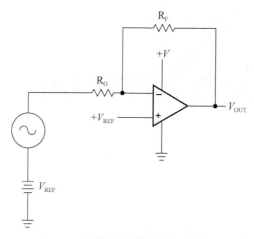

图 4-1　简单的传感器接口电路示例

我们遇到的挑战是使同相输入端和反相输入端的直流电压平衡。如果不想让参考电压出现在输出上，可以采用图 4-2 所示的电路将其消除。

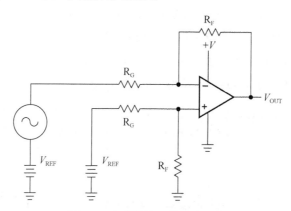

图 4-2　有共模电压的放大电路

这一电路并不是十分实用，用在这里是为了指出如下几个要点。

□ 需要注意，这就是第 2 章提到过的差分放大电路。在图 4-2 所示的电路中，接入两个输入端的电压分别是固定电压 V_{REF} 和叠加了变化信号的 V_{REF}。

□ 两个输入端的电压均包含 V_{REF} 的成分，所以 V_{REF} 称作共模电压。电压反馈运放的输入端设计为差分放大电路，因此可以抵消共模电压（利用了差分放大电路抵消共模电压的特性）。

□ 这一电路的直流工作点是 $V_{REF}/2$，而不是 $+V/2$。所以选择 $V_{REF}/2 = +V/2$，或者说选择电源电压当作 V_{REF} 是明智的[①]。

_____

① (1) 准确地说，直流工作点（运放输入引脚处的电压）应当是 $V_{REF} \cdot R_F/(R_F + R_G)$。此电路类似图 4-3 所示的电路及 4.4 节"情形 3"中的电路，读者可参考后面的分析，自行写出其转移特性。(2) 在真正需要消除传感器自带的 V_{REF} 的情况下，V_{REF} 的选择并不是任意的。建议读者用了解原理的眼光看待图 4-2 所示的电路，而不是将其不加改动地付诸实践。实际搭建电路时，建议参考后面 4.4 节的四种情形。——译者注

4.3 电路分析

下面的例子将展示单电源运放电路设计的复杂性。请注意，电路的偏置要求带来了一些无法实现的条件，这使分析变得复杂。相比本章后面工作手册式的解决方案，本节的内容比较复杂。然而为了深入理解问题，最好仔细阅读本节内容。前面的章节假设运放是理想的。从现在开始，我们将考虑现实运放不理想的特性。很多运放的输入/输出摆幅是受限的，然而如果使用轨到轨运放，这一限制的影响可以被降到最低。

在你继续阅读之前，需要指出以下几点。

❏ 所有现实的运放电路中，运放的电源引脚上都需要退耦电容。对于单电源运放电路来说，只需要在正电源引脚上连接退耦电容。负电源引脚直接接地，不再需要对地的退耦电容。

❏ 所有现实的运放电路都会用来推动某种负载。下面的讨论假设负载与电路中使用的元器件的值相比是高阻抗的。如果实际情况与之不同，元器件的值可能需要放缩调整[①]，或在电路后面增加缓冲器。

❏ 本章中给出的所有电路都是差分放大电路的某个变体。由于两个输入端的信号会互相影响，因此对每一个输入端发生的情况分别进行分析是有所帮助的。

首先分析图 4-3 所示的反相放大电路。

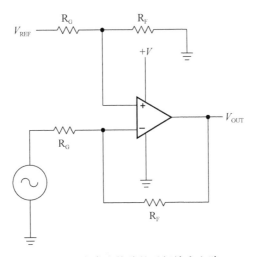

图 4-3　有直流偏移的反相放大电路

为了更好地说明以下公式的实际意义，在进行详细的数学推导之前，先进行一些定性分析。参考电压通过分压器连接到同相输入端，这一分压器设定了电路的直流工作点。电路对参考电压 V_{REF} 的直流增益由这一分压器和反相输入端的 R_F 和 R_G 决定（分析直流特性时，可认为反相输入端的输入电压源处于短路状态）。同时，电路的交流增益由与反相输入端相连的 R_F 和 R_G 决

---

① 大多数情况下，如果推动负载能力不足，最好的办法是更换合适的运放或增加缓冲器电路。只更改电路中无源元件的值，作用有限。——译者注

定。下面进行详细的公式推导[①]。

使用叠加定理可以写出式(4-1)，化简得式(4-2)：

$$V_{OUT} = V_{REF}\left(\frac{R_F}{R_G + R_F}\right)\left(\frac{R_F + R_G}{R_G}\right) - V_{IN}\frac{R_F}{R_G} \tag{4-1}$$

$$V_{OUT} = (V_{REF} - V_{IN})\frac{R_F}{R_G} \tag{4-2}$$

若 $V_{REF} = V_{IN}$，可得式(4-3)。此时无论输入如何，电路的输出均为 0：

$$V_{OUT} = (V_{REF} - V_{IN})\frac{R_F}{R_G} = (V_{IN} - V_{IN})\frac{R_F}{R_G} = 0 \tag{4-3}$$

当 $V_{REF} = 0$ 时，$V_{OUT} = -V_{IN}(R_F/R_G)$。式(4-2)有两个可能的解。如果 V_{IN} 为正，V_{OUT} 应当为负。然而这一电路只使用一个正电源，无法输出负电压，所以输出在低电源轨（也就是地）附近饱和（式(4-4)）。如果 V_{IN} 为负，则输出在正常范围内（式(4-5)）。

$$V_{IN} \geqslant 0, \quad V_{OUT} = 0 \tag{4-4}$$

$$V_{IN} \leqslant 0, \quad V_{OUT} = |V_{IN}|\frac{R_F}{R_G} \tag{4-5}$$

当 V_{REF} 与电源电压 V_{CC} 相等时，式(4-2)变为式(4-6)。当 V_{IN} 为负时，输出电压将超过 V_{CC}，这当然是不可能的，此时输出饱和。当 V_{IN} 为正时，电路表现为反相放大特性。

$$V_{OUT} = (V_{CC} - V_{IN})\frac{R_F}{R_G} \tag{4-6}$$

图 4-4 所示电路的转移特性曲线见图 4-5。

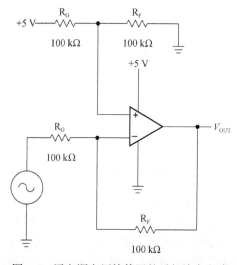

图 4-4　用电源电压给偏置的反相放大电路

[①] 注意本节对运放可能的输出电压范围的分析！试图让放大电路输出其能力范围之外的电压值，是常见的应用错误。——译者注

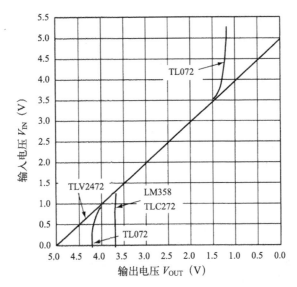

图 4-5　用电源电压给偏置的反相放大电路的转移特性曲线[①]

使用 4 种运放搭建图 4-4 所示的电路。LM358、TL072 和 TLC272 的输出电压摆幅为 2.3 ～ 3.75 V。这一性能与理想运放假设相差甚远，除非输出电压摆幅限制在较小的范围内。由于输出摆幅限制了电路的动态范围，单电源运放电路最严重的弱点之一就是受限的输出电压摆幅。第 4 种被测运放是 TLV2472，这一型号的运放设计用来在单电源电路中进行轨到轨工作。TLV2472 的曲线接近完美（受测量条件的限制），性能符合理想运放的假设。对于与前面 3 种运放类似的一些老式运放，其转移特性受式(4-7)所示的限制：

$$V_{OUT} = (V_{CC} - V_{IN})\frac{R_F}{R_G} ， \text{当} V_{OH} \geqslant V_{OUT} \geqslant V_{OL} \text{时} \tag{4-7}$$

同相放大电路如图 4-6 所示。图 4-6 与图 4-3 唯一的区别是，输入信号与 V_{REF} 的相对位置交换了。因此，电路对参考电压 V_{REF} 的增益由与反相输入端相连的 R_F 和 R_G 的值决定，信号增益由与同相输入端相连的 R_F 和 R_G 组成的分压器，以及反相输入端的 R_F 和 R_G 带来的电路增益决定。

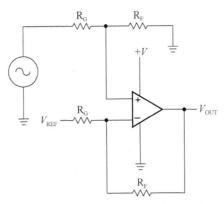

图 4-6　有直流偏移的同相放大电路

---

① 注意本图和图 4-7 中纵轴是自变量，与常见习惯不同。——译者注

借助叠加定理写出式(4-8)，化简得式(4-9)：

$$V_{OUT} = V_{IN}\left(\frac{R_F}{R_G + R_F}\right)\left(\frac{R_F + R_G}{R_G}\right) - V_{REF}\frac{R_F}{R_G} \tag{4-8}$$

$$V_{OUT} = (V_{IN} - V_{REF})\frac{R_F}{R_G} \tag{4-9}$$

当 $V_{REF} = 0$ 时，$V_{OUT} = V_{IN}(R_F/R_G)$。与前面类似的两个可能的解如下：$V_{IN}$ 为负时，V_{OUT} 必须为负，然而使用单正电源的电路无法输出负电压，所以输出在低电源轨附近饱和（式(4-10)）；V_{IN} 为正时，输出在正常范围内（式(4-11)）。

$$V_{IN} \leqslant 0, \quad V_{OUT} = 0 \tag{4-10}$$
$$V_{IN} \geqslant 0, \quad V_{OUT} = V_{IN} \tag{4-11}$$

将图 4-6 所示的同相放大电路中的 V_{CC} 选定为 5 V，R_F 与 R_G 选定为 100 kΩ，运放使用 TLV2472，画出转移特性曲线（图 4-7）。

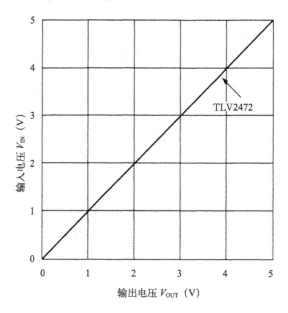

图 4-7   同相放大电路的转移特性曲线

同相放大电路与反相放大电路均有很多类型。很多设计师考察这些不同类型的电路，为的是像瞎猫抓死耗子一样碰巧撞见一种能解决问题的类型。因此，需要一种每次都能保证给出正确的电路组态的设计方法。幸运的是，借助笛卡儿坐标系可以总结出这么一种方法。这一通用的设计方法首先使用联立方程组，将给出的数据写成方程的形式。得到方程后，可以选择一个符合方程的电路来解决问题。对于放大电路来说，方程是直线，所以只有四个可能的解决方案。

4.4 联立方程组

设计放大电路的技术路线（可以一次成功）如下：首先，利用下面的步骤得到运放的转移特性方程；其次，结合电路需要满足的指标，确定方程符合式(4-13)～式(4-16)中的哪种形式；最后，跳到与方程的形式对应的一节（称作一个情形），求解出电阻的量值，就得到了可以工作的解决方案。

线性运放电路的直流转移方程可用一条直线完全表示（式(4-12)）：

$$y = \pm mx \pm b \tag{4-12}$$

根据斜率 m 和截距 b 的符号不同，直线方程的解有四种形式，联立方程组的解也有四种形式。我们必须设计四种类型的电路，每一种对应直线方程的一种形式。这四种直线方程，或称作四个情形或四种类型，由式(4-13)～式(4-16)给出，其中的数学符号（如 x 和 y）由电子学符号（V_{IN} 和 V_{OUT}）所代替：

$$V_{\mathrm{OUT}} = +mV_{\mathrm{IN}} + b \tag{4-13}$$

$$V_{\mathrm{OUT}} = +mV_{\mathrm{IN}} - b \tag{4-14}$$

$$V_{\mathrm{OUT}} = -mV_{\mathrm{IN}} + b \tag{4-15}$$

$$V_{\mathrm{OUT}} = -mV_{\mathrm{IN}} - b \tag{4-16}$$

两点确定一条直线，因此，给定两组 V_{OUT} 和 V_{IN} 的数据，联立方程可解得满足这两组数据的 m 和 b。m 和 b 的正负决定了实现这个解所需的电路类型。

一个例子

电路需求：设计一个接口电路，连接输出电压为 0.1～0.2 V 的传感器和输入电压为 1～4 V 的模数转换器。

从这一需求中，可得到确定一条直线所需的两组数据点：

(1) $V_{\mathrm{OUT}} = 1\mathrm{V}$，$V_{\mathrm{IN}} = 0.1\mathrm{V}$；

(2) $V_{\mathrm{OUT}} = 4\mathrm{V}$，$V_{\mathrm{IN}} = 0.2\mathrm{V}$。

这提供了足够的信息来确定联立方程组、求解参数、获得电路结构和元件的量值！

将数据点代入式(4-13)来求解 m 和 b：

$$1 = m(0.1) + b \tag{4-17}$$

$$4 = m(0.2) + b \tag{4-18}$$

将式(4-17)两边乘以 2 得式(4-19)，与式(4-18)相减得：

$$2 = m(0.2) + 2b \tag{4-19}$$

$$b = -2 \tag{4-20}$$

对式(4-17)进行代数变换，将式(4-20)代入其中得：

$$m = \frac{2+1}{0.1} = 30 \tag{4-21}$$

将 m 和 b 代回式(4-13)，得：

$$V_{\text{OUT}} = 30V_{\text{IN}} - 2 \tag{4-22}$$

请注意，我们虽然从式(4-13)开始，但是式(4-22)的形式与式(4-14)相同。也就是说，设计指标（即给定的数据）决定了 m 和 b 的正负。从式(4-13)出发，计算出 m 和 b 后可得方程的最终形式。解决问题的下一步是设计出 $m = 30$、$b = -2$ 的电路。读者可以直接跳到 4.4.2 节来完成这一设计，这个例子的初衷只是告诉大家如何确定电路属于哪种情形。4.4.2 节有一个非常类似的例子的解决方案。

下面我们为式(4-13) ～ 式(4-16)设计对应的电路，称作情形 1 ～ 情形 4。有很多不同的电路能够得到同样的方程，我们选择的电路类型不需要难以获得的负基准电压。

4.4.1   情形 1：$V_{\text{OUT}} = +mV_{\text{IN}} + b$

实现情形 1 的电路组态见图 4-8。仔细观察这一电路，我们发现输入信号和电压参考均连接到电路的同相（＋）输入端，而 m 和 b 的符号也均为正。这对于下面的其他情形也是成立的。到这里，你应该已经对问题有了进一步的理解。当然，在确定具体的电路结构和元件的具体值之前，还需要进行很多的分析工作。

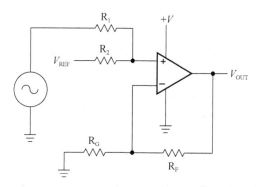

图 4-8   情形 1 的原理图：$V_{\text{OUT}} = +mV_{\text{IN}} + b$

需要注意的另一点是，在电路中，同相输入端的电路连接构成了加法器电路，电路的反相增益由 R_F 和 R_G 决定。然而不要低估这一电路的复杂性！对输入信号和 V_{REF} 来说，R_1 和 R_2 同时也构成了一个分压器。

使用分压器规则和叠加定理可以写出电路的方程：

$$V_{\text{OUT}} = V_{\text{IN}} \left(\frac{R_2}{R_1 + R_2} \right) \left(\frac{R_F + R_G}{R_G} \right) + V_{\text{REF}} \left(\frac{R_1}{R_1 + R_2} \right) \left(\frac{R_F + R_G}{R_G} \right) \tag{4-23}$$

将情形 1 的转移特性方程（式(4-24)）与式(4-23)比较，可将 m 和 b 写成式(4-25)和式(4-26)的形式：

$$V_{\text{OUT}} = mV_{\text{IN}} + b \tag{4-24}$$

$$m = \left(\frac{R_2}{R_1 + R_2}\right)\left(\frac{R_{\text{F}} + R_{\text{G}}}{R_{\text{G}}}\right) \tag{4-25}$$

$$b = V_{\text{REF}}\left(\frac{R_1}{R_1 + R_2}\right)\left(\frac{R_{\text{F}} + R_{\text{G}}}{R_{\text{G}}}\right) \tag{4-26}$$

情形 1 的实例

考虑下列设计指标的电路：

❑ 输入电压 $V_{\text{IN}} = 0.01$ V 时输出电压 $V_{\text{OUT}} = 1$ V；
❑ 输入电压 $V_{\text{IN}} = 1$ V 时输出电压 $V_{\text{OUT}} = 4.5$ V。

根据前面的论述，有这些信息就足以完成设计了。不过还有两个细节需要确定：供电电压和参考电压。在成本或面积受限，不能使用独立的基准源提供参考电压的情况下，可能必须使用电源电压作为参考，这会牺牲噪声性能、精度和稳定性。成本也是一项重要的指标，然而要达到要求的功能、性能，电源的指标必须足够好。在本节的例子中，电源和参考电压由同一个 +5 V 来提供。

为方便读者，本例中的数学推导非常详细。在后面的例子中，会省略一些步骤。

将设计指标代入式(4-13)，得联立方程组式(4-27)和式(4-28)：

$$1 = m(0.01) + b \tag{4-27}$$

$$4.5 = m(1.0) + b \tag{4-28}$$

将式(4-27)乘以 100 得式(4-29)，将其与式(4-28)相减，得式(4-30)：

$$100 = m(1.0) + 100b \tag{4-29}$$

$$b = \frac{95.5}{99} \approx 0.9646 \tag{4-30}$$

将 b 代入式(4-27)，得转移特性的斜率 m（式(4-31)）：

$$m = \frac{1-b}{0.01} = \frac{1 - \dfrac{95.5}{99}}{0.01} \approx 3.535 \tag{4-31}$$

使用上面计算出的 b 和 m 可以算出电阻值。将式(4-25)和式(4-26)化成左边为 $(R_{\text{F}} + R_{\text{G}})/R_{\text{G}}$ 的形式，写成连等式（式(4-32)），可解出 R_1 和 R_2 的比值（式(4-33)）：

$$\frac{R_{\text{F}} + R_{\text{G}}}{R_{\text{G}}} = m\left(\frac{R_1 + R_2}{R_2}\right) = \frac{b}{V_{\text{CC}}}\left(\frac{R_1 + R_2}{R_1}\right) \tag{4-32}$$

$$R_2 = \frac{3.535}{\dfrac{0.9646}{5}}R_1 \approx 18.316R_1 \tag{4-33}$$

选定 $R_1 = 10\,\mathrm{k\Omega}$，则 $R_2 = 183.16\,\mathrm{k\Omega}$。最接近 $183.16\,\mathrm{k\Omega}$ 的 5%电阻的值是 $180\,\mathrm{k\Omega}$[①]，因此，选择 $R_1 = 10\,\mathrm{k\Omega}$，$R_2 = 180\,\mathrm{k\Omega}$。必须选择标准电阻值在转移特性方程中引入了一定的误差，因为 m 和 b 不可能恰好与计算出的值相等。实际的电路设计就是不停妥协的过程，优秀的设计师会接受这些挑战，使用金钱或者大脑解决它们。用一分钱的电阻和一角钱的运放来搭建精密的电路，当然很难达到指标要求，然而近些年来 1%电阻的价格下降明显，今天已经很少需要做这种妥协了。

式(4-32)的左半部分可以计算出 R_F 和 R_G：

$$\frac{R_F + R_G}{R_G} = m\left(\frac{R_1 + R_2}{R_2}\right) = 3.535\left(\frac{180+10}{180}\right) \approx 3.73 \tag{4-34}$$

$$R_F \approx 2.73 R_G \tag{4-35}$$

式(4-36)给出了最终的电路方程：

$$V_{\mathrm{OUT}} = 3.5 V_{\mathrm{IN}} + 0.97 \tag{4-36}$$

选定增益电阻 $R_G = 10\,\mathrm{k\Omega}$，从 5%电阻序列中挑选最接近的反馈电阻 $R_F = 27\,\mathrm{k\Omega}$。由于选择了标准电阻值，我们又一次引入了一定的误差。电路中使用的运放的输出摆幅必须具有 $1 \sim 4.5\,\mathrm{V}$ 的范围。最终具备选定的元件取值的电路及其转移特性曲线如图 4-9 和图 4-10 所示。

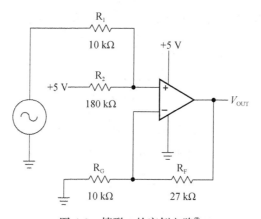

图 4-9　情形 1 的实例电路[②]

---

① 电阻、电容等无源元件的值并不是任意的。一般来说，每个数量级的元件，根据其精度不同，具有近似呈等比数列排列的 6、12、24、48、96 或 192 种，这称作 E6、E12、E24、E48、E96 或 E192 优先数（preferred number）序列，由 IEC 60063 标准规定。使用优先数序列具有以下优点：(1) 序列属于等比数列，其中相邻两个值的相对误差基本相等；(2) 两优先数的积与商仍为优先数；(3) 同一序列中优先数的乘除法运算，取对数后可转化为序号的加减法，方便计算。E 系列优先数的具体数值可在网上查询。——译者注

② 本图和后面几种情形的原理图中，运放上下支路的同反相（亦即运放符号是上 "+" 下 "–"，还是上 "–" 下 "+"）不同。本书中类似原理图的运放电源引脚只起示意作用，其接法与实际的原理图设计软件中运放符号的电源引脚接法未必相同，读者仿真或实际试验时需要注意。——译者注

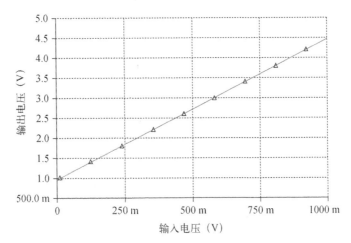

图 4-10 情形 1 实例电路的实测转移特性曲线

转移特性曲线是一条直线段，这意味着电路是线性的。V_{OUT} 的截距约为 0.98 V，与指标要求的 1 V 相比有一点误差。输入电压为 1 V 时，输出电压为 4.53 V。考虑最低和最高输入电压的误差，易知电阻的精度限制确实略微影响了电路增益及偏移量，然而对使用 5% 电阻的电路来说，电路的性能已经非常好了。在选用 5% 的电阻时，实验数据经常会表现出比 5% 更加精确的特性。然而不要被这种假象所欺骗，否则你总会有失望的时候[①]。

本例中，电阻使用 kΩ 量级，这是任意选择的。增益和偏移量的指标决定了电阻的比值，但是供电电流、频率响应和运放的输出能力决定了电阻的具体值。现代的运放几乎没有输入电流失调的问题，本例中对频率响应也没有特别的要求，因此选用了较大的电阻值。如果要求更高的频率响应，电阻值必须减小。电阻值的减小还可以降低输入电流误差，但同时也增大了供电电流。当电阻值降低到足够小时，本级运放或前级电路的驱动能力就会成为问题。

4.4.2 情形 2：$V_{OUT} = +mV_{IN}-b$

图 4-11 所示电路实现了情形 2。在进行详细的数学推导之前，让我们对这一电路进行大致的分析：斜率 m 是正的，所以信号接入同相输入端；截距 b 是负的，所以参考接入反相输入端；输入信号的同相增益由 R_F 和 R_G 决定，电压参考的反相增益也由 R_F 和 R_G 决定。到此为止，你应当注意到了这一电路的一个根本的局限性：R_1 和 R_2 构成的分压器对 +V_{REF} 进行了分压，然而这个分压器会带来误差，这一误差可以通过让 R_G 和 R_F 的取值远远大于 R_1 和 R_2 来缓解，如使用比 R_1 和 R_2 大两个数量级的 R_G 和 R_F。本章中问题最大的解决方案就是这一情形。如果只关注电路的交流特性，可以用电容来旁路 R_2。然而本章假设设计者也关心电路的直流特性，那么这一方法就无法使用了。最好的解决方案可能是用一个运放来跟随 R_1 和 R_2，使 R_G 的左端连接到低阻抗的运放输出端。事实上，有很多价格合适、封装合适的双运放，使得这一解决方案非常可行。不过出于分析的目的，我们继续假设只能使用一个运放。本节的解决方案也可以满意到超

---

① 电阻的精度 5% 确定之后，值的序列就确定了。然而，任意一个 5% 精度电阻的值与其标称值之间都可能具有最大 5% 的误差。由于这一误差，不同元件生产出的电路的斜率和截距不可能完全相同，这一现象在大量生产时（而不是原型试验中）才会表现出来。虽然实际上大部分 5% 精度的电阻与其标称值的实际误差远远小于 5%，但是没有保证的指标在电路设计中是不能依赖的，否则可能造成重大损失。——译者注

乎你的预期!

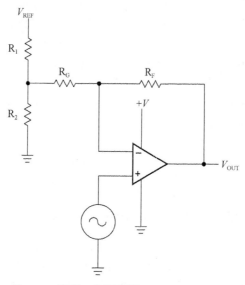

图 4-11 情形 2 的原理图：$V_{OUT} = +mV_{IN} - b$

对 R_1 和 R_2 的联结点使用戴维南定理可得电路方程。将 R_1 和 R_2 用戴维南等效电路替换，使用理想状况下的增益方程可得增益：

$$V_{OUT} = V_{IN}\left(\frac{R_F + R_G + R_1 \| R_2}{R_G + R_1 \| R_2}\right) - V_{REF}\left(\frac{R_2}{R_1 + R_2}\right)\left(\frac{R_F}{R_G + R_1 \| R_2}\right) \tag{4-37}$$

将式(4-37)与式(4-14)比较，得到 m 和 b：

$$m = \frac{R_F + R_G + R_1 \| R_2}{R_G + R_1 \| R_2} \tag{4-38}$$

$$|b| = V_{REF}\left(\frac{R_2}{R_1 + R_2}\right)\left(\frac{R_F}{R_G + R_1 \| R_2}\right) \tag{4-39}$$

情形 2 的实例

考虑如下设计指标的电路：输入电压 $V_{IN} = 0.2\,V$ 时输出电压 $V_{OUT} = 1.5\,V$，输入电压 $V_{IN} = 0.5\,V$ 时输出电压 $V_{OUT} = 4.5\,V$，$V_{REF} = V_{CC} = 5\,V$。联立方程组如下：

$$1.5 = 0.2m + b \tag{4-40}$$
$$4.5 = 0.5m + b \tag{4-41}$$

求解得 $b = -0.5$，$m = 10$。假设 $R_1 \| R_2 \ll R_G$ 可简化计算：

$$m = 10 = \frac{R_F + R_G}{R_G} \tag{4-42}$$

$$R_F = 9R_G \tag{4-43}$$

选定 $R_G = 20 \text{ k}\Omega$，则 $R_F = 180 \text{ k}\Omega$。

$$b = V_{CC}\left(\frac{R_F}{R_G}\right)\left(\frac{R_2}{R_1 + R_2}\right) = 5\left(\frac{180}{20}\right)\left(\frac{R_2}{R_1 + R_2}\right) \tag{4-44}$$

$$R_1 = \frac{1 - 0.01111}{0.01111}R_2 \approx 89 R_2 \tag{4-45}$$

选定 $R_2 = 820 \, \Omega$，则 $R_1 = 72.98 \text{ k}\Omega$。由于 72.98 kΩ 不在 5%电阻序列中，选择 $R_1 = 75 \text{ k}\Omega$。R_1 的计算值和实际值的差别对 b 造成了大约 3%的影响，这种影响表现在转移特性的截距而不是斜率上。R_1 和 R_2 的并联电阻大约 820 Ω，远远小于阻值为 20 kΩ 的 R_G。因此，前面假设的 $R_G \gg R_1\|R_2$ 的条件得到了满足。最终的电路和转移特性曲线如图 4-12 和图 4-13 所示。请注意，我们为 R_2 增加了并联电容 C_1，这不是为了电路的交流增益（虽然确实有保证交流特性的作用），而只是为了对产生截距 b 所需的直流电压进行滤波来降低噪声（因为使用了电源电压作为参考）。

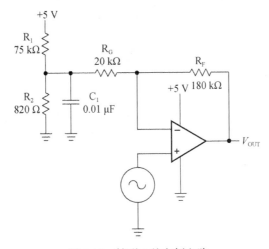

图 4-12 情形 2 的实例电路

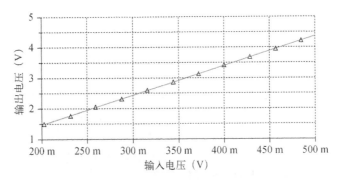

图 4-13 情形 2 实例电路的实测转移特性曲线

本电路选用了具有宽动态范围的运放 TLV247X[1]。实测的转移特性曲线非常接近理论值，这归功于使用了高性能的运放。

---

[1] 这是一系列的运放，根据一个封装内的运放数目（1、2 或 4）和是否带关断引脚，具体型号有 TLV2470 ~ TLV2475 等。——译者注

4.4.3   情形 3：$V_{OUT} = -mV_{IN} + b$

图 4-14 所示的电路实现了情形 3。这一电路非常简单直接：截距是正的，因此参考电压加在同相输入端；斜率是负的，因此信号加在反相输入端；信号的反相增益由 R_F 和 R_G 决定。参考电压通过 R_1 和 R_2 组成的分压器加在同相输入端，电路对它的同相增益也由 R_F 和 R_G 决定。

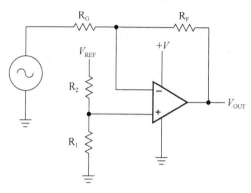

图 4-14   情形 3 的原理图：$V_{OUT} = -mV_{IN} + b$

使用叠加定理可得电路方程：

$$V_{OUT} = -V_{IN}\left(\frac{R_F}{R_G}\right) + V_{REF}\left(\frac{R_1}{R_1 + R_2}\right)\left(\frac{R_F + R_G}{R_G}\right) \tag{4-46}$$

将式(4-46)与式(4-15)比较可得 m 和 b：

$$|m| = \frac{R_F}{R_G} \tag{4-47}$$

$$b = V_{REF}\left(\frac{R_1}{R_1 + R_2}\right)\left(\frac{R_F + R_G}{R_G}\right) \tag{4-48}$$

情形 3 的实例

考虑如下设计指标的电路：输入电压 $V_{IN} = -0.1\,V$ 时，输出电压 $V_{OUT} = 1\,V$；输入电压 $V_{IN} = -1\,V$ 时，输出电压 $V_{OUT} = 6\,V$，$V_{REF} = V_{CC} = 10\,V$。

前面两个实例都选用了 TLV247X 运放。在这个实例中，让我们稍稍复杂化一下：电路的供电电压为 10 V，超过了 TLV247X 允许的最高电源电压。假设这一电路用来驱动远端端接的电缆，其等效电路为两个 50 Ω 的电阻串联，因此运放必须能够输出 6 V/100 Ω = 60 mA 的电流。这些严格的要求限制了运放的选型范围，以保证仍然可以使用理想运放的方程进行设计。此处选用 TLC07X，它的单电源输入特性和驱动能力都能够满足要求。

联立方程组：

$$1 = (-0.1)m + b \tag{4-49}$$

$$6 = (-1)m + b \tag{4-50}$$

从方程组中解出 $b \approx 0.444$，$m \approx -5.6$。

$$|m| = 5.56 = \frac{R_F}{R_G} \tag{4-51}$$

$$R_F = 5.56R_G \tag{4-52}$$

选定 $R_G = 10\ \text{k}\Omega$，则 $R_F = 56.6\ \text{k}\Omega$。这不是 5% 电阻序列中的值，因此选择 $R_F = 56\ \text{k}\Omega$。

$$b = V_{CC}\left(\frac{R_F + R_G}{R_G}\right)\left(\frac{R_1}{R_1 + R_2}\right) = 10\left(\frac{56+10}{10}\right)\left(\frac{R_1}{R_1 + R_2}\right) \tag{4-53}$$

$$R_2 = \frac{66 - 0.4444}{0.4444}R_1 \approx 147.64R_1 \tag{4-54}$$

电路最终的方程为：

$$V_{OUT} = -5.56V_{IN} + 0.444 \tag{4-55}$$

选定 $R_1 = 2\ \text{k}\Omega$，则 $R_2 = 295.28\ \text{k}\Omega$。这不是 5% 电阻序列中的值，因此选择 $R_2 = 300\ \text{k}\Omega$。实际值和计算值的差别对 b 造成的影响可忽略。最终的电路和转移特性曲线如图 4-15 和图 4-16 所示。

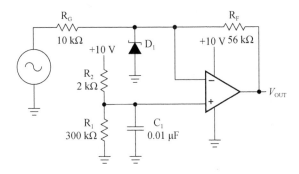

图 4-15　情形 3 的实例电路

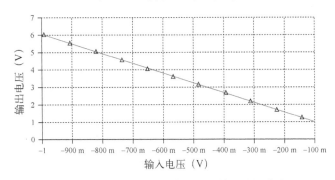

图 4-16　情形 3 实例电路的实测转移特性曲线

　　本电路还有一个可能会导致运放损坏的遗留问题。在电路正常工作时，本电路能够正确处理负电压输入，因为运放的反相输入端的电压是正的。运放的同相输入端的电压约为 65 mV。假设误差电压为 0，运放正常工作时会让反相输入端的电压也保持在 65 mV。但是在电源断开但输入端仍有负电压时，大部分负电压会落在运放的反相输入端，可能导致运放损坏。

　　最简单的解决方案是使用一个二极管 D_1 进行保护：将二极管的阴极连接在运放反相输入

端，阳极接地。如果负电压落在了运放的反相输入端，二极管会将其箝位到地。这里最好使用锗二极管与肖特基二极管，因为这两类二极管的压降较低（200 mV 左右），这样的低电压不会损坏大部分运放的输入电路。作为进一步的预防措施，R_G 可以拆成两个串联的电阻，二极管的阴极连接在两电阻中间。这样，二极管和运放反相输入端之间的电阻也可起到限流作用。

4.4.4   情形 4：$V_{OUT} = -mV_{IN} - b$

图 4-17 所示的电路实现了情形 4。由于斜率和截距均为负，所以信号和参考电压均加在电路的反相输入端。这样，电路就简化为前面讨论过的加法器电路。然而最终的电路需要采取一些措施，来避免像情形 3 中所示的电源断开时出现的问题。

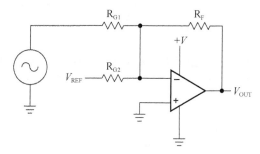

图 4-17   情形 4 的原理图：$V_{OUT} = -mV_{IN} - b$

分别计算电路对 V_{IN} 和 V_{REF} 两个输入的响应，并使用叠加定理得到电路方程：

$$V_{OUT} = -V_{IN}\frac{R_F}{R_{G1}} - V_{REF}\frac{R_F}{R_{G2}} \tag{4-56}$$

将式(4-56)与式(4-16)比较可得 m 和 b：

$$|m| = \frac{R_F}{R_{G1}} \tag{4-57}$$

$$|b| = V_{REF}\frac{R_F}{R_{G2}} \tag{4-58}$$

情形 4 的实例

考虑如下设计指标的电路：输入电压 $V_{IN} = -0.1$ V 时，输出电压 $V_{OUT} = 1$ V；输入电压 $V_{IN} = -0.3$ V 时，输出电压 $V_{OUT} = 5$ V，$V_{REF} = V_{CC} = 5$ V，$R_L = 10$ kΩ，电阻精度 5%。联立方程组：

$$1 = (-0.1)m + b \tag{4-59}$$
$$5 = (-0.3)m + b \tag{4-60}$$

从方程组中解出 $b = -1$，$m = -20$。将 m 的绝对值代入式(4-57)，得：

$$|m| = 20 = \frac{R_F}{R_{G1}} \tag{4-61}$$

$$R_F = 20R_{G1} \tag{4-62}$$

选定 $R_{G1} = 1\ k\Omega$，则 $R_F = 20\ k\Omega$。

$$|b| = V_{CC}\left(\frac{R_F}{R_{G1}}\right) = 5\left(\frac{R_F}{R_{G2}}\right) = 1 \tag{4-63}$$

$$R_{G2} = \frac{R_F}{0.2} = \frac{20}{0.2} = 100\ k\Omega \tag{4-64}$$

电路最终的方程为：

$$V_{OUT} = -20V_{IN} - 1 \tag{4-65}$$

最终的电路如图 4-18 所示，转移特性曲线如图 4-19 所示。

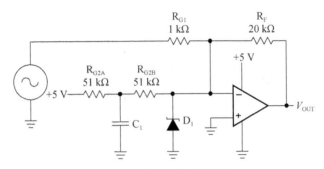

图 4-18　情形 4 的实例电路

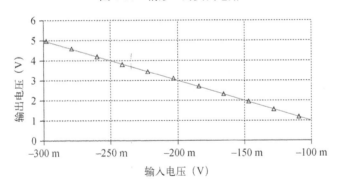

图 4-19　情形 4 实例电路的实测转移特性曲线

电路选用了具有宽动态范围的运放 TLV247X。实测的转移特性曲线非常接近理论值。

与情形 3 类似，电路正常工作时可以处理负电压输入，因为运放的反相输入端电压不为负。运放的同相输入端接地，假设误差电压为 0，正常工作时反相输入端也会保持在地电位。在电源断开但输入端仍有负电压时，运放的反相输入端会出现负电压，可能导致损坏。

最简单的解决方案是使用二极管 D_1 进行保护：将二极管的阴极连接在运放反相输入端，阳极接地。如果负电压落在了运放的反相输入端，二极管会将其箝位到地。这里最好使用锗二极管与肖特基二极管，因为这两类二极管的压降较低（200 mV 左右），这样的低电压不会损坏大部分运放的输入电路。R_{G2} 拆分成了两个部分（$R_{G2A} = R_{G2B} = 51\ k\Omega$），在联结点上加了对地的电容，起到对参考电压退耦的作用。

4.5   小结

单电源运放电路设计比双电源设计更复杂，但是使用符合逻辑的设计方法可以获得满意的结果。由于早期运放的指标限制，人们曾经认为单电源设计在技术上是受限的。新型的运放（如 TLC247X、TLC07X 和 TLC08X）具有优秀的单电源指标。因此，只要使用得当，单电源运放就能够轨到轨工作，获得与双电源对手一样好的性能。

单电源运放电路设计往往会给电路引入某些形式的偏置，这需要更多考量。因此，单电源运放电路设计需要设计规程和设计步骤。推荐的单电源运放电路设计步骤如下：

- 将设计指标中给出的数据代入联立方程组并求解，得到 m 和 b（也就是直线的斜率和截距）；
- 观察 m 和 b 的符号，选择电路的形式（前面提到的四种情形之一）；
- 选择符合上述形式的电路；
- 使用对应电路的方程计算出电阻值；
- 搭建电路、采集数据、确认性能；
- 在非标准的工作状态下测试电路（如在电源断开时加信号输入、信号超过/低于输入范围等）；
- 增加必要的保护元件[①]；
- 重新测试。

只要严格遵守设计步骤，就能得到良好的结果。随着单电源运放电路应用范围的不断拓展，总是需要用新的方案来解决新的挑战。需要记住，线性运放电路只能得到直线形的转移特性。本章的设计方法只有四种情形，然而新的挑战可能包括处理多个输入、抑制共模电压，或者其他种种具体问题。这时候，需要一通百通地灵活扩展本章的设计方法，以解决这些挑战。

---

① 为了免去在上一步中损坏元器件、导致更换和重新测试的烦恼，这一步可以放在上一步前面。——译者注

第 5 章

其他情形

5.1 一系列的应用

上一章给出了四种情形，前面的章节也介绍了偏移量为零的反相放大电路和同相放大电路等简单的电路组态。这些情形可以涵盖绝大多数的应用场合。在我从事应用工程师工作并协助客户解决实际需求的职业生涯中，遇到过一些前面没有提到的应用。需要特别指出的是衰减器电路，我曾经认为这是很少见的应用场合，然而事实并非如此！在本书最初发布时举办的系列讲座上，一位听众讲述了一个悲哀的故事：单位增益的电路工作得很完美，增益为 1/10 的电路开始变得不稳定，而增益为 1/100 的电路不可控制地振荡了起来！我们两位作者思考这一困境时，开始意识到了没有偏移量的情形（反相放大电路和同相放大电路），也就是斜率不为 0、截距为 0 的情形。上一章的四种情形包括了增益大于 1 的情况，但是没有包含有偏移量以及没有偏移量的衰减器电路。我们还意识到，稳压器也可以包含在运放的应用场景中，它是截距不为 0、斜率为 0 的情形。

表 5-1 列出了前面讨论过以及还未讨论的每一种情形。为简洁起见，表中没有考虑使用负参考电压的情形，因为很少有厂家生产负电压基准源，它们的应用也非常少见。同样为简洁起见，本章并未像前一章那样包含详细的公式推导。当然，这些公式同样是利用前面章节中使用过的分压器规则、叠加定理以及其他定律推导出来的。

表 5-1　增益和偏移量的所有情况

		偏移量 $b < 0$	偏移量 $b = 0$	偏移量 $b > 0$
输入与输出同相	增益 $m > 1$	情形 2（4.4.2 节）	同相放大器 情形 5（2.3 节）	情形 1（4.4.1 节）
	增益 $m = 1$	情形 8（5.4 节）	情形 9（5.8 节）	
	$0 <$ 增益 $m < 1$		情形 10（5.2 节）	情形 7（5.3 节）
	增益 $m = 0$	负电压基准源 或稳压器 （第 23 章）	地	正电压基准源 或稳压器 （第 22 章）
输入与输出反相	$-1 <$ 增益 $m < 0$	情形 12（5.7 节）	情形 13（5.5 节）	情形 11（5.6 节）
	增益 $m \leqslant -1$	情形 4（4.4.4 节）	反相放大器 情形 6（2.4 节）	情形 3（4.4.3 节）

当然还有一些工作需要进行，尤其是在涉及衰减的情形下。想要一套完整的工具来理解增益和偏移量的每种组合的设计师，需要知道比自己最熟悉的情形（也就是同相放大电路、反相

放大电路和同相缓冲器）更多的东西。上一章给出的四种情形构成了对这些电路的补充，而本章给出了其他情形。

表 5-1 列出了每种可能的增益与偏移量的组合所对应的运放电路。其中，上一章介绍的四种情形占据了表格后三列的四个角，情形 5 和情形 6 是第 2 章讨论的基本放大电路。下面几节介绍其他几种情形。

5.2   偏移量为零的同相衰减器

所有的新情形中，最简单的是偏移量为零的同相衰减器（情形 10）。使用分压器（参见图 A-5）和单位增益缓冲器可以构成同相衰减器（图 5-1）。

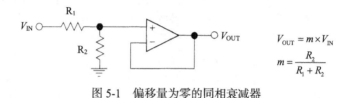

$$V_{OUT} = m \times V_{IN}$$

$$m = \frac{R_2}{R_1 + R_2}$$

图 5-1   偏移量为零的同相衰减器

5.3   偏移量为正的同相衰减器

对偏移量为零的同相衰减器进行一点小改动，可以得到偏移量为正的同相衰减器（情形 7）。该电路增加了第二个输入，用于给电路注入参考电压。参考电压输入的衰减量也遵循分压器法则（图 5-2）。

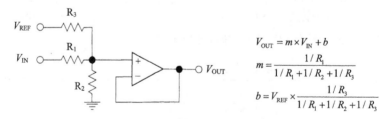

$$V_{OUT} = m \times V_{IN} + b$$

$$m = \frac{1/R_1}{1/R_1 + 1/R_2 + 1/R_3}$$

$$b = V_{REF} \times \frac{1/R_3}{1/R_1 + 1/R_2 + 1/R_3}$$

图 5-2   偏移量为正的同相衰减器

5.4   偏移量为负的同相衰减器

偏移量为负的同相衰减器（情形 8）来自同相缓冲器的另一个小修改（图 5-3）。在这一情形中，参考电压通过反相放大电路加到反相输入端，而不是像前一节中那样加到同相输入端。唯一的限制是，参考电压的增益必须大于或等于运放的稳定增益[1]。

----

[1] 必须认识到，运放的增益大于或等于稳定增益时，工作才稳定；也就是说，运放的稳定增益是运放最不稳定的工作状况。比如"单位增益稳定"的运放，在单位增益时工作最不稳定，在增益小于单位增益时则可能发生振荡。这就是 5.1 节中那个悲哀故事的答案。详细的分析可以参见第 6 章。——译者注

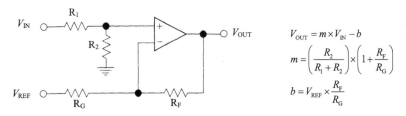

图 5-3 偏移量为负的同相衰减器

5.5 偏移量为零的反相衰减器

这是所有情形中最容易犯设计错误的一种！很多经验不足的设计师会将反相放大电路简单外推，使用比 R_F 更大的 R_G 来搭建反相衰减器，这样会破坏电路的稳定性。对这一问题最简单的修正是使用 5.2 节所示的分压器跟着单位增益缓冲器的电路（也就是同相衰减器）来衰减信号。如果需要反相衰减，那么也可以在反相放大电路的前面增加分压器来构成反相衰减器（情形 13）。

本情形的电路很容易分析。R_{IN} 拆成了 R_{INA} 和 R_{INB} 两部分，它们的和不能大于 R_F。通过增加 R_{ATTEN}，本级电路的衰减量可以是需要的任意值，但 R_{INB} 和 R_F 构成的反相放大电路的增益总是在 1 和 2 之间（图 5-4）。

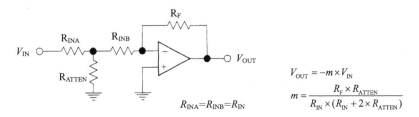

图 5-4 偏移量为零的反相衰减器

5.6 偏移量为正的反相衰减器

需要正偏移量的反相衰减器（情形 11）时，可以将上一节的电路和 5.2 节所示的电路结合起来（图 5-5）。注意，电路也衰减了偏移量。

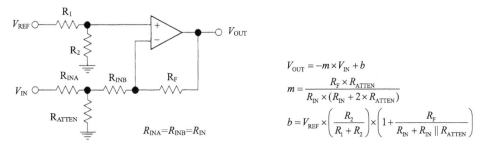

图 5-5 偏移量为正的反相衰减器

5.7　偏移量为负的反相衰减器

需要负偏移量的反相衰减器（情形 12）时，可将参考电压通过加法器的形式加在反相输入端（图 5-6）。同样需要注意，参考电压的增益需要大于运放的稳定增益（对于最常见的单位增益稳定的运放，也就是需要大于 1），否则电路可能不稳定。

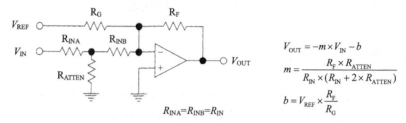

$$V_{OUT} = -m \times V_{IN} - b$$

$$m = \frac{R_F \times R_{ATTEN}}{R_{IN} \times (R_{IN} + 2 \times R_{ATTEN})}$$

$$b = V_{REF} \times \frac{R_F}{R_G}$$

$$R_{INA} = R_{INB} = R_{IN}$$

图 5-6　偏移量为负的反相衰减器

5.8　同相缓冲器

同相缓冲器（情形 9）是（偏移量为零的）同相放大电路的一种特殊情况。在同相放大电路中，增益由 $1 + R_F/R_G$ 决定，故同相放大电路能达到的最小增益就是 1。此时需要使用远大于 R_F 的 R_G，也就是说将 R_G 开路（电阻为无穷大）。此时，R_F 的值变得不重要，一般可以直接短接（图 5-7）。但在实际的电路设计中，往往会在 R_F 的位置保留一个电阻。这样，如果将来要修改电路，可以很方便地在电路板上增加 R_G。这样做尚有另外的理由，如为了电路功耗和稳定性。另外，在使用电流反馈运放（后面的章节会介绍）时，R_F 是必需的。

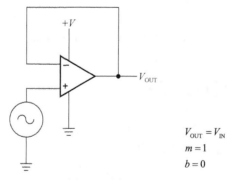

$$V_{OUT} = V_{IN}$$
$$m = 1$$
$$b = 0$$

图 5-7　同相缓冲器

5.9　设计辅助工具[①]

如果知道电路的供电电压、参考电压、输入和输出的最小值和最大值，那么就可以确定电路属于哪种情形。然而这并不总是显然的。本章和前一章提供了 11 种情形的电路，然而没有一

[①] 这是本书第 4 版 3.5 节的部分内容，原书第 5 版未收录，但其内容非常有用。译者经常使用这里提到的设计辅助工具，故将该节补充在这里。——译者注

种简单的方法能确定需要处理的到底是哪一种。下面提供了一种通用的电路（图 5-8）以及可以自动确定电路属于哪种情形的设计辅助工具，来避免读者在这个问题上悬而不决。如果不能确定最终的电路是什么样子，那么在设计周期的早期，可以使用这一通用的电路结构。在确定最终指标时，这一电路很大程度上可以适应情况。

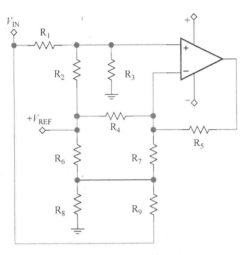

图 5-8　通用的运放电路

尽管并不显而易见，但图 5-8 所示的电路能够实现上面的所有 11 种情形。在实现某种特定的情形时，这一电路中有些电阻开路，有些电阻短路（使用 0 Ω 电阻连接），有些电阻与要实现的情形中的电阻对应。我用 JavaScript 编写了一个计算器（图 5-9），可在本书的图灵社区页面（ituring.cn/book/2739）查看。

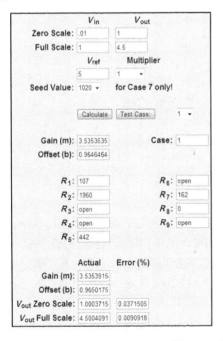

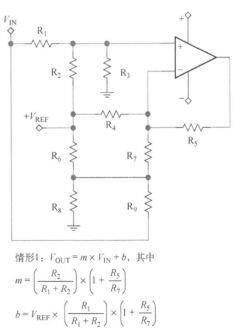

情形1：$V_{OUT} = m \times V_{IN} + b$，其中

$$m = \left(\frac{R_2}{R_1 + R_2} \right) \times \left(1 + \frac{R_5}{R_7} \right)$$

$$b = V_{REF} \times \left(\frac{R_1}{R_1 + R_2} \right) \times \left(1 + \frac{R_5}{R_7} \right)$$

图 5-9　通用运放计算器

已知输入电压 V_{IN} 和输出电压 V_{OUT} 的最小值和最大值及参考电压，这一计算器能够自动确定电路属于哪种情形，并能确定增益（m）、偏移量（b）和上面电路中 9 个电阻的阻值。它还可以根据计算出的电阻值进一步算出真实的增益、偏移量及 V_{OUT} 的最小值和最大值。计算器中预置了上面提到的每种情形的测试用例，这些预置值都可以修改。如果想从测试用例开始熟悉这个计算器，只要从 Test Case 按钮右侧的下拉菜单选择一个用例，然后点击 Test Case 按钮，数据就会载入上面的字段中。之后单击 Calculate 按钮。进行设计时，只需要填写自己的设计指标并单击 Calculate 按钮。计算器会自动更新直线方程以计算出 m 和 b，并自动确定电路属于哪种情形。很简单吧！

下面是一些注意事项。

❑ 5.3 节的情形 7 在形式上很简单，但实际计算相当复杂。计算这一情形需要在 Seed Value 下拉菜单中选定一个种子值，这一菜单中包含了 1%电阻的标准序列。任意选定的种子值都可计算出这一情形的解，然而也可以尝试其他的种子值来优化 m 和 b，或同时优化它们。

❑ 电阻值的数量级[①]可从 Multiplier 下拉菜单中选择。在大部分情形下不用管它，如果不喜欢计算出的电阻值的数量级，可以在 Multiplier 菜单中选择一个倍数，然后单击 Calculate 按钮重新计算，电阻值会被自动缩放。该功能很简单，顺带手即可完成。

图 5-10 给出了上述通用运放电路的印制电路板布图，以进一步帮助设计。布图中使用单层印制电路板，适用于 SO-8 封装的单运放[②]和 1206 表面贴装电阻。Gerber 光绘图可从本书图灵社区页面下载。

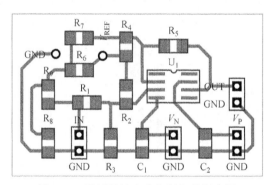

图 5-10　通用运放电路印制电路板布图

5.10　信号链设计

上一章和本章介绍的方法可以用来设计实际应用中需要的几乎所有模拟接口电路。放大与衰减电路（无论带不带偏移量）的主要用途，就是在输入电压和数据转换器间提供接口。有时，需要使用负电压基准源或稳压器来给电路提供一路稳定而干净的电源。这时候不要担心，我们的老朋友运放可以在这一不起眼的稳压器中发挥重要的作用（见第 23 章）!

---

① 如电阻是 16.5 Ω、165 Ω 或 1.65 kΩ。——译者注

② 注意! 几乎所有 8 脚双运放及 14 脚四运放的管脚引出都是一致的。然而单运放的管脚引出可能略有不同，故本布图可能需要根据实际使用的运放型号略作修改。——译者注

第6章

反馈与稳定性理论

6.1 反馈理论导论

本章开始讨论一些较为深入的话题。在与客户及其他工程师的互动中，我一次又一次地遇到这个问题："为什么不能通过让 R_G 大于 R_F 的方式搭建反相衰减器电路？"这一问题的回答很具技术性并且很困难。理解这个问题，需要对本章和下一章讨论的话题具有扎实的知识，而其中最重要的是反馈理论。当然，这几章包含的内容并不只是反相衰减器。范围更大的话题是运放的稳定性，而反相衰减器的问题只是其中的一个方面。我们从现在开始认真讨论现实运放的特性！

所有运放的增益都随频率升高而降低，这一特性导致在频率升高时，理想运放假设（增益为无穷大）变得与实际越来越不符。在大部分实际的运放中，开环增益在频率达到 10 Hz 之前就开始下降，所以要预测运放的闭环特性，必须对反馈理论有所了解。现实世界中的运放电路都是反馈控制电路，它依赖运放在某一频率下的开环增益。因此，设计者必须懂得这一理论，以预测任意频率或开环增益下电路的响应。

设计理想运放电路时，可以不利用反馈分析的知识和工具，但是这样设计出的电路只在频率较低时与实际情况相符。理解实际的放大电路中为什么会发生振铃或振荡等现象，也需要反馈理论的帮助。

6.2 框图的运算与变换

电子系统和电路常常用框图来表示，而框图有它独特的运算与变换方法[1]。框图是一种简易的图形表示法，用于描述实际系统中输入与输出的因果关系。框图可以方便地描述电路元件之间的功能关系。对框图进行变换时，不需要了解每个框的具体功能。

为了排除负载的影响，假设框图中框的输入阻抗为无穷大。同时，假设框的输出阻抗为零，这样一个框后面就可以连接很多框。因为系统设计师会考虑实际的输入/输出阻抗，而画框图的人总是遵循设计系统的人提出的指标，所以上述"高扇出假设"是成立的。内部标有数字的框将输入乘以对应的数字，标有其他符号的框对输入进行对应的运算。框中的量可以是简单的常数，也可以是包含拉普拉斯变换的复杂函数。框中还可以包含与时间相关的运算，如微分和积分（图 6-1）。

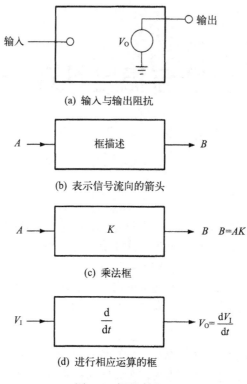

(a) 输入与输出阻抗

(b) 表示信号流向的箭头

(c) 乘法框

(d) 进行相应运算的框

图 6-1 框的定义

加减运算用特殊的框表示，这种框称作**求和点**。图 6-2 给出了求和点的一些例子。求和点的输入数量没有限制，在同一个点上可以同时进行加法和减法运算。图 6-3 给出了一般控制系统中常见的符号与术语定义，图 6-4 给出了典型的电子反馈系统中的符号与术语定义。多环路的反馈系统（图 6-5）看起来很唬人，但是通过写出方程、求解 $V_{\text{OUT}}/V_{\text{IN}}$ 的方法，这种复杂的反馈系统可以化简为单环系统。更简单的化简方法是使用图 6-6 所示的规则进行变换。

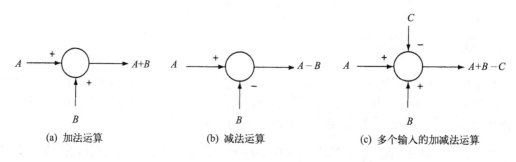

(a) 加法运算   (b) 减法运算   (c) 多个输入的加减法运算

图 6-2 求和点

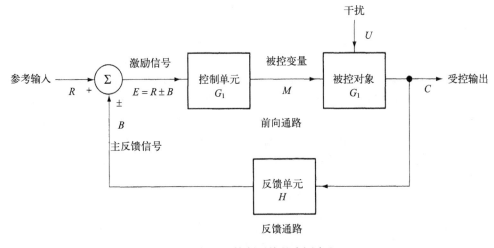

图 6-3 控制系统的术语定义

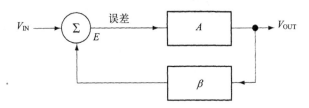

图 6-4 电子反馈电路的术语定义

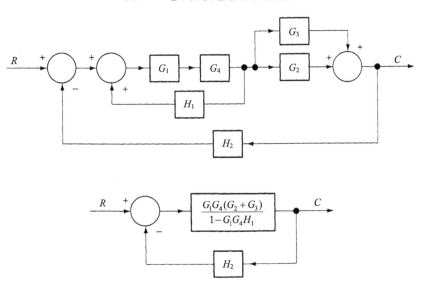

图 6-5 多环路反馈系统

框图的简化规则如下:

❑ 合并串联的框;

❑ 合并并联的框;

❑ 消除内部反馈环路;

❑ 左移求和点；
❑ 右移信号采集点；
❑ 重复上述步骤，直到将框图化为标准形式。

具体的框图化简规则见图 6-6。框图化简的目的是将框图化为标准形式，因为标准形式的反馈环是最简单的，并且其分析方法在文献中也有详细记载。所有反馈环都可以化简为标准形式，所以可以用同样的方法分析它们。对于反馈系统的每一个输入，都有对应的标准形式的反馈环路。虽然系统的稳定性动力学特性和输入无关，但是输出依赖于输入。对于多输入的反馈系统，可以对每一个输入的响应分别进行分析，然后使用叠加定理将它们求和，求出其总体响应。

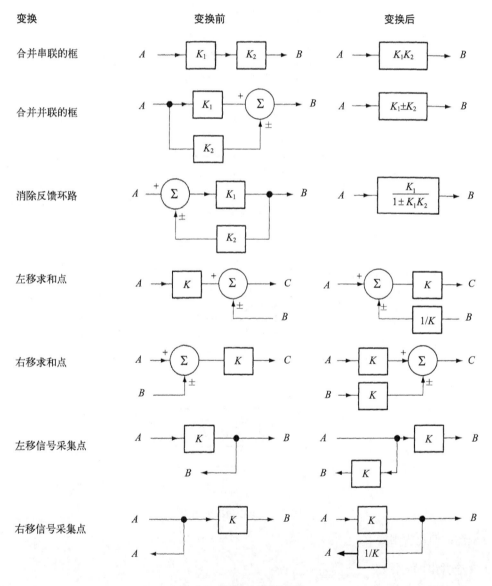

图 6-6　框图的化简规则

6.3 反馈方程与稳定性

反馈环路的标准形式如图 6-7 所示，图中分别给出了使用控制系统符号和电子系统符号的版本。除了对于系统工程师的具体含义之外，这两套符号术语并没有实质性区别。在数学上，这两套符号的含义是相同的。由于本书讨论的是电子学上的应用，下面的分析中将使用电子学符号术语及负反馈的符号。首先写出输出的方程：

$$V_{\text{OUT}} = EA \tag{6-1}$$

误差 E 的方程：

$$E = V_{\text{IN}} - \beta V_{\text{OUT}} \tag{6-2}$$

将式(6-2)代入式(6-1)得：

$$\frac{V_{\text{OUT}}}{A} = V_{\text{IN}} - \beta V_{\text{OUT}} \tag{6-3}$$

合并同类项得：

$$V_{\text{OUT}}\left(\frac{1}{A} + \beta\right) = V_{\text{IN}} \tag{6-4}$$

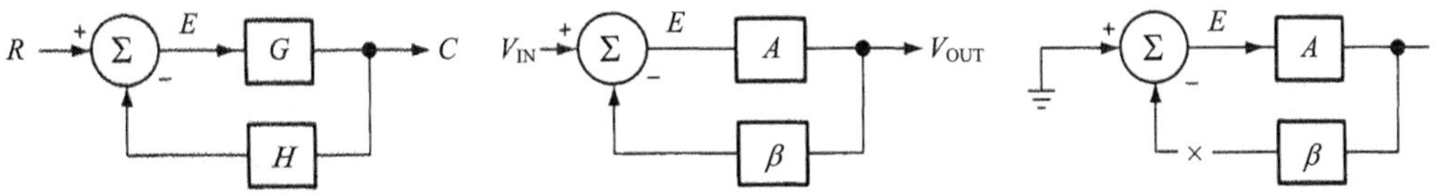

$$\frac{C}{R} = \frac{G}{1+GH} \quad E = \frac{R}{1+GH}$$

$$\frac{V_{\text{OUT}}}{V_{\text{IN}}} = \frac{A}{1+A\beta} \quad E = \frac{V_{\text{IN}}}{1+A\beta}$$

(a) 使用控制系统符号　　　　(b) 使用电子学符号　　　　(c) 断开反馈环以计算环路增益

图 6-7　反馈环路的标准形式

重排各项，得到反馈环路的经典形式：

$$\frac{V_{\text{OUT}}}{V_{\text{IN}}} = \frac{A}{1+A\beta} \tag{6-5}$$

式中的 $A\beta$ 一般比 1 大很多，因此可以将 1 忽略。这样，式(6-5)可化简为式(6-6)，这就是理想的反馈方程。在条件 $A\beta \gg 1$ 满足时，系统增益由反馈因子 β 决定。反馈因子通常使用稳定的无源元件来实现。在理想状况下，β 是稳定且可预测的，所以闭环增益也是稳定且可预测的。

$$\frac{V_{\text{OUT}}}{V_{\text{IN}}} = \frac{1}{\beta} \tag{6-6}$$

$A\beta$ 非常重要，因此得到了一个专名——**环路增益**。在图 6-7 中，当电压输入接地（电流输入开路）、环路断开时，计算出的增益就是环路增益 $A\beta$。

本章的重要概念 1

注意计算中使用的都是复数，而复数有幅值和方向[①]。当环路增益趋近于-1（用复数表示也就是 1∠-180°）时，式(6-5)趋近于 1/0，也就是无穷大。因此，电路的输出会以其能达到的最高速度，沿着一条直线直冲无穷大。如果输出没有能量限制，这一电路会毁灭世界。当然实际的电路都会达到某种能量限制，所以这种情况并不会发生。这一限制表现为输出停在运放的电源轨上，或是输出不受控制地振荡（在电路中除电源之外还有足够能量时）。实际上，很多运放在这种情况下都会从电源获得越来越多的能量，直到超过输出级晶体管的最大功耗指标，导致运放烧毁。运放内部或外部的电容可能会使环路增益 $A\beta$ 趋近于-1，这一话题将在后面详细讨论。

当输出接近电源电压时，电路中的有源元件表现出非线性。这种非线性使得增益降低，环路增益不再等于 1∠-180°。此时电路可能出现两种情况：第一，输出可能稳定在运放的电源电压限制上；第二，由于存储的电荷使输出电压继续改变，输出可能反向并向负电源轨接近。

第一种情况称作**锁定**（lock up），此时运放输出稳定在电源电压限制上。除非下电并重新上电，否则运放会一直维持在锁定状态。第二种情况下，运放的输出在两个电源轨之间跳动，称作**振荡**。需要注意的是，环路增益 $A\beta$ 是决定电路稳定性的唯一因素。输入可能接地或悬空，对稳定性没有影响。

将式(6-1)代入式(6-2)，化简得误差：

$$E = \frac{V_{\text{IN}}}{1+A\beta} \tag{6-7}$$

首先需要注意，误差与输入信号成正比。这一结果符合预期，因为更大的输入信号会导致更大的输出信号，而更大的输出信号也需要更高的驱动电压。环路增益增加时误差减小，因此为了使误差尽量减小，需要很大的环路增益。

6.4　反馈电路的伯德分析

伯德提出了一种分析反馈放大器的方法，这种方法可以快速、精确、简单地完成工作。他在 1945 年出版的著作[2]中介绍了这一方法。当时，运放处于发展初期；然而运放可以归类为反馈放大器的一种，因此伯德的方法可以直接用来分析运放。分析反馈电路需要的数学运算涉及乘除法，较为复杂。伯德发明了伯德图，这种图示的方法可以用来简化分析。

伯德的分析使用形如 $20\lg(F(t)) = 20\lg(|F(t)|) + \text{j}\cdot$辐角的对数公式。由于使用了对数，分析中的乘除计算化为加减。加减可以用图示的形式完成，这使计算变得简单，同时还可以给设计者提供关于电路性能的直观描述。

下面举例说明这一方法。写出图 6-8 所示的低通滤波器的传递函数[②]：

---

① 在本章的公式中，作者经常混用复数及其模（为实数），以及以角度为自变量和以弧度为自变量的三角函数。仔细阅读本章的读者请注意公式的具体含义。——译者注

② 对于不熟悉信号处理的读者来说，传递函数也就是以 $s = \text{j}\omega$ 为自变量、在复数域的转移特性。——译者注

$$\frac{V_{\text{OUT}}}{V_{\text{IN}}} = \frac{\dfrac{1}{Cs}}{R + \dfrac{1}{Cs}} = \frac{1}{1 + RCs} = \frac{1}{1 + \tau s} \tag{6-8}$$

其中 $s = j\omega$，$j = \sqrt{-1}$，$RC = \tau$。

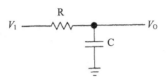

图 6-8　低通滤波器

这一传递函数的幅度为 $|V_{\text{OUT}}/V_{\text{IN}}| = 1 / \sqrt{1^2 + (\tau\omega)^2}$。当 $\omega = 0.1/\tau$ 时，$|V_{\text{OUT}}/V_{\text{IN}}| \approx 1$；当 $\omega = 1/\tau$ 时，$|V_{\text{OUT}}/V_{\text{IN}}| = 0.707$；当 $\omega = 10/\tau$ 时，$|V_{\text{OUT}}/V_{\text{IN}}| \approx 0.1$。图 6-9 使用双对数坐标绘出了上述频率特性的直线近似。图中下降部分的斜率为 –20 dB/十倍频程，也就是 –6 dB/倍频程[①]。在 $\omega < 1/\tau$ 时，幅度的频率特性近似于一条直线；从转折点 $\omega = 1/\tau$ 开始，幅度开始随频率下降。频率很低时，增益为 1（也就是 0 dB）；在转折频率处，增益为 0.707（–3 dB）；频率更高时，增益以 –20 dB/十倍频程的斜率下降。

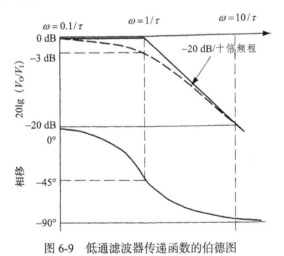

图 6-9　低通滤波器传递函数的伯德图

式(6-9)可用来计算上述低通滤波器或其他传递函数的相移：

$$\phi = \arctan\left(\frac{\text{实部}}{\text{虚部}}\right) = -\arctan\left(\frac{\omega\tau}{1}\right) \tag{6-9}$$

正切函数是非线性的，因此估计相移比估计幅度要困难很多。然而通常情况下，对于有源电路，只需要估计增益在 0 dB 转折点附近的相移情况，因此计算量可以显著减小。记住 $\tan 45° = 1$、$\tan 60° = \sqrt{3}$、$\tan 30° = \sqrt{3}/3$ 会大大方便估计相移的工作。图 6-9 绘出了相移的频率特性。

[①] 倍频程的英文是 octave，也就是音乐里的八度。相差一个八度的音的频率比是 2 : 1，这两者代表了完全相同的关系。——译者注

　　出现在传递函数分母上的转折点称为**极点**，在幅频特性上反映为向下倾斜的直线；出现在传递函数分子上的转折点称为**零点**，在幅频特性上反映为向上倾斜的直线[①]。当传递函数拥有多个极点和零点时，可将每个极点和零点的特性分别绘出，并在图上相加。如果多个极点或零点的转折频率相同，那么它们会重叠在图上的同一位置。对应地，此时斜率为 20 dB/十倍频程的倍数。

　　以图 6-10 所示的带阻滤波器为例。该滤波器的传递函数为：

$$G = \frac{V_{\text{OUT}}}{V_{\text{IN}}} = \frac{(1+\tau s)(1+\tau s)}{2\left(1+\dfrac{\tau s}{0.44}\right)\left(1+\dfrac{\tau s}{4.56}\right)} \tag{6-10}$$

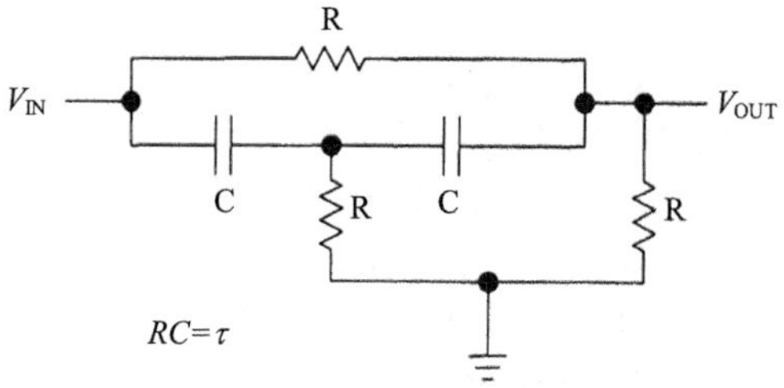

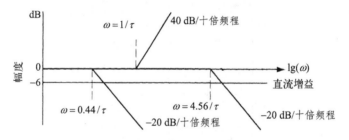

图 6-10　带阻滤波器

图 6-11 绘出了这一带阻滤波器的每个零点和极点。图 6-12 是组合的零极点曲线图。

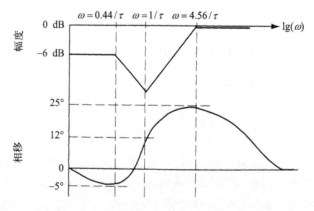

图 6-11　一个带阻滤波器每个零点和极点的曲线图

图 6-12　上述带阻滤波器的零极点组合曲线图

[①] 单个零点或极点对应斜率的绝对值均为 20 dB/十倍频程。——译者注

滤波器的直流增益为 1/2，在图 6-11 中以截距为–6 dB、与 x 轴平行的直线表示。两个零点的转折频率相同，以斜率为 40 dB/十倍频程的直线表示。两个极点出现在 $\omega = 0.44/\tau$ 和 $\omega = 4.56/\tau$ 处。在图 6-12 中，零极点组合曲线与幅度轴相交于–6 dB 位置，这体现了滤波器的直流增益。在第一个极点处，滤波器的频率响应转折向下。在两个重合零点处，一个零点与上述极点抵消，另一个零点使频率响应转折向上，直到频率达到第二个极点处。此时这一极点与上述零点抵消，频响恢复水平。

当各零点和极点距离较大（频率之比不小于 10 倍）时，绘出伯德图很容易；当零极点靠近时，绘制会变得困难起来。由于正切函数的非线性，绘制相位特性尤其困难。但是通过选择最主要的几个点，并先将它们的特性画成草图，可以获得不错的近似[3]。设计师可以通过伯德图清楚地了解零极点配置的情况，这在快速分析可能的补偿方案时尤其有用。然而在临界情况下，可能必须进行更精确的计算，绘制更详细的特性图，以得到精确的结果。

6.5　伯德分析在运放上的应用

首先对理想运放进行伯德分析。考虑

$$\frac{V_{OUT}}{V_{IN}} = \frac{A}{1 + A\beta} \tag{6-11}$$

两边取对数得：

$$20\lg\left(\frac{V_{OUT}}{V_{IN}}\right) = 20\lg(A) - 20\lg(1 + A\beta) \tag{6-12}$$

如果 A 和 β 中不包含任何零点和极点，那么也不会有转折频率。此时，式(6-12)的伯德图如图 6-13 所示。由于不存在提供负相移的极点，电路不会振荡。

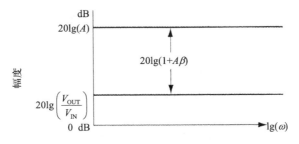

图 6-13　理想运放的伯德图（式(6-12)中无极点时）

现在考虑真实运放的特性。真实运放内部有多个电容，这导致其拥有多个极点。以最早的集成电路运放 μA709（第 1 章提过）为例：这种运放属于**未补偿**的运放，随着频率升高，其内部的寄生电容对应极点的效应累积起来，会使环路增益 $A\beta$ 迅速到达 $1\angle-180°$，导致不稳定。出奇的是，这种未补偿运放的带宽往往很高，但是使用它的设计师在利用高带宽特性时，必须同时克服不稳定的弱点。

集成电路设计师们知道，他们无法消除内部的寄生电容。为了制造出对用户友好的运放，他们采用"如果不能打败对方，就加入对方"的策略，通过在运放内部增加补偿电容的方法，有意为运放的频率特性引入一个主要的极点，以掩盖掉内部寄生电容带来的极点的作用。这种内部补偿运放看上去只有一个极点。最早的内部补偿运放是 μA741，这一运放在商业上获得了巨大的成功！有了内部补偿运放，即使是没有经验的新手也可以成功设计出同相放大电路和反相放大电路——这正是运放最主要的应用。世界又一次对模拟电路设计菜鸟友好了起来！

单极点补偿的运放遵循式(6-13)，其伯德图如图 6-14 所示。

$$A = \frac{a}{1 + j\dfrac{\omega}{\omega_a}} \tag{6-13}$$

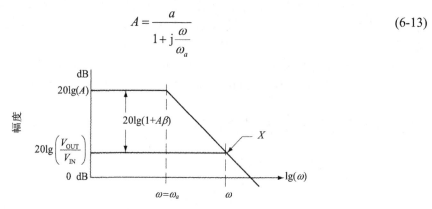

图 6-14　单极点补偿运放的伯德图

运放的增益 A 与幅度轴相交于 $20\lg(A)$ 位置，在转折频率 $\omega = \omega_a$ 处，增益开始以 -20 dB/十倍频程的斜率滚降。理想状况下，对 $\omega = \omega_a$ 的所有频率，这一滚降率一直成立。然而实际情况并非如此。

本章的重要概念 2

让我们停下来总结一下。真实运放（例如 μA741）在其内部引入了单一的主极点，这一极点主导了运放的频率特性，使其伯德图按 -20 dB/十倍频程的斜率滚降。这一频率特性曲线与横轴相交（也就是增益为 0 dB）处的频率，决定了运放的单位增益频率，最终决定了运放手册规定的指标中的带宽。

注意！下面是本章重要概念 2 的关键部分：在增益小于 1 时，上述内部主极点的作用会消失。因此，在增益小于 1 时，内部寄生电容的效应迅速累积，使环路增益 $A\beta$ 很快到达 $1\angle-180°$！

大部分设计师会在这里碰钉子：如果在单位增益处有一个主极点，那么此处的相移为 $\angle-90°$（单一电容的效应），电路是稳定的。但是随增益减小，电路越来越不稳定，单位增益处是运放由稳定变为不稳定的临界点。如果继续绘制图 6-14 的伯德图，那么在 $\omega > \omega_a$ 时，并不能保证只有一个极点。其他的极点开始起作用，使得小于 1 的增益很快变得不稳定。

上述规则的例外情况

市场上供应了种类不多的**欠补偿**运放。在伯德图上，这类运放的主极点的作用在增益大于 0 dB 时就会消失[①]。这是为了增加运放的带宽，然而牺牲了单位增益稳定性。

---

① 也就是说，在增益大于 0 dB 处，伯德图就开始按比 -20 dB/十倍频程更陡峭的斜率滚降。——译者注

下面进行更加详细的讨论。闭环增益与幅度轴相交于 $20\lg(V_{\text{OUT}}/V_{\text{IN}})$ 处。由于 β 不含任何零点或极点，闭环增益一直保持为常数，直到其延长线与运放的增益在 X 点处相交。在这之后，运放的特性起决定性作用，闭环增益随运放增益下降。

实际上，闭环增益在频率稍低处就会开始滚降，在 X 点处，增益下降 3 dB。也就是说，X 点处闭环增益比运放增益小了 3 dB。根据式(6-12)，可知 $-20\lg(1+A\beta) = -3$ dB。-3 dB 对应的幅度为 $\sqrt{2}$，所以 $\sqrt{1+|A\beta|^2} = \sqrt{2}$，化简得 $|A\beta| = 1$。文献[4]给出了一种将相移和稳定性与闭环增益曲线联系起来的方法，不过本书中只讨论使用伯德图的方法。M.E. Van Valkenberg 在文献[5]中对极点、零点及其相互作用进行了精彩的讨论，而且为了活跃讨论，其中包含了一些非常好的文字材料。

6.6　环路增益图是理解稳定性的关键工具

稳定性由环路增益决定。当 $A\beta = -1 = |1|\angle -180°$ 时，系统会变得不稳定甚至振荡起来。一般情况下，如果增益的幅度大于 1，则电路的非线性会使其降低到 1。因此，振荡一般在增益的幅度大于 1 时产生。

在设计振荡器时，需要利用电路的非线性来降低增益的幅度。如果振荡器的增益幅度在一般情况下为 1，那么在最差情况下，增益可能会小于 1，导致振荡停止。所以，谨慎的设计师会让振荡器的增益在最差情况下为 1，并意识到在一般情况下增益可能比 1 大很多。在振荡器设计中，利用电路的非线性可以使增益幅度减小到适当的值，但往往要以较差的失真特性作为代价。有时，可以采用在反馈环中增加钨丝灯泡等非线性器件的设计折中策略。这种设计可以在不引入失真的情况下控制增益[①]。

某些高增益的控制系统的增益幅度总是大于 1，这类系统通过控制相移的方式来避免振荡。设计者在提高放大器的频率特性的时候，必须注意不要让环路增益的相移累积到 180°。在相移接近 180° 时，就会出现诸如振铃或过冲的问题，因此设计者必须时刻注意环路的动力学特性。本节着重介绍如何避免振荡（如何避免振铃和过冲在下一节讨论）。典型的电路中，环路增益的传递函数遵循式(6-14)的形式：

$$A\beta = \frac{K}{[1+\tau_1 s][1+\tau_2 s]} \tag{6-14}$$

式中的系数 K 为直流增益，在图上以截距为 $20\lg(K)$ 的水平线绘出。式(6-14)对应的伯德图（图6-15）中有两个转折点，对应频率为 $1/\tau_1$ 和 $1/\tau_2$ 的情况。每个转折点为幅频特性增加了 -20 dB/十倍频程的斜率，并在转折点处增加了 45°的相移。这一传递函数称作**双斜率**的，因为其中包含了两个转折点。曲线的下降部分与 0 dB 处交点对应的相移反映了系统产生振荡的趋势。注意单斜率系统的相移最多为 90°，因此不会发生振荡。而双斜率系统的总累积相移为 180°。这就是说，

---

① 钨丝灯泡呈现正温度特性，其电阻随温度增加而增加。因此，随灯泡两端电压增加，其电阻也相应增加。反映到伏安特性上，其曲线随电压增加，斜率减小。一般来说，灯丝的热惯性较大，其时间常数远大于振荡器的振荡频率对应的特征时间，因此对于已经进入稳态的振荡器来说，钨丝灯泡近似于一个定值电阻，不会引入明显的失真。——译者注

双斜率或包含更多转折点的传递函数可能发生振荡。

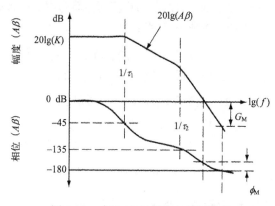

图 6-15　式(6-14)的幅频与相频特性

在穿过 0 dB 处，如果传递函数是单斜率的，那么系统是稳定的。如果传递函数包含两个或更多转折点，那么系统稳定与否取决于该处的总累积相移。图 6-15 中给出了两个稳定性条件：相位裕量 ϕ_M 和增益裕量 G_M。因为相移是决定稳定性的关键条件，所以在这两个条件中，相位裕量更为重要。相位裕量是增益为 0 dB 处实际相移与产生振荡所需的 180° 相移之间的差值。增益裕量是相移为 180° 时增益与 0 dB 的差值。相位裕量的数学表达式为：

$$\phi_M = 180 - \arctan(A\beta) \tag{6-15}$$

图 6-15 中的相位裕量很小（约 20°），从伯德图来测量或预测较为困难。因为相位裕量为正，所以图 6-15 所示电路是稳定的，不会发生振荡。同时，相位裕量最小的电路拥有最宽的频响与带宽。当然设计者可能不希望相位裕量如此之小，因为在这样小的相位裕量下，系统的振铃和过冲可能相当严重。上面的例子指明，在相位裕量较小时，有必要仔细计算。

将环路增益增加到 $(K+C)$ 会使幅频特性曲线上移（图 6-16）。如果极点的位置不变，相位裕量会降到 0，电路也会振荡。不要让电路处于这种没有余量的状态，因为实际电路的误差和极端的温度、电压等情况可能会使放大电路振荡起来，或使振荡电路变成放大器。

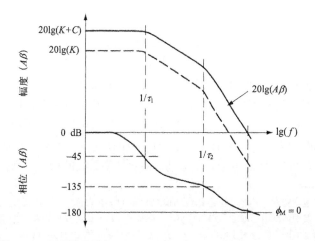

图 6-16　环路增益增加到 $(K+C)$ 时环路增益的幅频与相频特性

图 6-17 中的两个极点靠得更近，因此相移累积得更快。在增益幅度降低到 0 dB 之前，相移已经达到了 180°，所以相位裕量为 0。该电路会振荡，然而因为相移过渡到 180°的过程非常缓慢，所以这一电路并不是一个很稳定的振荡器。稳定振荡器的相移过渡到 180°时，具有非常尖锐的特性。

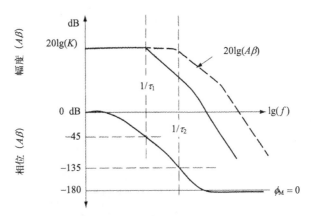

图 6-17　极点靠得更近时环路增益的幅频与相频特性

在闭环增益增加时，由于理想状况下 $V_{OUT}/V_{IN} = 1/\beta$，反馈因子 β 相应减小。这样环路增益 $A\beta$ 也会相应减小，此时稳定性提高。也就是说，增加闭环增益会让电路变得更加稳定。当然，如果设计的是放大器而不是振荡器，稳定性其实不那么重要，因为远在电路开始振荡之前，过冲和振铃就会使电路变得难以工作。出现过冲和振铃的条件在下一节讨论。

6.7　二阶方程与振铃/过冲预测

在反馈系统分析中，经常使用二阶方程作为近似，因为二阶方程描述了双极点的电路，这是对电路而言最常见的近似。真实的电路比双极点模型更加复杂，然而除了少数电路之外，大部分电路可以用双极点模型来近似。有很多电子学和控制系统方面的文献讨论二阶方程（如文献[6]）。一般地，形如

$$(1+A\beta) = 1 + \frac{K}{(1+\tau_1 s)(1+\tau_2 s)} \tag{6-16}$$

的二阶方程可变换为：

$$s^2 + s\frac{\tau_1+\tau_2}{\tau_1\tau_2} + \frac{1+K}{\tau_1\tau_2} = 0 \tag{6-17}$$

与二阶控制系统方程的相应形式（式(6-18)）相对照，可得阻尼系数 ζ 和固有频率 ω_N 的表达式：

$$s^2 + 2\zeta\omega_N s + \omega_N^2 \tag{6-18}$$

$$\omega_N = \sqrt{\frac{1+K}{\tau_1\tau_2}} \tag{6-19}$$

$$\zeta = \frac{\tau_1+\tau_2}{2\omega_N\tau_1\tau_2} \tag{6-20}$$

以阻尼系数为自变量，在两个极点分开较远时，相位裕量遵循式(6-21)，过冲百分比遵循式(6-22)。

$$\phi_M = \tan^{-1}\left(\frac{2\zeta}{\sqrt{-2\zeta^2 + \sqrt{1+4\zeta^4}}} \right) \tag{6-21①}$$

$$\%\text{overshoot} = \exp\left(\frac{-\zeta\pi}{\sqrt{1-\zeta^2}} \right) \times 100\% \tag{6-22}$$

图 6-18 中绘出了这两个重要的公式。在增益和极点位置已知时，设计者可以从图中确定相位裕量和过冲百分比。

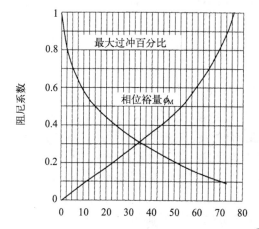

图 6-18　阻尼系数与相位裕量和过冲百分比的关系②

举例说明。在阻尼系数为 0.4 时，可在图上查出过冲约为 25%，相位裕量约为 42°。如果设计者需要使最大过冲为 5%，则阻尼系数需为 0.69，对应相位裕量约为 62°。

6.8　参考文献

[1]　DISTEFANO J J, STUBBERUD A R, WILLIAMS I J. Theory and problems of feedback and control systems, Schaum's outline series[M]. New York: McGraw-Hill Book Company, 1967.

[2]　BODE H W. Network analysis and feedback amplifier design[M]. New York: D. Van Nostrand, Inc., 1945.

[3]　FREDERICKSON T. Intuitive operational amplifiers[M]. New York: McGraw-Hill Book Company, 1988.

[4]　BOWER J L, SCHULTHEIS P M. Introduction to the design of servomechanisms[M]. Indianapolis: Wiley, 1961.

[5]　VAN VALKENBERG M E. Network analysis[M]. Englewood Cliffs: Prentice-Hall, 1964.

[6]　DEL TORO V, PARKER S. Principles of control systems engineering[M]. New York: McGraw-Hill Book Company, 1960.

①　一种简单的估计方法是，在相位裕量不大于 60°（阻尼系数不大于 0.6）时，相位裕量的度数约等于阻尼系数乘以 100。——译者注

②　注意图中纵轴是自变量，与一般习惯不同。——译者注

第 7 章

非理想运放方程的推导

7.1 引言

运放的误差有两种来源，一般可归类为直流误差和交流误差。直流误差的例子包括输入失调电压与输入偏置电流。在运放可用的频率范围内，直流误差保持不变。也就是说，如果在 1 kHz 时输入偏置电流为 10 pA，那么在 10 kHz 时，输入偏置电流仍然为 10 pA。直流误差具有随频率不变的特点，其行为可控，在后面的章节中会详细讨论。

交流误差会随频率变化。本章推导非理想运放的方程，这些方程适用于交流误差。在直流情况下，运放的交流误差也可能反映出来，但是在频率升高时情况会变得更差。以共模抑制比为例：大部分运放会保证共模抑制比指标，但这一指标只能反映直流或频率很低时的情况，仔细查看数据手册会发现，在频率升高时，共模抑制比会下降。输出阻抗、电源抑制比、输出电压峰峰值、差分增益、差分相位、相位裕量等指标也属于交流指标。

差分增益是运放最重要的交流指标，因为其他的交流指标都源自差分增益。本书中，运放数据手册所说的差分增益一般称作运放的增益或运放的开环增益。

正如前面的章节所述，频率增加时，运放的增益降低，误差增加。本章将推导公式，说明增益变化产生的效应。首先回顾标准形式反馈系统的稳定性，因为运放的公式是用同样的技巧推导出来的。

放大器的核心是诸如晶体管的有源元件。出于各种原因，晶体管的有关参数（如增益）有初始误差和漂移，因此由晶体管构成的放大器也会受到初始误差和漂移的影响。使用负反馈可以减少或消除这些影响。运放电路组态使用负反馈来让电路的转移特性与放大器的参数基本无关。同时，电路的传递函数与外部的无源元件相关。只要肯花钱，就可以买到满足几乎所有精度或漂移要求的外部无源元件。只有价格和体积是限制因素。

一旦在运放电路中使用了反馈，电路就可能变得不稳定。有些运放属于内部补偿运放，这类运放内部包含补偿电容，有时厂家会宣称它们已经排除了不稳定因素。虽然内部补偿运放在规定的条件下工作稳定，然而在实际应用中，很多情况下也会出现相对不稳定的问题，这类问题表现为糟糕的相位响应、振铃和过冲等。唯一绝对不会振荡的内部补偿运放是放在工作台上不加电源的运放！在合适的外部电路条件下，所有内部补偿运放都可以振荡。

另一些运放属于非内部补偿的，或称**外部补偿**的运放。这类运放不加外部补偿元件时不稳定。因为需要增加附加的补偿元件，所以这类运放使用起来没有内部补偿运放方便。然而对于最优秀的电路设计师而言，这反而可以让他们充分利用这类运放的性能。在补偿方面，用户有两个选择：一是使用出厂时就补偿好了的内部补偿运放；二是使用外部补偿运放，由用户自己补偿。补偿要在运放外部进行，除非运放内含补偿元件。出人意料的是，在某些苛刻的应用场景下，内部补偿运放也需要增加外部补偿元件。

增加补偿元件可以改变电路的传递函数，使其变得无条件稳定。有若干种办法可以对运放进行补偿，它们各有利弊。对运放电路进行补偿后需要进行分析，以确定补偿的效果。对具体电路而言，何种补偿方式最适合，通常由补偿对闭环传递函数的改变情况决定。

7.2　标准形式方程的回顾

一般反馈系统的框图如图 7-1 所示。这一简单的框图可以用来分析任何系统的稳定性。

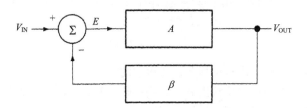

图 7-1　一般反馈系统的框图

输出与误差的公式为：

$$V_{OUT} = EA \tag{7-1}$$
$$E = V_{IN} - \beta V_{OUT} \tag{7-2}$$

由上述两式得：

$$\frac{V_{OUT}}{A} = V_{IN} - \beta V_{OUT} \tag{7-3}$$

合并同类项得：

$$V_{OUT}\left(\frac{1}{A} + \beta\right) = V_{IN} \tag{7-4}$$

整理得反馈方程的经典形式：

$$\frac{V_{OUT}}{V_{IN}} = \frac{A}{1 + A\beta} \tag{7-5}$$

注意，当 $A\beta$ 远大于 1 时，式(7-5)可简化为式(7-6)。式(7-6)称为**理想反馈方程**，它依赖 $A\beta \gg 1$ 的条件。分析特性近乎理想的放大器时，式(7-6)得到了广泛的应用。在 $A\beta \gg 1$ 的条件下，系统增益由反馈因子 β 决定。反馈因子通常使用稳定的无源元件来实现。在理想状况下，β 是稳定且可预测的，所以闭环增益也是稳定且可预测的。

$$\frac{V_{\text{OUT}}}{V_{\text{IN}}} = \frac{1}{\beta} \tag{7-6}$$

$A\beta$ 非常重要，因此得到了一个专名——环路增益。在图 7-2 中，当电压输入接地（电流输入开路）、环路断开时，计算出的增益就是环路增益 $A\beta$。注意计算中使用的都是复数，而复数有幅值和方向。当环路增益趋近于–1（用复数表示也就是 $1\angle-180°$）时，式(7-5)趋近于 1/0，也就是无穷大。因此，电路的输出会以其能达到的最高速度，沿着一条直线直冲无穷大。如果输出没有能量限制，这一电路会毁灭世界。当然实际电路的能量被供电所限制，所以这种情况并不会发生。

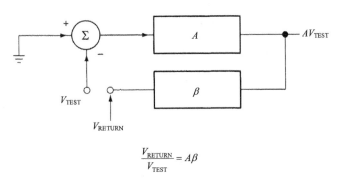

$$\frac{V_{\text{RETURN}}}{V_{\text{TEST}}} = A\beta$$

图 7-2 断开反馈环路以计算环路增益

当输出接近电源电压时，电路中的有源元件表现出非线性。这种非线性使得增益降低，环路增益不再等于 $1\angle-180°$。此时电路可能出现两种情况：第一，输出可能稳定在运放的电源电压限制上；第二，由于存储的电荷使输出电压继续改变，输出可能反向并向负电源轨接近。

第一种情况称作**锁定**，此时运放输出稳定在电源电压限制上。除非下电并重新上电，否则运放会一直维持在锁定状态。第二种情况下，运放的输出在两个电源轨之间跳动，称作**振荡**。需要注意的是，环路增益 $A\beta$ 是决定电路稳定性的唯一因素。输入可能接地或悬空，对稳定性没有影响。后面会深入分析环路增益的判据。

联立式(7-1)与式(7-2)，整理得系统或称电路的误差：

$$E = \frac{V_{\text{IN}}}{1+A\beta} \tag{7-7}$$

首先，注意这一误差与输入信号成正比。这是符合预期的，因为较大的输入信号导致较大的输出信号，而较大的输出信号需要更高的驱动电压。其次，环路增益与误差成反比。环路增益增加时，误差减小，用较大的环路增益来减小误差是个诱人的想法。当然，较大的环路增益会影响系统稳定性，所以在误差与稳定性之间总会有折中。

7.3 同相放大电路

同相放大电路如图 7-3 所示。为计算方便起见，引入了哑变量 V_{B}。设运放的开环增益为 a。

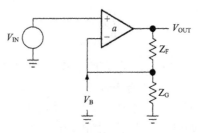

图 7-3　同相放大电路

电路的转移特性如下：

$$V_{\text{OUT}} = a(V_{\text{IN}} - V_{\text{B}}) \tag{7-8}$$

假设运放的输出阻抗很低，使用分压器规则：

$$V_{\text{B}} = \frac{V_{\text{OUT}} Z_{\text{G}}}{Z_{\text{F}} + Z_{\text{G}}}, \quad 当 I_{\text{B}} = 0 \text{ 时} \tag{7-9}$$

联立式(7-8)与式(7-9)，得：

$$V_{\text{OUT}} = aV_{\text{IN}} - \frac{aZ_{\text{G}} V_{\text{OUT}}}{Z_{\text{G}} + Z_{\text{F}}} \tag{7-10}$$

整理得式(7-11)。此式描述了电路的传递函数。

$$\frac{V_{\text{OUT}}}{V_{\text{IN}}} = \frac{a}{1 + \dfrac{aZ_{\text{G}}}{Z_{\text{G}} + Z_{\text{F}}}} \tag{7-11}$$

为方便逐项比较，将式(7-5)重写为：

$$\frac{V_{\text{OUT}}}{V_{\text{IN}}} = \frac{A}{1 + A\beta} \tag{7-12}$$

比较两式易得同相放大电路的环路增益（式(7-13)）。环路增益决定了电路的稳定性。这一比较还说明，对于同相放大电路，电路的开环增益 A 就是运放的开环增益 a。

$$A\beta = \frac{aZ_{\text{G}}}{Z_{\text{G}} + Z_{\text{F}}} \tag{7-13}$$

断开反馈环的同相放大电路如图 7-4 所示。借助这一电路，也可以得到式(7-13)。

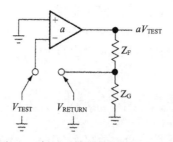

图 7-4　断开反馈环的同相放大电路

测试电压 V_{TEST} 乘以运放的开环增益 a，得输出电压 aV_{TEST}。运用分压器规则可得式(7-14)，经过一些代数变换可得环路增益（式(7-15)）。

$$V_{\text{RETURN}} = \frac{aV_{\text{TEST}}Z_G}{Z_F + Z_G} \tag{7-14}$$

$$\frac{V_{\text{RETURN}}}{V_{\text{TEST}}} = A\beta = \frac{aZ_G}{Z_F + Z_G} \tag{7-15}$$

7.4 反相放大电路

反相放大电路如图 7-5 所示。为计算方便起见，引入哑变量 V_A。设运放的开环增益为 a。

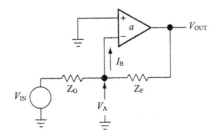

图 7-5 反相放大电路

电路的转移特性如下：

$$V_{\text{OUT}} = -aV_A \tag{7-16}$$

利用叠加定理和分压器规则可得结点电压（式(7-17)）。联立式(7-16)与式(7-17)，得式(7-18)。

$$V_A = \frac{V_{\text{IN}}Z_F}{Z_G + Z_F} + \frac{V_{\text{OUT}}Z_G}{Z_G + Z_F}, \quad \text{当 } I_B = 0 \text{ 时} \tag{7-17}$$

$$\frac{V_{\text{OUT}}}{V_{\text{IN}}} = \frac{\dfrac{-aZ_F}{Z_G + Z_F}}{1 + \dfrac{aZ_G}{Z_G + Z_F}} \tag{7-18}$$

式(7-18)是反相放大电路的传递函数。比较式(7-18)与式(7-12)，仍然可得式(7-13)。所以反相放大电路的环路增益与同相放大电路环路增益的表达式相同。需要注意的是，在反相放大电路中，电路的开环增益 A 与运放的开环增益 a 不同。

断开反馈环的反相放大电路如图 7-6 所示。借助这一电路也可得到环路增益（式(7-19)）。

$$\frac{V_{\text{RETURN}}}{V_{\text{TEST}}} = \frac{aZ_G}{Z_G + Z_F} = A\beta \tag{7-19}$$

上述分析中需要指出几点。第一，同相放大电路的传递函数（式(7-11)）与反相放大电路的传递函数（式(7-18)）不同。对于一组同样的 Z_G 和 Z_F，同相放大电路和反相放大电路增益的符号与幅值均不相同。第二,同相放大电路的环路增益(式(7-15))与反相放大电路的环路增益(式(7-19))是相同的。也就是说,虽然同相放大电路与反相放大电路的转移特性不同,但它们的稳定性特性是完全相同的。这就佐证了一个重要的观点:**稳定性与电路的输入无关**。第三,对于不同的运放电路而言,图 7-1 中的增益框 A 也是不同的。比较式(7-5)、式(7-11)与式(7-18),可知同相放大电路的开环增益 $A_{同相}=a$,反相放大电路的开环增益 $A_{反相}=-aZ_F/(Z_G+Z_F)$ 。

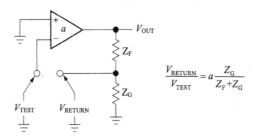

$$\frac{V_{RETURN}}{V_{TEST}} = a\frac{Z_G}{Z_F+Z_G}$$

图 7-6   断开反相放大电路的反馈环以计算环路增益

7.5   差分放大电路

差分放大电路如图 7-7 所示。引入哑变量 V_E 以方便计算。设运放的开环增益为 a 。

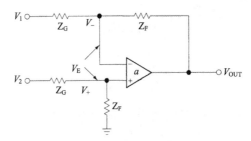

图 7-7   差分放大电路

电路的转移特性如下:

$$V_{OUT} = aV_E = a(V_+ - V_-) \tag{7-20}$$

利用叠加定理和分压器规则写出正输入端 V_+ 的电压:

$$V_+ = V_2\frac{Z_F}{Z_F+Z_G} \tag{7-21}$$

利用叠加定理和分压器规则写出负输入端 V_- 的电压:

$$V_- = V_1\frac{Z_F}{Z_F+Z_G} + V_{OUT}\frac{Z_G}{Z_F+Z_G} \tag{7-22}$$

由式(7-20)、式(7-21)和式(7-22)可得:

$$V_{OUT} = a\left(\frac{V_2Z_F}{Z_F+Z_G} - \frac{V_1Z_F}{Z_F+Z_G} - \frac{V_{OUT}Z_G}{Z_F+Z_G}\right) \tag{7-23}$$

化简得：

$$\frac{V_{OUT}}{V_2 - V_1} = \frac{\dfrac{aZ_F}{Z_F + Z_G}}{1 + \dfrac{aZ_G}{Z_F + Z_G}} \tag{7-24}$$

与前面的分析类似，比较可得环路增益（式(7-25)）。差分放大电路的环路增益与同相放大电路（式(7-13)）和反相放大电路（式(7-19)）完全相同。

$$A\beta = \frac{aZ_G}{Z_G + Z_F} \tag{7-25}$$

这又一次说明了决定稳定性环路增益与输入无关，只与反馈环中的参数（a、Z_F和Z_G）有关。

7.6　你是否比运放更聪明[①]

前面的讨论已经足够重要了。在结束本章之前，需要再次强调一点。同相放大电路与反相放大电路的实际公式给运放的应用引入了一些限制（差分放大电路也一样）。在实际使用运放时，必须注意这些限制，否则就无法得到预期的增益！

首先重新看一下某种典型的电压反馈运放的开环响应（图 7-8）。注意图中横轴没有标出频率的具体值，因为本节的讨论对低速和高速运放同样有效。需要关注图中的三个要素。

❑ 开环响应曲线从与纵轴（增益轴）的交点开始，逐渐滚降，与横轴（频率轴）相交。可以将其理解为运放的"速度限制"。
❑ 图中开环响应曲线下方和左侧的部分是运放可以工作的区域。
❑ 图中开环响应曲线上方和右侧的部分是运放不能工作的区域。

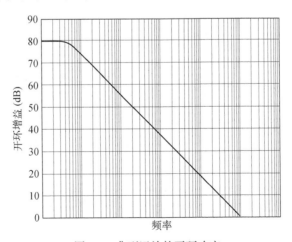

图 7-8　典型运放的开环响应

让我们来"激怒"一下某些半导体厂商和数据手册作者：如果数据手册中不包含运放的开环响应曲线图，那么厂家肯定隐藏了什么。也就是说，这个运放的工作区域可能不太够用！

重复同相放大电路的式(7-11)：

$$\frac{V_{\mathrm{OUT}}}{V_{\mathrm{IN}}} = \frac{a}{1 + \dfrac{aZ_{\mathrm{G}}}{Z_{\mathrm{G}} + Z_{\mathrm{F}}}}$$

以及反相放大电路的式(7-18)：

$$\frac{V_{\mathrm{OUT}}}{V_{\mathrm{IN}}} = \frac{\dfrac{-aZ_{\mathrm{F}}}{Z_{\mathrm{G}} + Z_{\mathrm{F}}}}{1 + \dfrac{aZ_{\mathrm{G}}}{Z_{\mathrm{G}} + Z_{\mathrm{F}}}}$$

这两个公式长得很丑！但是在某一频率下，如果运放的开环增益 a 远远大于闭环增益，那么公式就可以简化为第 2 章中的漂亮形式。在几乎所有的实际应用中，读者都不需要为这些限制操心。然而如果需要搭建增益很高或工作频率很高的放大电路，这些公式能够解释为何实际电路的增益与预期不同。

以开环增益为 80 dB 的运放搭建的反相放大电路为例（表 7-1）。

表 7-1　开环增益为 80 dB 的反相放大电路的实际增益

a	R_{G}	R_{F}	目　标　值	实　际　值	误差（%）
10 000	100 000	100 000	−1	−0.9998	−0.0200
10 000	10 000	100 000	−10	−9.9890	−0.1099
10 000	1000	100 000	−100	−99.0001	−0.9999
10 000	100	100 000	−1000	−909.0083	−9.0992
10 000	10	100 000	−10 000	−4999.7500	−50.0025
10 000	1	100 000	−100 000	−9090.8264	−90.9092
10 000	1	1.00E + 12	−1E + 12	−9999.9999	−100

当 $R_{\mathrm{F}} = R_{\mathrm{G}}$、预期增益为 −1 时，开环增益只贡献了 0.02% 的误差。使用 1% 误差的电阻时，这 0.02% 的误差可以忽略不计。甚至在增益为 −10 时，误差也只有 0.1%，与 1% 电阻的误差相比仍然可以忽略。但是当增益为 −100（比开环增益低 40 dB）时，误差达到了 1%，这就足够引起注意了。略微调整电阻的值可以补偿这一误差。但是别把自己想得太聪明！温度带来的任何漂移都会引起误差放大，分母上的电阻 R_{G} 的温漂带来的误差更明显，运放开环增益本身的温漂也会带来误差。当预期增益增大到 10 000 时，误差也增加到了 50%，无论如何调整都无法补偿。如果使用一些荒谬的电阻值，如 $R_{\mathrm{G}} = 1\ \Omega$，$R_{\mathrm{F}} = 1\ \mathrm{T}\Omega$，那么读者能得到的最大增益的绝对值仍然达不到 10 000。就像光速一样，你能够无限接近图上的开环增益，但是永远达不到它。

对于同相放大电路，情况完全类似（表 7-2）。

表 7-2 开环增益为 80 dB 的同相放大电路的实际增益

a	R_G	R_F	目 标 值	实 际 值	误差（%）
10 000	100 000	100 000	2	1.9996	−0.0200
10 000	10 000	100 000	11	10.9879	−0.1099
10 000	1000	100 000	101	99.9901	−0.9999
10 000	100	100 000	1001	909.9173	−9.0992
10 000	10	100 000	10 001	5000.2500	−50.0025
10 000	1	100 000	100 001	9090.9174	−90.9092
10 000	1	1.00E + 12	1E + 12	9999.9999	−100

读者可能觉得上面的讨论既难懂又远离实际，与自己的经验相差甚远。但是在设计放大电路时，读者应该将这些讨论牢记于心，因为这才是运放的真正性质。你所熟知的那些简单的增益表达式只是一种近似，它们可能会误导你。作为简单的指引，可以用图 7-9 的方式来思考开环响应曲线。

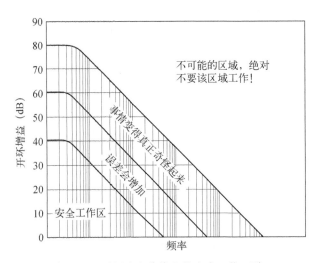

图 7-9 开环响应曲线上的安全工作区域

注意，安全工作区（误差≤1%）的范围其实不大。你是否突然意识到，所谓的高带宽运放的实际带宽并没有标称的那么高？注意开环响应曲线图上的频率是对数坐标，并以十倍频程无限延伸，所以你可能非得选用更高带宽的运放不可。另外注意图上开环增益的起始值为 80 dB，你也可以找到开环增益 120 dB 或更高的运放以满足要求。

需要注意的另一点是，上面的安全工作区只对放大电路有效。对于滤波器而言，事情会变得更加诡异。我最近发现，在搭建中心频率为 1 MHz 的高 Q 滤波器时，使用 1 GHz 的运放仍然是不够的！这可是 3 个十倍频程（1000 倍）的频率！

第 8 章

电压反馈运放的补偿

8.1 引言

　　电压反馈放大器已经发明 60 多年了。从它问世的第一天起，就给电路设计者带来了新的问题：反馈使放大器应用起来灵活而精确，然而它也有让电路变得不稳定的趋势。运放的电路组态采用高增益的放大器，借助外部反馈元件来决定电路参数。电路中放大器的增益是如此之高，以至于在没有外部反馈元件的情况下，最小的输入也会让放大器的输出饱和。运放是反馈放大电路中最常使用的放大器，因此我们详细讨论运放的电路组态，当然这里的结果对很多其他的电压反馈电路同样适用。电流反馈放大器与电压反馈放大器类似，但也有一些重要的不同，值得用单独的章节去讨论。

　　电子电路语境下的"稳定"通常指电路处于不振荡的状态，但这个定义很不精确。稳定性是个相对的概念，这让人感到不太自在，因为做相对判断往往会费尽人的心力。在振荡的电路和不振荡的电路之间画一条线是很容易的，所以可以理解为什么很多人认为振荡是稳定的电路和不稳定的电路之间的自然界限。

　　然而，反馈电路在离振荡很远的时候，相位响应就会变得糟糕，还会出现过冲和振铃等不良现象。这些让电路变得"相对不稳定"的现象影响电路的性能（本章讨论放大器而不是振荡器），因此不受电路设计者欢迎。设计者决定什么样的折中可以接受的同时，也决定了电路的相对稳定性到底怎样。反映相对稳定性的一个重要指标是阻尼系数 ζ。阻尼系数与相位裕量有关，所以相位裕量是描述相对稳定性的另一个指标。稳定性最好的电路拥有最长的响应时间、最窄的带宽、最高的精度和最小的过冲；稳定性较差的电路的响应时间较短、带宽较宽、精度较低，还可能出现一些过冲现象。

　　如果没有某种形式的补偿，运放本身就会振荡。最早的集成运放很容易振荡，但是在 20 世纪 60 年代有很多优秀的模拟电路设计师，他们能把这种运放用好。为了让所有人都能方便地使用运放，20 世纪 60 年代后期发明了内部补偿运放。遗憾的是，内部补偿运放牺牲了很多带宽，并且在某些情况下仍然会振荡。所以为了正确使用运放，有必要了解一些关于补偿的知识。

　　内部补偿运放牺牲了一些性能，以使运放在最差情况下仍然稳定。未补偿的运放在使用时需要用户多加注意，当然这种运放也能干更多的工作。这两类运放都是本章讨论的内容。

　　补偿，就是设计合适的阻容网络来给不完善的运放或电路"打补丁"的过程。有很多不同的问题会导致电路不稳定，因此也有很多不同的补偿方法。

8.2 内部补偿

内部补偿运放可以节约外部元件，使不了解补偿的人也可以使用运放。为电路增加补偿，需要了解一些模拟电路的知识。一般来说，按其应用说明来使用内部补偿运放时，这种运放是稳定的。当然，内部补偿运放不是无条件稳定的。实际的运放是多极点系统，内部补偿使得它在很大的频率范围内看起来像单极点系统。内部补偿严重降低了运放可能达到的闭环带宽。

有若干种方法可以实现内部补偿，最常见的是在起电压放大作用的晶体管的基极和集电极之间跨接电容（图 8-1）。密勒（Miller）效应会让电容量看起来增大了与电压增益相当的倍数，因此可以使用容量较小的电容进行补偿[1]。

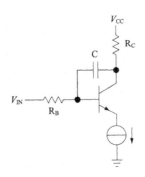

图 8-1　使用密勒效应的补偿电路

图 8-2 给出了某种老型号运放（TL03X）的增益和相位的频率响应。当增益为 0 dB（1 倍）时，相移约为 108°。由于相移超过了 90°，故这一运放必须建模为二阶系统。

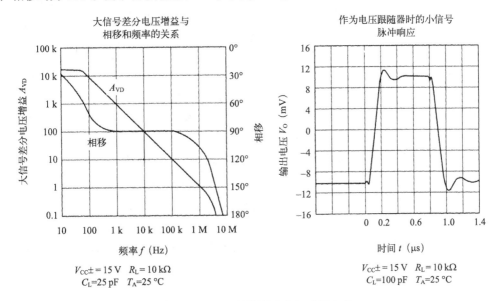

图 8-2　TL03X 的频率响应与时间响应

---

[1] 集成电路中难以设计容量较大的电容，因此这对于内部补偿运放非常重要。——译者注

这一运放的相位裕量 $\phi = 180° - 108° = 72°$，故电路应当十分稳定。查图 8-3 可知，此时电路的阻尼系数约为 0.9，应当几乎没有过冲，然而图 8-2 右半部分展现了大约 10% 的过冲。仔细观察发现，这种理论与实际的不一致是由负载电容不同导致的：频率响应图中的负载电容为 25 pF，而时间响应图中的负载电容为 100 pF。更大的负载电容导致了相位裕量的损失。

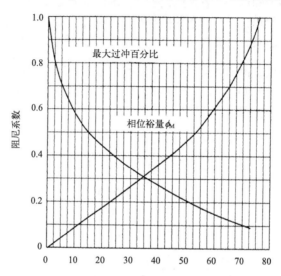

图 8-3 阻尼系数与相位裕量和过冲百分比的关系[1]

负载电容为何会导致运放不稳定？观察图 8-2 左半图 1 MHz 以上的部分可以发现，在相移曲线的斜率达到 120°/十倍频程的同时，增益曲线的斜率也出现了剧烈变化。这种增益和相位斜率的剧烈变化，证明了在这一频率范围内有多个极点在起作用。负载电容与运放的输出阻抗一同构成了一个极点，与运放内部的极点相互影响。当负载电容增加时，这一极点对应的频率向低端移动，从而带来 0 dB 对应频率处更大的相移。TL03X 的数据手册中给出了不同负载电容情况下振铃和振荡的情况[2]，可以佐证这一点。

图 8-4 给出了较新型号的一种运放（TL07X）的频率响应与时间响应。注意在 0 dB 处相移约为 100°，对应的相位裕量为 80°，电路接近无条件稳定。在从增益为 0 dB 的频率开始的大约一个十倍频程内，相移曲线的斜率增加到约 180°/十倍频程。这一剧烈的斜率变化让我们怀疑 80° 的相位裕量。同时，在相位的斜率剧烈变化时，增益的斜率也应该剧烈变化，而图中并不能看出这一点。这一增益与相位的频响曲线也许不完全是编造的，但肯定过于乐观。

从 TL07X 的脉冲响应（图 8-4 右半图）上看，过冲大约为 20%。图中没有给出负载电容的容量，来解释为什么接近无条件稳定的运放会有如此之大的过冲。因此，肯定有某个地方出错了：要么是分析错误，要么是绘图错误，要么是测试条件错误。图 8-5 给出了 TL08X（TL07X 的姊妹产品）的频率响应与时间响应。TL08X 的响应与 TL07X 几乎相同，但是在右半图中给出了测试条件：负载电容为 100 pF。

---

① 本图与图 6-18 相同。——译者注
② 参见 TI 公司 TL03X 数据手册（SLOS180C）图 62。——译者注

从这一分析中，可以得到三点有价值的经验：第一，如果数据手册有错，那么它可能真的错了；第二，即使是生产厂家的人员也会犯错误；第三，负载电容会让运放振铃、过冲，甚至振荡起来。

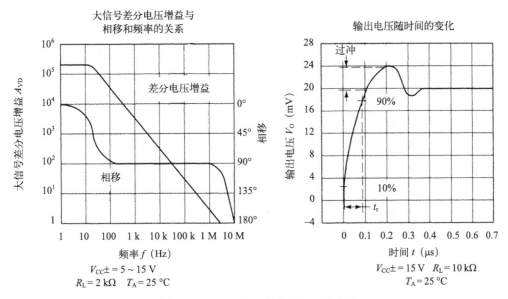

图 8-4 TL07X 的频率响应与时间响应

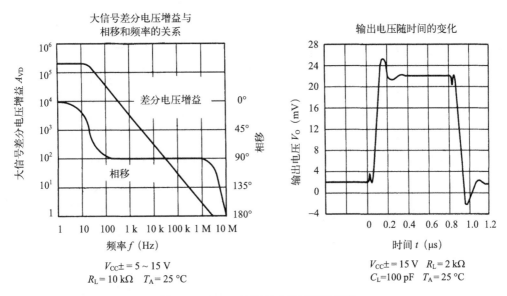

图 8-5 TL08X 的频率响应与时间响应

图 8-6 和图 8-7 给出了 TLV277X 的频率与时间响应曲线。第一，注意这里的信息更加完善：相位响应数据直接以相位裕量而非相移的形式给出。第二，增益和相位曲线都是在负载电容较大时（600 pF）绘出的，因此具有某些实际价值。第三，相位裕量与电源电压有关。

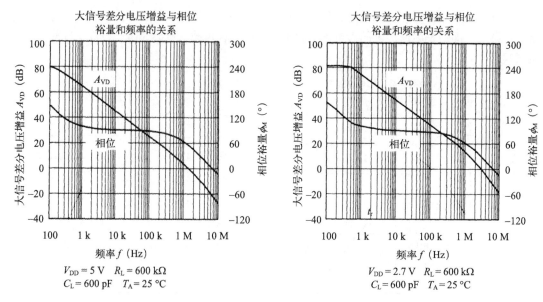

图 8-6   TLV277X 的频率响应

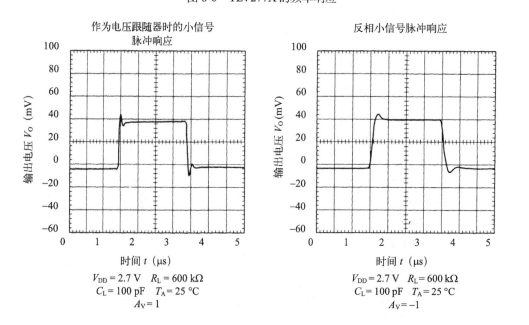

图 8-7   TLV277X 的时间响应

电源电压为 5 V 时，0 dB 处的相位裕量为 60°，对应过冲 18%；电源电压为 2.7 V 时，0 dB 处的相位裕量为 30°，对应过冲 28%。不过，图 8-7 中的负载电容（100 pF）与图 8-6 中不同，难以交叉验证。图 8-7 中负载电容 100 pF、电源电压为 2.7 V 时，过冲约为 2%，从这一数据几乎无法推断 600 pF 负载电容时的过冲。小信号脉冲响应以毫伏量级的信号测量，与用满幅信号测量相比，这种测量方式更加符合实际。

内部补偿运放不需要外接补偿元件，使用方便，因此很受欢迎。不过内部补偿也限制了运放的带宽，这是它的弱点。运放的开环增益出现在环路增益的表达式中，并最终影响放大电路的误差。以 TLV277X 为例：在电源电压 2.7 V、频率 50 kHz 时，该运放作为同相缓冲器使用的误差限制在 1%，因为此时开环增益约为 40 dB。为了提升高频增益，设计者可以采用诸如用电容旁路运放之类的技巧，但误差仍然是 1%。应当熟记式(8-1)，这一公式描述了决定误差的因素。如果 TLV277X 是外部补偿运放，通过改变补偿方式，可以使开环增益变大，以取得 50 kHz 下更小的误差。

$$E = \frac{V_{\mathrm{IN}}}{1+A\beta} \tag{8-1}$$

8.3 外部补偿、稳定性与性能

没有人无缘无故地对运放进行补偿。补偿运放总是有具体的理由，一般来说是为了让运放稳定。在电路中使用运放完成某种功能时，如果运放可能不稳定，那么就需要补偿。有些电路组态确实会引起振荡，所以无论是内部补偿运放还是外部补偿运放，都有可能需要做外部补偿。下面将对若干种可能不稳定的电路进行分析，读者可以将这里介绍的补偿技巧应用在自己需要的地方。

补偿的其他理由包括降低噪声、拉平幅度响应，以及从运放中获得最大的带宽。运放和系统中的其他部分都会产生噪声。噪声的频率范围很宽，信号通路中的高通滤波器会衰减噪声的高频成分。补偿可以衰减运放的高频闭环响应，使运放起到噪声滤波器的作用。内部补偿运放符合二阶方程模型，也就是说，在响应阶跃输入时，它的输出可能会出现过冲。当过冲（峰化）有害时，可以增加外部补偿，将相位裕量增加到 90°，以抑制过冲。

未补偿的运放拥有最大的带宽。为了使其稳定，需要增加外部补偿元件。然而这也增加了设计的灵活性：可以为具体电路设计专门的补偿方案，以使电路在满足脉冲响应要求的前提下获得最大的带宽。

8.4 主极点补偿

我们已经看到，容性负载会带来潜在的不稳定性。下面详细分析使用运放推动电容的电路。这一电路称作主极点补偿，因为如果运放的输出阻抗与负载电容构成的极点接近频率 0 处，这一极点就会处于主导地位。具体的电路如图 8-8 所示，用于计算环路增益 $A\beta$ 的开环等效电路如图 8-9 所示。

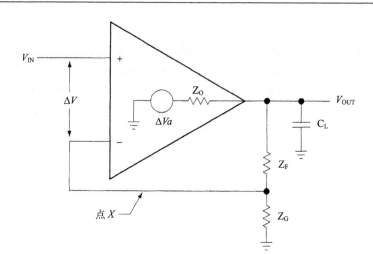

图 8-8　推动容性负载的运放

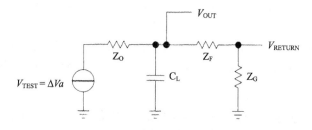

图 8-9　推动容性负载的运放，断开反馈环以计算环路增益

分析这一电路时，首先将电容左边的部分变为戴维南等效电路：

$$V_{\text{TH}} = \frac{\Delta Va}{Z_{\text{O}} C_{\text{L}} s + 1} \tag{8-2}$$

$$Z_{\text{TH}} = \frac{Z_{\text{O}}}{Z_{\text{O}} C_{\text{L}} s + 1} \tag{8-3}$$

写出电路的输出：

$$V_{\text{RETURN}} = \frac{V_{\text{TH}} Z_{\text{G}}}{Z_{\text{G}} + Z_{\text{F}} + Z_{\text{TH}}} = \frac{\Delta Va}{Z_{\text{O}} C_{\text{L}} s + 1}\left(\frac{Z_{\text{G}}}{Z_{\text{F}} + Z_{\text{G}} + \dfrac{Z_{\text{O}}}{Z_{\text{O}} C_{\text{L}} s + 1}} \right) \tag{8-4}$$

整理得：

$$\frac{V_{\text{RETURN}}}{V_{\text{TEST}}} = A\beta = \frac{\dfrac{a Z_{\text{G}}}{Z_{\text{F}} + Z_{\text{G}} + Z_{\text{O}}}}{\dfrac{(Z_{\text{F}} + Z_{\text{G}}) Z_{\text{O}} C_{\text{L}} s}{Z_{\text{F}} + Z_{\text{G}} + Z_{\text{O}}} + 1} \tag{8-5}$$

假设运放的输出阻抗很小，有 $Z_{\text{F}} + Z_{\text{G}} \gg Z_{\text{O}}$，上式可化简为：

$$A\beta = \frac{aZ_G}{Z_F + Z_G}\left(\frac{1}{Z_O C_L s + 1}\right) \tag{8-6}$$

将运放建模为二阶系统（式(8-7)）。代入式(8-6)，得主极点补偿电路的稳定性方程（式(8-8)）。

$$a = \frac{K}{(s + \tau_1)(s + \tau_2)} \tag{8-7}$$

$$A\beta = \frac{K}{(s + \tau_1)(s + \tau_2)} \frac{Z_G}{Z_F + Z_G} \frac{1}{Z_O C_L s + 1} \tag{8-8}$$

　　根据极点位置的不同，从式(8-8)可得到若干结论。当运放的传递函数（式(8-8)）的伯德图如图 8-10 所示时，相位裕量只有 25°，对应的过冲约为 48%。当 Z_O 和 C_L 引入的极点向低频移动时，这一极点会接近 τ_2 对应的极点，引入附加的相移。附加的相移会使频率响应的峰值变得更加明显，降低系统的稳定性。现实中很多负载（尤其是电缆）都是容性负载。图 8-10 所示的运放在驱动容性负载时会发生振铃现象。如果内部补偿运放不能提供足够的相位裕量来抵消负载引起的附加相移，那么就会出现频响峰值与不稳定[1]。

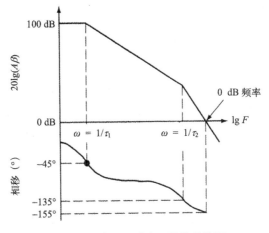

图 8-10　式(8-7)对应运放的伯德图

　　未补偿的运放的伯德图如图 8-11 所示。注意两个转折点十分接近，在曲线穿越 0 dB 之前就累积了 180°的相移。这一运放可能是不稳定的，因此不好用。此时，可以使用主极点补偿来让运放稳定。如果增加的主极点（图上对应 ω_D）的位置适当，那么这一主极点会让增益滚降，使增益降低到 0 dB 时，τ_1 对应的极点只引入 45°的相移。这样，运放以 45°的相位裕量稳定，但是对于高于 ω_D 的频率，运放的增益会急剧降低。使用密勒效应进行主极点补偿的技巧经常用于运放内部，然而对于外部补偿运放很少使用，因为便宜的分立元件电容很容易得到。

---

① 关于具体如何为推动容性负载的内部补偿运放增加补偿，以使其稳定的问题，可参考 ST 公司应用笔记 "Operational amplifier stability compensation methods for capacitive loading applied to TS507"（AN2653）。——译者注

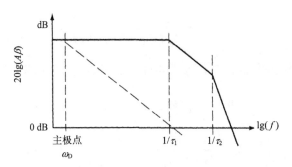

图 8-11   主极点补偿

假设 $Z_\text{O} \ll Z_\text{F}$。因为 C_L 包含在反馈环路内，所以闭环传递函数很容易计算。理想的闭环转移特性与式(6-11)相同，将式(8-6)代入，在 Z_O 足够小时，有

$$\frac{V_\text{OUT}}{V_\text{IN}} = \frac{a}{1 + \dfrac{aZ_\text{G}}{Z_\text{G} + Z_\text{F}}} \tag{8-9}$$

运放开环增益 a 足够大时，上式可近似为：

$$\frac{V_\text{OUT}}{V_\text{IN}} = \frac{Z_\text{F} + Z_\text{G}}{Z_\text{G}} \tag{8-10}$$

当运放的电流输出能力足够强到能驱动容性负载，Z_O 又足够小时，电路工作起来就像没有负载电容一样；当负载电容足够大时，其极点和运放自身的极点的相互作用会使电路变得不稳定。当负载电容非常大时，会使运放的带宽变得很小，因此噪声会降低，而低频增益仍然很大。

8.5   增益补偿

当运放电路的闭环增益与环路增益有关时（如在电压反馈运放电路中），调整闭环增益可以使电路稳定。这种补偿方法不能用于电流反馈运放，因为电流反馈运放的环路增益和理想闭环增益之间不存在数学关系。注意在环路增益的表达式(8-11)中包含 Z_G 和 Z_F，因此可以通过控制闭环增益的参数来控制稳定性。

$$A\beta = \frac{aZ_\text{G}}{Z_\text{G} + Z_\text{F}} \tag{8-11}$$

图 8-12 中的实线是闭环增益为 1 时的环路增益曲线。这条曲线对应的情况非常接近不稳定。如果反相闭环增益增加到 9 倍，即 $A\beta$ 从 $K/2$ 变为 $K/10$，则伯德图上的环路增益截距下降 14 dB，电路变稳定（如图 8-12 中的虚线）。

增益补偿对反相放大电路和同相放大电路同样有效，因为这两种电路组态的环路增益方程中均包含与闭环增益相关的参数。闭环增益增加时，电路的精度变差，带宽变窄。如果具体的应用能够接受高增益，那么增益补偿是最适用的补偿方式。有时，普通的内部补偿运放的未补偿版本，会作为在某一最小增益下稳定的运放供应市场。只要电路的增益大于数据手册上规定

的最小稳定增益，这种工作模式就是经济而安全的。

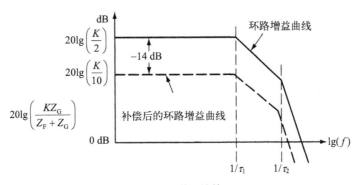

图 8-12　增益补偿

8.6　超前补偿

由于运放的封装和引线的寄生电容的影响，有时必须使用超前补偿。超前补偿的电路如图 8-13 所示：注意与 R_F 并联的电容。电路板上走线之间及走线和地平面之间会形成寄生电容，而高频电路设计师会非常努力来减小或消除寄生电容。然而某些情况下的坏事到了其他情况下可能成为好事，因为给 R_F 增加并联电容，是让运放稳定以及降低噪声不错的方法。下面首先分析稳定性，然后分析电路的闭环性能。

超前补偿电路的环路增益如下：

$$A\beta = \left(\frac{R_G}{R_G + R_F}\right)\left(\frac{R_F Cs + 1}{R_G \| R_F Cs + 1}\right)\left(\frac{K}{(s + \tau_1)(s + \tau_2)}\right) \tag{8-12}$$

补偿电容为环路增益引入了一个零点和一个极点。因为 $R_F > R_F \| R_G$，所以零点出现在极点的低频一侧。当零点位置合适时，它会抵消 τ_2 对应的极点以及与其相关的相移。图 8-14 中，原始传递函数的频率响应用实线绘出，当 $R_F C$ 对应的零点放置在 $\omega = 1/\tau_2$ 处时，它抵消了 τ_2 对应的极点，让频率响应继续以 -20 dB/十倍频程的斜率滚降。当频率达到 $\omega = 1/(R_F \| R_G)C$ 时，极点让滚降斜率增加到 -40 dB/十倍频程（图 8-14 中虚线）。

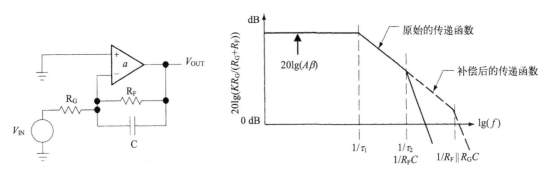

图 8-13　超前补偿的电路　　　　图 8-14　超前补偿的频率响应

适当量值的电容可以改善电路的稳定性。然而它对闭环传递函数的影响如何？为了研究这一问题，首先写出反相放大电路的闭环增益：

$$\frac{V_{\text{OUT}}}{V_{\text{IN}}} = \frac{\dfrac{-aZ_F}{Z_G + Z_F}}{1 + \dfrac{aZ_G}{Z_G + Z_F}} \tag{8-13}$$

当 a 趋近于无穷大时，上式化简为：

$$\frac{V_{\text{OUT}}}{V_{\text{IN}}} = -\frac{Z_F}{Z_G} \tag{8-14}$$

用 $R_F \parallel C$ 替换 Z_F，用 R_G 替换 Z_G，得：

$$\frac{V_{\text{OUT}}}{V_{\text{IN}}} = -\frac{R_F}{R_G}\left(\frac{1}{R_F C s + 1}\right) \tag{8-15}$$

这就是超前补偿电路的理想闭环增益[1]。比较式(8-13)与式(6-5)，得反相放大电路的开环增益（也称前向增益）：

$$A = \frac{aZ_F}{Z_G + Z_F} = \left(\frac{aR_F}{R_G + R_F}\right)\left(\frac{1}{R_F \parallel R_G C s + 1}\right) \tag{8-16}$$

图 8-15 绘出了运放的增益 a、电路的前向增益 A 和理想闭环增益。图中绘出运放增益 a 仅作为参考。反相放大电路中，电路增益和运放增益不同。注意电路增益减小到了原来的 $R_F/(R_G + R_F)$，同时包含一个高频极点。理想闭环增益符合理想运放电路的曲线，直到 $1/R_F C$ 对应的转折点（也就是 $1/\tau_2$ 对应的转折点），然后以−20 dB/十倍频程的斜率滚降。与未补偿时相比，超前补偿牺牲了频率高于 $1/R_F C$ 范围的增益。$1/R_F C$ 对应的转折点的位置决定了牺牲多少带宽，牺牲的带宽可能比图上多很多。R_F、R_G 和 C 组成的极点出现于增益低于 0 dB 的频率，不影响理想闭环传递函数。

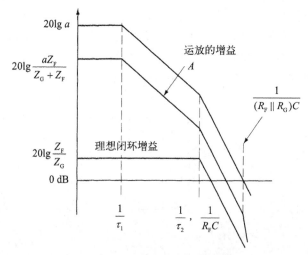

图 8-15   超前补偿的反相放大电路

---

[1] 注意本段推导中运放是理想的，公式中不包含 τ_1 和 τ_2 对应的极点。——译者注

比较式(7-11)与式(7-5)，可知同相放大电路的前向增益就是运放增益 a。电路的理想闭环增益为：

$$\frac{V_{\text{OUT}}}{V_{\text{IN}}} = \frac{Z_{\text{F}} + Z_{\text{G}}}{Z_{\text{G}}} = \left(\frac{R_{\text{F}} + R_{\text{G}}}{R_{\text{G}}} \right) \left(\frac{R_{\text{F}} \| R_{\text{G}} Cs + 1}{R_{\text{F}} Cs + 1} \right) \tag{8-17}$$

图 8-16 绘出了超前补偿的同相放大电路的特性。由于同相放大电路中前向增益 A 与运放增益 a 相等，故用同一条曲线表示两者。理想闭环增益曲线以水平线起始。曲线中包含一个极点和一个零点，因为 $R_{\text{F}} > R_{\text{F}} \| R_{\text{G}}$，所以极点出现在零点的低频一侧。曲线在极点对应频率处开始滚降，在零点对应频率处恢复水平（然而并没有什么用，因为这里的极点和零点不可能重合）。极点导致闭环带宽受损失，损失的量相当于闭环增益和前向增益曲线的水平距离。

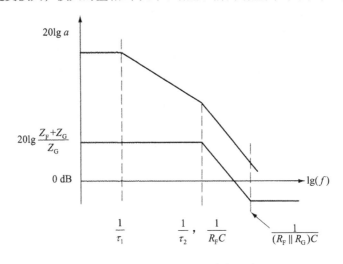

图 8-16　超前补偿的同相放大电路

虽然反相放大电路和同相放大电路的前向增益表达式不同，但是其闭环传递函数的形状十分相近。在闭环增益增加时，反相放大电路的前向增益趋近于运放增益，闭环传递函数也会越来越相似。上述关系并不在所有情况下都成立，因此必须分析具体的电路来确定补偿对闭环特性带来的影响。

8.7　在运放电路中应用的补偿衰减器

运放输入端的杂散电容会降低稳定性，并带来频响峰值，因此电路设计师总是在想办法避免其影响。图 8-17 所示电路中绘出了反相输入端到地之间的杂散电容（C_{G}）。这一电路的环路增益为：

$$A\beta = \left(\frac{R_{\text{G}}}{R_{\text{G}} + R_{\text{F}}} \right) \left(\frac{1}{R_{\text{G}} \| R_{\text{F}} C_{\text{G}} s + 1} \right) \left(\frac{K}{(\tau_1 s + 1)(\tau_2 s + 1)} \right) \tag{8-18}$$

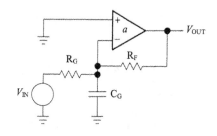

图 8-17 反相输入端有杂散电容的放大电路

　　如果运放电路的输入电阻和反馈电阻的阻值较高，电路就容易受反相输入端的杂散电容的影响。当 $1/(R_F \| R_G C_G)$ 对应的极点靠近 $1/\tau_2$ 对应的极点时，电路就会变得不稳定。对于 CMOS 工艺的运放，一种合理的取值为 $R_F = 1\ M\Omega$、$R_G = 1\ M\Omega$、$C_G = 10\ pF$。此时极点位于 318 kHz 处，这一频率尚低于很多运放的 $1/\tau_2$ 转折点。$1/\tau_1$ 对应的极点带来了 90° 的相移，$1/(R_F \| R_G C_G)$ 对应的极点在 318 kHz 处增加了 45° 的相移。如果 $1/\tau_2$ 对应的极点在约 600 kHz 处也增加了 45° 的相移，那么电路就会因杂散输入电容变得不稳定。通过增加反馈电容可以对这一电路进行补偿（图 8-18）。

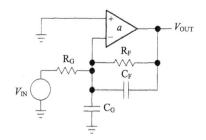

图 8-18 补偿衰减器电路

　　补偿后的环路增益为：

$$A\beta = \left[\frac{\dfrac{R_G}{R_G C_G s + 1}}{\dfrac{R_G}{R_G C_G s + 1} + \dfrac{R_F}{R_F C_F s + 1}} \right] \left(\frac{K}{(\tau_1 s + 1)(\tau_2 s + 1)} \right) \tag{8-19}$$

　　如果 $R_G C_G = R_F C_F$，上式可化简为：

$$A\beta = \left[\frac{R_G}{R_G + R_F} \right] \left(\frac{K}{(\tau_1 s + 1)(\tau_2 s + 1)} \right) \tag{8-20}$$

　　图 8-19 绘出了这一电路的伯德图。正确增加的 $1/(R_F C_F)$ 对应的转折点抵消了 $1/(R_G C_G)$ 对应的转折点，此时环路增益与电容量无关。实际的印制板制作中可以利用杂散电容作为 C_F：首先在运放的输出端连接一条宽铜箔，将铜箔置于地平面之上、R_F 之下，铜箔的另一端悬空；逐渐修短铜箔（使用手术刀就不错），直到消除所有峰值。然后测量铜箔的几何尺寸，在印制板上增加一条完全一致的走线。

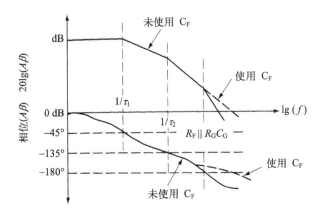

图 8-19 补偿衰减器电路的伯德图

同相放大电路和反相放大电路的闭环增益都是频率的函数。式(8-21)是反相放大电路的闭环增益。当 $R_F C_F = R_G C_G$ 时，式(8-21)化简为式(8-22)，增益与转折频率无关。对同相放大电路而言，这一关系也成立。只有在少数情况下，补偿不影响闭环增益的频率响应，而这是其中之一。

$$\frac{V_{OUT}}{V_{IN}} = -\frac{\dfrac{R_F}{R_F C_F s + 1}}{\dfrac{R_G}{R_G C_G s + 1}} \tag{8-21}$$

$$\frac{V_{OUT}}{V_{IN}} = -\left(\frac{R_F}{R_G}\right), \quad R_F C_F = R_G C_G \tag{8-22}$$

8.8 超前-滞后补偿

超前-滞后补偿可以在不牺牲闭环增益性能的条件下让电路稳定。这种补偿方式经常用于未补偿的运放，并可以提供极佳的高频性能。超前-滞后补偿的电原理图如图 8-20 所示，其环路增益为：

$$A\beta = \frac{K}{(\tau_1 s + 1)(\tau_2 s + 1)} \frac{R_G}{R_G + R_F} \frac{RCs + 1}{\dfrac{(RR_G + RR_F + R_G R_F)}{(R_G + R_F)} Cs + 1} \tag{8-23}$$

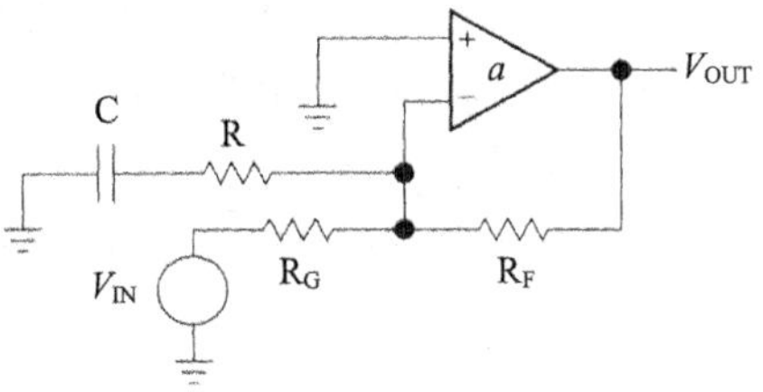

图 8-20 超前-滞后补偿的运放电路

如图 8-21 所示，在 $\omega = 1/(((RR_G + RR_F + R_G R_F)/(R_G + R_F))C)$ 处引入了一个极点，这一极点使增益在对应的转折频率处下降 3 dB。当 $\omega = 1/RC$ 对应的零点出现在运放的第一个极点之前时，它抵消了上述极点引起的相移。这一相移在运放的第二个极点之前完全抵消，因此电路会表现得像完全没有引入过这一极点一样。当然，$A\beta$ 减小了 3 dB 或更多，因此会在更低频率处穿越 0 dB。超前–滞后补偿的妙处在于，理想闭环增益不受影响。下面说明这一点：首先计算输入电路的戴维南等效电路（式(8-24)）。电路增益可以用式(8-25)计算。电路的理想闭环增益为式(8-26)。

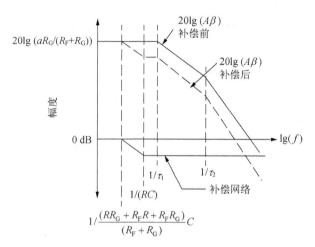

图 8-21　超前–滞后补偿电路的伯德图

$$V_{TH} = V_{IN} \frac{R + \dfrac{1}{Cs}}{R + R_G + \dfrac{1}{Cs}}, \quad R_{TH} = \frac{R_G\left(R + \dfrac{1}{Cs}\right)}{R + R_G + \dfrac{1}{Cs}} \tag{8-24}$$

$$V_{OUT} = -V_{TH} \frac{R_F}{R_{TH}} \tag{8-25}$$

$$-\frac{V_{OUT}}{V_{IN}} = \frac{R + \dfrac{1}{Cs}}{R + R_G + \dfrac{1}{Cs}} \frac{R_F}{\dfrac{R_G\left(R + \dfrac{1}{Cs}\right)}{R + R_G + \dfrac{1}{Cs}}} = \frac{R_F}{R_G} \tag{8-26}$$

式(8-26)是显而易见的，因为 RC 补偿网络连接在真实地与虚地之间。只要环路增益 $A\beta$ 很大，反馈就会消除补偿网络的闭环效应，电路的外特性看起来就像没有这个补偿网络一样。超前–滞后补偿的运放电路的闭环特性如图 8-22 所示。注意补偿网络引入的零点和极点出现在运放的第一个极点之前，这样它们引入的影响就会互相抵消，但对稳定性来说不是必需的[1]。

---

[1] 本段介绍较为简略。超前–滞后补偿的具体应用，可参见 TI 公司应用报告 "Decompensated Operational Amplifiers"（AN-1604/SNOA486B）。注意上述文档中的 F 相当于本书中的 β。——译者注

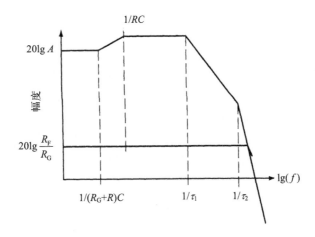

图 8-22　超前–滞后补偿电路的闭环特性

8.9　补偿方案的比较

在某些情况下，内部补偿的运放也可能经常发生振荡。要使内部补偿运放开始振荡或振铃，需要一个附加的极点，而电路的杂散电容经常会为这种不稳定性提供相移。电缆之类的负载往往会使内部补偿运放发生严重的振铃。

在集成电路设计中，经常使用主极点补偿，因为这种补偿方式很容易实现。然而主极点补偿会使闭环增益过早滚降，因此这种补偿方式很少作为外部补偿使用，除非需要低通滤波。负载电容可能会使运放变得不稳定（与极点位置相关）。很大的负载电容起到主极点补偿的作用，可以使运放稳定。

最简单的补偿方式是增益补偿。较高的闭环增益反映较低的环路增益，而较低的环路增益可以改善稳定性。如果增加闭环增益可以使运放稳定，那就付诸实践。

反馈电阻两端的杂散电容有让运放变稳定的趋势，因为这是超前补偿的一种形式。超前补偿可以用来限制电路带宽，但也会减小闭环增益。

反相输入端的杂散电容与 R_F 和 R_G 的并联组合在伯德图上构成了一个极点，这一极点降低了电路的稳定性。这种效应通常在 CMOS 运放组成的高阻抗电路中观察到。通过增加反馈电容的方式，可以构成补偿衰减器。在输入和反馈的 RC 时间常数相等时，可以抵消这一极点的作用。这样，运放工作起来就像没有反相输入端的杂散电容一样。实现补偿衰减器的一种非常好的方式是利用连接到输出结点的一段印制导线与地平面间的杂散电容来作为反馈电容。

超前–滞后补偿让运放稳定，同时可以获得最好的闭环频响性能。与某些已发表的意见不同，实际上没有一种补偿方法能让电路的带宽超过运放的带宽。超前–滞后补偿恰好给出了补偿能获得的最佳带宽。

8.10　小结

判断稳定性的依据并不是电路处于不振荡的状态。实际上稳定性是电路的一种相对的性能，表现为电路是否出现频响峰值和振铃。

增加与运放并联的外接电容，往往会增加电路的带宽。有些运放会提供特定的引出脚，使用户可以给输入电路的一部分并联外接电容。这可以增加电路带宽，因为并联的电容旁路了本应通过低带宽的跨导级的高频信号。但是能否使用这种补偿方式，与运放的类型和生产商有关。

本章介绍的补偿方式适用于大部分应用。如果需要对新的、具有挑战性的应用设计补偿，那么可以举一反三，利用本章介绍的流程设计新的补偿方法。

第9章

电流反馈运放

9.1 引言

我对"电流反馈运放"（CFA）这个词的第一印象是困惑：这个词让人想起一些十分复杂的东西，比如很少使用的诺顿（Norton）电流定理，甚至是罕见的老式诺顿运放。然而实际上并不需要担心这些！为了化解读者的忧虑，下面先简介电流反馈运放电路的设计要点。

- 标准的同相放大电路与反相放大电路的公式与电压反馈运放的公式完全相同。反相放大电路的增益仍然是$-R_F/R_G$，同相放大电路的增益仍然是$1 + R_F/R_G$。
- 必须使用数据手册上推荐的R_F值。R_G的量值可根据增益按需选用。
- 一般应使用同相放大电路，否则输入阻抗会过低，导致源的负载过大。
- 不要在反馈路径上，也就是在输出端与反相输入端之间直接跨接电容。
- 使用电流反馈运放，**也许**可以得到更多的增益，但实际效果可能不会像宣传的那么好。
- 如果设计直流放大电路，请使用电压反馈运放（VFA），因为电流反馈运放的直流特性很差。
- 如果设计模拟滤波器，请使用电压反馈运放。电流反馈运放的反馈路径上不能跨接电容，这限制了它在滤波器上的应用。
- 大部分电流反馈运放非常适用于高速和高电流的驱动应用，这就是电流反馈运放的出众之处。

上面是简要的概括，下面是深入的讨论。

电流反馈运放没有传统的差分放大器输入结构，因此会牺牲差分放大器输入结构固有的参数匹配特性。电流反馈运放的结构使其不能获得像电压反馈运放一样的精度，然而会得到更大的带宽和压摆率。这一更大的带宽与闭环增益相对无关，因此电流反馈运放不存在电压反馈运放中的增益带宽积限制。与电压反馈运放相比，电流反馈运放的压摆率也得到了很大的改善，因为电流反馈运放内部的电路结构能为输出端提供稳定的摆动电流，直到输出电压达到目标值。总而言之，电压反馈运放适用于精密应用和一般应用，而电流反馈运放适用于 100 MHz 以上的高频应用。

与之前的高频放大器不同，电流反馈运放不需要交流耦合。电流反馈运放通常采用直流耦合，然而可以工作到 GHz 级的频率。电流反馈运放的压摆率远高于电压反馈运放，因此其上升和下降时间更快，互调失真更小。

9.2　电流反馈运放的模型

电流反馈运放的模型如图 9-1 所示。同相输入端接入一个电压缓冲器，因此这一端的输入阻抗极高，与双极型电压反馈运放的同相输入端类似。反相输入端连接到这一输入缓冲器的输出端，因此反相输入端的输入阻抗极低，与缓冲器的输出阻抗相同。图中 Z_B 代表缓冲器的输出阻抗（一般小于 50 Ω）。输入缓冲器的增益 G_B 十分接近 1（由集成电路设计保证），计算中可认为其等于 1 而将其忽略。

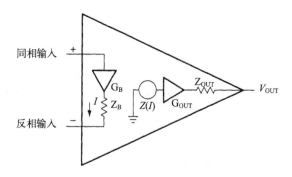

图 9-1　电流反馈运放的模型

输出缓冲器为运放提供低输出阻抗，其增益 G_{OUT} 也十分接近 1，分析中可以忽略。计算中，忽略输出缓冲器的输出阻抗 Z_{OUT}。一般来说，输出阻抗不会影响电路性能，除非驱动低阻或容性负载。输入缓冲器的输出阻抗 Z_B 不能忽略，因为它影响高频时的稳定性。

流控电压源 Z 的参数称作跨阻（也记作 Z）。电流反馈运放的跨阻相当于电压反馈运放的增益：这一参数使放大电路的特性只依赖外接无源元件的量值。通常电流反馈运放的跨阻非常高（在 MΩ 量级[①]），所以电流反馈运放可以像电压反馈运放一样，通过闭合反馈环的方式来获得精度。

9.3　稳定性方程的推导

电流反馈运放的稳定性方程借助图 9-2 所示电路推导。需要记住，稳定性与输入无关，只依赖环路增益 $A\beta$。在 × 处断开电路，接入测试信号 V_{TI}，计算返回信号 V_{TO}，即可推导出稳定性方程。

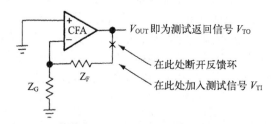

图 9-2　稳定性分析的电路

[①] 电压反馈运放中增益的单位是 V/V，是无量纲量；电流反馈运放中跨阻的单位是 V/A，即欧姆。电流反馈运放的跨阻为 1 MΩ 也就是说，图 9-1 中的输入电流 I 变化 1 μA，输出电压就变化 1 V。——译者注

计算稳定性时，将图 9-2 中的电流反馈运放用图 9-1 所示的模型替换，得到图 9-3 所示的等效电路。为了简化计算，忽略输入和输出缓冲器的增益，以及输出缓冲器的输出阻抗。这一近似对几乎所有应用都有效。

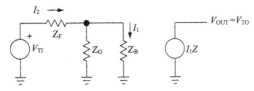

图 9-3　稳定性分析的等效电路

式(9-1)给出了电路的转移特性。使用基尔霍夫（Kirchhoff）定律可写出式(9-2)和式(9-3)。

$$V_{TO} = I_1 Z \tag{9-1}$$

$$V_{TI} = I_2 (Z_F + Z_G \| Z_B) \tag{9-2}$$

$$I_2 (Z_G \| Z_B) = I_1 Z_B \tag{9-3}$$

由式(9-2)和式(9-3)可得：

$$V_{TI} = I_1 (Z_F + Z_G \| Z_B)\left(1 + \frac{Z_B}{Z_G}\right) = I_1 Z_F \left(1 + \frac{Z_B}{Z_F \| Z_G}\right) \tag{9-4}$$

用式(9-1)除以式(9-4)，可得式(9-5)，也就是电路的开环转移特性，通常称作开环增益。

$$A\beta = \frac{V_{TO}}{V_{TI}} = \frac{Z}{\left[Z_F \left(1 + \dfrac{Z_B}{Z_F \| Z_G} \right) \right]} \tag{9-5}$$

9.4　电流反馈同相放大电路

电流反馈同相放大电路的闭环增益方程借助图 9-4 所示的电路推导，图中增加了外接的增益设定电阻。图 9-4 中包含缓冲器，然而由于缓冲器的增益为 1，并且包含在反馈环中，因此计算时可以忽略。

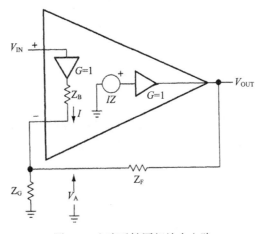

图 9-4　电流反馈同相放大电路

式(9-6)是电路的转移特性，式(9-7)是反相输入端的电流，式(9-8)是输入回路的方程。由此三式可得闭环增益式(9-9)。

$$V_{OUT} = IZ \tag{9-6}$$

$$I = \left(\frac{V_A}{Z_G}\right) - \left(\frac{V_{OUT} - V_A}{Z_F}\right) \tag{9-7}$$

$$V_A = V_{IN} - IZ_B \tag{9-8}$$

$$\frac{V_{OUT}}{V_{IN}} = \frac{Z\left(1 + \dfrac{Z_F}{Z_G}\right)}{Z_F\left(1 + \dfrac{Z_B}{Z_F \| Z_G}\right)} \bigg/ \left(1 + \frac{Z}{Z_F\left(1 + \dfrac{Z_B}{Z_F \| Z_G}\right)}\right) \tag{9-9}$$

当输入缓冲器的输出阻抗 Z_B 趋近于 0 时，式(9-9)可化简为：

$$\frac{V_{OUT}}{V_{IN}} = \frac{Z\left(1 + \dfrac{Z_F}{Z_G}\right)}{Z_F} \bigg/ \left(1 + \frac{Z}{Z_F}\right) = \frac{1 + \dfrac{Z_F}{Z_G}}{1 + \dfrac{Z_F}{Z}} \tag{9-10}$$

当跨阻 Z 很大时，式(9-10)中的 Z_F/Z 趋近于 0，从而可化简为式(9-11)。这就是电流反馈同相放大电路的理想闭环增益。电压反馈放大电路和电流反馈放大电路的理想闭环增益相同，而假设的合理程度决定了理想值符合实际情况的程度。对电压反馈放大电路而言，只有一个假设：运放的直接增益[①]极大。然而对电流反馈放大电路而言，有两个假设：第一是跨阻极大，第二是输入缓冲器的输出阻抗极低。正如预期的一样，满足两个假设，要比满足一个假设难很多。因此电流反馈放大电路偏离理想情况的程度也要大于电压反馈放大电路。

$$\frac{V_{OUT}}{V_{IN}} = 1 + \frac{Z_F}{Z_G} \tag{9-11}$$

9.5　电流反馈反相放大电路

电流反馈反相放大电路（图 9-5）很少使用，因其输入阻抗（$Z_B \| Z_F + Z_G$）非常低。选择量值较大的 Z_G，可使 Z_G 在输入阻抗中起主要作用，以消除 Z_B 的影响。此时 Z_F 也要选取较大的值，以使增益不小于 1，而较大的 Z_F 会导致较差的带宽特性（后面会讨论这一问题）。如果 Z_G 的量值较小，Z_B 的频率特性会导致频率增加时增益增加。这些局限性限制了电流反馈反相放大电路的应用。

---

① 也就是前面提到的前向增益，即电路的开环增益。——译者注

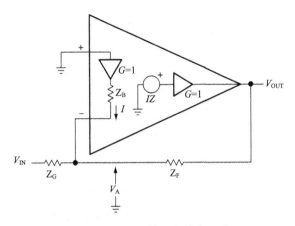

图 9-5 电流反馈反相放大电路

式(9-12)是输入结点的电流方程，式(9-13)引入哑变量 V_A 以方便计算，式(9-14)是放大电路的转移特性。由上述三式可得式(9-15)，这就是电流反馈反相放大电路的闭环增益方程。

$$I + \frac{V_{\text{IN}} - V_A}{Z_G} = \frac{V_A - V_{\text{OUT}}}{Z_F} \tag{9-12}$$

$$IZ_B = -V_A \tag{9-13}$$

$$IZ = V_{\text{OUT}} \tag{9-14}$$

$$\frac{V_{\text{OUT}}}{V_{\text{IN}}} = -\frac{\dfrac{Z}{Z_G\left(1 + \dfrac{Z_B}{Z_F \| Z_G}\right)}}{1 + \dfrac{Z}{Z_F\left(1 + \dfrac{Z_B}{Z_F \| Z_G}\right)}} \tag{9-15}$$

当 Z_B 趋近于 0 时，式(9-15)化简为：

$$\frac{V_{\text{OUT}}}{V_{\text{IN}}} = -\frac{\dfrac{1}{Z_G}}{\dfrac{1}{Z} + \dfrac{1}{Z_F}} \tag{9-16}$$

当 Z 很大时，式(9-16)化简为式(9-17)。这就是电流反馈反相放大电路的理想闭环增益。

$$\frac{V_{\text{OUT}}}{V_{\text{IN}}} = -\frac{Z_F}{Z_G} \tag{9-17}$$

电压反馈反相放大电路和电流反馈反相放大电路的理想闭环增益相同，其输入阻抗均低于相应的同相放大电路。与同相放大电路相同，电压反馈放大电路有一个假设，电流反馈放大电路有两个假设，因此电流反馈放大电路更加偏离理想情况。对双极型晶体管而言，$Z_B = 0$ 的假设总是无法满足（后面会说明）。由于同相输入端和反相输入端的输入阻抗相差甚远，电流反馈运放几乎不会用于差分放大电路。

9.6 稳定性分析

电流反馈运放的稳定性方程为：

$$A\beta = \frac{V_{\text{TO}}}{V_{\text{TI}}} = \frac{Z}{\left[Z_{\text{F}} \left(1 + \dfrac{Z_{\text{B}}}{Z_{\text{F}} \| Z_{\text{G}}} \right) \right]} \tag{9-18}$$

比较式(9-9)、式(9-15)和式(9-18)，可以发现电流反馈同相放大电路和反相放大电路的稳定性方程相同。这是符合预期的，因为任何反馈电路的稳定性都是环路增益的函数，与输入信号无关。影响稳定性的两个运放参数是跨阻 Z 和输入缓冲器的输出阻抗 Z_{B}，外接元件 Z_{G} 和 Z_{F} 也会影响稳定性。设计师可以控制外接元件的量值，然而杂散电容也是外接元件阻抗的一部分，而且有时似乎难以控制。杂散电容是导致电流反馈放大电路过冲或振铃的主要原因。电流反馈运放的 Z 和 Z_{B} 是器件参数，电路设计师无法控制它们，只能与其共存。

在使用伯德图确定电路的稳定性之前，首先对式(9-18)两边取对数（式(9-19)，式(9-20)），并将其曲线绘制在图 9-6 上。这样可以方便地在图上对稳定性方程的各部分进行加减运算。

$$20\lg|A\beta| = 20\lg|Z| - 20\lg\left| Z_{\text{F}}\left(1 + \frac{Z_{\text{B}}}{Z_{\text{F}} \| Z_{\text{G}}} \right) \right| \tag{9-19}$$

$$\phi = \arctan(A\beta) \tag{9-20}$$

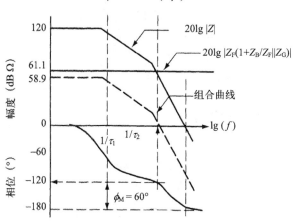

图 9-6　稳定性方程的伯德图

图 9-6 假定各参数具有如下的典型值：

$$Z = \frac{1\,\text{M}\Omega}{(1+\tau_1 s)(1+\tau_2 s)} \tag{9-21}$$

$$Z_{\text{B}} = 70\,\Omega \tag{9-22}$$

$$Z_{\text{G}} = Z_{\text{F}} = 1\,\text{k}\Omega \tag{9-23}$$

从图中可以看出，跨阻有两个极点，如果没有外接元件，运放会不稳定，因为 $20\lg|Z|$ 在相

移大于 180° 后才降到 0 dB 以下。Z_F、Z_B 和 Z_G 使环路增益降到了 58.9 dB，此时电路的相位裕量为 60°，电路是稳定的。使电路稳定的主要元件是 Z_F。因为 Z_B 非常小，所以 $1 + Z_B / (Z_F \| Z_G)$ 对相位裕量和稳定性的贡献很小。

对于某一型号的电流反馈运放，厂家在确定运放参数时会给出其 R_F 的最佳值。从图 9-6 可以看出，当 R_F 大于最佳值时，稳定性会变好。这一稳定性增加的代价是带宽减少。相反，如果 R_F 小于最佳值，稳定性变坏，电路的阶跃响应会出现过冲，甚至有可能振铃。有时这种 R_F 小于最佳值带来的过冲是可以容忍的，因为 R_F 降低时带宽会增大。R_F 小于最佳值带来的频响峰值，还可以用来补偿电缆电容引起的高频衰减。

当 $Z_B = 0\,\Omega$、$Z_F = R_F$ 时，环路增益化简为 $A\beta = Z/R_F$。在上述条件下，Z 和 R_F 决定了电路的稳定性，此时总能找到使电路稳定的 R_F 值。跨阻和反馈电阻对电路稳定性起主要作用，而输入缓冲器的输出阻抗对电路稳定性起次要作用。因为 Z_B 随频率增加而增加，所以随着频率的增加，Z_B 有让电路稳定性变好的趋势。

将式(9-18)改写为式(9-24)，显式地写出其中包含的理想闭环增益。

$$A\beta = \frac{Z}{Z_F + Z_B\left(1 + \dfrac{R_F}{R_G}\right)} \tag{9-24}$$

式(9-24)的分母中包含理想闭环增益（对同相放大电路而言，是 $1 + R_F/R_G$；对反相放大电路而言，是 R_F/R_G），所以理想闭环增益也会影响稳定性。当 Z_B 趋近于 0 时，包含理想闭环增益的项也趋近于 0，此时运放稳定性与理想闭环增益无关。在上述条件下，R_F 决定电路的稳定性，电路带宽与闭环增益无关。很多人认为电流反馈放大电路的带宽与闭环增益无关，不过这一结论只在 Z_B/Z_F 很小时成立。

Z_B 这一参数很重要，值得进一步分析。Z_B 的表达式为：

$$Z_B \cong h_{ib} + \frac{R_B}{\beta_0 + 1}\left[\frac{1 + \dfrac{s\beta_0}{\omega_T}}{1 + \dfrac{s\beta_0}{(\beta_0 + 1)\omega_T}}\right] \tag{9-25}$$

频率较低时，如果 $h_{ib} = 50\,\Omega$、$R_B/(\beta_0 + 1) = 25\,\Omega$，那么 $Z_B = 75\,\Omega$。频率较高时，Z_B 的变化遵循式(9-25)。式中的晶体管参数与晶体管类型相关，对 NPN 和 PNP 型晶体管而言不同。由于 Z_B 与运放内部输入缓冲器的输出晶体管相关，与输出信号的象限也相关，因此 Z_B 的变化范围可能很大。虽然 Z_B 只是公式中一个很小的因素，但它给电流反馈运放增加了很大的不确定性。

9.7 反馈电阻的选择

反馈电阻决定了稳定性，并会影响闭环带宽，所以必须非常仔细地选择。大部分电流反馈运放厂家让他们的应用和产品工程师花很多时间和精力来确定 R_F。对于每个给定的增益，他们选择不同的反馈电阻值，测量以收集数据。然后在这些 R_F 的值中选择能够稳定工作、响应的峰值可接受的折中值，将这一值作为数据手册上对于上述给定增益的推荐值。对于应用中可能会经常用到的增益值（如 $G = 1$、2、5），重复上述过程，得到一系列增益值与推荐的 R_F 的组合。当 R_F 或增益与数据手册中的推荐值不同时，带宽和/或稳定性会受到影响。

在必须选择推荐值以外的 R_F 时，可能会遇到稳定性变差或带宽变窄的问题。比推荐值小的 R_F 使稳定性变差，比推荐值大的 R_F 使带宽变窄。如果要在数据手册中没有记载的增益下工作，那么必须为这个新的增益选择新的 R_F 值，然而并不能保证这个新的 R_F 是最佳值。有一种选择 R_F 的方法是，假设环路增益 $A\beta$ 是线性函数。然后，就可以假设增益为 1 时的环路增益 $(A\beta)_1$ 与增益为 N 时的环路增益 $(A\beta)_N$ 相等，这是稳定性和增益之间的一种线性关系。基于上述假设，有

$$\frac{Z}{Z_{F1} + Z_B\left(1 + \dfrac{Z_{F1}}{Z_{G1}}\right)} = \frac{Z}{Z_{FN} + Z_B\left(1 + \dfrac{Z_{FN}}{Z_{GN}}\right)} \tag{9-26}$$

$$Z_{FN} = Z_{F1} + Z_B\left[\left(1 + \frac{Z_{F1}}{Z_{G1}}\right) - \left(1 + \frac{Z_{FN}}{Z_{GN}}\right)\right] \tag{9-27}$$

这样就可以根据新的增益算出新的 R_F 值。然而实际情况并不一定完全符合上面的假设。所以在一个新的增益下工作时，式(9-27)最多也就能提供 R_F 的一个参考起始值，而最终的值仍然需要通过测试确定。

在无法使用数据手册中推荐的 R_F 值的情况下，还可以使用图解法来确定 R_F 的参考起始值。图 9-7 根据典型的 300 MHz 电流反馈运放的数据（表 9-1）绘制。

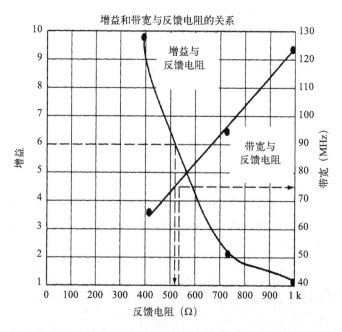

图 9-7　电流反馈放大器的增益、反馈电阻与带宽图

表 9-1 绘制图 9-7 使用的数据

增益（A_{CL}）	R_F（Ω）	带宽（MHz）
+1	1000	125
+2	681	95
+10	383	65

首先根据新的增益（在图 9-7 所示的例子中为 $A_{CL} = 6$）在图上向右作水平线，找到和"增益与反馈电阻"曲线相交的位置，向下作垂直线找到新的 R_F 值（在图 9-7 所示的例子中为 $R_F =$ 500 Ω）。然后从这一 R_F 值作垂直线，找到和"带宽与反馈电阻"曲线相交的位置，向右作水平线找到带宽（在图 9-7 所示的例子中为 75 MHz）。作为参考起始值，可知增益为 6 时，带宽约 75 MHz，R_F 约 500 Ω。虽然这一方法得到的值比用式(9-27)得到的值更可靠，但是运放本身的特点、印制板的杂散电容以及具体的布线情况都要求进行全面的测试。对于任何一个新的工作点，都必须测试电路以确保其性能和稳定性。

9.8 稳定性与输入电容

在实际的印制板中，反相输入端对地有杂散电容，这使得 Z_G 具有电抗性。式(9-28)是具有电抗性的 Z_G 的表达式。式(9-29)是描述这一状况的稳定性方程。

式(9-30)是 Z_G 包含反馈电阻及反相输入端对地的杂散电容时的稳定性方程。杂散电容 C_G 是一固定值，与印制板的布局布线有关。杂散电容带来的极点取决于 R_B，因为相比 R_F 和 R_G，R_B 在其中起主导作用。R_B 随制造工艺上的误差而变化，因此 $R_B C_G$ 决定的极点的位置取决于集成电路的制造误差。当 $R_B C_G$ 变大时，极点向低频方向移动，使电路的稳定性变差。最后，它将与 Z 中 $1/\tau_2$ 对应的极点相互作用，使电路不稳定。杂散电容对电流反馈放大电路的闭环性能的影响如图 9-8 所示。

$$Z_G = \frac{R_G}{1 + R_G C_G s} \tag{9-28}$$

$$A\beta = \frac{Z}{\left[Z_F \left(1 + \dfrac{Z_B}{Z_F \| Z_G} \right) \right]} \tag{9-29}$$

$$A\beta = \frac{Z}{R_F \left(1 + \dfrac{R_B}{R_F \| R_G} \right) (1 + R_B \| R_F \| R_G C_G s)} \tag{9-30}$$

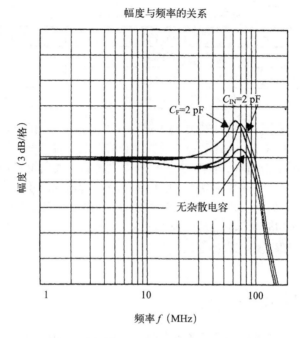

图 9-8 杂散电容对电流反馈放大电路的影响

注意，C_G 的引入在图 9-8 上导致了超过 3 dB 的频响峰值，增加了大约 18 MHz 的带宽。2 pF 的电容量并不是很大，因为马虎的布局很容易为电路增加 4 pF 甚至更大的杂散电容。

9.9 稳定性与反馈电容

当反馈电阻两端有杂散电容时，反馈阻抗可写成式(9-31)的形式。式(9-32)给出了具有反馈电容 C_F 的环路增益。

$$Z_F = \frac{R_F}{1+R_F C_F s} \tag{9-31}$$

$$A\beta = \frac{Z(1+R_F C_F s)}{R_F\left(1+\dfrac{R_B}{R_F \| R_G}\right)(1+R_B \| R_F \| R_G C_F s)} \tag{9-32}$$

这一环路增益中有一个极点和一个零点。当极点和零点处于某些位置时，可能会发生振荡。这一情况的伯德图如图 9-9 所示。原始曲线与组合曲线都以–40 dB/十倍频程的斜率穿过 0 dB 轴，因此两条曲线都可能导致不稳定。组合曲线穿过 0 dB 轴的频率比原始曲线更高，因此可以看出，杂散电容给系统引入了附加的相移。显然，组合曲线比原始曲线更不稳定。在反相输入端对地或反馈电阻两端增加电容，通常会导致电流反馈放大电路不稳定。R_B 对 C_F 引入的极点位置影响严重，因此这也是杂散电容导致不稳定的另一种情况。

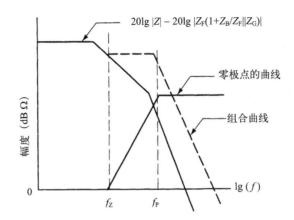

图 9-9　反馈电阻两端有杂散电容时的伯德图

从图 9-8 可以看出，$C_F = 2\,pF$ 时，引入了约 4 dB 的频响峰值。因为这一峰值，所以带宽提升了约 10 MHz。对电流反馈放大电路而言，C_F 和 C_G 是导致过冲、振铃甚至振荡的主要原因。因此，电路板布图必须小心，以消除这些杂散电容。

9.10　C_F 和 C_G 的补偿

当电路中同时存在 C_F 和 C_G 时，可以通过调整电路，使它们的作用互相抵消。同时存在 C_F 和 C_G 的电路的稳定性方程为：

$$A\beta = \frac{Z(1 + R_F C_F s)}{R_F\left(1 + \dfrac{R_B}{R_F \parallel R_G}\right)[R_B \parallel R_F \parallel R_G\,(C_F + C_G)s + 1]} \tag{9-33}$$

如果式(9-33)中的零点和极点互相抵消，方程中的极点就只包含在 Z 中了。让式(9-33)中的零点和极点相等，经过一些代数变换可得：

$$R_F C_F = C_G(R_G \parallel R_B) \tag{9-34}$$

R_G 与 R_B 的并联由值远远小于 R_G 的 R_B 主导。因此式(9-34)可化简为：

$$R_F C_F = R_B C_G \tag{9-35}$$

R_B 是集成电路的参数，与制造工艺有关。这是一个重要的参数，但是尚未重要到在制造中需要当作控制变量来监测。R_B 的离散性很大，没有明确的值，因此依赖 R_B 进行补偿是有风险的。然而谨慎的设计会保证电路在所有合理的 R_B 下均保持稳定，产生的频率峰值也可接受。

9.11　小结

电流反馈运放不受恒定的增益带宽积的限制。通过调整反馈电阻，电流反馈放大器可以获得最佳性能。稳定性与反馈电阻的值相关，R_F 减小时，稳定性变差；$R_F = 0$ 时，电路变得不稳定；R_F 增大时，电路变得稳定，但是带宽会降低。

　　电流反馈运放同相输入端的输入阻抗极高，但反相输入端的输入阻抗极低，这一特点使电流反馈运放不适用于差分放大电路。反相输入端对地和反馈电阻两端的杂散电容总是会导致频响峰值，通常会导致振铃，有时甚至会导致振荡。细心的设计师会检查印制板布图引起的杂散电容并消除它们。对电流反馈运放来说，用试验板搭建电路并在实验室进行测试是必需的。良好的布图、退耦电容和低分布电感的元器件，可以极大提升电流反馈放大电路的性能。

第 10 章

电压反馈运放与电流反馈运放的比较

10.1 引言

"运算放大器"这一名词最早是指电压反馈运放，因为当时只有这种类型的运放。这类放大器可以用外接元件设置功能，用于对信号执行不同类型的运算。因此，它得到了运算放大器的俗称。电流反馈运放也已经出现三十多年了[①]，但是直到近些年才开始流行起来。两个因素限制了电流反馈运放的使用，一个是应用上的难度，另一个是直流精度较低：如果电路要求直流响应（如第 4 章和第 5 章中的各种情形），就**不能使用电流反馈运放**。

那么，电流反馈运放到底适用于哪种应用场景？答案是非常高速的交流耦合应用。电压反馈运放是很常见的元器件，有很多种内部补偿的电压反馈运放可以方便使用，在应用上几乎不用做什么附加的工作。因为电压反馈运放发明已经很久了，各种不同类型以及不同封装的电压反馈运放都很容易找到，所以电压反馈运放几乎可以用来做任何工作。然而电压反馈运放的带宽受到增益带宽积的限制，所以它不能像电流反馈运放那么好地处理较高频率的信号。当前，信号频率和精度是划分这两类运放应用场景的主要因素。

电压反馈运放有另外一些良好的特性，如极佳的精度，这使得它非常适合低频应用。很多信号放大以外的工作在低频完成，诸如电平转换这类要求运放精度的工作。幸运的是，对于大部分高频应用来说，主要的工作是信号的放大和滤波，这些工作不要求直流精度。因此，电流反馈运放适用于高频应用。直流精度较低以及应用难度较高限制了电流反馈运放代替电压反馈运放。

10.2 精度

电压反馈运放的长尾对输入结构（图 10-1）保证了其精度。

晶体管 Q_1 与 Q_2 的初始特性及漂移特性经过了仔细配对。在运放设计中，这两个晶体管经过了谨慎而细致的处理，以保证其电流放大系数 β、基极–发射极电压 V_{BE} 等参数一致。当基极电压 $V_1 = V_2$ 时，电流 I 在两个晶体管间平均分配，导致 $V_{O1} = V_{O2}$。只要这两个晶体管的参数匹配，它们的集电极电流就是相等的。即使 V_1 相对 V_2 很小的变化也会导致两管集电极电流的差异，进而产生差分输出电压 $|V_{O1} - V_{O2}|$。

[①] 第一款电压反馈集成运放（Fairchild μA709）出现于 1965 年；第一款电流反馈集成运放（Elantec EL2020）出现于 1987 年。——译者注

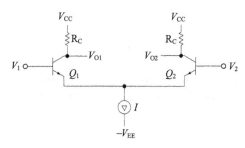

图 10-1   长尾对

当温度或其他因素影响晶体管的 β 或 V_{BE} 等参数时，只要它们的变化量相等，差分输出电压的平衡性就不会改变。集成电路设计师付出了很多心血，以保证外部因素影响导致的晶体管参数变化不带来差分输出电压的变化[①]。任何一个基极输入电压很小的变化都会导致差分输出电压产生变化，而外部条件很大的变化都不会使差分输出电压产生变化。这就是精密放大器的窍门：它可以放大输入电压的极小变化，而忽略参数与周围环境条件的变化。

上一段是一种简化的说明。在集成电路设计中，有很多不同的技巧来保证输入晶体管的匹配，诸如参数微调、特别的布图技巧、热平衡、对称布图等。对实现高精度输入电路而言，长尾对是非常好的一种电路组态。但是它的输出电路有一点不足：输出电路的集电极电阻必须很大以保证第一级的高增益，然而这种高增益与密勒电容（前面的章节中讨论过）一起，会形成类似主极点补偿的电路，其高频响应较差。

电流反馈运放的同相输入端（图 10-2）连接到运放内部缓冲器的输入，反相输入端连接到这一缓冲器的输出。缓冲器的输入/输出阻抗有巨大的差别，所以让它们匹配是毫无意义的。这一缓冲器没有共模抑制能力，因此无法抑制参数漂移带来的共模电压。输入电流会导致输入缓冲器的输出阻抗 R_B 上出现一个压降，然而这一压降无法与输入信号区分。

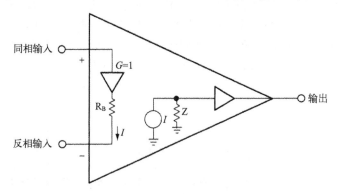

图 10-2   理想的电流反馈运放

电流反馈运放的电路结构中包含电流控制的增益和电流主导的输入，因此它适用于高频放大。这种电流型器件不像电压反馈运放一样受到密勒效应问题的影响。电流反馈运放的输入结构牺牲了精度来换取带宽，其可用带宽可以达到电压反馈运放可用带宽的 10 倍。

---

① 这里主要指差分输出电压的平衡性不产生变化，即外部因素变化时，差分输出电压 ($V_{O1} - V_{O2}$) 几乎不会增加其他的加法项。差分放大倍数在合理范围内的变化是无关紧要的，因为负反馈会消除这种变化的影响。——译者注

10.3 带宽

电路的带宽用其高频误差定义。当增益在高频区域下降时，对频率而言不均衡的放大就会导致信号的失真：信号的高频成分会丢失。信号高频失真的一个典型例子是，边沿陡峭的方波经过放大后，变成了边缘缓慢的半正弦波。反馈电路的误差方程一般写为：

$$E = \frac{V_{\text{IN}}}{1+A\beta} \tag{10-1}$$

这一公式对所有反馈电路都成立，因此它适用于电压反馈运放，也适用于电流反馈运放。电压反馈运放电路的环路增益为：

$$A\beta = \frac{aR_{\text{G}}}{R_{\text{F}} + R_{\text{G}}} \tag{10-2}$$

对同相放大电路和反相放大电路而言，环路增益分别为式(10-3)和式(10-4)。在这两个公式中，G_{CLNI}表示同相闭环增益，G_{CLI}表示反相闭环增益。

$$A\beta = \frac{a}{\dfrac{R_{\text{F}} + R_{\text{G}}}{R_{\text{G}}}} = \frac{a}{G_{\text{CLNI}}} \tag{10-3}$$

$$A\beta = \frac{a}{\dfrac{R_{\text{F}} + R_{\text{G}}}{R_{\text{G}}}} = \frac{a}{G_{\text{CLI}} + 1} \tag{10-4}$$

在这两种情况下，随着闭环增益的增加，环路增益都会减小。所以，随着闭环增益的增加，电压反馈运放的各种误差都会增加。这种误差增加是由上述数学关系决定的，因此没有变通的办法可以解决。对于电压反馈运放，随着闭环增益增加，有效带宽会减小，因为环路增益随闭环增益增加而减小。

图10-3绘出了电压反馈运放电路的直接增益（电路的开环增益）和闭环增益。对同相放大电路而言，直接增益 A 就是运放的开环增益 a。对反相放大电路而言，直接增益 $A = a(Z_{\text{F}} / (Z_{\text{G}} + Z_{\text{F}}))$。密勒效应导致直接增益在高频区域滚降，因此有效环路增益随频率增加而减小，误差随频率增加而增加[1]。

电流反馈运放是电流模式工作的器件。与电压反馈运放相比，这类器件不易受到杂散电容引起的密勒效应的影响，这使得电流反馈运放的频响可以远好于电压反馈运放。图10-4绘出了电流反馈放大电路的跨阻和闭环增益。注意，跨阻在频率较低的区域保持很大的恒定值，直到比电压反馈运放增益开始滚降的频率高得多的频率才开始滚降。

---

① 图10-3上表现为距离 $20\lg(1+A\beta)$ 随频率增加而减小。——译者注

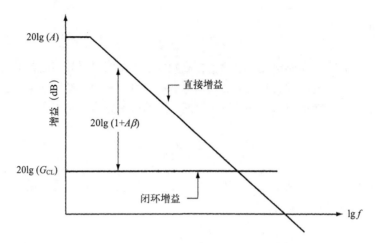

图 10-3　电压反馈运放电路的增益与频率的关系

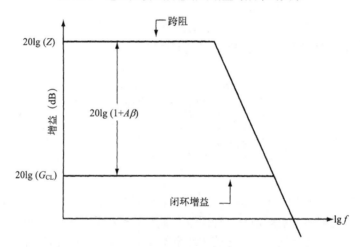

图 10-4　电流反馈运放电路的增益与频率的关系

电流反馈运放电路的环路增益为：

$$A\beta = \cfrac{Z}{R_F\left(1+\cfrac{R_B}{R_F\,\|\,R_G}\right)} \tag{10-5}$$

当输入缓冲器的输出阻抗趋近于 0 时，式(10-5)可简化为：

$$A\beta = \frac{Z}{R_F} \tag{10-6}$$

从式(10-6)可以看出，$R_B = 0$ 时，闭环增益对电流反馈运放电路的环路增益没有影响。所以在理想状况下，跨阻下降的斜率应该为 0。不过图 10-4 中仍然有一定的斜率（远小于电压反馈运放的滚降斜率），这是由于 $R_B \neq 0$ 而产生的。例如，$R_F = 1000\,\Omega$、$A_{CL} = 1$ 时，R_B 通常为 $50\,\Omega$。如果让 $R_F = R_G$，那么 $R_F\,\|\,R_G = 500\,\Omega$，$R_B\,/\,(R_F\,\|\,R_G) = 50\,/\,500 = 0.1$。

将这一结果代入式(10-5)可得式(10-7)。而式(10-7)与式(10-6)几乎相同。R_B 确实导致了环路增益与跨阻之间出现了一些联系，然而这些联系是次要的，因此电流反馈运放增益的实际下降斜率更大[①]。

$$A\beta = \frac{Z}{1.1R_F} \tag{10-7}$$

电压反馈运放的前向增益在频率很低时（如 10 Hz 或 100 Hz）就开始滚降。然而，电流反馈运放的跨阻在高得多的频率才开始滚降。电压反馈运放受增益带宽积的限制，因为环路增益的表达式中包含闭环增益。而电流反馈运放不受增益带宽积的限制（除 R_B 的影响外）。这让电流反馈运放成为比电压反馈运放更好的高频放大器。

还记得第 7 章最后讲过运放的速度极限吗？这就是超越这一速度极限（至少是类似的电压反馈运放的速度极限）的方法，当然你的雄心壮志也要受到一些约束。真实的电流反馈运放的开环频率响应很少会像图 10-4 那样夸张，但是至少会比电压反馈运放改进一些。无论是电压反馈运放还是电流反馈运放，关于开环带宽，有一句从极限运动中来的老生常谈也适用于此："要么搞大的，要么就别玩。"（Go big or go home.）在成本和功耗的约束下，如果要求幅度精度，那么就尽可能选用开环增益最大的运放！

10.4 稳定性

反馈系统的稳定性只由环路增益一个因素决定。诸如输入幅度、输入类型之类的其他因素，都不影响稳定性。式(10-2)给出了电压反馈运放的环路增益。考察式(10-2)，会发现电压反馈运放的稳定性由两个因素决定：一个是运放的传递函数，另一个是增益设定元件 Z_F/Z_G。

运放包含很多极点，如果没有内部补偿，那么就需要在外部增加补偿元件。运放总是有至少一个主极点，相位裕量一般为 45°。超过 60° 的相位裕量是对运放带宽的浪费。当 Z_F 和 Z_G 包含零点和极点时，它们可以补偿运放的相移，或是使运放变得更加不稳定。无论如何，增益设定元件总是会影响稳定性。当闭环增益较大时，环路增益较小，而环路增益较小的电路比环路增益较大的电路更加稳定。

在印制电路板上连接运放，总会引入杂散电容和电感。在频率很高时，杂散电感会起主要作用。因此在电压反馈放大电路中，杂散电感对稳定性的影响没有对信号处理特性的影响那么大。根据位置不同，杂散电容可能会改善稳定性，也可能会使稳定性恶化。输入端或输出端对地的杂散电容会使稳定性恶化，而并联在反馈电阻两端的杂散电容会改善稳定性。

[①] 图 10-4 中跨阻滚降部分实际上是主极点补偿所致。电流反馈运放通常也需要主极点补偿，但其主极点频率比电压反馈运放高得多。但是，与电压反馈运放不同，在电流反馈运放闭环带宽的影响因素中，相当于电压反馈运放中闭环增益的参数是反馈电阻 R_F（注意 R_F 和跨阻的量纲相同）。当然如文中所述，在 $R_B \neq 0$ 时，增益本身也会稍稍影响带宽。关于以上要点更直观的图示，可参考 Renesas 公司应用笔记 "Voltage Feedback versus Current Feedback Operational Amplifiers"（AN1993）中的图 11~图 14。——译者注

式(10-6)给出了电流反馈运放在输入缓冲器的输出电阻 $R_B = 0$ 时的环路增益。考察式(10-6)，可以发现电流反馈运放的稳定性由两个因素决定：运放的传递函数 Z 和增益设定元件 Z_F。运放包含很多极点，因此需要外部补偿。幸运的是，对电流反馈运放来说，外部补偿是由调整 Z_F 的值实现的，不需要附加的外部元件。运放生产厂家的应用工程师进行大量的试验，以确定给定增益下 R_F 的最佳值。对于某一增益下的所有应用，一般都应当使用对应的 R_F 最佳值。然而增加 R_F 可以改善稳定性，降低频响的峰值。本质上说，这是牺牲带宽来改善低频性能的措施。对于不需要最大带宽的应用来说，这是一种明智的取舍。

电流反馈运放的稳定性不受闭环增益影响，因此在任何增益下都能获得稳定的工作点。另外，电流反馈运放也不受增益带宽积的限制。如果对于某一给定的增益，数据手册中没有提供 R_F 的最佳值，那就必须通过试验来确定 R_F 实际的最佳值。

任意结点对地的杂散电容都会使电流反馈运放的稳定性恶化。即使是小到 pF 量级的杂散电容也会导致频响出现 3 dB 甚至更高的峰值。与电压反馈运放不同，对电流反馈运放来说，并联在反馈电阻两端的杂散电容总会引起某些形式的不稳定。电流反馈运放应用在很高的频率，因此印制板上与走线长度和引脚相关的杂散电感给稳定性方程增加了新的变量。在某些频率下，电感会抵消电容的作用，然而杂散电感通常似乎会起负面的作用。电压反馈运放的布线很关键，而电流反馈运放的布线更是一门学问。只要有可能，你都应该遵循厂家推荐的布图。

10.5　阻抗

电压反馈运放和电流反馈运放的输入电路结构不同，因此它们的输入阻抗有巨大的差别。电压反馈运放采用长尾对作为输入电路，这一电路结构的优点是两个输入端的阻抗是匹配的。另外，从每一个输入信号看进去，输入电路都是射极跟随器，而射极跟随器的输入阻抗很高。定量地说，射极跟随器的输入阻抗为 $\beta(r_e + R_E)$，其中 R_E 是晶体管外连接在发射极上的电阻。在输入电流很低时，R_E 很大，输入阻抗也很高。如果需要更高的输入阻抗，那么可以用达林顿式的输入电路，这样输入阻抗就是 $\beta^2(r_e + R_E)$。

上面一段文字隐含的假设是电压反馈运放使用双极型半导体工艺制造。如果需要非常高的输入阻抗，一般会采用场效应管（FET）工艺。诸如 BiFET 或是 CMOS 之类的工艺可以为任何长尾对电路结构提供很高的输入阻抗。对于电压反馈运放来说，很容易得到匹配且很高的输入阻抗。需要注意，不要将运放本身匹配的输入阻抗与运放构成的放大电路的输入阻抗混淆。对于放大电路来说，反相放大电路的输入阻抗是 R_G，而同相放大电路的输入阻抗就是运放的输入阻抗。这种阻抗的 "不匹配" 是放大电路的特性，而不是运放本身的特性。

与电压反馈运放相比，电流反馈运放的输入电路结构差别很大，两个输入端的阻抗是不匹配的。电流反馈运放的同相输入端接入一个缓冲器的输入，因此其输入阻抗很高。反相输入端连接这一缓冲器的输出，其输入阻抗很低。因此，让电流反馈运放的两个输入端阻抗匹配，是不可能的。

需要再次强调，由于电路结构的特点，反相放大电路的输入阻抗为 R_G。当电路增益确定后，想要增加 R_G，唯一的方法是增加 R_F。而对于电流反馈运放来说，R_F 的值由稳定性和带宽之间的取舍决定。对电路增益和带宽的要求确定了 R_F 的值，因此不能通过调整 R_F 来提高 R_G，进而提高电流反馈反相放大电路的输入阻抗。如果生产厂家的数据手册中规定增益为 2 时，R_F 的推荐值为 100 Ω，那么 R_G 就是 100 Ω 或 50 Ω（根据电路是同相放大电路还是反相放大电路而定）。对于反相放大电路而言，这使得电路的输入阻抗 50 Ω。这一分析不是完全准确的，因为 R_B 会让输入阻抗增加，不过这一增加量很小，并且与运放集成电路的参数有关。电流反馈运放一般应用在同相电压放大中，然而对于电流驱动的放大器应用来说，反相放大电路也可以工作得很好。

电流反馈运放只采用双极型工艺制造，因为这一工艺能够提供最高的速度。从双极型工艺更换到 BiFET 或 CMOS 工艺以提高输入阻抗，目前对电流反馈运放来说意义不大[①]。虽然输入阻抗看起来像是一个限制因素，然而实际上，电流反馈运放经常用于低阻抗的信号处理中，此时输入端用 50 Ω 或 75 Ω 电阻端接。另外，大部分非常高速的应用需要低阻抗。

10.6　公式的比较

电压反馈运放与电流反馈运放的有关公式列在表 10-1 中。注意，对于同相和反相放大电路，它们的理想闭环增益是相同的。对电压反馈运放而言，是否可使用理想公式，取决于运放增益 a：当 a 很大时，$A\beta$ 远大于 1，接近理想情况。对于电流反馈运放，以下两个假设均满足时才是理想情况：第一，运放的跨阻 Z 必须非常大，使得 $A\beta$ 远大于 1；第二，与 $Z_F \parallel Z_G$ 相比，输入缓冲器的输出阻抗 R_B 必须非常小。

虽然电压反馈运放与电流反馈运放的理想闭环增益公式相同，但是它们的应用场景非常不同：电压反馈运放最适合应用于低频精密场合，而电流反馈运放主要应用于高频领域。电流反馈运放的跨阻与电压反馈运放的增益类似：很大的跨阻或增益，使得我们可以应用反馈来确定电路参数。

[①] 近年来在学术界一直有一些关于 CMOS 工艺电流反馈运放的研究。由于器件跨导较低、P 沟道和 N 沟道晶体管特性不同等困难，CMOS 工艺电流反馈运放需要采取与双极型电流反馈运放不同的设计。CMOS 工艺具有低电压供电、低功耗等优点，这些设计可作为构建模块，应用在低电压供电的大规模集成电路中［集成电路行业常提到的电流传输器（current conveyor）其实就是与电流反馈运放类似的电路，只不过输出是电流模式的］。然而目前尚未见到使用 CMOS 工艺的单片电流反馈运放。——译者注

表 10-1　电压反馈运放与电流反馈运放的相关公式

电路组态	电流反馈运放	电压反馈运放
同相放大电路		
前向（直接）增益	$\dfrac{Z\left(1+\dfrac{Z_F}{Z_G}\right)}{Z_F\left(1+\dfrac{Z_B}{Z_F\|Z_G}\right)}$	a
理想环路增益	$\dfrac{Z}{Z_F}\left(1+\dfrac{Z_B}{Z_F\|Z_G}\right)$	$\dfrac{aZ_F}{Z_G+Z_F}$
实际的闭环增益	$\dfrac{\dfrac{Z_F\left(1+\dfrac{Z_B}{Z_G}\right)}{Z_F\left(1+\dfrac{Z_B}{Z_F\|Z_G}\right)}}{1+\dfrac{Z}{Z_F\left[1+\dfrac{1+Z_B}{Z_F\|Z_G}\right]}}$	$\dfrac{a}{1+\dfrac{aZ_G}{Z_F\|Z_G}}$
闭环增益	$1+\dfrac{Z_F}{Z_G}$	$1+\dfrac{Z_F}{Z_G}$
反相放大电路		
前向（直接）增益	$\dfrac{Z}{Z_G\left(1+\dfrac{Z_B}{Z_F\|Z_G}\right)}$	$\dfrac{aZ_F}{(Z_F+Z_G)}$
理想环路增益	$\dfrac{Z}{Z_F}\left(1+\dfrac{Z_B}{Z_F\|Z_G}\right)$	$\dfrac{aZ_F}{(Z_F+Z_G)}$
实际的闭环增益	$\dfrac{-Z_G\left(1+\dfrac{Z_B}{Z_F\|Z_G}\right)}{1+\dfrac{Z}{Z_F\left(1+\dfrac{Z_B}{Z_F\|Z_G}\right)}}$	$\dfrac{\dfrac{-aZ_F}{Z_F+Z_G}}{1+\dfrac{aZ_G}{Z_F\|Z_G}}$
闭环增益	$\dfrac{-Z_F}{Z_G}$	$\dfrac{-Z_F}{Z_G}$

第 11 章

全差分运放

11.1　引言

"全差分运放"这个提法，可能会让设计师脊背发凉。人们可能会想："哦，不，又要学习新东西了。"然而大部分人没有意识到，在 50 多年前，最早出现的运放就是全差分的。在后来的几十年中，由于单端运放的流行，全差分运放的使用方法几乎失传了。现在的全差分运放的性能优势在它刚刚出现的年代是闻所未闻的。

本章会提供开始使用全差分运放进行设计时所需的内容，以及进一步设计所需的资源。希望读者在阅读后，能够有信心、有激情地使用全差分运放进行设计。

11.2　"全差分"意味着什么

阅读本书其他章节后，读者应该已经很熟悉单端运放了。简单地说，单端运放有两个输入——一个同相输入和一个反相输入，这样的两个输入就是全差分的。这种运放还有一个单端输出，以系统的地作为参考（图 11-1）。

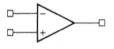

图 11-1　单端运放的电路符号

运放还有两个电源输入端，可以使用双电源（幅度相等但极性相反的正负电源）供电，也可以使用单电源（电源输入端一端连接在电源正极，另一端连接在地）供电。当供电部分包含在电路图中的其他地方时，运放的电路符号中经常省略电源输入端。

与单端运放相比，全差分运放增加了第二个输出（图 11-2）。

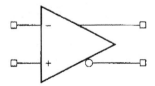

图 11-2　全差分运放的电路符号

全差分运放的两个输出也是全差分的，因此与输入端类似，两个输出端分别叫作同相输出和反相输出。同样，与输入端类似，它们也是差分工作的。以电路的共模工作点为参照，两个输出端的输出电压大小相等，极性相反。

11.3　第二个输出端如何使用

运放是闭环工作的器件。本书的大部分读者应该知道如何让单端运放闭环工作（图 11-3）。

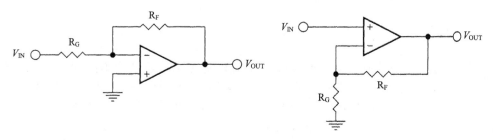

图 11-3　闭合单端运放的反馈环路

无论单端运放用作同相放大器还是反相放大器，在闭合环路时，它总是将输出端连接到反相输入端。

11.4　差分放大级

那么，如何闭合全差分运放的反馈环路呢？全差分运放有两个输出，那么顺理成章，两个输出都要工作在闭环状态。闭合全差分运放的反馈环路的方式如图 11-4 所示。

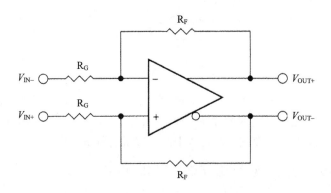

图 11-4　闭合全差分运放的反馈环路

闭合全差分运放的环路需要两个一样的反馈环。如果这两个环路不匹配，会带来很大的二次谐波失真。但是也有一些特殊的情况，在这些情况下，两个输出连接到的反馈环路不一定相同。本章后面将讨论其中的一种。

需要注意的是，在全差分运放中，每个反馈环都是反相反馈环路。全差分运放同时具有同相和反相输出，因此"同相放大电路"和"反相放大电路"这种术语对全差分运放并无意义。考虑图 11-3 所示的单端放大电路，在图中的两种情况下，环路都是从（同相）输出端连接到反相输入端，引入了 180°的相移。对图 11-4 所示的全差分运放电路来说，上面的反馈环从同相输出端连接到反相输入端，有 180°相移；下面的反馈环从反相输出端连接到同相输入端，也有 180°相移。两个反馈环路都是反相的，因此并不存在"同相"的全差分运放电路。

全差分放大级的增益为：

$$\frac{V_{\mathrm{O}}}{V_{\mathrm{I}}} = \frac{R_{\mathrm{F}}}{R_{\mathrm{G}}} \tag{11-1}$$

使用全差分运放时也要多加注意，否则第 7 章提到过的同样类型的错误会在此重现。一定要远离运放的极限！

11.5　单端到差分的转换

图 11-4 所示的电路是全差分（差分输入、差分输出）的放大电路。然而，全差分放大电路的应用相对有限。全差分运放经常用来将单端信号输入转换为差分信号输出，差分信号输出也许会连接到模数转换器的差分输入端。

图 11-5 所示的两个电路组态是等效的。第一眼看上去它们完全一样，其实不然。不同点在于，在左边的电路中，反相输入端用作信号输入，同相输入端用作参考；在右边的电路中，同相输入端用作信号输入，反相输入端用作参考。它们在功能上是等价的，其中的任何一个都能够工作。

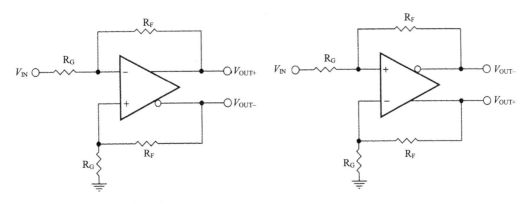

图 11-5　单端到差分的转换电路

单端到差分转换电路的增益是：

$$\frac{V_{\mathrm{O}}}{V_{\mathrm{I}}} = \frac{R_{\mathrm{F}}}{R_{\mathrm{G}}} \tag{11-2}$$

这一增益与式(11-1)相同。单端到差分转换电路与全差分放大电路唯一的区别是，输入电压有一端接地。

增益的动态特性有时最好用图示的方法说明。图 11-6 说明了 $R_F = R_G$ 时，V_{IN}、V_{OUT+}和 V_{OUT-} 的关系。

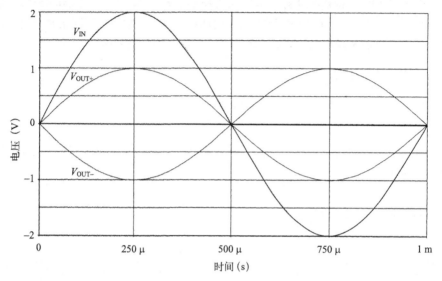

图 11-6　V_{IN}、V_{OUT+}和 V_{OUT-}的关系

图 11-6 中到底发生了什么？为什么输入幅度 V_{IN} 是每个输出端输出幅度的两倍？事实上，增益是正确的，因为图中任何时刻差分输出（$V_{OUT+}-V_{OUT-}$）的大小都与 V_{IN} 的大小相等。

11.6　一项新功能

德州仪器的全差分运放具有一个附加的引脚 V_{OCM}，意思是"输出电压的共模电位"。通常 V_{OCM} 引脚在芯片内部连接一个与正负电源输入端相连的分压器，因此，该引脚既可以作为输入，也可以作为输出。然而，该引脚很少作为输出使用。当作为输出使用时，输出电压相当于 V_{OUT+} 和 V_{OUT-}参考的共模电压。

11.7　理解 V_{OCM} 输入

在图 11-8 所示的机械模型（跷跷板的一个复杂版本）中，抬高 V_{IN+}一臂（长度为 R_3）的末端会导致这一臂绕支点 V_p 转动，另一端 V_{OUT-}会按臂长的比例（R_4）下降。两臂之间的另一个支点 V_{OCM} 会导致另一臂的末端（V_{OUT+}）上升同样的距离。另一臂（V_{IN-}一臂）也有一个支点 V_n，这一支点与 V_p 的电压保持一致（假设长度 $R_1 = R_3$、$R_2 = R_4$），而 V_{IN-}是固定（接地）的。V_{OCM} 可以用来调整 V_{OUT+}和 V_{OUT-}的平均高度（偏移量）。但是注意，如果 V_{OCM} 过高或过低，会超越模型在机械上的限制。V_{OCM} 如果过低，V_{OUT+}和 V_{OUT-}两端可能会碰到地面；如果过高，V_n 和 V_p 所在的跷跷板的另一端可能会碰到地面。这里跷跷板和支点所在的"地面"反映了移动的"可能性"，也就是电源轨的电压[①]（图 11-7 和图 11-8）。

---

① 这里的可能性原文为 potential，跟力学里的"势能"以及电学里的"电位"是同一个词。——译者注

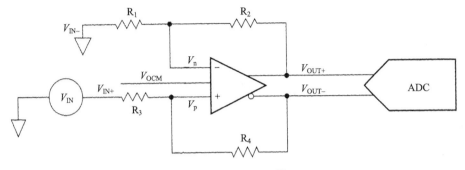

图 11-7　V_{OCM} 的电子模型

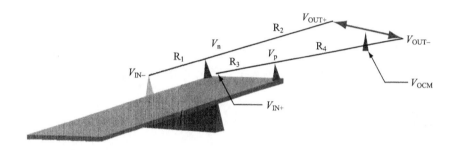

图 11-8　V_{OCM} 的机械模型

我们用某种有名的儿童积木搭建了这一跷跷板模型，并用电动机驱动 $V_{\text{IN+}}$ 一端。如果读者也有类似的积木，可以搭建这一模型，这是个寓教于乐的过程，还可以给小朋友讲解差分信号传输的概念（图 11-9）。

图 11-9　机械全差分放大器

V_{OCM} 引脚最常用作设置全差分运放的输出共模电压。这一功能可以用来将全差分运放的输出共模电压和与之相连的数据转换器的共模电压相匹配，因此非常有用。高精度或高速的数据转换器往往是差分输入的，同时提供参考输出。

图 11-10 所示的电路经过了简化，为清晰起见，没有画出补偿、端接和退耦元件。尽管如此，这张图描述了将全差分运放与模数转换器连接的基本概念。这是一种非常重要的接口电路，在后面的章节中将详细讨论。

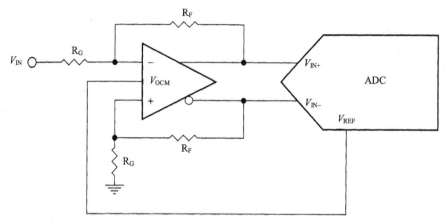

图 11-10　使用全差分运放驱动模数转换器

本章余下内容将给读者提供一系列全差分运放的基本应用电路。

11.8　仪表放大器

使用两个单端运放和一个全差分运放，可以构建仪表放大器（图 11-11）。输出信号的两个极性都可以使用，这样信号就不依赖地[①]。

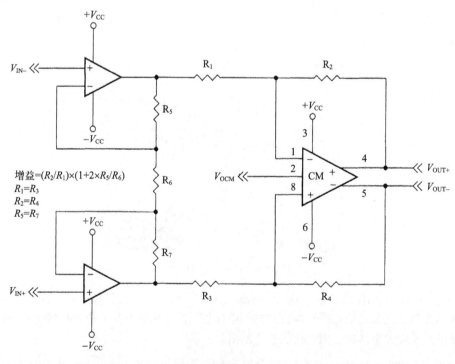

图 11-11　仪表放大器

[①] 实际使用时，仍然要注意下一级的共模电压输入范围。——译者注

11.9 滤波器电路

滤波器可以用来消除音频信号或其他信号中不需要的成分。差分滤波器对差分信号进行滤波，其作用相当于单端滤波器对于单端信号的作用。

在差分滤波器中，上下两个反馈环路上的对应元件是相同的。本章后面的图中，上面的反馈环路的元件用下标 A 表示，下面的反馈环路的元件用下标 B 表示。

为清晰起见，这些图中没有画出退耦电容。为了让高速运放正常工作，需要正确的退耦技术。像撒豆成兵一样撒一把廉价的 0.1μF 电容往往是不适用的。选择退耦元件，首先要知道需要抑制的频率，然后根据电容在这些频率下的特性来具体选择。

11.9.1 单极点滤波器

单极点滤波器是使用单端运放能够构建的最简单的滤波器，对全差分运放也是如此。

与使用单端运放的单极点滤波器类似，在放大电路的每个反馈环中加入一个电容，可以得到低通滤波器（图 11-12）。

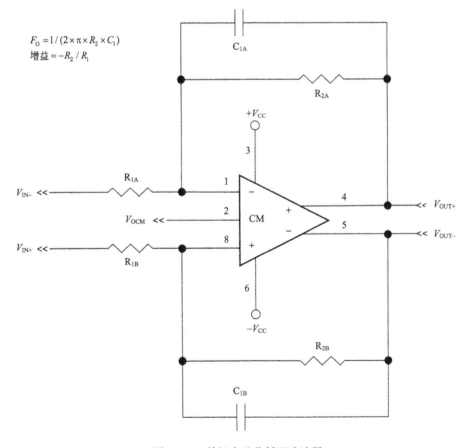

图 11-12 单极点差分低通滤波器

高通滤波器可以通过在反相放大电路[①]的输入端串联电容的方式实现（图 11-13）。

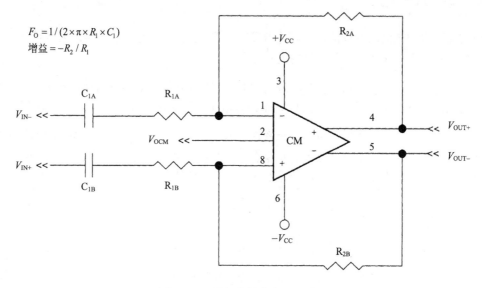

图 11-13   单极点差分高通滤波器

11.9.2   双极点滤波器

很多双极点滤波器电路同时需要正反馈和负反馈，因此无法用全差分运放实现。另外一些双极点滤波器电路只使用负反馈，但是其中使用同相输入的电路也无法用全差分运放实现。这就限制了可以使用的双极点滤波器电路的种类，因为两个反馈环路都必须连接在输入端。

好消息是，仍然有一些电路结构可以实现差分低通、高通、带通和陷波滤波器。然而这些电路结构有些可能不太为人所熟知，有些可能需要与对应的单端滤波器数目不同的运放。

11.9.3   多重反馈滤波器

多重反馈（MFB）滤波器是使用全差分运放构建滤波器的最简单的电路结构。然而遗憾的是，这种滤波器使用起来有些困难。不过图 11-14 和图 11-15 中给出了单位增益多重反馈滤波器元件值的计算方法。

---

① 正如本章前面提到的，这里的两个反馈环都相当于反相放大电路。——译者注

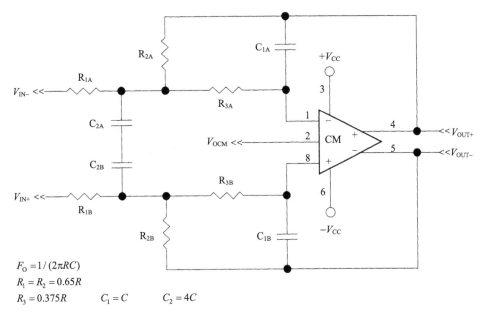

$F_O = 1/(2\pi RC)$
$R_1 = R_2 = 0.65R$
$R_3 = 0.375R \qquad C_1 = C \qquad C_2 = 4C$

图 11-14 差分低通滤波器

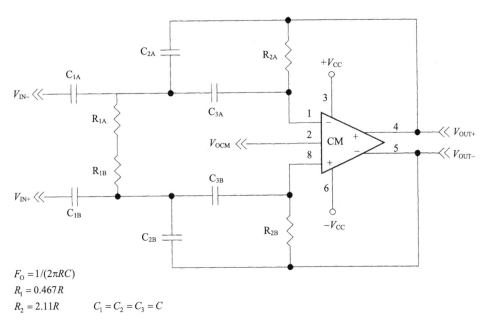

$F_O = 1/(2\pi RC)$
$R_1 = 0.467R$
$R_2 = 2.11R \qquad C_1 = C_2 = C_3 = C$

图 11-15 差分高通滤波器

注意滤波器的两个反馈环路不必相同。使用不对称的反馈环路（一个反馈环路是低通滤波电路，另一个是高通滤波电路），可以构成带通滤波器。图 11-16 是可以通过语音信号（300 Hz ~ 3 kHz）的带通滤波器，其频响如图 11-17 所示。

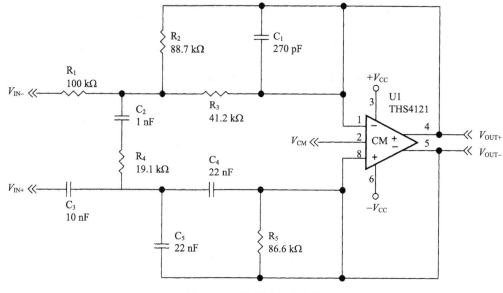

图 11-16   差分语音滤波器

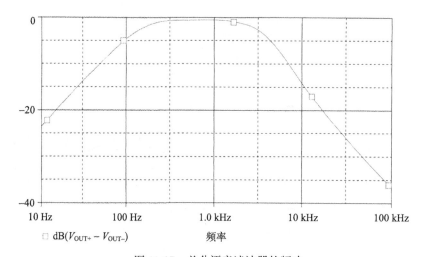

□ dB($V_{\text{OUT+}} - V_{\text{OUT-}}$)   频率

图 11-17   差分语音滤波器的频响

11.9.4   双二阶滤波器

双二阶滤波器是一种双极点的滤波电路结构，可以用来构建低通、高通、带通和陷波滤波器。对于单端滤波电路而言，这种滤波器需要三个单端运放，其中第三个运放只用来将前面运放的输出信号反相。由于全差分运放本来就可以输出反相信号，因此对于全差分滤波电路，第三个运放可以省去。也就是说，只用两个运放就可以构建全差分双二阶滤波器（图 11-18）。

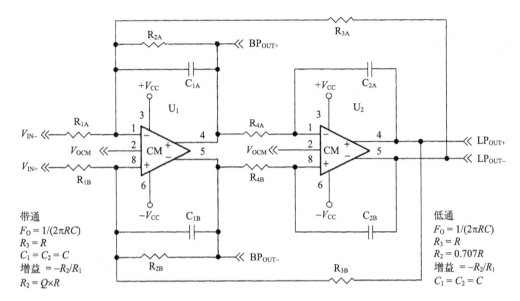

带通
$F_O = 1/(2\pi RC)$
$R_3 = R$
$C_1 = C_2 = C$
增益 $= -R_2/R_1$
$R_2 = Q \times R$

低通
$F_O = 1/(2\pi RC)$
$R_3 = R$
$R_2 = 0.707R$
增益 $= -R_2/R_1$
$C_1 = C_2 = C$

图 11-18 差分双二阶滤波器

　　双二阶高通滤波器和陷波滤波器需要更多的运放，因此这种电路结构不是最优的。不过还有一些其他的电路结构可以只用两个全差分运放实现上述所有四种滤波器[①]。

① TI公司曾在应用报告 "A Differential Op-Amp Circuit Collection"（SLOA064A）中给出了只使用两个运放的全差分 Åkerberg-Mossberg 滤波器电路。然而有试验者表示这类电路有不稳定的问题，这一应用报告也已经在TI公司官方网站下架。感兴趣的读者可以自行寻找这一应用报告并进行更加详尽的试验。——译者注

第 12 章

不同类型的运放

12.1 引言

前面的章节介绍了电压反馈运放、电流反馈运放和全差分运放。这些是运放的主要类型，但不只有这些，还有一些其他类型的运放，它们大部分是电压反馈运放的某种具体应用，只不过将外部元件做在了单片集成电路上，以方便用户使用。

12.2 无补偿和欠补偿的电压反馈运放

无补偿和欠补偿的电压反馈运放前面已经提到过了。不过有必要再次介绍一下，因为懂得如何使用它们的设计师仍然可以利用这类运放。图 12-1 给出了某种欠补偿运放的开环频率响应（来自真实的数据手册）。

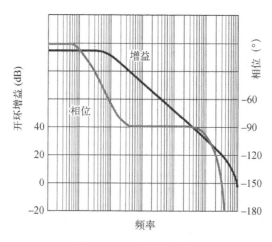

图 12-1　欠补偿的运放

如果读者理解了前面关于稳定性的章节，那么不难看出在单位增益（0 dB）时，这一运放是十分不稳定的。图 12-1 中不仅从幅频特性上可以看出第二个极点，而且在相频特性上也可以看到相位裕量急剧减小。这一运放在单位增益下不稳定，有发生持续振荡的危险。在这一例子中，让运放稳定的最小增益为 10（20 dB）。实际上，图 12-1 对应的运放型号的宣传材料上，也是按 10 倍以上增益稳定介绍的。所以要注意，在使用这一运放时，不要用在更低的增益上！

市场上供应的运放中，只有少数几种是完全没有补偿的。使用它们时，应当仔细注意数据手册，按其建议增加外部补偿元件，否则它们会不稳定。

12.3 仪表放大器

仪表放大器用来在要求两个高阻输入的情况下放大差分信号，这通常是因为信号源是高阻输出的。图 12-2 描述了仪表放大器的典型应用：应变计（strain gauge）。应变计具有 4 个电阻性单元，其中的一个或多个的阻值能够随应力变化而变化[①]。如果使用图 2-6 所示的传统差分放大器，放大级的输入阻抗将拉低应变计的输出电压，导致无法进行测量。解决这一问题的唯一方法是使用图 12-2 所示的三运放仪表放大器。

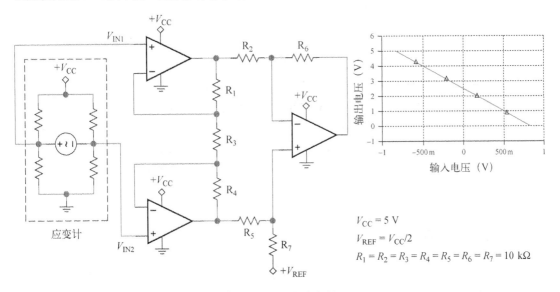

图 12-2 仪表放大器

在这一电路组态中，两个信号源与对应的运放的同相输入端连接。同相输入端的输入阻抗非常高，而且如果两个运放完全一样，则两个同相输入端的输入阻抗也基本相等。

当 $R_7 = R_6$，$R_5 = R_2$，$R_1 = R_4$ 时，有

$$V_{\text{out}} = (V_{\text{IN2}} - V_{\text{IN1}})\left(\frac{2R_1}{R_3} + 1\right)\left(\frac{R_6}{R_2}\right) + V_{\text{REF}} \tag{12-1}$$

这种差分放大器有一种独特的特性：只改变一个电阻 R_3 的值，就可以改变整个电路的增益。然而用分立元器件实现仪表放大器可能非常麻烦，尤其是在电路板面积和功耗要求都非常受限的情况下。电阻的配对精度必须比电路要求的高。电阻不匹配会使同相和反相增益不同，从而增加失真，减小共模抑制比。电阻匹配相当困难，匹配好的成套电阻或电阻阵列相当昂贵，货期

---

① 应变计有时也称作应变片或应变规。其详细工作原理为：应变计粘贴在工件上，工件的应力变化造成应变变化，导致应变计的长度变化，从而拉伸或压缩应变计上的电阻性单元，最终造成阻值变化。——译者注

也很长。因此，很多半导体生产厂商制造单片的三运放仪表放大器，使用户免于电阻匹配的烦恼。图 12-3 是一个典型的单片仪表放大器的内部结构。

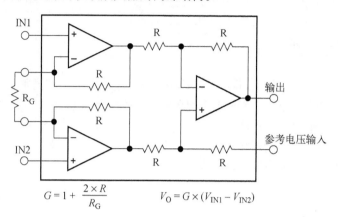

$$G = 1 + \frac{2 \times R}{R_\text{G}} \qquad V_\text{O} = G \times (V_\text{IN1} - V_\text{IN2})$$

图 12-3   高精度差分放大器

硅片上集成的电阻能够达到很高的匹配精度。同时由于很多单片仪表放大器使用 8 脚封装，电路板面积也得以节约。单片仪表放大器内部的结构可能与上面的介绍不同，因此为了在设计电路时得到正确的输入阻抗和增益特性，应当仔细阅读数据手册。例如，在某些单片仪表放大器中，输出放大器不一定是单位增益的，输出级的 R_F 和 R_G 之比可能是 10 甚至 100，这样的放大器能够从很小的输入信号得到很大的增益。还要注意，图 12-3 所示的电路结构不连接 R_G 时仍然可以工作，此时增益为 1。

12.4   差动放大器

仪表放大器的一个变种是差动放大器。这种放大器内含可以稳定工作的衰减器，可以用于输入电压大于供电电压的情况。衰减器后面可以连接放大级，这样，差动放大器的总效果就是将难以处理的电压电平范围（最常见的是有很高直流偏移电压的电压电平范围）转变为容易处理的范围。差动放大器的用法如图 12-4 所示。

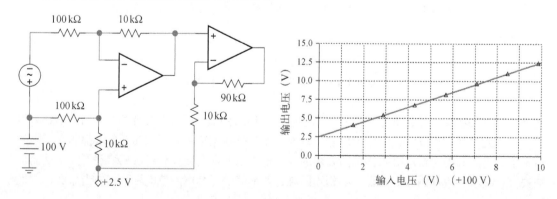

图 12-4   差动放大器

图 12-4 中，差动放大器的输入电压范围是 0 ~ 10 V，具有 100 V 的直流偏移（因此实际的

输入电压是 100~110 V）。图中的输出电压在第二级运算放大器的输出端监测。电路的供电是单电源+15 V。

电路中第一级的作用是去除 100 V 的共模偏移量。100 kΩ 的输入电阻和 10 kΩ 的增益电阻构成了分压器，将输入电压降到了运放能够处理的范围。输入级是一个差分衰减器，将输入电压衰减到原来的 1/10。2.5 V 的偏移电压将输出抬高，防止运放的 V_{OL} 使输出削波。这样，第一级的输出电压范围是 2.5~3.5 V。这儿有一个好消息和一个坏消息：好消息是电路消除了 100 V 的直流偏移，坏消息是 100 V 直流偏移上的差分电压被衰减为原来的 1/10。这样，0~15 V 的电压范围没有得到充分利用。

第二级在保持 2.5 V 偏移的情况下将电压放大 10 倍，解决了这一问题。电路总体的输出特性如图 12-4 右半部分所示，从 100~110 V 的输入电压可以得到 2.5~12.5 V 的输出电压，充分利用了输出级运放的动态范围。使用经过校准的仪表或数据转换器，2.5 V 的偏移也很容易去除。

差动放大器最常用作电源的高边电流检测电路（图 12-5）。图 12-5 是图 12-4 所示电路的简单变种。电路中被虚线包围的部分通常集成在 IC 内部。100 V 直流偏移是被检测的电源电压，信号源被电流检测电阻 R_S 所替换。电流检测电阻的输出端连接负载 R_L（假设为 99.9 Ω）。

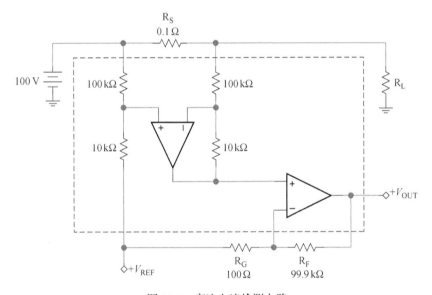

图 12-5　高边电流检测电路

这里设计师可能会注意到，R_S 和 R_L 构成了一个分压器。因为 R_S 的值很小，所以相比 R_L 而言，它两边的压降也很小。需要注意的是，当 R_L 通过的电流较大时，R_S 也需要使用较大功率的电阻。在图 12-5 所示的例子中，100 V 电源的总负载电阻是 100 Ω。因此，通过 R_S 和 R_L 的电流是 1 A，R_S 上耗散的功率是 0.1 W。确定 R_L 的功率是设计师的责任，在实际的电路中，这一功率一般分布在很多有源器件上。R_S 两端的压降为 0.1 V，只占总电压的 0.1%，负载两端仍然有 99.9 V 的电压。$+V_{REF}$ 仍然为+2.5 V。第二级工作在 1000 倍增益下，这样，电源输出电流 1 A 时，电路的输出电压 V_{OUT} 为 12.5 V；电源空载时，电路的输出电压为 2.5 V。R_F 可以使用标准值 100 kΩ，只引入 0.1%的测量误差。

图 12-6 是量产的差动放大器的一个例子。AD628 或 INA146 的内部结构与图 12-6 相同，但是它们的引脚排列不同。它们都适用于图 12-5 所示的应用实例。这两种元件都提供了外接滤波电容的引脚，以构成低通滤波器，滤除噪声。注意，不要把这一低通滤波器与补偿网络混淆。半导体生产厂商提供不同型号的产品，它们的衰减量有所不同（允许不同的共模电压范围）。有些型号的差动放大器没有输出放大级。设计师需要仔细阅读数据手册，以确认哪种型号的元件最适合具体应用。

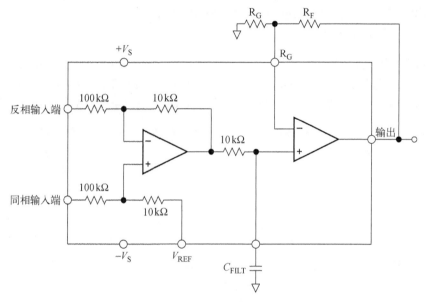

图 12-6   量产的差动放大器

为什么要使用单片的差动放大器集成电路，而不使用普通运放实现差动放大器？再看看前面的章节中关于欠补偿运算放大器的讨论。在使用普通的单位增益稳定运放时，无论是用作衰减器的差分运放电路，还是用作衰减器的反相放大电路，它们在本质上都是不稳定的。可以将图 12-4 的差分级看作在同相输入端加偏移电压的反相衰减器，而反相衰减器一般是不稳定的。差动放大器内部的输入放大器在设计上可以稳定地工作在 0.1 倍增益[①]，输出放大器工作在高增益低失调的状态，它们对稳定性和性能的要求完全不同。如果设计师真的需要设计反相运放衰减器，不妨在自己的设计技巧宝库中加入差动放大器。

12.5   缓冲放大器

前面讨论的运放有一些共同点：它们的输出端的驱动功率受到一定程度的限制。比如一般的电压反馈运放能够很好地驱动 600 Ω 的负载，然而它们不是为阻抗更小的负载设计的。此外，电流反馈运放通常具备非常稳健的输出级。事实上，有一类线路驱动用电流反馈运放适用于数字用户线路（DSL）应用。然而，DSL 正逐渐被有线电视宽带和光纤入户所取代。这类高输出功率的运放现在仍然能够从市面上买到，但随着时间流逝，可能会被淘汰。

---

① 或指标要求的其他衰减量。——译者注

幸好市场上供应另外一类高输出功率运放：缓冲放大器。可以认为缓冲放大器是集成的单位增益缓冲器。只要连接电源，适当退耦，接入输入和输出，它就可以工作，不需要外接电阻。如果要驱动诸如长电缆或音频负载之类的重负载，使用缓冲放大器是个好办法。

缓冲放大器是一种有源器件，因此它会在信号中引入自己的特性。不过有一种方法可以消除缓冲放大器带来的不需要的效应：将缓冲放大器放在反馈环内！

图 12-7 所示的电路使用了一个单位增益的同相缓冲放大器。通过使用缓冲放大器，精密的输入放大器能够免于向 V_{OUT} 提供电流，这样发热就会减少，漂移也可以减轻。因此，这种"混合放大器"的性能能够超过单独的一个运放。图 12-7 是双电源供电的，然而只要注意缓冲放大器的 V_{OH} 和 V_{OL} 指标，放大器也可以使用单电源工作。需要注意的是，V_{OH} 和 V_{OL} 指标可能与负载相关。只要注意不让输入级运放的输入端承受超过工作范围的电压，缓冲放大器也可以采用另外的（电压更高的）一组电源供电。这就是说，电路的增益必须合适，R_F 和 R_G 构成的分压器的输出必须保证混合放大器的反相输入端处于正常的工作范围。

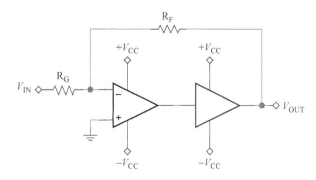

图 12-7　使用缓冲放大器的更佳方法

功率级的不稳定性与功率负载的特性有关，这里我们没有讨论。设计师需要认真遵循数据手册上有关退耦以及输入和输出端允许的最大电容和电感的规定。数据手册中也许会推荐使用吸收网络抑制不需要的高频振荡的方法。总而言之，对付重负载是一项复杂的工作，必须严肃对待。

缓冲放大器可以用同相放大电路替代。电流反馈运放的输出级通常比电压反馈运放更稳健，因此，只要注意关于稳定性的建议，电流反馈运放就可以当作缓冲放大器使用，并且能工作得很好。功率电压反馈运放也可以使用，这类运放里有一些能够在高电压下输出若干安培的电流。设计师必须特别注意数据手册中的指标和建议，工作在推荐的负载电流下时，这类运放一般需要使用散热片。

如果需要更大的输出功率，可以将缓冲放大器并联使用（图 12-8）。为了保证正确的电流分配，每个放大器的输出端应当串联一个小电阻（图 12-8 中的 R_{O1} 和 R_{O2}，阻值一般为 $1 \sim 5\,\Omega$）。输出端串联的电阻和负载组成了分压器，因此会使得输出摆幅降低。然而如果不串联电阻，并联缓冲放大器的相互驱动往往会引起振荡。串联电阻的阻值一般需要经过试验来确定，功率也需要校核。

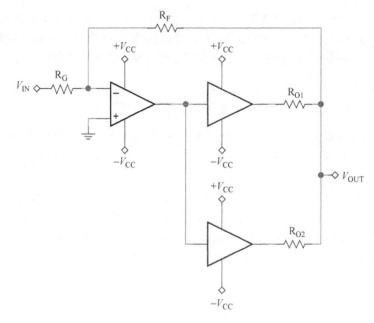

图 12-8 并联使用缓冲放大器

能够并联使用的放大器数目并没有理论上的限制。然而，由于印制电路板和缓冲放大器本身寄生参数的限制，实际能够并联的放大器屈指可数。

第13章

电路故障诊断

13.1 引言

读完前面的章节后，你应该对运放电路设计的基础有了不错的了解。在把话题转向运放的各种应用之前，本书将为手头有不能工作或不能正常工作的电路的设计师提供一些指导。在本书第 5 版中增加关于电路排故的内容，是读者最强烈的呼声，我将努力让读者满意。首先需要声明的是，本章并不包括所有故障排除方法的列表。每当排除了一个故障时，另一个不同的故障就在等着你，有时甚至是在同一个电路上！在处理了上百份关于应用的咨询，以及作为设计师设计了好几十种（即使没有上百种）电路之后，我总结出了很多教训。我们从失败中得到的教训，与从成功中学到的经验一样多——至少我们当中足够明智的人是这么做的。应当把设计失败视为学习新东西的机会——设计出有故障的电路，会让你体会到这样的电路是不工作的——而非个人的失败或是显得自己不够称职。但愿你的领导和同事们总是这么开明！

13.2 排除最简单的问题：检查电源

你也许会惊讶：即使我有近 40 年的电路设计经验，也曾多次发现故障的原因只是我没有接通电源！另一种可能是，有一些其他因素影响了电源工作。如果错误地使用了 CAD 程序，这种事情很容易发生：有时候运放的电源引脚在软件中不会显示，需要单独放置在原理图上，这样它就很容易被忘记。当电路不工作或工作状态不正常时，首先应该检查运放的电源引脚。如果使用双电源供电，运放的正电源引脚应该连接正电源供电，负电源引脚应该连接负电源供电。如果使用单电源供电，负电源引脚应该接地。这是排除故障的第一步，因为如果电源有问题，电路肯定不能正常工作。潜通路和漏电通路可能让没有连接电源的电路也有输出，只不过这种输出要么完全不正常，要么指标不好。因此，电源连接不正确这种错误，很容易和电路本身的错误以及运放损坏混淆。

13.3 不要忘记"使能"引脚

这可能是个很隐蔽的问题，因为不同器件的使能引脚用法不同。在双电源供电的电路中，使能引脚可能以负电源而非地作为参考，这就使得把电路连接到单片机或其他逻辑电路变得困难。有些使能引脚不用时可以悬空，有些则必须上下拉到某一电平。总而言之，在使用具有使能引脚的运放时，必须仔细阅读数据手册，以保证正确使用了这一引脚。

13.4   检查直流工作点

第 2 章讨论理想运放时，我曾经用一句话总结过运放的工作原理："**运放会在力所能及的范围内改变其输出电压，以使它的两个输入端保持电压相等。**"这也是一条非常实用的排故原则。在没有信号输入时[①]，应给电路加电，检查输出是否正常，同相输入端与反相输入端的电压是否相等或接近相等。如果两个输入端电压明显不等，那么电路的某处肯定有问题。这对双电源供电的电路和单电源供电的电路同样适用。

❑ 如果输出接近正电源电压，同相输入端的电压可能会高于反相输入端。由于某种原因，运放可能无法让两个输入端保持电压相等。

❑ 如果输出接近负电源电压，同相输入端的电压可能会低于反相输入端。同样由于某种原因，运放可能无法让两个输入端保持电压相等。

这种现象俗称电路输出"打顶"，此时电路显然不能正常工作。如果这一电路还能对交流信号做出响应，那么输出波形中的一部分会被箝位到某一直流电平，而另一部分可能会保留。电路增益过大，把输入失调电压放大了过多倍，经常会导致此类问题。如果是交流耦合的电路，问题的原因可能是忘记了隔直电容。对于双电源供电的电路，通过正确使用隔直电容，可以方便地消除直流偏移量。

13.5   增益错误

读过本书，尤其是读过 7.6 节之后，就不应该犯这类错误了。如果电路中没有损坏的电阻，那么首先应该复查运放的开环增益。如果运放用在了安全工作区之外，那么就需要换用其他型号的运放。目前市场上供应了成百上千种运放，如果需要，很容易买到开环增益更大、带宽更宽、拥有更大安全工作区的运放。万一没有合适的运放，就可以考虑把增益分配到两个级联的放大级中。这可能不会造成灾难性的后果[②]，因为很多运放都有双运放版本，用一片集成电路和更多的无源元件，就可以搭建两个放大级。

13.6   输出噪声大

所有的半导体元器件都会产生噪声，这是半导体的物理本性决定的。正因如此，有很多种原因会导致电路产生过大的噪声。想要了解关于运放噪声的更多信息，可以参考附录 C。运放的噪声与频率相关，不同的运放，其噪声特性也不同。在选用昂贵的低噪声运放之前，首先应当排除外来的噪声源。

一般而言，在电路板层面上，从电磁兼容规范的角度来看，噪声可以分为如下四类。

---

① 此时需要确认输入端的电压是否能够保证运放的输入处于共模输入电压范围之内。如果是同相放大电路之类的高阻输入电路，可能需要根据电路的实际情况，连接一个固定电压作为假输入。——译者注

② 作者的意思是，如果原来是使用一片单运放的放大级，那么用双运放将其更改为两个放大级时，通过飞线、割线和搭焊的方式就可以完成，而不一定要重新制作印制板。——译者注

❑ 传导发射噪声：电路产生的噪声通过电源或信号连接传导到其他地方。
❑ 传导敏感噪声：电路其他部分产生的噪声通过电源或信号连接传导到放大电路中。
❑ 辐射发射噪声：电路产生的噪声通过无线辐射的方式影响系统的其他部分。
❑ 辐射敏感噪声：外部的射频辐射噪声影响电路。

下面将分别讨论这些噪声，并给出治理的办法。

首先需要确认的是，电源引脚（包含参考引脚）是否正确退耦。这是电路正常工作的第一道防线。正确退耦不是说在每个电源引脚上都放置 0.1 μF 的电容。请阅读数据手册，如果里面有关于退耦的明确指示，那么应该遵循它。关于退耦，这是最基本的要求，然而并不是全部。本书后面将详细讨论退耦。

13.6.1 传导发射与辐射发射噪声

我非常同情遇到这两种情况的读者，因为在这两种情况下，电路可能根本无法工作。你有可能使用运放推动容性负载，也有可能忘记或违反了稳定性判据，导致电路出现了自激振荡。此时唯一的解药就是彻底地重新分析你的电路，并在着重于分析稳定性。即使是我，偶尔也会在运放输出端连接了大电容，导致运放振荡，或是忘记了选型的运放其实是 10 倍增益稳定的，把它用作单位增益缓冲器。发生振荡的电路会向电源线传导噪声，影响电路的其他部分，甚至把噪声发射出去。所以最好在进行电磁兼容检测或是被无线电管理部门当作干扰源治理之前解决问题！

使用运放驱动过大的电容，最常见的原因是驱动同轴电缆。在运放看来，同轴电缆就像是又瘦又长的电容。如果运放不是为了驱动容性负载，那么连接容性负载时一定会振荡。解决这一问题最简单的方法是选用能够驱动容性负载的运放。这类运放的宣传资料上会着重指出这一点，并且在数据手册中会给出能驱动的具体电容量。然而，这会严重限制运放的选型范围。

还有一些技巧可以对抗同轴电缆（以及其他容性负载）的电容。最简单的方法之一是在运放输出端串联一个电阻。这会把容性的同轴电缆变成一个简单的单极点低通滤波器，因此需要确认这一滤波器的滚降特性不会对系统的响应产生有害影响[1]。

很多同轴电缆的特征阻抗是 50 Ω。对于高频应用来说，可以利用这一特性，并借助射频电路设计中的技巧。具体来说，可以建立一个 50 Ω 特征阻抗的系统。我并不打算讨论此类系统的细节，感兴趣的读者可以参考浩如烟海的关于射频电路设计的资料。一言以蔽之，这种做法可以将系统和长同轴电缆寄生参数的很多副作用"隔离"开来。它比前面提到的串联一个电阻的方法要优越很多，但是也有代价。进行 50 Ω 阻抗匹配，要求信号源端的串联阻抗为 50 Ω，接收端的终端电阻也为 50 Ω。根据分压器规则，这意味着接收端的信号幅度是源端的 1/2。解决这一信号衰减问题，可以增加两个电阻，将图 13-1 中的同相缓冲器变成图 13-2 中增益为 2 的同相放大电路。

---

[1] 尚有一些其他的补偿方法，有些可能对系统响应影响较小，可参考第 8 章译者注中提到过的 ST 公司应用笔记 AN2653。——译者注

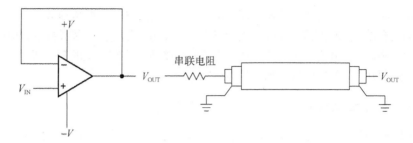

图 13-1　隔离同轴电缆电容的简单方法

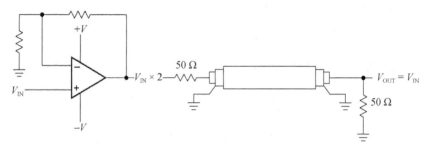

图 13-2　50 Ω 阻抗匹配的信号传输系统

如果 R_F 和 R_G 的值相等,那么本级同相放大电路的增益为 2,所以放大电路的输出为 $V_{IN} \times 2$。输出串联电阻和终端电阻构成分压比为 1/2 的分压器,因此同轴电缆终端的电压 $V_{OUT} = V_{IN}$。

50 Ω 阻抗匹配的信号传输系统要求运放能够驱动 100 Ω 的负载,这限制了运放的选型范围。一般来说,满足要求的大都是高速运放。有很多电压反馈运放可以驱动 100 Ω 负载,然而电流反馈运放能够更好地驱动 50 Ω 传输线。这是因为使用增益为 2 的放大器来补偿分压器效应会限制电压反馈运放的带宽。

图 13-2 所示的电路使用双电源供电。敏锐的读者可能会发现电路的一个缺陷:由于输入失调电压的影响,运放的输出相对而言会有一个直流偏移。这一直流偏移一般较小,但是对于电流反馈运放而言,其输入失调电压往往较大,导致直流偏移较大。这样,在 100 Ω 负载上就存在一个直流电压,而这对系统是有害的:最好的情况下,会造成供电电流的浪费;最差的情况下,甚至会造成信号削波。如果在串联匹配电阻和终端电阻上存在直流电压,那么需要注意电阻的额定功率!

更好的办法是使用隔直电容,将 50 Ω 信号传输系统与放大电路隔离开(图 13-3)。

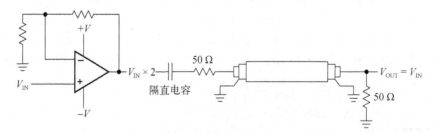

图 13-3　50 Ω 信号传输系统,使用隔直电容

看过射频电路设计资料的读者可能会很熟悉隔直电容，因为很多图书介绍了晶体管放大电路，其中每一级之间的直流偏置都必须使用隔直电容隔离。隔直电容的容量需要足够大，以使电容对信号的影响可以忽略。电容的材质也要足够好，尤其是在电路工作的温度范围变化很大时。[①]

13.6.2 辐射敏感噪声

本节最好的一条建议就是从口袋中掏出手机！在实验室工作时，你可能像我一样，经常忘记口袋里还有手机。某些手机周期性发出的 GSM 信号功率强大，会影响你的电路。

噪声，尤其是观察到的"振荡"现象，可能源于运放工作在不稳定状态，也可能源于电路放大的外部干扰。调试时首先要做的是端接电路的输入[②]，然后检查电路的输出。如果没有振荡，那么噪声就不是电路不稳定带来的，而是被电路放大的外部噪声。要是实验室配备了电磁屏蔽室，甚至可以把电路放在里面调试，以隔离外部噪声源。如果嫌电磁屏蔽室太贵，可以像我一样找一个马口铁的糖果盒，在盒体和盒盖上焊接接地线，和电路的地连接在一起。测量时，把电源线、示波器探头和电路板一起关在盒里，盖上盒盖。这就形成了一个便宜有效的微型屏蔽盒，它与大型的电磁屏蔽室一样，可以将里面的电路板与外面的射频干扰源很好地隔离开。[③]如果仍然能观察到持续的振荡，那就说明电路本身不稳定，需要调整。

如果电路必须在有强射频信号的地方工作，在射频干扰信号的频率远远高于电路处理的信号频率的情况下，可以采取一些措施来消除射频信号的影响。

首先，最简单的做法是在电路输入端增加低通滤波器（图 13-4），这样就可以在不影响所关注频率的信号的情况下抑制高频干扰。

[①] 容量要根据处理的信号的特征频率选择（可将隔直电容和对地的电阻看作单极点高通滤波器进行估算）。在信号链中使用陶瓷电容时，一般应使用 I 类（顺电体）陶瓷电容（材质标识为 C0G、NP0 等），尽量避免使用 II 类（铁电体）陶瓷电容（材质标识为 X7R、X5R、Z5U、Y5V 等），尤其应避免 Y5V 这类居里点温度在工作温度（常温）附近的铁电体陶瓷电容。——译者注

[②] 对双电源的电路，一般可以端接到地；对直流耦合输入的单电源电路，要根据具体情况分析，端接到某一固定电平［可以是电路本身的参考电平（$V_{cc}/2$ 之类），也可用两个电阻在电源和地之间分压产生］可能更合适。

——译者注

[③] 使用电磁屏蔽室或电磁屏蔽盒调试时，需要注意以下几点：1. 要把手机等随身电子设备放在电磁屏蔽室外面，或离电磁屏蔽盒较远的地方；2. 如果使用了实验电源，首先要确认实验电源的噪声情况（廉价实验电源经常会有纹波较大的情况，有些设计不好的电源在某些情况下会自激，上下电时的尖峰电压甚至会损坏电路），当然最好的办法是使用电池供电；3. 使用屏蔽盒时，为了能够盖紧盒盖，可以在铁盒上开孔或开槽以引出电源线和探头线，但是注意孔不要开太大，必要时可以用铜箔胶带把引出孔贴上以加强屏蔽效果；4. 电路板放进盒内时要注意绝缘，如果盒上开了孔，要避免引出的线被孔边缘划伤。——译者注

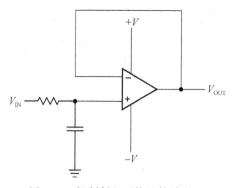

图 13-4　抑制射频干扰的简单方法

图 13-4 中的低通滤波器连接在同相缓冲器前面,当然这一同相缓冲器可以替换成任意需要的应用电路。我曾经用这种办法,让距离一个包含 20 个全功率调频电台和十几个全功率电视发射机的"天线农场"仅 3 公里的精密变送器电路正常工作。如果没有低通滤波器,从这一大堆广播电台拾取的射频信号会让电路输出饱和;有了低通滤波器,输出是非常干净的直流电平。当然,如果电路处理的频率与这些大广播电台造成的干扰频率比较接近,这一技巧可能就不适用了。也要注意手机:虽然 2 W 的手机比 5 MW 的 UHF 电视台的功率小好多个数量级,但是手机离电路的距离比电视台近得多!

另一种对抗射频干扰的办法是让运放减速。现代的运放都是在单个硅片上实现的,除了少数未补偿的运放,一般没有办法深入到内部电路来让运放减速。然而,可以通过降低压摆率的方法来让运放减速。图 13-5 是普通电压反馈运放的输入级。

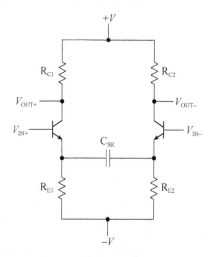

图 13-5　普通运放的输入级

V_{IN+} 和 V_{IN-} 是运放的输入引脚,V_{OUT+} 和 V_{OUT-} 连接到运放内部的下一级电路。当然这只是一个示意图,不同的运放输入级的具体电路可能不同。C_{SR} 并不是一个有意增加在两个输入晶体管(这一输入结构经常称作"长尾对")发射极之间的电容,它代表输入级的分布寄生电容,其中包含晶体管基极(或是场效应管栅极)之间的电容。设计过电源的读者可能对场效应管栅极的寄生电容印象深刻。这里的要点是,寄生电容会起到限制运放压摆率的作用,让运放减速。虽然从外部碰不到长尾对的发射极，但是运放的两个输入端就是长尾对的基极。所以如果想让运放减速，可以在两个输入端之间并联一个电容（图 13-6）。

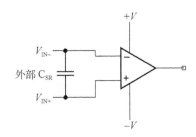

图 13-6　使用外部电容限制运放压摆率

图 13-6 中省略了运放的外围元件以强调增加的电容。不言而喻，在实际的电路中，当然要用外部元件让反馈环闭合。这一电容也可能会引入噪声，因此容量一般在几皮法到几十皮法之间。

13.6.3　传导敏感噪声

这是最常见的问题之一，尤其是电路板上有内含时钟产生电路的单片机时。此时需要把模拟电源和地与数字电源和地分割开。[①]使用同一个电源或地平面，往往会使高速数字信号通过杂散电容耦合到低噪声模拟电路部分。在电路板上有 CAN 总线驱动器之类的高功率总线驱动器时，这种现象尤其明显。在数字信号变化的瞬间，信号边沿上会产生振铃，从而暂时影响地电平。数字信号的瞬变还会让电源负载产生若干毫安的瞬变，造成电源纹波。坏消息是，运放的电源抑制比会随频率升高而变差。图 13-7 是从真实的运放数据手册中摘录的，其中反映了这个问题。

为使结论更一般化，图 13-7 中隐去了横轴的单位。注意，横轴是对数坐标。关于电源抑制比，可以参考附录 B 获得更多信息。图 13-7 中需要注意以下两点。

❑ 这个图看起来类似运放的开环幅频响应图。然而，电源抑制比和开环响应不是一码事儿，不要把它们弄混。
❑ 很重要的一点是，电源抑制比在高频时变差，而高频正是容易从高速数字电路传导到运放的频率。

---

① 将数字地和模拟地分开，源于将同一板上的数字与模拟电路尽量分开的思想。如果将包括地平面在内的所有元素均按照模拟和数字分开，只在模数转换器或数模转换器上连接，那么这个板的性能应当与按照模拟和数字分别布图，并使用板间电连接器连接的两块板一致。地平面分割的前提是，除了在模数转换器或数模转换器处之外，所有的元器件及布图均使用地平面分割，分割成互不相连的两个部分。然而，如果有走线（尤其是高速数字走线）跨地平面分割，则走线上的信号无法利用镜像平面效应，经最短路径回流，反而可能造成更严重的干扰。所以，与其机械地将地平面进行分割，不如在一开始就妥善布局，将模拟部分与数字部分分开。只有在某些无法将数字走线与模拟部分严格区分的情况下，地平面分割才有显著的价值。当然，分割电源一般是有效的，因为对电源的有效分割与退耦能够显著减少传导噪声。关于电源和地的分割问题，可以参考 Henry W. Ott 的论文"混合信号印制电路板的分割与布图"（"Partitioning and Layout of a Mixed-Signal PCB"）。——译者注

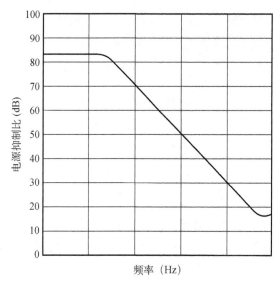

图 13-7   运放的电源抑制比

幸好有一种简单的方式能够改善传导敏感噪声的问题：可以在运放的电源线上串联一个小电阻，然后在电阻后面（运放的电源引脚处）并联对地的退耦电容（图 13-8）。这样，在每个电源输入端就构成了一个单极点低通滤波器，这种滤波器可以抑制电源线上的高频纹波，其频响的斜率与电源抑制比随频率升高而变差的斜率相同，恰好可以抵消电源抑制比的恶化。但是别太高兴，这种解决方案也有如下一些需要注意的地方。

❑ 运放的供电电流可以相当大，尤其是某些高速运放，供电电流可能在 10 mA 以上。如果使用了内含多个运放的单片集成电路，供电电流可能更大。这就把串联电阻的阻值限制在了几欧姆的量级。如果运放供电不足，可能会出现一些很奇怪的现象。如果遇到工作不正常的情况，应该先减小电源线上串联电阻的阻值。

❑ 如果在运放电源输入端串联了过大的电阻，那么电阻上的压降会导致运放电源引脚上的电压显著减小，从而影响输出电压摆幅。调试电路时，可以随时测量运放电源引脚上的电压，如果太低的话，应当减小串联电阻的阻值。

❑ 这一电路中的退耦电容身兼两职，既是电源的退耦电容，也是决定低通滤波器转折频率的元件。如果有多于一个的电容，那么计算频率时应该把它们的容量相加。当然在这一电路中，几乎没有需要恰好精确抵消电源抑制比恶化的需求。实际上，只需要在干扰的特征频率范围（一般位于高频区域）内抵消电源抑制比恶化即可，这样就可以防止电路板上的高频噪声影响运放部分。

❑ 因为这一电路是电源线上的低通滤波器，串联电阻的阻值较小，而滤波器转折点的频率由串联电阻和退耦电容决定，所以电容的容量可能会比较大。要注意使用质量较好的电容。如果电路的工作温度范围较宽，那么就要注意电容的温度系数。

❑ 这种抵消电源抑制比随频率下降的方法并不能代替数据手册中对退耦电容的要求（详见附录 B）。退耦电容的容量不应小于数据手册中推荐的值，同时电容应离运放的电源引脚足够近。

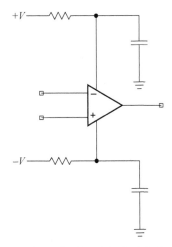

图 13-8 抵消电源抑制比随频率恶化的退耦电路

13.7 输出带有偏移量

直流放大电路和交流放大电路都可能发生这一问题。直流放大电路的问题更难排除，经常需要对运放重新选型，或者使用具有调零（offset null）输入的运放。到目前为止，我们还没有讨论运放的调零功能，因为这一功能很少使用，也并非必需。现在的运放功能越来越好，失调电压越来越小，调零功能也越来越没有必要了，因此逐渐被省略。然而有些较老的运放仍然很流行（尤其是在军事等高可靠性应用领域），因此在市场上一直占有一席之地。

对于 8 脚单运放封装，调零引脚通常是 1 脚和 5 脚，有时也使用 8 脚（图 13-9）。[①]

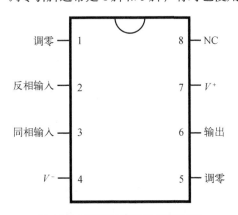

图 13-9 有调零引脚的运放封装

通常的调零方法是将调零引脚连接到电位器的两端，电位器的电刷连接到负电源输入。当然也有些运放需要连接到正电源输入（图 13-10），具体的连接方法请参考数据手册。

① 几乎所有的 8 脚双运放和 14 脚四运放的引出管脚都是相同的（唯一常见的例外可能是 LT1013）。然而 8 脚单运放的管脚随型号不同而异，需要查看具体型号的数据手册加以确认。——译者注

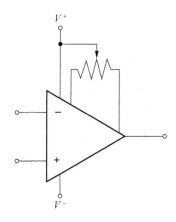

图 13-10　调零引脚的一种连接方式

回到上一节讨论的内容：调零引脚通常连接到运放内部长尾对的发射极，因此降低具有调零引脚的运放的压摆率很简单，可以将减速电容直接连接到两个调零引脚上。

很多人在设计具有直流增益的反相放大电路时会遇到问题，因为他们没有考虑运放的输入偏置电流。所有的运放都需要输入偏置电流，这一电流必须由用户提供。为了让运放具有标称的共模抑制比，并去除直流偏移，两个输入端的输入偏置电流必须平衡。要做到这一点，最简单的办法是在同相输入端和地（或虚地）之间连接一个阻值为 $R_F \parallel R_G$ 的电阻。这一阻值的选择是符合直觉的：假设电路输入端 V_{IN} 接地，也就是 R_G 的左端接地，此时输出电压 V_{OUT} 也是地电平，因此 R_F 的右端也相当于接地。这样，决定反相输入端偏置电流的电阻就是 $R_F \parallel R_G$。所以如果想让输入偏置电流平衡，那么同相输入端也应该连接阻值为 $R_F \parallel R_G$ 的电阻（图 13-11）。

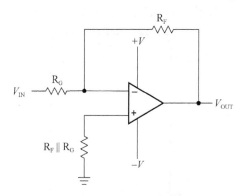

图 13-11　平衡输入偏置电流的方法

考虑图 13-12 所示的同相放大电路。使用同相放大电路，大多由于其输入阻抗极高，但是输入端连接的对地电阻 $R_F \parallel R_G$ 破坏了高输入阻抗，尤其是在 R_G 较小的高速、高增益运放电路中。所以大部分人不会连接这一电阻，靠输入电压的阻抗提供偏置电流。但是，这有时会使输入偏置电流不平衡，带来直流偏移。幸好，高速运放电路中很少关注直流精度。如果需要消除直流偏移，可以像图 13-13 中那样增加一个电容。

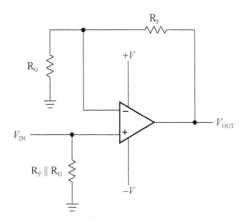

图 13-12 平衡输入偏置电流的同相放大电路

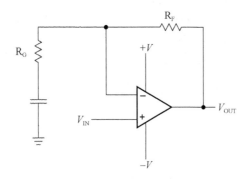

图 13-13 低直流偏移的同相放大电路

图 13-13 所示电路中增加的电容阻隔了直流，使电路在直流时成了增益为 1 的单位增益缓冲器。只要 V_{IN} 能够提供偏置电流，那么就可以省略 $R_F \parallel R_G$。如果输入电压不能提供偏置电流，那么可以用一个阻值非常大的电阻连接同相输入端与地，因为这一电路并不会放大直流误差。

13.8 小结

本章给出了应用运放时解决一些常见问题的基本工具。当然，本章内容并不全面，我也无法列出所有可能的出错情况，不过应该能够帮助读者排除运放电路设计中最常见的问题和烦恼。关于运放常见的应用错误，还可以参考第 25 章，其中汇集了我担任应用支持工程师时，客户遇到并报告给我的实际问题及其解决方案。

第 14 章

传感器与模数转换器的接口电路

14.1 引言

配合某种特定型号的模数转换器（ADC）应当使用哪种运放，是用户最常咨询运放生产厂商的问题之一，是销售人员头疼的问题之一，也是应用支持工程师头疼的问题之一。销售人员头疼这一问题，是因为它涉及不同的技术领域，有些他们并不熟悉。应用支持工程师头疼这一问题，是因为用户往往对其中的问题和必须做出的折中并没有清晰的想法。

可以通过排除明显不适用的运放型号来选择驱动数据转换器的运放，这样，在剩下的运放型号中选择最适用的运放就会容易得多。

对用户来说，运放生产厂商既将事情变简单了，也将事情变复杂了：有些厂商的网站提供了将运放按照主要的应用类型分类的功能，适用于某种特定应用的运放会出现在网页列表的前面；如果不是这样，网页中的运放列表就可能包含很多种类，哪种运放最适合使用并不好选择。然而，每一种新型的运放都是产品小组会议的结果：集成电路设计师、经理和销售人员会在会议上决定优化运放的某些参数，以便制造出适用于某些特定产品类型的运放，并将其销售给这些产品的生产商。本章介绍的流程能够指导用户发现适用于自己的应用类型的运放。

下面的问题肯定会吓到读者，但其中的大部分问题非常重要，要在设计之前确定。读者可能已经在没有意识到的情况下回答了其中的大部分问题，或者问题的答案非常显而易见，以至于根本没人去提问。有时，一个问题的答案能够排除很多其他问题。希望下面的内容能够提供一种系统、有序的选型方法，让读者能够做出最合适的选择。

问题分为如下几类。

❑ 系统的总体设计：理解产品的用途能够将读者引导到正确的方向上来。
❑ 电源：电子产品（尤其是便携式设备）中的电源电压有下降的趋势。用户希望电池电压越来越低，但性能不能打折扣。比如，最早的 Regency 牌半导体收音机使用 22.5 V 的电池；我小时候的半导体收音机使用 9 V 电池；现在使用的便携式收音机使用一节 1.5 V 电池，然而性能大大好于那些旧产品。
❑ 输入信号的特性：输入信号的特性会严重影响运放的选择。音频或射频信号可以使用交流耦合，此时运放的直流指标并不重要。然而有些传感器输出几乎可以看作直流的缓变信号，调理这类信号时，运放的交流特性并不重要。

□ 模数转换器的特性：单端的数据转换器需要单端运放与之配合，全差分的数据转换器需要全差分运放与之配合。

□ 运放的特性：有时，封装、温度范围和其他因素也会影响运放的选择。

本章最后会给出一些如何正确驱动全差分模数转换器的建议。

因为需要考虑的问题很多，所以我建议在项目启动会议上讨论这些问题，每个和系统相关的设计师都可以提出想法。这些问题只是建议性的考虑，它们可能会影响系统设计，其中并没有关键的问题，也没有需要闭门详细讨论的问题。我很了解这种会议，知道某个小问题可能会变成半小时的争论，但这并不是会议的意图。这里的每个问题都应当很简单，只要问对了人，答案也很明显。这种系统层面的讨论应当快速进行。

14.2 系统的信息

从系统的总体特性中往往能够提取出有用的信息。对产品及其功能的清晰理解是设计成功的必要条件，同时也是排除不适用元件的第一步。

□ 最终的产品到底是什么？产品具体的应用领域是什么？不同的系统有不同的要求。

例：

- 传感器接口电路要求直流精确度，因此需要具备精密的直流指标的运放；
- 无线通信系统需要具备良好的射频特性的高速运放。

□ 笼统地说，系统中信号采集链的功能是什么？输入信号从哪里来？信号数字化后会出现什么情况？

例：

- 缓变的直流信号可以使用对直流精确度优化的低速运放；
- 射频系统使用交流耦合，运放的速度不能低于奈奎斯特频率；
- 音频系统需要低总谐波失真的运放。

□ 产品中有多少条信号采集链？通道密度可以在很多方面影响系统设计，包括空间限制、散热要求以及每个封装内的运放个数。

例：

- 医用超声设备往往有 100 多个通道。元件数量、印制板面积、功耗和散热都是设计上的挑战，因此设计师需要低功耗、小封装的四运放，可能还需要它们在低电压下工作[①]。

□ 系统的应用领域是什么？系统工作的温度条件怎样？

---

① 对于超声、生理电信号放大等多通道应用，往往有专门的单片模拟前端可用，有些甚至同时包含了多路模拟前端和数据转换器。进行设计时，可以考虑选用此类器件，以降低电路板复杂程度，提高可靠性。——译者注

例:

- 军事、航天、石油钻探和地热等应用中的信号链都会遇到极端的温度环境。这些应用需要高可靠性的元件,这些元件可能已被列入专门的选用目录。
- 消费电子产品承受的温度一般不会高于太阳暴晒下汽车仪表板的温度,也不会低于在冬季室外冷冻一夜的温度。所以,消费电子产品中运放的工作温度范围不需要像上面那些应用中那么宽。

14.3 电源的信息

电源的要求可以快速排除不适合的运放。这有点像挑衣服:购物者可能会看中某种款式,但是如果没有大小合适的衣服,款式再合适也没用。所以,明智的购物者会先挑选衣服的大小,再挑选喜欢的款式。类似地,挑选运放时也要先收集电源的信息(图 14-1),因为这能够大大缩小选择范围。

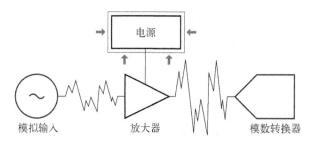

图 14-1 关注电源的特性

- 系统中提供什么种类的电源? 有没有±15 V 电源? ±5 V 呢? 或是根本没有负电源? 是否只有低电压,比如来自电池的±3 V,甚至只有+1.5 V? 在±15 V 下指标极好的运放在+3 V下可能根本不工作,V_{OH} 和 V_{OL} 是重要的限制性指标。所以,如果系统中只能提供+3 V电源,那么读者可以只从单电源轨到轨运放中挑选,并且在设计时要遵循运放本身指标的限制。

例:

- 老式的模拟系统中几乎一定包含±15 V 电源。使用新型运放对它们进行升级时,要选用能够在±15 V 下工作的运放。
- 许多高端的数据采集系统选择±5 V 作为其电源标准。±5 V 工作的运放有很多,也许占运放产品的大部分。这些运放在±15 V 下可能不工作。
- 使用电池的便携式设备倾向于提供电池电压的整数倍电压,如使用干电池的系统的电压是 1.5 V 的整数倍,使用纽扣式锂电池的系统的电压是 3 V 的整数倍,使用锂离子电池的系统的电压是 4 V 的整数倍等。当然,最轻便小型的便携式电子产品可能只需要一节 1.5 V 或 3 V 电池。但是因为电池使用时电压会降低,所以这些系统必须在低于 1.5 V 的电压下仍然维持工作,有时需要低到 0.8 V。这样,运放的选择范围就非常有限了。

❑ 系统中是否有精密电压基准？在单电源系统中，为运放电路提供虚地非常重要。

例：

■ 高端的数据采集系统倾向于使用带内部基准源的模数转换器。电路设计师应当尽可能使用这一基准源作为参考电压。

14.4 输入信号的特性

对输入信号源的了解，是正确设计信号源和模数转换器之间接口电路的关键点（图 14-2）。

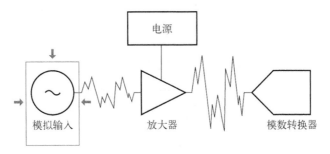

图 14-2 关注输入信号源

❑ 信号源的输出幅度有多少？使用第 4 章的设计方法时需要这一信息。输入信号源的幅度决定了 V_{IN} 的最小值和最大值。

❑ 电流输出的信号源需要不同的电路结构。

例：

■ 某些温度传感器

❑ 信号源的输出是单端的还是差分的？差分输出的信号源可能需要差分输入的仪表放大器，而不是单端输入的运放。

例：

■ 600 Ω 平衡音频
■ 压力传感器（应变计）

❑ 信号源的输出阻抗如何？高输出阻抗的信号源需要更高输入阻抗的运放。高阻抗输入电路几乎一定是同相放大电路，但这可能还不足够。高阻抗输入的运放电路中可能需要选用很高输入阻抗的 FET 输入运放或仪表放大器。

例：

■ 光电倍增管
■ 压力传感器（应变计）

14.5　模数转换器的特性

现在电源和输入信号都已经确定了，接下来考虑运放驱动的元件：模数转换器（图 14-3）。

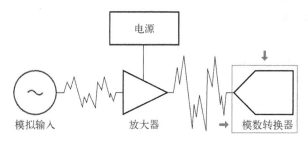

图 14-3　关注模数转换器

- ❑ 数据转换器的满幅输入范围是多少？模数转换器的输入电压的最小值和最大值，连同前一节中输入信号的最小值和最大值，决定了它属于第 4 章中的哪种"情形"。
- ❑ 数据转换器是单端输入的还是差分输入的？大部分高性能数据转换器通常具有差分输入，并且只有在使用差分输入时才能达到最佳性能。设计时，可能需要将单端信号转换成全差分信号来获得模数转换器的最佳性能。
- ❑ 需要的分辨率和有效的数据位数是多少？14 位的转换器并不能有效得到 14 位的分辨率，实际的分辨率也许更接近 12 位或 13 位。如果真正需要 14 位的分辨率，需要使用 16 位的转换器来替代。在一系列类似的数据转换器中，经常能找到与低分辨率转换器管脚兼容的高分辨率转换器。
- ❑ 需要的采样率是多少？人们通常认为数据转换器应该工作在指标中给出的最高采样率，然而，有时工作在最高采样率会影响精度。例如，一个每秒 80 M 采样点的转换器工作在每秒 60 M 采样点时可能精度更高。
- ❑ 数据转换器的输入端是否需要补偿电路？一般在数据转换器的输入端需要一个很小的 RC 滤波电路来补偿转换器的电容性输入。在转换器的数据手册中会规定这一滤波电路。滤波电路需要包含在接口电路中，否则，运放构成的接口电路可能会工作不稳定。

14.6　接口的特性

现在，读者已经通过电源电压特性筛选出可能选择的运放，已经知道接口电路符合哪种"情形"，因此也对电路原理图的结构有了正确的想法。读者还知道了是否需要一个单端到差分的转换级。然而，还需要一些其他的信息来充实这个从输入信号到模数转换器输入端的接口电路（图 14-4）。

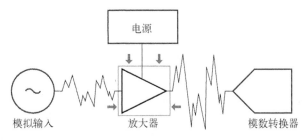

图 14-4 关注运放本身

- 信号是精确的直流信号、高速信号、音频信号，还是射频信号？附录 B 提供了对不同的应用来说，运放的哪些指标包含最重要的信息。

  例：

  - 压力和温度传感器几乎一定输出精确的、接近直流的缓变信号，接口电路需要具备良好直流指标的运放。
  - 高速系统可能与射频信号密切相关，也可能只是因为滤波器的约束而使用高速运放。第 18 章讨论了高速滤波器的设计，读者可能会因为在有源滤波器中需要使用非常高速的运放而惊奇。
  - 音频应用需要使用音频范围内噪声很低的运放。有些低噪声高速运放在低频下的噪声特性可能并不好。
  - 射频应用需要考虑的指标与上面完全不同（参考第 19 章和附录 B）。

- 是否需要对信号进行滤波？

  例：

  - 减少高频噪声（使用低通滤波器）；
  - 减少低频噪声（使用高通滤波器）；
  - 检测单一频率（使用带通滤波器）；
  - 滤除干扰频率（使用陷波滤波器）。

  第 16 章将讨论滤波器的设计。

- 运放的封装是否有要求？

  例：

  - 是否需要小体积表贴封装？或对封装大小无要求？
  - 是否需要高可靠性的陶瓷封装？

现在，读者可能已经清楚地知道哪些运放不能在自己的应用中使用，如果顺利的话，也列出了可以使用的运放的一个小规模列表。读者需要评估这个列表中的运放，以确定哪种最适合。读者可以使用某种免费的模拟软件，甚至订购这些运放并在原型电路中进行试验。不要害怕试验。选择范围大了往往是好事，因此有半打器件通过了试验是一件值得高兴的事情，因为这样可以在料单中包含通过试验的所有器件作为备选。

14.7 结构的确定

即使选定了运放的型号，工作也还没有全部完成。

- 正如前面提到的，读者可能需要一个补偿网络。这一补偿网络同时也构成了一个低通滤波器，幸运的是，这个低通滤波器的转折频率在模数转换器的工作频率之上。
- 设计时，可能会把放大级放在前面，后面紧跟滤波级。但是在需要很大增益时，要使用两个或更多的放大级。
- 当然，将单端信号源与全差分模数转换器相连时，需要进行单端到差分的转换。本节下面的部分将讨论这一转换器的设计。

典型的单端–全差分转换接口电路如图 14-5 所示。输入信号以地作为参考，输出差分信号的共模工作点（参考电压）由数据转换器提供。这一接口电路可以单电源工作。隔直电容 C_1 和 C_2 用来防止共模工作点受到输入信号的影响。当然，这样会牺牲直流性能，但是在大部分应用中这是可以接受的。

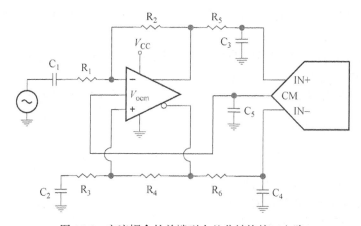

图 14-5 交流耦合的单端到全差分转换接口电路

补偿网络中的 R_5、C_3、R_6 和 C_4 按模数转换器的数据手册要求确定。如果电路只需要一个增益级，不需要滤波，那么一个全差分运放就可以实现整个接口电路。如果需要滤波，滤波器可以设计成单端的，并接在 C_1 之前。

不一定必须使用全差分运放来驱动差分模数转换器。图 14-6 给出了不使用全差分运放进行单端–差分转换的推荐方法。这一电路初看上去可能有些奇怪。它的原理是让同相和反相信号都通过两个运放，以均衡从单端输入端到 IN+ 与 IN– 的延迟。尽管不太直观，但每个运放都在另一个运放的反馈环路里面。可以将这一电路看作反相放大电路：增益通过调整 R_1 来调整（与 R_G 对应），$R_2 \sim R_6$ 的值相等（与 R_F 对应）。电路的参考是模数转换器的参考电压输出，接在下面的运放的同相输入端。但是这样做也会付出代价：电路的噪声会加倍，因为信号通过了两个运放而不是一个，而它们的噪声是不相关的。

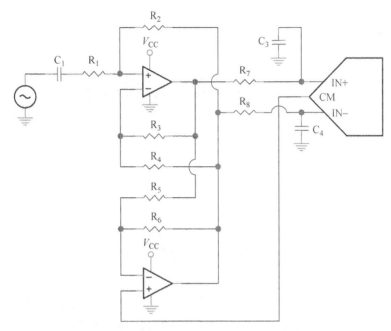

图 14-6　不使用全差分运放的交流耦合单端到全差分转换接口电路

14.8　小结

选择传感器和模数转换器之间的接口电路使用的运放可能是一项困难的挑战。至少在刚开始设计时，选择运放的过程不如说是筛选不适合的运放的过程。可以使用系统性的解决方案，每次解决电路中的一部分问题。下面的步骤可以用来缩小运放的选择范围：

- 分析系统的特性；
- 了解系统的供电电压；
- 了解输入信号的特征；
- 了解模数转换器的特性；
- 了解运放自身的特性；
- 了解如何与模数转换器进行连接。

这些问题可能难以应付，但是对于设计可以工作的接口电路来说，它们非常关键。设计师需要花费时间去回答它们，并理解答案的含义。

第 15 章

数模转换器与负载的接口电路

15.1 引言

数模转换器（DAC，也称 D/A）是将数字量转换为对应的模拟量的器件，其功能与模数转换器恰好相反。数模转换器只能给出模拟电压的量化表示，而不能给出连续的无穷多模拟电压值。

在实际应用中，通常是先指定数模转换器的型号，然后再设计转换器与输出负载的接口电路。数模转换器后面要连接运放作为缓冲。大部分数模转换器的制造工艺与运放的制造工艺不同，因此它们无法在同一个集成电路里并存。缓冲用的运放要放在数模转换器外面，其特性是数模转换整体性能的一部分。大部分情况下，数模转换器的数据手册中会给出缓冲运放的选用建议。遵循这一建议是最好的，除非有迫不得已的理由。只有确实知道运放的哪些指标需要优化，才有可能获得性能提升。

诸如低通滤波、直流偏移消除、功率放大等信号调理电路应当放在缓冲运放的后面。不要试图将信号调理电路与缓冲运放结合在一起，除非你非常有经验，了解这么做的所有后果。

15.2 负载的特性

数模转换器的负载有两类：直流负载和交流负载。它们的特性不同，需要不同的接口电路。

15.2.1 直流负载

直流负载包括直线运动执行器（常用于 3D 打印机、定位工作台等）、电机、可编程电源、户外显示器、照明系统等。某些直流负载具备大电流和/或高电压的特点。直流精度很重要，因为直流电压对应机械运动的精度或发光强度等。

15.2.2 交流负载

交流负载包括音响设备、频率发生器、中频输出等。这些负载的特点是没有直流成分。

15.3　理解数模转换器及其指标

在讨论接口之前，理解数模转换器及其指标是很重要的。

15.3.1　数模转换器的种类

数模转换器有若干种，最常见的是电阻阶梯式数模转换器。电阻阶梯式数模转换器又分好几种，其中最常见的是 R/2R 数模转换器。

15.3.2　最简单的电阻阶梯式数模转换器

在这种数模转换器中，精密电压基准被内部的电阻分压器分割成 2^{N-1} 等份，其中 N 是数模转换器的位数。每两个电阻的连接点都连接一个到输出缓冲器的开关。转换时，某一个开关处于接通状态，对应正确的直流电平（图 15-1）。

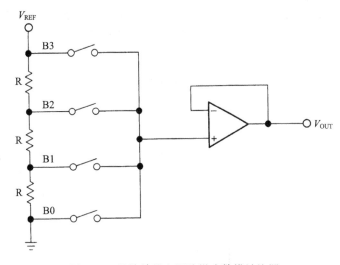

图 15-1　最简单的电阻阶梯式数模转换器

这种数模转换器每增加一位，开关的数量就要增加一倍。这就是说，一个 8 位的数模转换器需要 255 个电阻和 256 个开关，而一个 16 位的数模转换器需要 65 535 个电阻和 65 536 个开关。因此，高分辨率数模转换器几乎从不采用这种结构。

15.3.3　加权电阻式数模转换器

这种数模转换器与最简单的电阻阶梯式数模转换器非常类似。不过在这种数模转换器中，一串电阻中每一个的阻值都与其代表的二进制位表示的数值成正比。每一个为 1 的位上的电流相加，得到输出（图 15-2）。

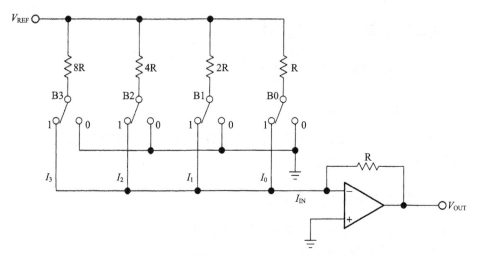

图 15-2 二进制加权电阻式数模转换器

这种转换器将电阻的数量减少到了每位一个。然而在高分辨率的转换器中，电阻的阻值跨度非常大，而集成电路中难以制作这种阻值跨度很大的电阻。图 15-2 中 B0 位对应的电阻是 V_{REF} 对地的功耗的限定因素。

这种结构经常用作对数转换器。这种转换器使用对数权重的电阻代替图 15-2 中倍数权重的电阻[①]。

加权电阻式数模转换器，以及下一节要讨论的 R/2R 数模转换器，使用片内的反馈电阻。这一反馈电阻不是方便用户的可选项，而是确保转换器精度所必需的。这一电阻和电阻阶梯网络做在同一个硅片上，因此，它的温漂与电阻阶梯网络中的其他电阻一致。缓冲放大器的增益是固定的。转换器的满幅输出电压限制在 V_{REF}，如果需要其他的满幅输出电压，则需要改变 V_{REF}。如果需要比转换器 V_{REF} 的最大额定值还大的满幅输出电压，则需要在转换器的缓冲运放后面增加电压放大电路（见 15.7.2 节）。

缓冲运放必须仔细选择，因为在某些二进制位的组合下，这一运放的增益可能大大小于 1。这可能是这一电路结构不太流行的原因之一（另一个原因是在高分辨率的转换器中需要阻值跨度很大的电阻）。

15.3.4 R/2R 数模转换器

R/2R 电阻网络可以用来构建数模转换器，这种转换器克服了前两种转换器的所有缺点（图 15-3）。

---

① 实际的对数电阻阶梯的结构略有不同，感兴趣的读者可参考维基百科条目 "logarithmic resistor ladder"。

——译者注

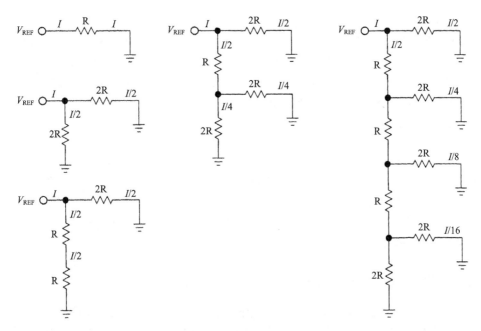

图 15-3 R/2R 电阻阵列

对于给定的参考电压 V_{REF}，设流经电阻 R 的电流为 I（图 15-3 左上）。如果从 V_{REF} 连接两个阻值为 $2R$ 的对地电阻，则电路的每一臂的电流为 $I/2$（图 15-3 左中）。将下面一臂换成两个阻值为 R 的电阻串联，电流不变（图 15-3 左下）。将最下面的阻值为 R 的电阻换成两个阻值为 $2R$ 的电阻并联，其并联电阻仍然为 R（图 15-3 中）。对于该图中下面的两个阻值为 $2R$ 的电阻，电路每一臂的电流为 $I/4$，其和为 $I/2$。以此类推，可画出 4 个二进制位的 R/2R 电阻网络（图 15-3 右）。显然，流过电路垂直支路最上面电阻的总电流是$(I/4 + I/8 + I/16 + I/16)$。这符合基尔霍夫电流定律。各水平支路阻值为 $2R$ 的电阻右边对地连接的点可以方便地用作实现数模转换器的抽头（图 15-4）。

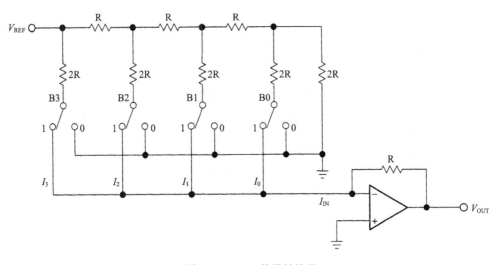

图 15-4 R/2R 数模转换器

这种电路结构具有前面两种电路结构所不具备的优点。虽然与加权电阻式数模转换器相比电阻数量加倍了，但是电阻只有两种阻值。通常阻值为 $2R$ 的电阻用两个阻值为 R 的电阻串联的方式来实现[①]。与加权电阻式数模转换器类似，反馈电阻也做在片内以使精度达到最佳。尽管对所有二进制位的组合而言，电路仍然不能完全工作在单位增益状态，然而与加权电阻式数模转换器相比，电路明显更加接近单位增益状态。

对各种电阻阶梯式数模转换器而言，下面列出的运放参数都很重要。

- 输入失调电压：越低越好。输入失调电压会使转换器出现偏移误差。
- 输入偏置电流：越小越好。偏置电流和反馈电阻的乘积也会带来输出的偏移误差。
- 输出电压摆幅：必须满足（最好能超过）转换器从 0 到满幅输出电压的摆幅。
- 稳定时间和压摆率：运放必须足够快，以使运放在下一个需要转换的码送入转换器的输入寄存器之前稳定下来。

15.3.5　增量求和式数模转换器

增量求和式（Σ-Δ）数模转换器利用了现代集成电路的速度优势，将数模转换工作转化为对一系列近似值进行求和。转换器使用锁相环获得比数据转换速率快得多的采样时钟。例如在图 15-5 中，采样时钟是数据转换速率的 128 倍。高速采样时钟用于驱动插值滤波器、数字调制器以及 1 位数模转换器。通过 1 位数模转换器的输出的疏密程度，可以完成数模转换的工作：1 位数模转换器输出两个电平组成的序列，经过采样频率下的时间平均，得到模拟波形。

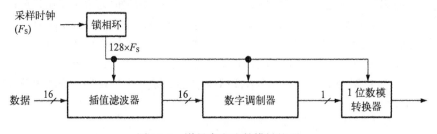

图 15-5　增量求和式数模转换器

增量求和式数据转换器在音频领域非常流行，尤其是在 CD 播放器中。这种转换器主要的限制因素是采样时钟。最早的 CD 播放器在 44.1 kHz 的采样率下工作，也就是说，根据奈奎斯特采样理论，能够播放的音频信号的最高频率是 22.05 kHz。比如，如果 CD 上存在 23.05 kHz 的信号，那么因为混叠的原因，播放出来就会是 1 kHz，造成恼人的啸叫声。为了抗混叠，CD 播放器的数模转换器的输出需要连接低通滤波器[②]，而系统要求这一低通滤波器的特性非常陡峭：这一滤波器必须能阻止比 22.05 kHz 更高的所有频率，同时允许 20 kHz 以下的所有频率通过，因为 20 kHz 是人耳可以听到的声音频率的高限。使用传统的结构可以实现这种滤波器，但是这会使滤波器变得特别复杂（有 9 个甚至更多的极点）。相移、幅度滚降或带内波动会在频率远低

---

① 在集成电路内实现一系列阻值完全相同（但具体数值不精确）的电阻，比实现阻值精确的电阻容易得多。

——译者注

② 需要注意，前面举的例子中的 23.05 kHz 信号，只能通过录音一端模数转换器前面的抗混叠滤波器滤掉，而不能通过 CD 播放器中的输出低通滤波器滤掉。——译者注

于 20 kHz 时就开始出现,这是不可避免的。这也就是最早的 CD 播放器音质经常听起来有些刺耳或沉闷的原因。

提高采样时钟的频率可以解决上述问题。为了简单起见,采样时钟频率一般选择原始数据采样率的 2 的整数次方倍。现在的 CD 播放器一般采用 8 倍或更高倍数的过采样,这已成为标准。音响发烧友们几乎没人知道,这么做的主要理由并不是为了提高音质,而是为了大幅度降低 CD 播放器的成本。快速采样时钟非常便宜,9 极点音频滤波器则不然。在 8 倍过采样率下,CD 播放器的低通滤波器只需要在 352.8 kHz 处达到最大衰耗,而这是很容易满足的:原先只有 2 kHz 的带宽来让滤波器从通带过渡到阻带,而现在可以在 332 kHz 的范围内慢慢过渡[①]。过采样 CD 播放器的音质确实更好,不过代价是由于采样时钟频率的提高,对其他设备的射频辐射干扰会增加。

增量求和式数据转换器会给电源轨带来明显的噪声,因为其内部的数字电路不停地以采样时钟频率 F_S 在电源轨之间进行开关。

15.4 数模转换器的误差预算

系统设计师必须做误差预算以确定系统到底需要多少位的数模转换器,也就是说,确定输出信号具有多大的"粒度"或阶梯大小(步长)是可以接受的。让我觉得很不开心的一个例子是某些数字显示收音机中的数模转换器。这些收音机中,产生调谐电压以驱动变容二极管的数模转换器精度不够,尤其是在调幅波段。收音机厂家增加了中频带宽,以使收音机能够在调谐电压不准的情况下凑合调谐到电台上。如果想要用窄带陶瓷滤波器来改善这一收音机的选择性,那么有些电台就无论如何也听不到了。调谐电压的大步长加上中频通道的窄带宽,使收音机的波段覆盖不连续,导致收听不到波段上的某些电台!

15.4.1 精度与分辨率

理解数模转换器的精度和分辨率之间的差别非常重要。转换器的位数决定了其分辨率。分辨率不够不是一种误差,而是数模转换器的设计特性。如果数模转换器的分辨率不够,那么需要选用更高分辨率(位数更多)的数模转换器。

精度是指对于某一给定的数字输入,转换器的实际输出值与理论输出值的误差。本章后面将详细讨论误差。为了补偿转换器的误差,经常使用的一种方法是选用比实际需要的分辨率高 1~2 位的转换器。在转换器的成本不断降低、各种更先进的型号层出不穷的大趋势下,这样做可能是最合算的。

---

① 早期 CD 播放器的数模转换器是电阻阶梯式的,当时采用过采样还有一个主要原因,是为了使用更便宜的低分辨率(如 14 位)的数模转换器实现高分辨率(如 CD 标准规定的 16 位)的效果;而这样做的极限,就是增量求和式数模转换器(用 1 位数模转换器实现 16 位或更高位数的效果)。本段的要点是,正文中提到的提高采样时钟以降低滤波器要求的讨论,也适用于增量求和式的数据转换器及其附加的模拟滤波器。现代的高过采样率的增量求和式数据转换器对模拟滤波器的要求更低,只要过采样倍数足够高,单极点滤波器都能满足要求。事实上很多增量求和式的音频数据转换器把模拟滤波器做在片上,从而大大方便了用户。——译者注

15.4.2　直流应用的误差预算

直流应用依赖于转换器输出的直流电压值。总谐波失真（THD）和信噪比（SNR）不重要，因为转换器的输出基本是直流。

转换器的分辨率是 ±1/2 最低有效位（LSB）。最低有效位的定义为：

$$1\,\mathrm{LSB} = \frac{V_{\mathrm{FS}}}{2^N - 1} \tag{15-1}$$

式中 V_{FS} 是满幅输出电压，N 是转换器的位数。

直流系统中，转换器的位数决定了每一位对应的直流步长。表 15-1 给出了位数与常见满幅电压下步长的关系。

表 15-1　数模转换器的直流步长

位　　数	状　态　数	3 V	5 V	10 V
4	16	0.1875	0.3125	0.625
8	256	0.011 719	0.019 531	0.039 063
10	1024	0.002 93	0.004 883	0.009 766
12	4096	0.000 732	0.001 221	0.002 441
14	16 384	0.000 183	0.000 305	0.000 61
16	65 536	4.58E-05	7.63E-05	0.000 153
18	262 144	1.14E-05	1.91E-05	3.81E-05
20	1 048 576	2.86E-06	4.77E-06	9.54E-06
22	4 194 304	7.15E-07	1.19E-06	2.38E-06
24	16 777 216	1.79E-07	2.98E-07	5.96E-07

步长的具体大小可能很重要，尤其是对便携式设备而言。很多情况下要求便携式设备使用尽可能少的电池，也就是要求设备在低电压下可以工作。为省电起见，如果让缓冲放大器包含增益，那么就需要较大的电阻值，这会降低电路的抗噪声能力。幸好大部分直流应用不是在便携式设备的场合，而是在工业场合。[①]

以驱动给电路板钻孔的钻床工作台的数据转换器为例：孔位的最小单位为 0.01 mm（±0.003 mm）。电压为 0 V 时执行器位于中央，电压为负满幅电压–5 V 时位置为–300 mm，电压为正满幅电压+5 V 时位置为+300 mm。工作台有两个执行器，一个用于 x 轴，一个用于 y 轴。

这个例子可以用来说明若干方面的问题。首先，定位电压范围包含正负电压。在实际的电路中，这可能要求在数模转换器的输出上加减固定的偏移量（对于本例而言是减去偏移量）。输出电压需要具有 10 V 的摆幅，这可能要求对数模转换器的输出进行放大。执行器要求的驱动电流可能大于转换器提供的电流，15.7 节讨论了如何扩流的问题。

---

① 作者的意思是，在便携式设备的场合，某些情况下缓冲放大器的放大倍数为 1 是最佳的，选用其他倍数会使系统性能恶化，此时步长的具体值可能就不是任意的了。在电源充足的工业场合，由于电源轨到轨电压足够高，电路中电阻值也可以任意选取，这一问题就不存在了。——译者注

假设转换器及驱动电路的输出可以满足执行器的要求。±300 mm 的位置也就是 600 mm 的总长度，对应电路输出的±5 V 电压。为了满足分辨率要求，600 mm 的范围必须能分成 0.003 mm 的步长，也就是分成 200 000 步。根据表 15-1，需要 18 位的数模转换器。真实系统的步长为 0.002 29 mm。系统需要两路独立的转换器和驱动电路，一路用于 x 轴，一路用于 y 轴。

15.4.3 交流应用的误差预算

交流应用的误差预算最常用总谐波失真（THD）、动态范围和信噪比等指标来描述。假设转换器内部没有噪声，缓冲运放电路也没有噪声，那么动态范围的倒数就是系统的信噪比。当然系统总是有噪声的，测量噪声时，一般将数模转换器的输入设置为 0。噪声会使信噪比恶化。

然而，转换器的位数仍然是决定这些参数的主要因素。技术上讲，这些参数并不是误差，因为转换器的设计决定了它们。如果具体的应用不能接受这些设计上的限制，那么只能选用更高分辨率（位数更多）的转换器。

1. 总谐波失真

理想模数转换器的总谐波失真由转换器位数带来的量化噪声决定，也就是说，转换器的位数决定了量化噪声的低限。转换器位数越多，谐波失真越小（图 15-6）。

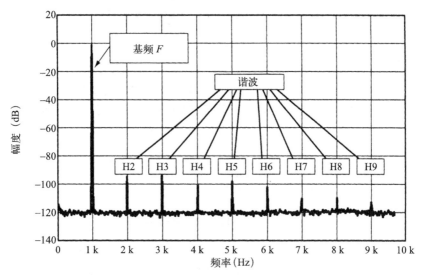

图 15-6 总谐波失真

对于理想数模转换器而言，位数与分辨率导致的谐波失真满足如下关系：

$$\text{THD}(\%) = \frac{1}{2^N} \times 100 \tag{15-2}$$

式中 N 是转换器的位数。当然这是理想状况的极限。

2. 动态范围

位数与转换器的最大动态范围之间的关系满足如下公式：

$$动态范围 = 6.20 \times N + 1.76 \tag{15-3}$$

注意，位数每增加 1 位，动态范围提升大约 6 dB。这一点可以用于向别人方便地指出增加转换器位数所带来的好处。

例如，如果设计具有 90 dB 信噪比的 CD 播放器，根据表 15-2，应该选用 16 位的转换器，这样可能达到的最小总谐波失真约为 0.0015%。

表 15-2　转换器的位数、总谐波失真及动态范围的关系

位　　数	状　态　数	总谐波失真	动态范围
4	16	6.25%	25.8
8	256	0.390 625%	49.9
10	1024	0.097 656%	62.0
12	4096	0.024 414%	74.0
14	16 384	0.006 104%	86.0
16	65 536	0.001 526%	98.1
18	262 144	0.000 381%	110.1
20	1 048 576	0.000 095%	122.2
22	4 194 304	0.000 024%	134.2
24	16 777 216	0.000 006%	146.2

15.4.4　射频应用的误差预算

射频应用也是一类高频的交流应用。射频应用中，可能会关心某些特定谐波的位置和相对幅度。如果总的射频频谱满足给定的限制，那么以其他谐波增加为代价减小某次谐波，也许是可以接受的。

15.5　数模转换器的误差与参数

本节中介绍的数模转换器误差会附加在转换器分辨率造成的误差上。

本节分为直流误差和交流误差两部分，但是很多直流误差会表现为交流误差的形式。某种具体型号的数模转换器的指标中可能包含也可能不包含直流误差或交流误差，这提示用户这一型号的转换器是为交流应用还是为直流应用优化的。就像任何元器件一样，数模转换器的设计也充满了折中。用户可能会将为高频交流应用设计的转换器误用于直流应用，反之亦然。

15.5.1　直流误差与参数

本节讨论数模转换器的直流误差和直流参数。

1. 失调误差

对于数字输入的整个范围，模拟输出电压可能会出现与理想值（如 0 V 到满幅电压）之间

的线性搬移（图15-7）。给转换器提供数字输入，该输入使转换器的预期输出为0V，此时实际输出电压与0V的差别ΔV就是失调误差。

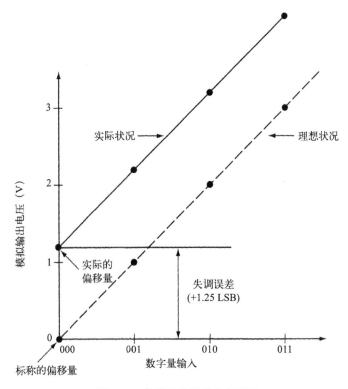

图 15-7 数模转换器的失调误差

失调误差的温度系数是与失调误差相关的另一个参数。这一参数反映失调误差随温度的变化，其单位一般为ppm/℃。

失调误差对直流应用而言很重要。为此，选择缓冲运放时，应选择不会使失调问题恶化的型号。也就是说，运放的失调电压要远小于转换器的失调误差。在交流应用中，失调误差并不重要，可以忽略。此时应按照总谐波失真小、压摆率高，或其他对具体应用重要的指标来选择缓冲运放。

2. 增益误差

理想状况下，数模转换器的增益应当使输出范围恰好与需要的满幅输出范围相等。然而转换器的实际增益可能比这一理想增益大，也可能比这一理想增益小。如图15-8所示，增益误差也就是理想的转换器输出增益与实际增益之间的差别。

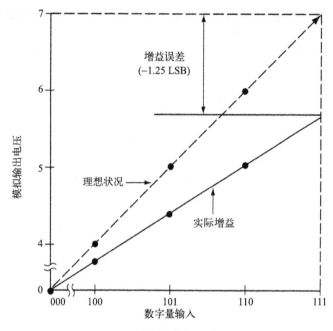

图 15-8 数模转换器的增益误差

增益误差的温度系数是与增益误差相关的另一个参数。

增益误差对直流应用和交流应用而言都很重要。例如：

❑ 射频驱动电路不能让功率输出级的输出功率大于电台执照或有关规定的上限值（交流应用）；

❑ 机械位置控制装置停止的位置不能比预期位置近，也不能比预期位置远（直流应用）。

缓冲运放与转换器的内部反馈电阻一起工作。如果可能，满幅电压应当用调整 V_{REF} 的方式调整，而不是在转换器的内部反馈电阻上增加外接电阻，以免外接电阻的误差和温度漂移影响增益误差。

3. 微分非线性误差

数字量输入的最低有效位每增加 1 时，如果转换器输出电压的增加值 ΔV 不完全相等，那么这一转换器就具有微分非线性（DNL）误差。如果微分非线性误差大于 1 个最低有效位，那么这一转换器就是非单调的。这种非单调的转换器会给某些伺服控制环路带来问题。在图 15-9 中，非单调的数模转换器表现为模拟输出特性曲线上的局部极值。[①]

[①] 图 15-9 中并未画出这种情况。有兴趣的读者可参考 ADI 公司教程 "The Importance of Data Converter Static Specifications——Don't Lose Sight of the Basics!"（MT-010）中的图 6。——译者注

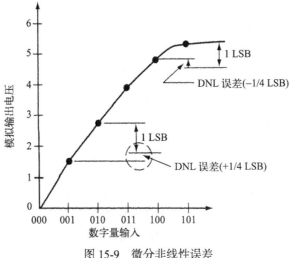

图 15-9 微分非线性误差

4. 积分非线性误差

积分非线性（INL）误差与微分非线性误差类似，它是实际转移特性上的值与理想转移特性的差值，是一种分布在整个输出范围上的一阶效应（图 15-10）。

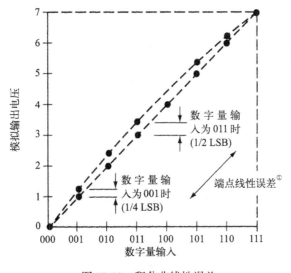

图 15-10 积分非线性误差

在交流应用中，积分非线性误差和微分非线性误差表现为失真和频谱上的谐波（杂散）。在直流应用中，这两种误差会导致直流输出电压的误差。例如，这两种误差会导致定位工作台每一步的长度不完全相等。

5. 电源抑制比

电源抑制比有时也称作电源敏感性。它是转换器抑制电源纹波和噪声的能力。电源上的纹

---
① 端点线性误差，指将失调误差和增益误差调整为 0 后，实际输出电压值与理想输出电压值的误差。——译者注

波和噪声可能不会对直流应用造成不利影响。然而对于交流应用，较差的电源抑制比会带来杂散和谐波失真，尤其是在外部时钟器件影响输出、产生调制的情况下。设计师必须仔细地对数模转换器和缓冲运放进行退耦，以抑制电源纹波和噪声的影响。

15.5.2　交流误差与参数

本节讨论数模转换器的交流误差和交流参数。

1. 总谐波失真和噪声

数模转换器和缓冲运放总会产生一些内部噪声。对于音频和通信系统设计师而言，一个有用的评价指标是总谐波失真和噪声（THD+N）。这一指标是所有谐波失真和噪声之和与信号的均方根值之比。与运放的对应参数相同（见附录 B），各种噪声源按均方根定律相加。失真和噪声分别测量，然后在计算时相加。噪声电压与测量带宽相关。

2. 信号与噪声和失真之比

正如其名，信号与噪声和失真之比（SINAD）是信号与噪声和失真之和的比值。失真和噪声分别测量，在计算时相加。SINAD 是 THD+N 的倒数。这两种指标中包含噪声和失真的所有成分，可以用来很好地表示运放的总体动态性能。

3. 有效位数

信号与噪声和失真之比可以用来确定转换器在某一频率时的有效位数（ENOB）。例如，某种标称分辨率为 8 位的数模转换器在某一频率时的信噪比[①]为 45 dB，有效位数为

$$ENOB = \frac{SNR_{REAL} - 1.76}{6.02} = 7.2 \text{ 位} \tag{15-4}$$

因此，在这一频率下，转换器的实际性能比标称的分辨率要低。

4. 无杂散动态范围

无杂散动态范围（SFDR）是频谱中最大的信号成分与最大的失真成分之比（图 15-11），一般以分贝为单位。

这个参数对于射频应用很重要，因为有关部门会规定杂散的限值。

不恰当的退耦可能会引起杂散。陷波滤波器可以用来抑制杂散，但是很多射频应用的频率是可变的，杂散频率会随信号频率的改变而改变。除非陷波滤波器能抑制所有杂散频率，否则这一措施是不适用的。

---

① 严格来说应为信号与噪声和失真之比。——译者注

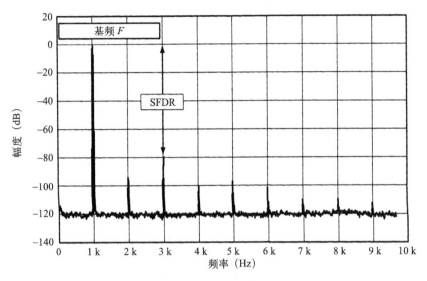

图 15-11 无杂散动态范围

5. 互调失真

前面介绍的积分非线性误差和微分非线性误差在高频交流应用中表现为互调失真（图 15-12）。

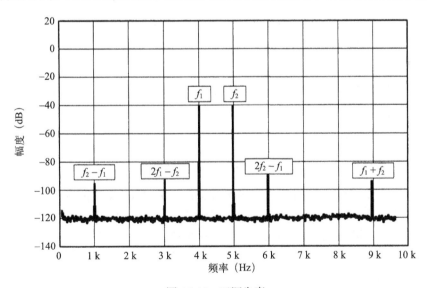

图 15-12 互调失真

最好的抑制互调失真的方法是让缓冲放大器系统尽可能保持线性。注意某些轨到轨运放在电源轨附近线性不好。限制流过数模转换器内部反馈电阻的电流可能有所帮助。15.7 节中关于增加电源电压范围的讨论中会介绍如何减少内部反馈电阻的功耗。

6. 稳定时间

从数模转换器的数字输入切换开始，到模拟输出达到最终值并稳定在某一给定的误差范围内的时间，称作转换器的稳定时间（图 15-13）。稳定时间是最高转换率的倒数。在与数模转换器一起使用缓冲运放时，运放的特性也会影响稳定时间或最高转换率。

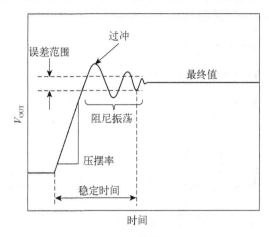

图 15-13　数模转换器的稳定时间

　　数字输入切换时，输出上出现的毛刺是与稳定时间相关的一种现象。虽然毛刺是瞬时出现的，但是在高速交流应用中，它会带来噪声或谐波。减少毛刺最好的办法是对转换器和缓冲运放进行妥善退耦（见第 13 章）。在极端情况下，可能需要消毛刺电路（图 15-14）。

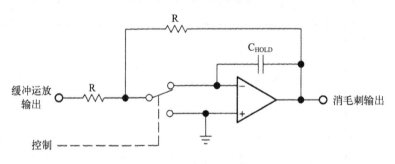

图 15-14　消毛刺电路

　　消毛刺电路需要使用软件进行控制，在转换器的数字输入改变之前启动保持功能，然后在数字输入改变之后放开保持。保持电容（C_{HOLD}）的选择十分关键：这一电容必须能保持转换器缓冲运放的输出而不带来压降，同时还不能影响系统带宽。

15.6　数模转换器电容的补偿

　　数模转换器一般用双极型或 CMOS 工艺生产，其中 CMOS 工艺的较多。然而，CMOS 晶体管的电容较大，这些电容会反映在转换器的输出上，具体容量与连接到输出上的内部电阻的数目相关。反相放大电路输入端的电容会让电路变得容易振荡，尤其是有时缓冲放大器工作在小于 1 的增益下。因此需要对转换器的输出电容 C_O 进行外部补偿（图 15-15）。

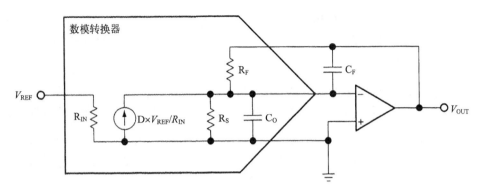

图 15-15 CMOS 数模转换器输出电容的补偿

在缓冲放大电路中对输出电容进行补偿的一般方法是增加反馈电容 C_F。C_F 的容量按下式计算：

$$C_F \approx 2 \times \sqrt{\frac{C_O}{2\pi R_F} \times \frac{1}{GBW}} \tag{15-5}$$

其中 C_O 是数模转换器数据手册中的输出电容，R_F 是数据手册中的反馈电阻，GBW 是输出放大器的小信号增益带宽积。

遗憾的是，反馈电容 C_F 和转换器的内部电容 C_O 都会影响转换速度。如果需要更快的转换速度，就需要选用输出电容 C_O 更小的转换器，这样可以使用容量更小的反馈补偿电容。包含外部电容的总体稳定时间为：

$$T_S \approx \sqrt{\frac{R_F(C_O + C_F)}{2GBW}} \tag{15-6}$$

其中 C_O 是数模转换器的内部电容，R_F 是反馈电阻，C_F 是补偿电容，GBW 是输出放大器的小信号增益带宽积。

15.7 增加运放缓冲器电路的输出电流与电压

运放的制造工艺限制了它的输出功率。然而，有一些应用要求使用运放驱动较大功率的负载。这类负载数不胜数，包括运动执行器、比例电磁铁、步进电机、扬声器、振动台、定位工作台等。

虽然市场上有一些可以推动重负载的大功率运放，但是这些运放往往是在某些其他指标上做出了妥协，以使其能在大功率下工作。这类运放的输入失调电压、输入电流以及输入电容可能会比读者熟悉的小功率运放大几个数量级，因此不应该用这类大功率运放直接作为转换器的缓冲运放。

根据具体应用的要求，增加输出能力的电路可以采用分立元件设计，也可以采用某种单片的功率放大器。执行器或步进电机这一类的负载要求较大的驱动电流，音频应用要求很大的功率来推动扬声器。这类大功率应用常常需要比一般运放的工作电压更高的供电电压。高电压应用的工作电压或输出电压都很危险。设计师必须十分注意，不要设计出不安全的产品，也不要在研发时让自己触电。

功率级通常包含在反馈环内，以使反馈环能够补偿功率级的误差。如果功率级的输出电压摆幅大于前级运放的电源电压，那么就必须采用分压器降低输出电压，以将其包含进反馈环。

增加输出能力的电路可分为三大类：扩流电路、增压电路，以及同时增加电流电压的电路。这三类电路的工作原理相同：任何包含在运放反馈环内的电路都会被补偿，也就是说，电路的输出会达到某一值，以使缓冲放大器的两个输入端的电压相等。

15.7.1　扩流电路

扩流电路通常使用乙类推挽功率放大器的某个变体。图 15-16 所示的电路已经经受了几十年的考验，很多资料上能够查到确定具体元件值的方法。这一电路可以扩流，因为它将运放的输出阻抗与负载隔离开来，使用运放的输出来推动 NPN 和 PNP 晶体管的基极。两个二极管用于补偿晶体管的 V_{BE} 压降，晶体管的基极偏置由连接到对应电源轨的电阻提供。扩流级的输出反馈到数模转换器的反馈电阻，以使反馈环闭合。这一电路的输出阻抗只受输出晶体管的特性和很小的发射极电阻的限制。现代的大功率晶体管的高频特性往往较好，使电路发生振荡。电路输出端对地的 RC 吸收网络和与负载串联的小电感用来抑制振荡。如果不出现振荡，这些元件也可以省略。注意，不同晶体管的电流放大系数可能相差很大[①]。

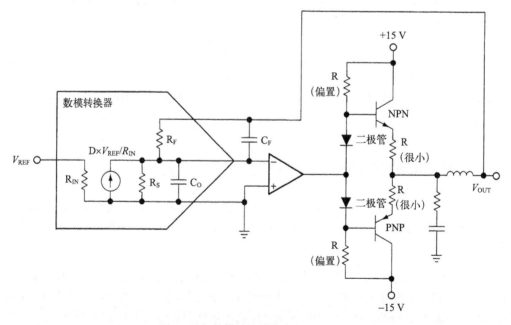

图 15-16　数模转换器输出的扩流电路

---

① 因此，这两个晶体管需要配对。——译者注

15.7.2 增压电路

如果需要更大的电流，或是需要大于±15 V 的输出电压摆幅，那么功率级的工作电压可以高于缓冲运放的电源电压。电路设计师可能想使用如图 15-17 所示的电路。

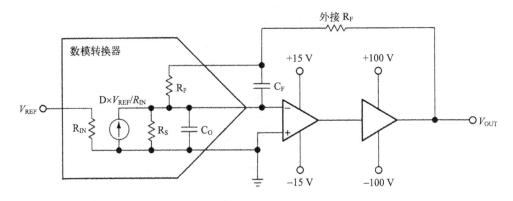

图 15-17　增加数模转换器输出电压摆幅的错误方法

在输出级的电源电压比前级电路更高的情况下，会有潜在的危险。上面的电路说明了一种常见的错误。

□ 使用图示的增压电路的目的是让输出电压摆幅达到±100 V。如果电路工作在单位增益下（也就是外接 $R_F = 0$ 时），输出的最大摆幅仍然是±15 V，这样就不需要±100 V 的电源轨了。在这里，高压电源的作用就是为电压增益提供可能。

□ 如果电路工作在增益大于 1 的情况下（外接 R_F 大于 0），增益中包含外接 R_F 和片内 R_F 之和：

$$增益 = \frac{R_{F,EXT} + R_{F,INT}}{R_S} \tag{15-7}$$

问题是，在输出级电源电压增高时，R_F 上耗散的功率也随之增大。设计师可以选择功率更大的外接电阻，但是无法更换片内的 R_F 或 R_S。由于这些电阻是做在集成电路片内的，因此其功率很受限制。即使十分小心地注意了这些片内电阻的额定功率，它们在最大功率时的温度系数可能也是不可接受的。由于温度系数的作用，电阻的自发热会改变其阻值。外接电阻与片内电阻的温度系数肯定不同，导致增益漂移。设计师在之前可能从来没遇到过电阻自加热效应导致的问题，因为分立无源元件（直插或表贴）的体积足够大，能将自加热效应减到最小。在数模转换器内部，电阻的体积非常小，自加热会产生明显得多的效应[①]，这会导致转换器输出出现非线性误差。

---

① 如果 R_F 或 R_S 都是片内电阻，它们的温度系数相同，也很容易达到热平衡，所以在没有外接 R_F 的情况下，温度变化或自加热效应导致的增益变化远小于有外接 R_F 的情况。另外，在集成电路中制造固定比例的电阻比制造阻值精确的电阻容易得多，这也会导致量产时对于不同的产品，外接 R_F 的阻值不同，增加生产时的调测工作量。另外，片内的寄生结构也可能导致 R_F 上的电压超过转换器的电源电压时出现故障。——译者注

高分辨率转换器片内元件的几何尺寸最小，因此这种自加热效应最为显著。因此只要可能，就应当限制通过片内反馈电阻的电流。图 15-18 给出了一种方法，可以在避免大电流路径通过片内反馈电阻的同时控制增益。

- ❑ 选择 R_2 和 R_3 的值时，要保证片内电阻 R_F 上的电压不超过转换器要求的电压限值。
- ❑ 当然，R_2 和 R_3 的额定功率必须能满足要求。尤其要注意 R_2：如果 R_2 烧毁开路，那么反馈环会给转换器提供危险的高电压。R_3 上承受了主要的压降，因此其发热功率可能很大。

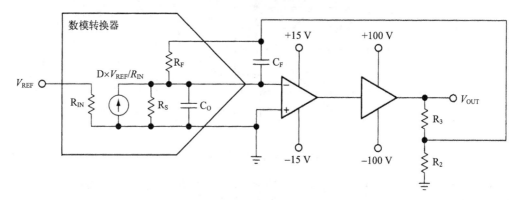

图 15-18　增加数模转换器输出电压摆幅的正确方法

对于具体应用来说，如果电压摆幅和电阻额定功率的组合无法满足要求，那么只能将功率级放在反馈环外。这样做会让精度下降，但是对于交流应用而言，也许是可以接受的。

15.7.3　功放电路

增压电路和扩流电路可以结合在一个电路中，以提供更大的功率。例如对于音频应用而言，±15 V 的电压在 8 Ω 负载上最多产生 112.5 W 的功率。为了增加功率，必须提高电源电压。上一节介绍了这样做时需要的注意事项。

15.7.4　单电源工作与直流偏移

大功率的数模转换器电路不适合使用单电源工作。例如在单电源音频应用中，必须使用容量很大的耦合电容，这一电容会带来失真，并限制低频响应。在直流应用中，直流偏移电压会不断地驱动负载，这一电压会在负载的内部电阻上转化成热并耗散出去。

尽管如此，仍然有一些应用需要直流偏移。在数模转换器电路中，可以直接使用电路中的精密基准电压源作为参考。基准电压源用来驱动转换器内部的电阻网络，这一基准源可以是片内的，也可以是外部的。在大多数情况下，转换器的片内基准电压源都有一个输出管脚。设计电路时，要注意不要让基准电压源的负载过大，因为这样会影响转换器的准确性。

在图 15-19 所示的电路中，缓冲放大器的输出直流电平抬高了 $V_{REF}/2$（注意不是 $V_{CC}/2$）。使用 V_{REF} 是因为基准电压源比电源电压稳定、精确得多。电平转换器电路中的四个电阻必须精确配对，否则会使电路的增益和失调误差恶化。在这一电路中，热相关的误差无法补偿，因为外接电阻和片内元件的温度系数可能不同。因此，这一方法只适用于环境温度变化不大的应用。

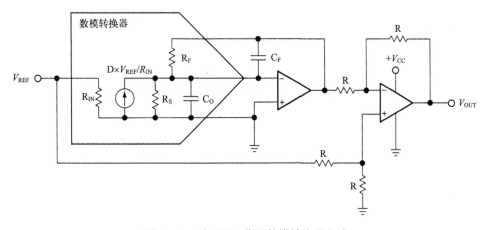

图 15-19 单电源工作的数模转换器电路

第 16 章

有源滤波器的设计[①]

16.1 引言

什么是滤波器？《韦氏词典》这样解释：滤波器是这样的一种电子器件，它能够使某些频率或频率范围的电信号通过，同时阻止另一些频率或频率范围的电信号。

滤波器电路有着广泛的应用。在电信领域，音频（20 Hz～20 kHz）范围内的带通滤波器应用于调制解调器和语音处理。高频（几百兆赫兹）的带通滤波器在电话中心用作信道选择。数据采集系统通常需要抗混叠低通滤波器和信号调理电路前面的抗噪声低通滤波器。系统的电源经常使用带阻滤波器来抑制 50 Hz 的工频干扰和高频瞬态噪声。另外，有一些滤波器并不会阻止复杂输入信号中的任何频率成分，而是给这些频率成分增加线性相移，也就是将信号延迟固定的时间。这种滤波器称作全通滤波器。

在较高频率（大于 1 MHz）时，滤波器通常使用电感（L）、电阻（R）、电容（C）等无源元件组成。这种无源滤波器也称作 LRC 滤波器。在较低频率范围内（1 Hz～1 MHz），LRC 滤波器中电感的量值和体积会变得很大，这种滤波器的制造很难节省成本。在这种情况下，有源滤波器的重要性就显现了出来[②]。在有源滤波器的电路中，使用运放作为有源元件，结合电阻和电容来在频率较低时实现 LRC 滤波器的性能（图 16-1）。

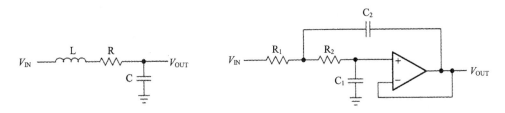

图 16-1 二阶无源低通滤波器和二阶有源低通滤波器

本章介绍有源滤波器。首先介绍三种优化的滤波器类型（巴特沃思、切比雪夫、贝塞尔），然后用五节的内容介绍最常用的有源滤波器种类：低通滤波器、高通滤波器、带通滤波器、带阻滤波器、全通滤波器。与其他介绍滤波器的书不同，这里每一节的内容都是工作手册式的，

---

① 本章原作者为 Thomas Kugelstadt。——译者注
② 必须指出的是，无源滤波器最大的好处是具有非常大的动态范围，而且可以传递功率；而有源滤波器的动态范围受电源电压和器件噪声的限制。在频率较低的应用中，无源滤波器很少使用；不过如果读者在频率较低的电路中遇到了无源滤波器，不妨考虑一下原设计者使用它的原因。——译者注

避免了专门介绍有源滤波器设计的书中冗长的数学推导。每一节都以滤波器一般的传递函数开始，然后是用来计算滤波器中元件量值的设计公式。本章的最后介绍单电源滤波器的实际设计技巧。

如果读者觉得本章内容过于复杂，下一章提供了使用最少的数学运算快速设计可以工作的滤波器的方法。不过，虽然这种快速简易的方法能够用来设计增益、频率和品质因数满足任意组合的滤波器，但是为了简化设计流程，这种方法替设计师提前做了一些决定。如果需要某些非常特别的滤波器，那么就需要使用本章介绍的方法。

16.2 低通滤波器基础

最简单的低通滤波器是图 16-2 所示的 RC 低通网络。

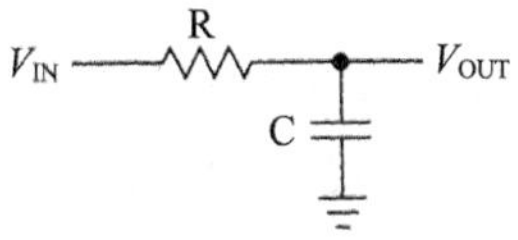

图 16-2 一阶无源 RC 低通滤波器

其传递函数为：

$$A(s) = \frac{\dfrac{1}{RC}}{s + \dfrac{1}{RC}} = \frac{1}{1 + sRC}$$

其中复频率变量 $s = \mathrm{j}\omega + \sigma$ 代表任何随时间变化的信号。对于纯正弦波信号，阻尼常数 $\sigma = 0$，所以 $s = \mathrm{j}\omega$。

对于归一化的传递函数，s 与滤波器转折频率（也就是 $-3\,\mathrm{dB}$ 频率）ω_C 相比，有如下关系[①]：

$$S = \frac{s}{\omega_\mathrm{C}} = \frac{\mathrm{j}\omega}{\omega_\mathrm{C}} = \mathrm{j}\frac{f}{f_\mathrm{C}} = \mathrm{j}\Omega$$

在图 16-2 所示的低通滤波器中，$f_\mathrm{C} = 1/2\pi RC$，$S = sRC$，传递函数 $A(S)$ 为：

$$A(S) = \frac{1}{1 + S}$$

增益响应的幅度为：

$$|A| = \frac{1}{\sqrt{1 + \Omega^2}}$$

---

① 归一化的传递函数也就是以转折频率作为频率单位的传递函数。式中 S 一般称作归一化复频率，Ω 一般称作归一化频率。——译者注

对于远大于 1 的归一化频率 Ω，滚降率为 20 dB/十倍频程。如果需要更陡峭的滚降，可以级联使用滤波器（图 16-3）。为了避免负载的效应，滤波器之间用运放（起阻抗变换作用）隔开。

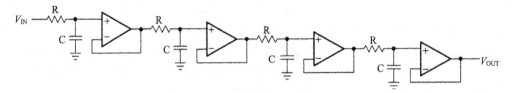

图 16-3   用运放进行级间隔离的四阶无源 RC 低通滤波器

该电路的传递函数为：

$$A(S) = \frac{1}{\left(1+\alpha_1 S\right)\left(1+\alpha_2 S\right)\cdots\left(1+\alpha_n S\right)}$$

在这种情况下，所有滤波器的截止频率 f_C 相同，系数 $\alpha_1 = \alpha_2 = \cdots = \alpha_n = \alpha = \sqrt{\sqrt[n]{2}-1}$，每一级滤波器的 f_C 比滤波器总体的 f_C 高，是滤波器总体的 f_C 的 $1/\alpha$。

图 16-4 给出了四阶 RC 低通滤波器的计算结果。图中每一级的滚降率（曲线 1）为 20 dB/十倍频程，将滤波器的总滚降率（曲线 2）增加到了 80 dB/十倍频程。与每一级的转折频率相比，滤波器的总转折频率降低了 $1/\alpha$（$\alpha \approx 2.3$）。

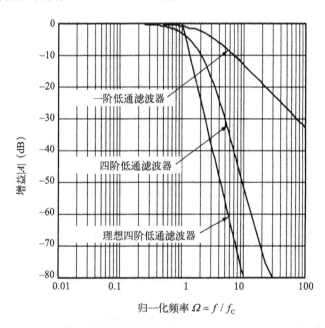

图 16-4   四阶 RC 无源滤波器的幅频与相频特性。曲线 1：每一级一阶低通滤波器；曲线 2：四阶低通滤波器总体；曲线 3：理想四阶低通滤波器

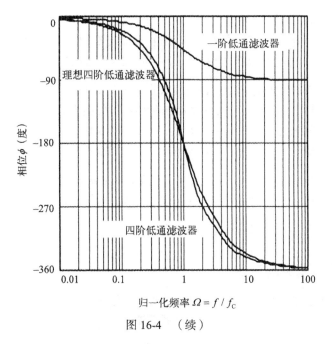

图 16-4 （续）

图 16-4 中还给出了理想四阶低通滤波器的频率特性（曲线 3）。与理想低通滤波器相比，这里的 RC 低通滤波器在下面的特性中有所不足：

❑ 通带的增益在比 f_C 低很多的地方就开始变化，这使得通带高频区域的增益没有低频区域大；

❑ 通带到阻带的过渡不够陡峭，使得直到 $1.5 f_C$ 处滚降率才达到 80 dB/十倍频程；

❑ 相位特性的线性不佳，这会显著增加信号失真。

可以从下列三个方面之一来优化低通滤波器的增益和相位响应：

(1) 最大通带平坦度；

(2) 最陡峭的通带到阻带过渡；

(3) 线性的相位响应。

为了进行这些优化，需要让传递函数包含复极点，其形式如下：

$$A(S) = \frac{A_0}{\left(1+a_1 S+b_1 S^2\right)\left(1+a_2 S+b_2 S^2\right)\cdots\left(1+a_n S+b_n S^2\right)} = \frac{A_0}{\prod_i \left(1+a_i S+b_i S^2\right)}$$

其中 A_0 是通带的直流增益，a_i 和 b_i 是系数。

传递函数的分母是一系列二次项的乘积，这对应一系列级联的二阶低通滤波器，且 a_i 和 b_i 是正实数。这些系数确定了每一级二阶低通滤波器复极点的位置，也决定了滤波器传递函数的行为。

16.9 节的表给出了下面三种预先计算好的滤波器的系数：

❏ 巴特沃思（Butterworth）系数，这种滤波器的通带最平坦；

❏ 切比雪夫（Tschebyscheff）系数，这种滤波器的通带到阻带过渡最陡峭；

❏ 贝塞尔（Bessel）系数，这种滤波器到 f_C 的相位响应是线性的。

由于无源 RC 滤波器的传递函数中缺乏复极点，因此这种滤波器难以进一步优化。只有增加电感来构造 LRC 滤波器，才能在无源滤波器的传递函数中创造出共轭的复极点[①]。然而，这种滤波器主要在高频领域应用。在频率较低（小于 1 MHz）时，电感的量值可能会很大，使得滤波器很难低成本地制造。这种情况下，一般使用有源滤波器[②]。

有源滤波器通常用包含有源元件（如运放）的 RC 网络实现。16.3 节会指出，只要使用 RC 的乘积和转折频率，以及预先确定的滤波器系数 a_i 和 b_i，就可以得到想要的传递函数。

本节下面的内容介绍最常用的优化的滤波器。

16.2.1   巴特沃思低通滤波器

巴特沃思低通滤波器提供最平坦的通带。因此，在数据转换器抗混叠滤波器这种需要保证通带中信号精确幅度的应用场合中，常用这种滤波器。

图 16-5 中画出了不同阶数的巴特沃思低通滤波器的幅频特性（图中横轴为归一化频率 $\Omega = f / f_C$）。滤波器阶数越高，通带平坦的部分就越宽。

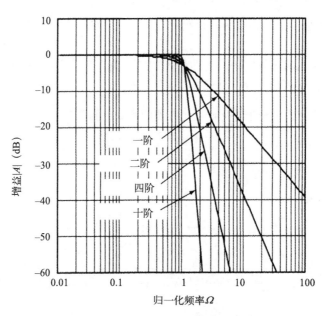

图 16-5   巴特沃思低通滤波器的幅频特性

[①] 当然，采用无源谐振元件（压电晶体、压电陶瓷，以及换能器和机械振子等）也可以创造复极点。这些滤波器均可用 LRC 滤波器的等效电路描述，一般用于高频带通或带阻应用。——译者注

[②] 不过，无源滤波器有一个最大的好处：动态范围不受电源电压限制。所以在某些特殊场合，仍然需要低频的无源滤波器。——译者注

16.2.2 切比雪夫低通滤波器

切比雪夫低通滤波器在转折频率以上有更加陡峭的滚降。然而，如图 16-6 所示，其通带特性不是单调的，而有一定幅度的波动。对于给定的滤波器阶数，带内波动越大，滚降率也越高。不过随着滤波器阶数的增加，带内波动幅度对滚降率的影响会逐渐消失。

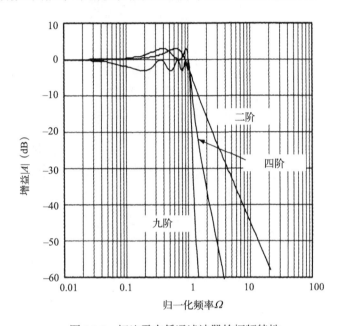

图 16-6 切比雪夫低通滤波器的幅频特性

通带内的每个波动对应滤波器中一级二阶的部分。偶数级二阶滤波器对应 0 dB 以上的波动，奇数级二阶滤波器对应 0 dB 以下的波动。

切比雪夫滤波器经常用在成组的滤波器中。在这种滤波器结构中，分离出信号的不同频率成分比维持固定的放大倍数更加重要。

16.2.3 贝塞尔低通滤波器

贝塞尔低通滤波器在很宽的频率范围内的相位响应是线性的（图 16-7）。也就是说，这种滤波器在这一频率范围内的群延迟是固定的（图 16-8）。所以，贝塞尔低通滤波器提供最佳的方波传输行为。不过，贝塞尔低通滤波器的通带不像巴特沃思滤波器那样平坦，通带到阻带的过渡也远不如切比雪夫低通滤波器那么陡峭（图 16-9）。

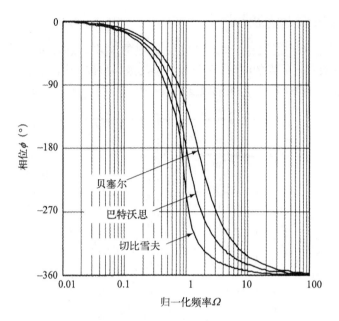

图 16-7 三种四阶滤波器相频特性的比较

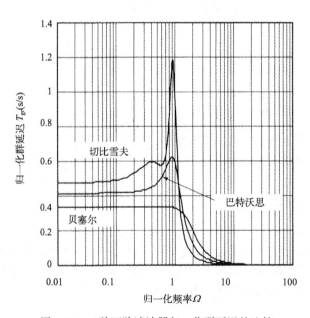

图 16-8 三种四阶滤波器归一化群延迟的比较

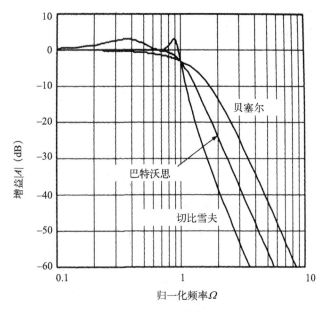

图 16-9 三种四阶滤波器幅频特性的比较

16.2.4 品质因数 Q

品质因数 Q 是与滤波器阶数 n 等价的设计指标。例如，设计一个 n 阶的切比雪夫低通滤波器，也可以表达为设计一个具有一定 Q 的切比雪夫低通滤波器。

对于带通滤波器，Q 是中心频率 f_m 和两边的 -3 dB 点之间的带宽之比：

$$Q = \frac{f_m}{f_2 - f_1}$$

对于低通和高通滤波器，Q 表示极点的品质，其定义如下：

$$Q = \frac{\sqrt{b_i}}{a_i}$$

在滤波器的幅频特性图上，较高的 Q 对应从 0 dB 到滤波器增益响应峰值的距离。图 16-10 给出了一个十阶切比雪夫低通滤波器及其五级子滤波器的幅频特性。

图中第五级的响应峰值为 31 dB，这就是 Q_5 取对数得到的：

$$Q_5(\text{dB}) = 20 \lg Q_5$$

求解可得：

$$Q_5 = 10^{\left(\frac{Q_5}{20}\right)} = 10^{\left(\frac{31}{20}\right)} \approx 35.48$$

查 16.9 节表 16-11，Q 的理论值为 35.85，误差在 1% 以内。

这种图示近似在 $Q > 3$ 时准确度较高。对于较低的 Q，图上的 Q 峰值与理论值有显著差异。不过只有较高的 Q 才是需要担心的，因为 Q 越高，滤波器越倾向于不稳定。

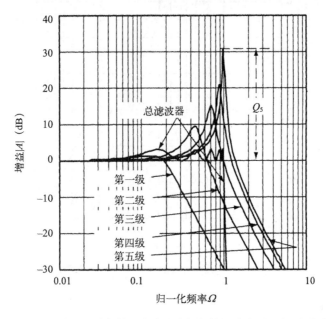

图 16-10   十阶切比雪夫低通滤波器的幅频特性（表示 Q 的图示近似）

16.2.5   小结

一般的低通滤波器的传递函数为：

$$A(S) = \frac{A_0}{\prod_i (1 + a_i S + b_i S)} \tag{16-1}$$

巴特沃思、切比雪夫和贝塞尔滤波器的系数 a_i 和 b_i 各不相同。这三种滤波器的系数可在 16.9 节的表 16-6 ~ 表 16-12 中查到。

分母上各项的乘积是一个关于 S 的 n 次多项式（n 是滤波器的阶数）。转折频率以上的滚降率由 n 决定，为 $20n$ dB/十倍频程。a_i 和 b_i 确定了滤波器的带内行为。极点的品质因数 $Q = \sqrt{b_i} / a_i$。极点的 Q 越高，滤波器越倾向于不稳定。

16.3   低通滤波器设计

式(16-1)给出了一系列二阶低通滤波器级联组成的高阶滤波器的传递函数。其中某一级的传递函数如下：

$$A_i(S) = \frac{A_0}{(1 + a_i S + b_i S^2)} \tag{16-2}$$

对于一阶滤波器，系数 b 总是 0（$b_1 = 0$），因此有：

$$A(S) = \frac{A_0}{1 + a_1 S} \qquad (16\text{-}3)$$

更高阶的滤波器都是由上述一阶和二阶的单级滤波器组成的。滤波器经常工作在单位增益下（$A_0 = 1$），以降低对运放开环增益的要求。

图 16-11 给出了上述基本构造模块构成的一阶到六阶的滤波器的结构。偶数阶的滤波器只包含二阶滤波级，奇数阶的滤波器在最前面增加一个一阶滤波级。

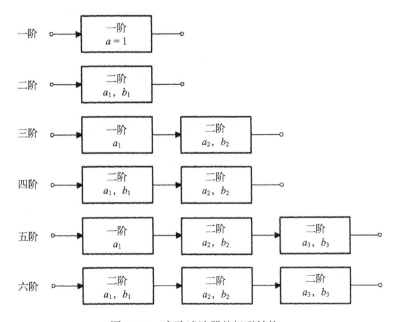

图 16-11　高阶滤波器的级联结构

从图 16-10 中可以看出，滤波级的转折频率越高，其 Q 也越高。为了避免某一级滤波器饱和，应将它们按照 Q 从低到高的顺序级联。16.9 节中的表 16-6 ~ 表 16-12 给出了每一阶滤波器的系数（按 Q 从低到高的顺序排列）。

16.3.1　一阶低通滤波器

同相和反相的一阶滤波器如图 16-12 和图 16-13 所示。滤波器的传递函数为：

$$A(s) = \frac{1 + \dfrac{R_2}{R_3}}{1 + \omega_C R_1 C_1 s} \quad（同相）\quad 和 \quad A(s) = \frac{-\dfrac{R_2}{R_1}}{1 + \omega_C R_2 C_1 s} \quad（反相）$$

负号表示反相放大电路使滤波器的输出和输入相位相差 180°。将上面的传递函数与式(16-3)相比较，可得：

$$A_0 = 1 + \frac{R_2}{R_3}（同相）\text{ 和 } A_0 = -\frac{R_2}{R_1}（反相）$$

$$a_1 = \omega_C R_1 C_1（同相）\text{ 和 } a_1 = \omega_C R_2 C_1（反相）$$

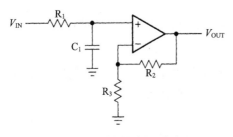

图 16-12　一阶同相低通滤波器

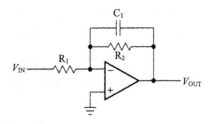

图 16-13　一阶反相低通滤波器

为了确定电路中元器件的参数，首先应当给定转折频率（f_C）、直流增益（A_0），以及电容 C_1 的容量。然后用下列公式计算 R_1 和 R_2 的值：

$$R_1 = \frac{a_1}{2\pi f_C C_1}（同相）\text{ 和 } R_2 = \frac{a_1}{2\pi f_C C_1}（反相）$$

$$R_2 = R_3(A_0 - 1)（同相）\text{ 和 } R_1 = -\frac{R_2}{A_0}（反相）$$

系数 a_1 可从某个系数表（16.9 节的表 16-6 ～ 表 16-12）中查到。注意，所有的一阶滤波器都是一样的（$a_1 = 1$）。但是，高阶滤波器中一阶滤波级的 a_1 不一定为 1，因为这一级的转折频率和滤波器总体的转折频率不一定一样。

例 16.1　一阶单位增益低通滤波器

对于 $f_C = 1$ kHz、$C_1 = 47$ nF 的一阶单位增益低通滤波器，可按照下面的公式计算 R_1 的值：

$$R_1 = \frac{a_1}{2\pi f_C C_1} = \frac{1}{2\pi \times 10^3 (\text{Hz}) \times 47 \times 10^{-9}(\text{F})} \approx 3.38 \text{ k}\Omega$$

但是，如果要设计三阶单位增益贝塞尔低通滤波器的第一级，f_C 和 C_1 与上面一样，但 R_1 的值会有所不同。此时应从 16.9 节表 16-6 中查出三阶贝塞尔滤波器的系数 a_1 并进行计算：

$$R_1 = \frac{a_1}{2\pi f_C C_1} = \frac{0.756}{2\pi \times 10^3 (\text{Hz}) \times 47 \times 10^{-9}(\text{F})} \approx 2.56 \text{ k}\Omega$$

工作在单位增益时，同相放大电路简化成了电压跟随器电路（图 16-14），电压跟随器的增益精确度很高。在需要反相的场合，单位增益的精确度依赖于电阻 R_1 和 R_2 的误差。

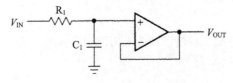

图 16-14　一阶同相单位增益低通滤波器

16.3.2　二阶低通滤波器

二阶低通滤波器有两种常见的结构：Sallen-Key 和多重反馈（MFB）结构。

1. Sallen-Key 结构

一般的 Sallen-Key 低通滤波器如图 16-15 所示，这种滤波器的增益可以独立调整（ $A_0 = 1 + R_4 / R_3$ ）。不过在需要高精度、单位增益以及低 Q（$Q < 3$）的滤波器设计中，通常使用单位增益的电路结构（图 16-16）。

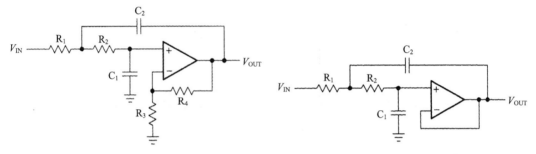

图 16-15　一般的 Sallen-Key 低通滤波器　　　图 16-16　单位增益 Sallen-Key 低通滤波器

图 16-15 所示电路的传递函数如下：

$$A(s) = \frac{A_0}{1 + \omega_C \left[C_1 \left(R_1 + R_2 \right) + \left(1 - A_0 \right) R_1 C_2 \right] s + \omega_C^2 R_1 R_2 C_1 C_2 s^2}$$

对于图 16-16 所示的单位增益电路有 $A_0 = 1$，其传递函数简化为：

$$A(s) = \frac{1}{1 + \omega_C C_1 \left(R_1 + R_2 \right) s + \omega_C^2 R_1 R_2 C_1 C_2 s^2}$$

比较这一传递函数与式(16-2)，可知：

$$A_0 = 1$$
$$a_1 = \omega_C C_1 \left(R_1 + R_2 \right)$$
$$b_1 = \omega_C^2 R_1 R_2 C_1 C_2$$

给定 C_1 和 C_2 的容量，可计算出 R_1 和 R_2：

$$R_{1,2} = \frac{a_1 C_2 \mp \sqrt{a_1^2 C_2^2 - 4 b_1 C_1 C_2}}{4 \pi f_C C_1 C_2}$$

为了让根号下的部分为实数，C_2 必须满足：

$$C_2 \geqslant C_1 \frac{4 b_1}{a_1^2}$$

例 16.2　二阶单位增益切比雪夫低通滤波器

任务：设计转折频率 $f_C = 3\,\text{kHz}$，带内波动为 3 dB 的二阶单位增益切比雪夫低通滤波器。

从表 16-11（带内波动为 3 dB 的切比雪夫滤波器系数）中可以查到二阶滤波器的 $a_1 = 1.0650$，$b_1 = 1.9305$。

指定 C_1 为 22 nF，可得 C_2：

$$C_2 \geqslant C_1 \frac{4b_1}{a_1^2} = 22 \text{ nF} \times \frac{4 \times 1.9305}{1.065^2} \approx 150 \text{ nF}$$

将 a_1 和 b_1 代入 $R_{1,2}$ 的公式得：

$$R_1 = \frac{1.065 \times 150 \times 10^{-9} - \sqrt{\left(1.065 \times 150 \times 10^{-9}\right)^2 - 4 \times 1.9305 \times 22 \times 10^{-9} \times 150 \times 10^{-9}}}{4\pi \times 3 \times 10^3 \times 22 \times 10^{-9} \times 150 \times 10^{-9}} \approx 1.26 \text{ k}\Omega$$

和

$$R_2 = \frac{1.065 \times 150 \times 10^{-9} + \sqrt{\left(1.065 \times 150 \times 10^{-9}\right)^2 - 4 \times 1.9305 \times 22 \times 10^{-9} \times 150 \times 10^{-9}}}{4\pi \times 3 \times 10^3 \times 22 \times 10^{-9} \times 150 \times 10^{-9}} \approx 1.30 \text{ k}\Omega$$

最终结果如图 16-17 所示。

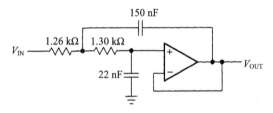

图 16-17　带内波动为 3 dB 的二阶单位增益切比雪夫低通滤波器

Sallen-Key 滤波器的一种特殊情况是采用同样的电阻值和电容量。在 $R_1 = R_2 = R$，$C_1 = C_2 = C$ 时，传递函数简化为：

$$A(s) = \frac{A_0}{1 + \omega_C RC\left(3 - A_0\right)s + \left(\omega_C RC\right)^2 s^2}, \text{ 其中 } A_0 = 1 + \frac{R_4}{R_3}$$

将系数与式(16-2)比较可得：

$$a_1 = \omega_C RC\left(3 - A_0\right)$$
$$b_1 = \left(\omega_C RC\right)^2$$

指定 C，求解 R 和 A_0，可得：

$$R = \frac{\sqrt{b_1}}{2\pi f_C C}$$

和

$$A_0 = 3 - \frac{a_1}{\sqrt{b_1}} = 3 - \frac{1}{Q}$$

因此，A_0 只与极点的品质因数 Q 相关，反之亦然。Q 以及与之相关的滤波器类型，由增益设定值 A_0 确定。

$$Q = \frac{1}{3 - A_0}$$

图 16-18 所示电路可以通过改变电阻的比例 R_4/R_3 来改变滤波器类型。

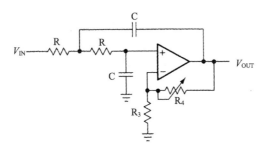

图 16-18 可调二阶低通滤波器

表 16-1 列出了每种类型的二阶低通滤波器的系数，以及调整 Q 所需的电阻比值。

表 16-1 二阶滤波器的系数

二阶滤波器	贝 塞 尔	巴特沃思	切比雪夫（带内波动 3 dB）
a_1	1.3617	1.4142	1.065
b_1	0.618	1	1.9305
Q	0.58	0.71	1.3
R_4/R_3	0.268	0.568	0.234

2. 多重反馈结构

在滤波器需要较高的 Q 以及较高增益的情况下，通常使用多重反馈（MFB）滤波器结构。

图 16-19 所示电路的传递函数如下：

$$A(s) = \frac{\dfrac{R_2}{R_1}}{1 + \omega_C C_1 \left(R_2 + R_3 + \dfrac{R_2 R_3}{R_1} \right) s + \omega_C^2 C_1 C_2 R_2 R_3 s^2}$$

与式(16-2)中的系数相比较，得如下关系：

$$A_0 = -\frac{R_2}{R_1}$$

$$a_1 = \omega_C C_1 \left(R_2 + R_3 + \frac{R_2 R_3}{R_1} \right)$$

$$b_1 = \omega_C^2 C_1 C_2 R_2 R_3$$

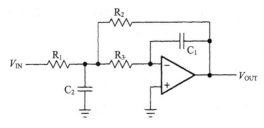

图 16-19　二阶多重反馈低通滤波器

指定 C_1 和 C_2，可求解出 $R_1 \sim R_3$：

$$R_2 = \frac{a_1 C_2 - \sqrt{a_1^2 C_2^2 - 4b_1 C_1 C_2 \left(1 - A_0\right)}}{4\pi f_C C_1 C_2}$$

$$R_1 = \frac{R_2}{-A_0}$$

$$R_3 = \frac{b_1}{4\pi^2 f_C C_1 C_2 R_2}$$

为了让 R_2 的值为实数，C_2 必须满足：

$$C_2 \geqslant C_1 \frac{4b_1 \left(1 - A_0\right)}{a_1^2}$$

16.3.3　高阶低通滤波器

想要获得更陡峭的滤波器特性，就需要更高阶的低通滤波器。为了这一目的，需要串联一阶和二阶的滤波器级，这样每一级频响的乘积构成了滤波器的总体频响。

为了简化滤波器中每一级的设计，十阶以下的每种滤波器的系数 a_i 和 b_i 都列在了系数表（16.9 节的表 16-6 ~ 表 16-12）中。

例 16.3　五阶低通滤波器（表 16-2）

任务：设计转折频率 $f_C = 50\ \text{kHz}$ 的五阶单位增益巴特沃思低通滤波器。

首先，从 16.9 节的表 16-7 中可查到滤波器的系数（摘录于表 16-2）。通过指定电容量，并计算需要的电阻值的方式，确定滤波器每一级中元件的量值。

表 16-2　例 16.3 中滤波器的系数

	a_i	b_i
滤波器 1	$a_1 = 1$	$b_1 = 0$
滤波器 2	$a_2 = 1.6180$	$b_2 = 1$
滤波器 3	$a_3 = 0.6180$	$b_3 = 1$

1. 第一级滤波器

指定 $C_1 = 1\ \text{nF}$，可得：

$$R_1 = \frac{a_1}{2\pi f_C C_1} = \frac{1}{2\pi \times 50 \times 10^3 (\text{Hz}) \times 1 \times 10^{-9} (\text{F})} \approx 3.18 \text{ k}\Omega$$

最接近的 1% 电阻值为 3.16 kΩ（图 16-20）。

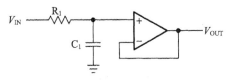

图 16-20　一阶单位增益低通滤波器

2. 第二级滤波器

指定 $C_1 = 820 \text{ pF}$，有

$$C_2 \geqslant C_1 \frac{4b_2}{a_2^2} = 820 \times 10^{-12} (\text{F}) \times \frac{4 \times 1}{1.618^2} \approx 1.26 \text{ nF}$$

最接近的 5% 电容量为 1.5 nF（图 16-21）。

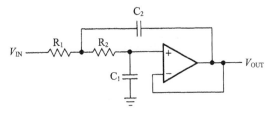

图 16-21　二阶单位增益 Sallen-Key 低通滤波器

在 $C_1 = 820 \text{ pF}$、$C_2 = 1.5 \text{ nF}$ 时，计算 R_1 和 R_2 的值：

$$R_1 = \frac{a_2 C_2 - \sqrt{a_2^2 C_2^2 - 4b_2 C_1 C_2}}{4\pi f_C C_1 C_2}$$

和

$$R_2 = \frac{a_2 C_2 + \sqrt{a_2^2 C_2^2 - 4b_2 C_1 C_2}}{4\pi f_C C_1 C_2}$$

计算结果为：

$$R_1 = \frac{1.618 \times 1.5 \times 10^{-9} - \sqrt{\left(1.618 \times 1.5 \times 10^{-9}\right)^2 - 4 \times 1 \times 820 \times 10^{-12} \times 1.5 \times 10^{-9}}}{4\pi \times 50 \times 10^3 \times 820 \times 10^{-12} \times 1.5 \times 10^{-9}} \approx 1.87 \text{ k}\Omega$$

和

$$R_2 = \frac{1.618 \times 1.5 \times 10^{-9} + \sqrt{\left(1.618 \times 1.5 \times 10^{-9}\right)^2 - 4 \times 1 \times 820 \times 10^{-12} \times 1.5 \times 10^{-9}}}{4\pi \times 50 \times 10^3 \times 820 \times 10^{-12} \times 1.5 \times 10^{-9}} \approx 4.42 \text{ k}\Omega$$

R_1 和 R_2 的值恰好存在于 1%电阻序列中。

3. 第三级滤波器

这一级滤波器的计算过程与第二级滤波器完全类似，只是将 a_2 和 b_2 换成了 a_3 和 b_3。这样，电阻和电容的量值当然也不一样了。

指定 $C_1 = 330\,\text{pF}$，有

$$C_2 \geqslant C_1 \frac{4b_3}{a_3^2} = 330 \times 10^{-12}\,(\text{F}) \times \frac{4}{0.618^2} \approx 3.46\,\text{nF}$$

最接近的 10%电容量为 4.7 nF。

在 $C_1 = 330\,\text{pF}$、$C_2 = 4.7\,\text{nF}$ 时，计算 R_1 和 R_2 的值，得：

❏ $R_1 = 1.45\,\text{k}\Omega$，最接近的 1%电阻值为 1.47 k$\Omega$；
❏ $R_2 = 4.51\,\text{k}\Omega$，最接近的 1%电阻值为 4.53 k$\Omega$。

图 16-22 给出了最终的滤波器电路中每一级元器件的量值。

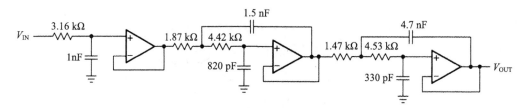

图 16-22   五阶单位增益巴特沃思低通滤波器

16.4   高通滤波器设计

将低通滤波器中的电阻电容互换，可以得到高通滤波器（图 16-23）。

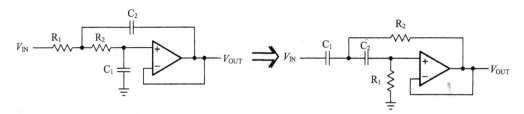

图 16-23   通过互换电阻电容将低通滤波器变换为高通滤波器

为了画出高通滤波器的幅频特性，以归一化频率 $\Omega = 1$ 为对称轴对低通滤波器的幅频特性曲线做镜像，也就是将 Ω 替换为 $1/\Omega$，将 S 替换为 $1/S$（图 16-24）。

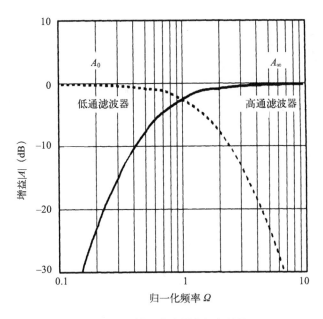

图 16-24　低通滤波器的幅频特性

一般的高通滤波器的传递函数为：

$$A(S) = \frac{A_\infty}{\prod\limits_i \left(1 + \dfrac{a_i}{S} + \dfrac{b_i}{S^2}\right)} \tag{16-4}$$

其中 A_∞ 是通带增益。

式(16-4)是一系列一阶和二阶高通滤波器的级联。每一级的传递函数为：

$$A_i(S) = \frac{A_\infty}{\left(1 + \dfrac{a_i}{S} + \dfrac{b_i}{S^2}\right)} \tag{16-5}$$

对于一阶高通滤波级有 $b = 0$，故一阶滤波级的传递函数简化为：

$$A(S) = \frac{A_0}{1 + \dfrac{a_i}{S}} \tag{16-6}$$

16.4.1　一阶高通滤波器

同相和反相的一阶高通滤波器如图 16-25 和图 16-26 所示。

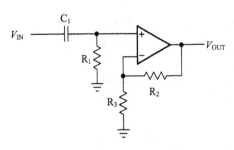 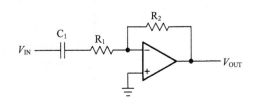

图 16-25　一阶同相高通滤波器　　　图 16-26　一阶反相高通滤波器

滤波器的传递函数为：

$$A(s) = \frac{1 + \dfrac{R_2}{R_3}}{1 + \dfrac{1}{\omega_C R_1 C_1} \times \dfrac{1}{s}}$$

和

$$A(s) = -\frac{\dfrac{R_2}{R_1}}{1 + \dfrac{1}{\omega_C R_1 C_1} \times \dfrac{1}{s}}$$

负号表示反相放大电路使滤波器的输出和输入相位相差 180°。将上面的传递函数与式(16-6)相比较，可得通带增益为：

$$A_\infty = 1 + \frac{R_2}{R_3}$$

和

$$A_\infty = -\frac{R_2}{R_1}$$

这两个电路的 a_1 是相同的：

$$a_1 = \frac{1}{\omega_C R_1 C_1}$$

为了确定电路中元器件的参数，首先应当给定转折频率（f_C）、直流增益（A_∞），以及电容 C_1 的容量。然后用下列公式计算 R_1 和 R_2 的值：

$$R_1 = \frac{1}{2\pi f_C a_1 C_1}$$

$$R_2 = R_3(A_\infty - 1) \quad \text{和} \quad R_2 = -R_1 A_\infty$$

16.4.2 二阶高通滤波器

与低通滤波器完全类似，二阶高通滤波器的两种常见的结构也是 Sallen-Key 和多重反馈结构。与低通滤波器唯一的不同是电阻电容的位置互换了。

1. Sallen-Key 结构

一般的 Sallen-Key 高通滤波器如图 16-27 所示，这种滤波器的增益可以独立调整（$A_\infty = 1 + R_4/R_3$）。

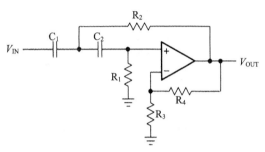

图 16-27 一般的 Sallen-Key 高通滤波器

图 16-27 所示电路的传递函数为：

$$A(s) = \frac{\alpha}{1 + \dfrac{R_2(C_1 + C_2) + R_1 C_2(1 - \alpha)}{\omega_C R_1 R_2 C_1 C_2} \times \dfrac{1}{s} + \dfrac{1}{\omega_C^2 R_1 R_2 C_1 C_2} \times \dfrac{1}{s^2}}$$

其中 $\alpha = 1 + \dfrac{R_4}{R_3}$。

对于需要低 Q、高增益精度的情况，常用单位增益的滤波器电路，其结构如图 16-28 所示。为了简化电路设计，在单位增益滤波器电路中经常使 $C_1 = C_2 = C$。此时传递函数简化为：

$$A(s) = \frac{1}{1 + \dfrac{2}{\omega_C R_1 C} \times \dfrac{1}{s} + \dfrac{1}{\omega_C^2 R_1 R_2 C^2} \times \dfrac{1}{s^2}}$$

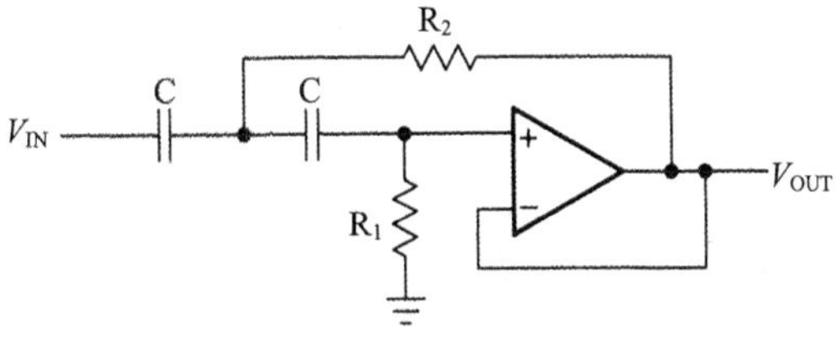

图 16-28 单位增益 Sallen-Key 高通滤波器

比较这一传递函数的系数与式(16-5)，可得：

$$A_\infty = 1, \quad a_1 = \frac{2}{\omega_C R_1 C}, \quad b_1 = \frac{1}{\omega_C^2 R_1 R_2 C^2}$$

给定 C，可以计算出 R_1 和 R_2 的值：

$$R_1 = \frac{1}{\pi f_C C a_1}, \quad R_2 = \frac{a_1}{4\pi f_C C b_1}$$

2. 多重反馈结构

为了简化电路计算，取 $C_1 = C_3 = C$（图 16-29）。

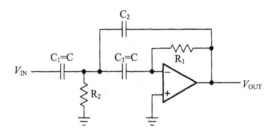

图 16-29　二阶多重反馈高通滤波器

图 16-29 所示电路的传递函数为：

$$A(s) = \frac{-\dfrac{C}{C_2}}{1 + \dfrac{2C_2 + C}{\omega_C R_1 C_2 C} \times \dfrac{1}{s} + \dfrac{2C_2 + C}{\omega_C^2 R_2 R_1 C_2 C} \times \dfrac{1}{s^2}}$$

与式(16-5)比较得：

$$A_\infty = \frac{C}{C_2}, \quad a_1 = \frac{2C + C_2}{\omega_C R_1 C C_2}, \quad b_1 = \frac{2C + C_2}{\omega_C R_1 C C_2}$$

给定 C 和 C_2 的容量，可求解出 R_1 和 R_2：

$$R_1 = \frac{1 - 2A_\infty}{2\pi f_C \times C \times a_1}, \quad R_2 = \frac{a_1}{2\pi f_C \times b_1 C_2 (1 - 2A_\infty)}$$

　　因为普通电容的容量精度较差，所以多重反馈高通滤波器的通带增益（A_∞）可能变化很大。为了让滤波器的增益变化最小，有必要使用精度较高的电容[①]。

16.4.3　高阶高通滤波器

　　与低通滤波器类似，高阶高通滤波器也通过级联一阶和二阶的滤波器级的方式构成。设计滤波器时使用的系数表与设计低通滤波器时相同（16.9 节的表 16-6 ~ 表 16-12）。

[①] 这里的增益变化指使用同样量值的元件的不同产品之间的增益差别。实际上，0.1%或更高精度的电阻很容易找到且价格仍然合理，而精度高于 1%的电容的价格昂贵，容量序列也不一定齐全，甚至不一定是优先数序列内的值。——译者注

例 16.4　三阶高通滤波器（转折频率为 1 kHz）

任务：设计三阶单位增益贝塞尔高通滤波器，转折频率$f_C = 1$ kHz。

首先从 16.9 节的表 16-6 中查出三阶贝塞尔滤波器的系数（摘录于表 16-3）。指定电容量，计算需要的电阻值，确定滤波器每一级中元件的量值。

表 16-3　例 16.4 中滤波器的系数

	a_i	b_i
滤波器 1	$a_1 = 0.756$	$b_1 = 0$
滤波器 2	$a_2 = 0.9996$	$b_2 = 0.4772$

1. 第一级滤波器

指定 $C_1 = 100$ nF，有：

$$R_1 = \frac{1}{2\pi f_C a_1 C_1} = \frac{1}{2\pi \times 10^3\,(\text{Hz}) \times 0.756 \times 100 \times 10^{-9}\,(\text{F})} \approx 2.105 \text{ k}\Omega$$

选择最接近的 1%电阻值 2.1 kΩ。

2. 第二级滤波器

指定 $C = 100$ nF，有：

$$R_1 = \frac{1}{\pi f_C C a_1} = \frac{1}{\pi \times 10^3 \times 100 \times 10^{-9} \times 0.756} \approx 3.18 \text{ k}\Omega$$

选择最接近的 1%电阻值 3.16 kΩ。

$$R_2 = \frac{a_1}{4\pi f_C C b_1} = \frac{0.9996}{4\pi \times 10^3 \times 100 \times 10^{-9} \times 0.4772} \approx 1.67 \text{ k}\Omega$$

选择最接近的 1%电阻值 1.65 kΩ。

最终的滤波器电路如图 16-30 所示。

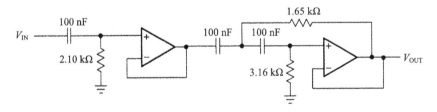

图 16-30　三阶单位增益贝塞尔高通滤波器

16.5　带通滤波器设计

在 16.4 节中，将低通滤波器传递函数中的 S 替换为 $1/S$，可获得高通滤波器的传递函数。

类似地，带通滤波器可以通过将低通滤波器中的 S 替换为

$$\frac{1}{\Delta\Omega}\left(S+\frac{1}{S}\right) \tag{16-7}$$

的方式实现。此时低通滤波器的通带变换到了带通滤波器通带的上半部分。对这一通带以中心频率 f_m（$\Omega = 1$）进行镜像，获得通带的下半部分（图 16-31）。

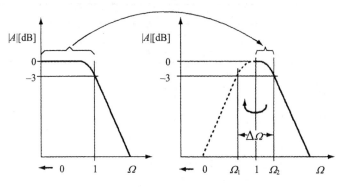

图 16-31　低通滤波器到带通滤波器的变换

在带通滤波器中，低通滤波器的转折频率变换成了通带左右两端的 –3 dB 频率（Ω_1 和 Ω_2）。这两个频率之差定义为归一化带宽 $\Delta\Omega$：

$$\Delta\Omega = \Omega_2 - \Omega_1$$

归一化中心频率（此处 $|A| = 1$）为：

$$\Omega_\mathrm{m} = 1 = \Omega_2 \times \Omega_1$$

与谐振电路类似，品质因数 Q 定义为中心频率（f_m）与带宽（B）之比：

$$Q = \frac{f_\mathrm{m}}{B} = \frac{f_\mathrm{m}}{f_2 - f_1} = \frac{1}{\Omega_2 - \Omega_1} = \frac{1}{\Delta\Omega} \tag{16-8}$$

最简单的带通滤波器可以通过级联高通滤波器和低通滤波器的方式实现，在宽带滤波器设计中，常用这一方法。所以，一个一阶高通滤波器和一个一阶低通滤波器可以构成一个二阶带通滤波器，一个二阶高通滤波器和一个二阶低通滤波器可以构成一个四阶带通滤波器，依此类推。

与宽带滤波器不同，窄带高阶带通滤波器由 Sallen-Key 或多重反馈结构的二阶带通滤波器级联而成。

16.5.1　二阶带通滤波器

为了推导二阶带通滤波器的频率响应，首先将式(16-7)所示变换应用于一阶低通滤波器的传递函数：

$$A(S) = \frac{A_0}{1 + S}$$

将 S 用 $\dfrac{1}{\Delta\Omega}\left(S+\dfrac{1}{S}\right)$ 替换，得到一般的二阶带通滤波器的传递函数：

$$A(S)=\frac{A_0\times\Delta\Omega\times S}{1+\Delta\Omega\times S+S^2} \tag{16-9}$$

在设计带通滤波器时，关键的参数是中心频率处的增益（A_m）和品质因数（Q），它们体现了带通滤波器的选择性。因此，将传递函数中的 A_0 替换为 A_m，$\Delta\Omega$ 替换为 $1/Q$，得：

$$A(S)=\frac{\dfrac{A_m}{Q}\times S}{1+\dfrac{1}{Q}\times S+S^2} \tag{16-10}$$

图 16-32 给出了 Q 不同的二阶带通滤波器的归一化幅频特性。从图中可以看出，Q 越大，二阶带通滤波器的频响越陡峭，也就是说滤波器的选择性越好。

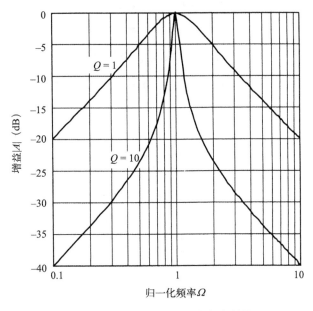

图 16-32　二阶带通滤波器的幅频特性

1. Sallen-Key 结构

Sallen-Key 带通滤波器的电路如图 16-33 所示，其传递函数如下：

$$A(s)=\frac{G\times RC\omega_m\times s}{1+RC\omega_m(3-G)\times s+R^2C^2\omega_m^2\times s^2}$$

与式(16-10)中的系数相比较，有：

$$\text{中心频率：} f_m=\frac{1}{2\pi RC}$$

$$内部增益：\quad G = 1 + \frac{R_2}{R_1}$$

$$中心频率处的增益：\quad A_{\mathrm{m}} = \frac{G}{3-G}$$

$$滤波器的品质因数：\quad Q = \frac{1}{3-G}$$

Sallen-Key 带通滤波器的优点是，品质因数 Q 可以通过调整内部增益 G 的方式来调整，不用改变中心频率 f_{m}。而其相应的缺点是，品质因数 Q 和中心频率处的增益 A_{m} 不能分别调整。

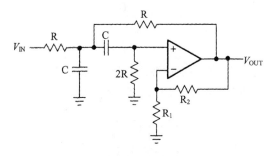

图 16-33　Sallen-Key 带通滤波器

当内部增益 G 接近 3 时必须注意。此时 A_{m} 趋向于无穷大，电路会发生振荡。

为了确定带通滤波器的元件参数，首先给定 f_{m} 和 C，然后求解 R：

$$R = \frac{1}{2\pi f_{\mathrm{m}} C}$$

由于品质因数 Q 和中心频率处的增益 A_{m} 之间的关系，有两种方法可以用来求解 R_2。一种是给定 A_{m}：

$$R_2 = \frac{2A_{\mathrm{m}} - 1}{1 + A_{\mathrm{m}}}$$

另一种是给定 Q：

$$R_2 = \frac{2Q - 1}{Q}$$

2. 多重反馈结构

多重反馈带通滤波器的电路如图 16-34 所示，其传递函数如下：

$$A(s) = \frac{-\dfrac{R_2 R_3}{R_1 + R_3} C\omega_{\mathrm{m}} \times s}{1 + \dfrac{2R_1 R_3}{R_1 + R_3} C\omega \times s + \dfrac{R_1 R_2 R_3}{R_1 + R_3} C^2 \times \omega_{\mathrm{m}}^2 \times s^2}$$

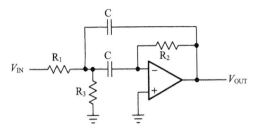

图 16-34　多重反馈带通滤波器

与式(16-10)中的系数相比较，有：

$$中心频率：f_m = \frac{1}{2\pi C}\sqrt{\frac{R_1 + R_3}{R_1 R_2 R_3}}$$

$$中心频率处的增益：-A_m = \frac{R_2}{2R_1}$$

$$滤波器的品质因数：Q = \pi f_m R_2 C$$

$$带宽：B = \frac{1}{\pi R_2 C}$$

多重反馈带通滤波器可以分别调整 Q、A_m 和 f_m。这种滤波器的带宽和增益与 R_3 无关，因此，通过调整 R_3，可以在不改变带宽和增益的情况下改变中心频率。在 Q 较低的情况下，可以不使用 R_3，此时 Q 依赖于 A_m：

$$-A_m = 2Q^2$$

例 16.5　中心频率 $f_m = 1$ kHz 的二阶多重反馈带通滤波器

任务：设计一个中心频率 $f_m = 1$ kHz、品质因数 $Q = 10$、中心频率处的增益 $A_m = -2$ 的二阶多重反馈带通滤波器。

指定 $C = 100$ nF，根据前面的公式，按下列顺序计算出 $R_1 \sim R_3$：

$$R_2 = \frac{Q}{\pi f_m C} \approx \frac{10}{\pi \times 1(\text{kHz}) \times 100(\text{nF})} = 31.8 \text{ k}\Omega$$

$$R_1 = \frac{R_2}{-2A_m} = \frac{31.8 \text{ k}\Omega}{4} = 7.96 \text{ k}\Omega$$

$$R_3 = \frac{-A_m R_1}{2Q^2 + A_m} = \frac{2 \times 7.96 \text{ k}\Omega}{200 - 2} = 80.4 \text{ }\Omega$$

16.5.2　四阶带通滤波器（参差调谐）

从图 16-32 中可以看出，Q 越大，二阶带通滤波器的频响越陡峭。然而，有时需要让带通滤波器在拥有中心频率附近平坦的通带响应的同时具有陡峭的通带到阻带过渡特性。此时可以使用高阶带通滤波器来完成任务。

本节特别关注将二阶低通滤波器变换为带通滤波器的方法，这样会得到四阶的带通滤波器。

将式(16-2)中的 S 用式(16-7)代换，可得一般四阶带通滤波器的传递函数：

$$A(S) = \frac{\dfrac{S^2 \times A_0 (\Delta\Omega)^2}{b_1}}{1 + \dfrac{a_1}{b_1}\Delta\Omega \times S + \left[2 + \dfrac{(\Delta\Omega)^2}{b_1}\right] \times S_2 + \dfrac{a_1}{b_1}\Delta\Omega \times S^3 + S^4} \tag{16-11}$$

与低通滤波器类似，这一四阶传递函数可以分解为两个二阶带通滤波器传递函数之积：

$$A(S) = \frac{\dfrac{A_{m1}}{Q_1} \times \alpha S}{\left[1 + \dfrac{\alpha S}{Q_1} + (\alpha S)^2\right]} \times \frac{\dfrac{A_{m2}}{Q_2} \times \dfrac{S}{\alpha}}{\left[1 + \dfrac{1}{Q_i}\left(\dfrac{S}{\alpha}\right) + \left(\dfrac{S}{\alpha}\right)^2\right]} \tag{16-12}$$

其中

- A_{mi} 是每一级滤波器在其中心频率 f_{mi} 处的增益；
- Q_i 是每一级滤波器的极点品质因数；
- α 和 $1/\alpha$ 是从滤波器总体的中心频率 f_m 导出每一级滤波器的中心频率 f_{m1} 和 f_{m2} 时所用的因子。

在 Q 较高的四阶带通滤波器中，两级滤波器的中心频率与总体的中心频率之间只有细微的差别。这称作参差调谐。因子 α 需要采用逐次逼近法求解式(16-13)确定：

$$\alpha^2 = \left[\frac{\alpha \times \Delta\Omega \times a_1}{b_1(1+\alpha)^2}\right]^2 + \frac{1}{\alpha^2} - 2 - \frac{(\Delta\Omega)^2}{b_1} = 0 \tag{16-13}$$

为了方便设计，表 16-4 中给出了 $Q = 1$、10 和 100 时的系数及 α 值。

表 16-4　不同类型滤波器的 α 值

贝 塞 尔				巴特沃思				切比雪夫			
a_1		1.3617		a_1		1.4142		a_1		1.0650	
b_1		0.6180		b_1		1.0000		b_1		1.9305	
Q	100	10	1	Q	100	10	1	Q	100	10	1
$\Delta\Omega$	0.01	0.1	1	$\Delta\Omega$	0.01	0.1	1	$\Delta\Omega$	0.01	0.1	1
α	1.0032	1.0324	1.438	α	1.0035	1.036	1.4426	α	1.0033	1.0338	1.39

因子 α 确定之后，可以根据下列公式计算出每一级滤波器的各种参数。

第一级滤波器的中心频率为：

$$f_{m1} = \frac{f_m}{\alpha} \tag{16-14}$$

第二级滤波器的中心频率为：

$$f_{m2} = f_m \times \alpha \qquad (16\text{-}15)$$

其中 f_m 是滤波器总体的中心频率。

两级滤波器的极点品质因数 Q_i 是相同的：

$$Q_i = Q \times \frac{(1+\alpha^2)b_1}{\alpha \times a_1} \qquad (16\text{-}16)$$

每一级滤波器在其中心频率 f_{mi} 处的增益 A_{mi} 也是相同的：

$$A_{mi} = \frac{Q_i}{Q} \times \sqrt{\frac{A_m}{b_1}} \qquad (16\text{-}17)$$

其中 A_m 是滤波器总体在中心频率 f_m 处的增益。

例 16.6　四阶巴特沃思带通滤波器

任务：设计参数如下所示的四阶巴特沃思带通滤波器：

❏ 中心频率 $f_m = 10\ \text{kHz}$；
❏ 带宽 $B = 1000\ \text{Hz}$；
❏ 增益 $A_m = 1$。

从表 16-4 中查到：

❏ $a_1 = 1.4142$；
❏ $b_1 = 1$；
❏ $\alpha = 1.036$。

根据式(16-14)和式(16-15)，可得每一级滤波器的中心频率为：

$$f_{m1} = \frac{10\ \text{kHz}}{1.036} \approx 9.653\ \text{kHz}$$

和

$$f_{m2} = 10\ \text{kHz} \times 1.036 = 10.36\ \text{kHz}$$

滤波器总体的 $Q = f_m/B$。对于本例，可知 $Q = 10$。

根据式(16-16)计算可得两级滤波器的 Q_i 为：

$$Q_i = 10 \times \frac{(1+1.036^2)\times 1}{1.036 \times 1.4142} \approx 14.15$$

根据式(16-17)，两级滤波器在 f_{m1} 与 f_{m2} 处的通带增益为：

$$A_{mi} = \frac{14.15}{10} \times \sqrt{\frac{1}{1}} = 1.415$$

由上述计算结果可知，两级滤波器的 Q_i 和 A_{mi} 都必须能分别调整。能满足这一要求的唯一的电路结构是上一节介绍的多重反馈带通滤波器。

为了设计每一级滤波器，首先指定 $C = 10\,\text{nF}$。将前面计算出的参数代入多重反馈带通滤波器的电阻计算公式，可以计算出：

滤波器 1　　　　　　　　　　　　　　　　**滤波器 2**

$$R_{21} = \frac{Q_i}{\pi f_{m1} C} = \frac{14.15}{\pi \times 9.653(\text{kHz}) \times 10(\text{nF})} \approx 46.7\,\text{k}\Omega \qquad R_{22} = \frac{Q_i}{\pi f_{m2} C} = \frac{14.15}{\pi \times 10.36(\text{kHz}) \times 10(\text{nF})} \approx 43.5\,\text{k}\Omega$$

$$R_{11} = \frac{R_{21}}{-2A_{mi}} = \frac{46.7\,\text{k}\Omega}{-2 \times -1.415} \approx 16.5\,\text{k}\Omega \qquad R_{12} = \frac{R_{22}}{-2A_{mi}} = \frac{43.5\,\text{k}\Omega}{-2 \times -1.415} \approx 15.4\,\text{k}\Omega$$

$$R_{31} = 2\frac{-A_{mi} R_{11}}{2Q_i^2 + A_{mi}} = \frac{1.415 \times 16.5\,\text{k}\Omega}{2 \times 14.15^2 + 1.415} \approx 58.1\,\Omega \qquad R_{32} = \frac{A_{mi} R_{12}}{2Q_i^2 + A_{mi}} = \frac{1.415 \times 15.4\,\text{k}\Omega}{2 \times 14.15^2 + 1.415} \approx 54.2\,\Omega$$

图 16-35 中比较了 $Q = 1$ 的四阶巴特沃思带通滤波器、该滤波器的两级，以及例 16-6 中 $Q = 10$ 的四阶带通滤波器的幅频特性。

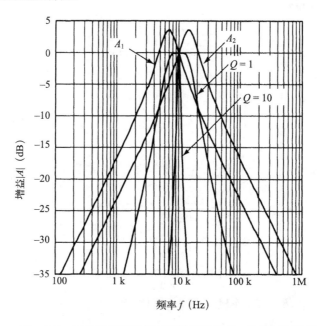

图 16-35　四阶巴特沃思带通滤波器及其每一级的幅频特性

16.6　带阻滤波器设计

本节所述的带阻滤波器，是抑制某一特定频点（而不是某个频段）的滤波器[①]。两种最常见

[①] 为了和"宽"带阻滤波器区分，在本书下一章以及其他文献中，这种滤波器往往称作陷波滤波器（notch filter）。

——译者注

的带阻滤波器电路结构是双 T 滤波器和 Wien-Robinson 滤波器，这两种电路结构都是二阶的。

为了得到二阶带阻滤波器的传递函数，将一阶低通滤波器传递函数中的 S 用

$$\frac{\Delta\Omega}{S+\frac{1}{S}} \tag{16-18}$$

替换可得到

$$A(S) = \frac{A_0(1+S^2)}{1+\Delta\Omega \times S + S^2} \tag{16-19}$$

这样，低通滤波器的通带特性变换到了带阻滤波器低于中心频率的半个通带。这半个通带关于中心频率 f_m（$\Omega = 1$）对称，得到高于中心频率的半个通带（图 16-36）。

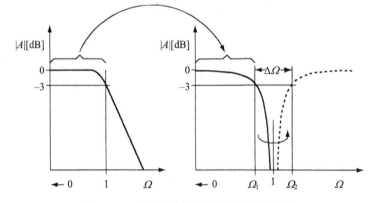

图 16-36 低通滤波器到带阻滤波器的变换

低通滤波器的转折频率变换成了带阻滤波器的两个–3 dB 频率（Ω_1 和 Ω_2）。Ω_1 和 Ω_2 之差称作滤波器的归一化带宽：

$$\Delta\Omega = \Omega_{max} - \Omega_{min}$$

与带通滤波器的选择性类似，带阻滤波器的 Q 定义为：

$$Q = \frac{f_m}{B} = \frac{1}{\Delta\Omega}$$

因此，将式(16-19)中的 $\Delta\Omega$ 替换为 $1/Q$ 可得：

$$A(S) = \frac{A_0(1+S^2)}{1+\frac{1}{Q} \times S + S^2} \tag{16-20}$$

16.6.1 有源双 T 滤波器

原始的双 T 滤波器（图 16-37）是一种无源 RC 网络，其品质因数 $Q = 0.25$。为了增加 Q，

将无源双 T 网络放入放大器的反馈环路中，这样就构成了有源双 T 滤波器（图 16-38）。

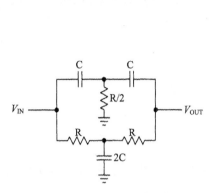

图 16-37 无源双 T 滤波器

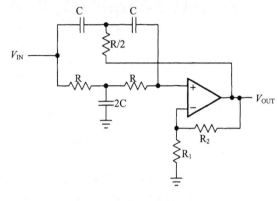

图 16-38 有源双 T 滤波器

有源双 T 滤波器的传递函数为：

$$A(S) = \frac{G(1+S^2)}{1+2(2-G)\times S+S^2} \tag{16-21}$$

将式(16-21)与式(16-20)相比较，可得确定滤波器参数的公式：

中心频率：$f_m = \dfrac{1}{2\pi RC}$

内部增益：$G = 1 + \dfrac{R_2}{R_1}$

通带增益：$A_0 = G$

带阻滤波器的品质因数：$Q = \dfrac{1}{2(2-G)}$

在不改变双 T 有源滤波器中心频率 f_m 的情况下，可以通过调整内部增益 G 来调整其品质因数 Q，这是它的一个优点。然而，品质因数 Q 和通带增益 A_0 不能独立调整。

计算带阻滤波器的元件参数时，首先给定 f_m 和 C，然后求解 R：

$$R = \frac{1}{2\pi f_m C}$$

由于品质因数 Q 和通带增益 A_0 之间的关系，有两种方法可以用来求解 R_2。一种是给定 A_0：

$$R_2 = (A_0 - 1)R_1$$

另一种是给定 Q：

$$R_2 = R_1\left(1 - \frac{1}{2Q}\right)$$

16.6.2 有源 Wien-Robinson 滤波器

图 16-39 所示的 Wien-Robinson 电桥是一种差分输出的无源带阻滤波电路。这一电路的输出电压为一个固定电压的分压器和一个带通滤波器的输出电压之差。电路的品质因数 Q 与无源双 T 滤波器类似。为了获得更高的 Q，可以将电路放进放大器的反馈环中。

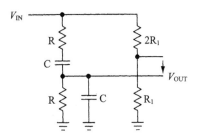

图 16-39 无源 Wien-Robinson 电桥

图 16-40 所示的有源 Wien-Robinson 滤波器的传递函数为：

$$A(S) = -\frac{\dfrac{\beta}{1+\alpha}(1+S^2)}{1+\dfrac{3}{1+\alpha}\times S + S^2} \tag{16-22}$$

其中 $\alpha = R_2 / R_3$，$\beta = R_2 / R_4$。

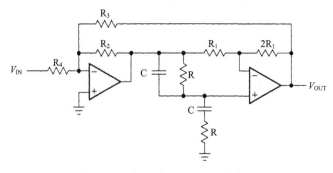

图 16-40 有源 Wien-Robinson 滤波器

比较式(16-22)和式(16-20)可得确定滤波器参数的公式：

$$中心频率：f_m = \frac{1}{2\pi RC}$$

$$通带增益：A_0 = -\frac{\beta}{1+\alpha}$$

$$带阻滤波器的品质因数：Q = \frac{1+\alpha}{3}$$

计算元器件的值时，遵循下面的设计步骤。

(1) 给定 f_m 和 C，计算 R：

$$R = \frac{1}{2\pi f_{m} C}$$

(2) 给定 Q，计算 α：

$$\alpha = 3Q - 1$$

(3) 给定 A_0，计算 β：

$$\beta = -A_0 \times 3Q$$

(4) 给定 R_2，计算 R_3 和 R_4：

$$R_3 = \frac{R_2}{\alpha} \text{ 和 } R_4 = \frac{R_2}{\beta}$$

与双 T 滤波器相比，Wien-Robinson 滤波器可以在不影响品质因数 Q 的情况下改变通带增益 A_0。

由于电阻和电容具有误差，可能需要微调电阻 $2R_1$ 以使 f_m 处的信号抑制度达到最佳。

图 16-41 中比较了 $Q = 0.25$ 的无源带阻滤波器，以及 $Q = 1$ 和 $Q = 10$ 的有源二阶带阻滤波器。

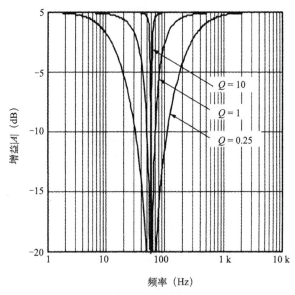

图 16-41　品质因数 Q 不同的无源及有源带阻滤波器的比较

16.7　全通滤波器设计

与前面的滤波器不同，全通滤波器在其整个频率范围内增益不变，而其相位响应随频率线性变化。因此，全通滤波器在相位补偿和信号延迟电路中得到了应用。与低通滤波器类似，高阶全通滤波器由一阶和二阶全通滤波器级联而成。用低通滤波器的传递函数分母的共轭复数代

替分子中的 A_0，可将其变换成全通滤波器的传递函数：

$$A(S) = \frac{\prod\limits_i (1 - a_i S + b_i S^2)}{\prod\limits_i (1 + a_i S + b_i S^2)} \tag{16-23}$$

其中 a_i 和 b_i 是每一级滤波器的系数。16.9 节的表 16-12 列出了全通滤波器的系数。

将式(16-23)用幅度和相位的形式表示为：

$$A(S) = \frac{\prod\limits_i \sqrt{(1 - b_i \Omega^2)^2 + a_i^2 \Omega^2} \times e^{-ja}}{\prod\limits_i \sqrt{(1 - b_i \Omega^2)^2 + a_i^2 \Omega^2} \times e^{+ja}} \tag{16-24}$$

可以看出，滤波器的增益为 1，相移为：

$$\varphi = -2\alpha = -2\sum_i \arctan \frac{a_i \Omega}{1 - b_i \Omega^2} \tag{16-25}$$

为了让信号通过滤波器时的相位失真最小，全通滤波器在设计指标给定的频率范围内的群延迟必须保持恒定。群延迟是滤波器延迟频段内每一个频率的信号的时间。在频率升高到某一值时，全通滤波器的群延迟降低到其初始值的 $1/\sqrt{2}$，这一频率称作其转折频率 f_C。

群延迟的定义式为：

$$t_{gr} = -\frac{d\varphi}{d\omega} \tag{16-26}$$

为了将群延迟表示为归一化的形式，将 t_{gr} 与全通滤波器转折频率的周期 T_C 相比，得：

$$T_{gr} = \frac{t_{gr}}{T_C} = t_{gr} \times f_c = t_{gr} \times \frac{\omega_C}{2\pi} \tag{16-27}$$

将式(16-27)中的 t_{gr} 用式(16-26)替换，得：

$$T_{gr} = -\frac{1}{2\pi} \times \frac{d\varphi}{d\Omega} \tag{16-28}$$

将式(16-25)中的相移 φ 代入式(16-28)，求导得：

$$T_{gr} = \frac{1}{\pi} \sum_i \frac{a_i(1 + b_i \Omega^2)}{1 + (a_i^2 - 2b_i) \times \Omega^2 + b_i^2 \Omega^4} \tag{16-29}$$

将 $\Omega = 0$ 代入式(16-29)，可得低频区域（$0 < \Omega < 1$）的群延迟：

$$T_{gr0} = \frac{1}{\pi} \sum_i a_i \tag{16-30}$$

16.9 节的表 16-12 列出了一阶到十阶全通滤波器的 T_{gr0}。图 16-42 中绘出了一阶到十阶全通滤波器群延迟的频率响应曲线。

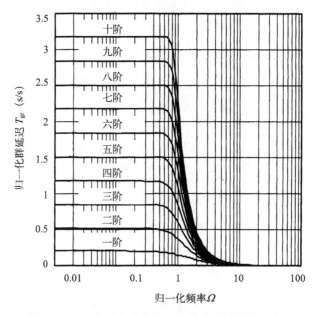

图 16-42　一阶到十阶全通滤波器群延迟的频率响应

16.7.1　一阶全通滤波器

图 16-43 所示一阶全通滤波器在低频区域增益为 +1，在高频区域增益为 –1。也就是说，其增益的幅度为 1，相位从 0° 改变到 180°。

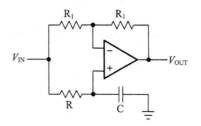

图 16-43　一阶全通滤波器

这一电路的传递函数为：

$$A(s) = \frac{1 - RC\omega_{\mathrm{C}} \times s}{1 + RC\omega_{\mathrm{C}} \times s}$$

与式(16-23)的系数相比（$b_1 = 0$），得：

$$a_1 = RC \times 2\pi f_{\mathrm{C}} \tag{16-31}$$

设计一阶全通滤波器时，给定 f_{C} 和 C，求解 R：

$$R = \frac{a_1}{2\pi f_C \times C} \tag{16-32}$$

将式(16-31)代入式(16-30)，将f_C用式(16-27)替换，可得一阶全通滤波器的最大群延迟：

$$t_{gr0} = 2RC \tag{16-33}$$

16.7.2　二阶全通滤波器

通过从二阶带通滤波器的输出电压中减去输入电压的方式，可以实现二阶全通滤波器（图 16-44）。

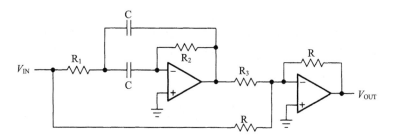

图 16-44　二阶全通滤波器

图 16-44 所示电路的传递函数为：

$$A(s) = \frac{1 + (2R_1 - \alpha R_2)C\omega_C \times s + R_1 R_2 C^2 \omega_C^2 \times s^2}{1 + 2R_1 C\omega_C \times s + R_1 R_2 C^2 \omega_C^2 \times s^2}$$

将其系数与式(16-23)相比较，有：

$$a_1 = 4\pi f_C R_1 C \tag{16-34}$$

$$b_1 = a_1 \pi f_C R_2 C \tag{16-35}$$

$$\alpha = \frac{a_1^2}{b_1} = \frac{R}{R_3} \tag{16-36}$$

设计电路时，给定f_C、C 和 R，用下列公式求解电阻的值：

$$R_1 = \frac{a_1}{4\pi f_C C} \tag{16-37}$$

$$R_2 = \frac{b_1}{a_1 \pi f_C C} \tag{16-38}$$

$$R_3 = \frac{R}{\alpha} \tag{16-39}$$

将式(16-34)代入式(16-30)，将f_C用式(16-27)替换，可得二阶全通滤波器的最大群延迟：

$$t_{gr0} = 4R_1 C \tag{16-40}$$

16.7.3　高阶全通滤波器

高阶全通滤波器由一阶全通滤波器和二阶全通滤波器级联组成。

例 16.7　2 ms 延迟的全通滤波器

任务：需要将频率范围 $0 < f < 1$ kHz 的信号延迟 2 ms。

为了保证相位失真最小，滤波器的转折频率 f_C 必须不小于 1 kHz。通过式(16-27)可计算 1 kHz 以下信号的归一化群延迟：

$$T_{gr0} = \frac{t_{gr0}}{T_C} = 2 \text{ ms} \times 1 \text{ kHz} = 2.0$$

由图 16-42 可知，需要设计七阶全通滤波器来实现任务要求的延迟。对于七阶全通滤波器而言，归一化群延迟更精确的值为 $T_{gr0} = 2.1737$。为了让群延迟正好等于 2 ms，以 f_C 为未知数求解式(16-27)，可得转折频率：

$$f_C = \frac{T_{gr0}}{t_{gr0}} = 1.087 \text{ kHz}$$

为了完成设计，从表中查出七阶全通滤波器的系数，指定电容 C 的容量，用公式计算出每一级滤波器的电阻值。

将一个一阶全通滤波器和三个二阶全通滤波器级联（图 16-45），可得最终的七阶全通滤波器电路。

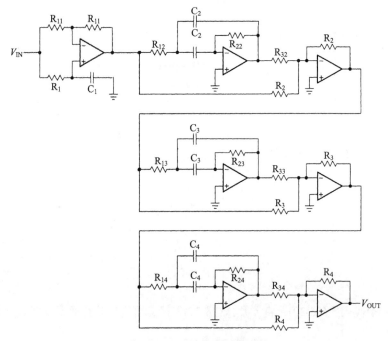

图 16-45　七阶全通滤波器

16.8 实际设计中需要注意的事项

本节将介绍给滤波器电路加直流偏置的技巧，这种技巧应用于单电源滤波器电路设计中，在双电源滤波器电路设计中无须使用。本节还将介绍如何选择滤波器阻容器件的类型和量值范围，以及选择合适运放的准则。

16.8.1 滤波电路的偏置

本章前面的电路原理图中，滤波器都是双电源工作的。滤波器中的运放采用正负电源供电，输入和输出的参考是地（图16-46）。

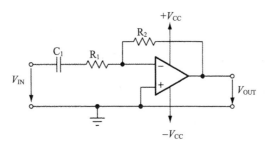

图16-46 双电源滤波器电路

对于图16-47所示的单电源滤波器电路，最低的工作电压是地。对于对称的输出信号，其直流电平抬高到电源电压的一半。图中的耦合电容 C_{IN} 用于给滤波器提供交流耦合输入，隔离信号源未知的直流电平。由两个等值的电阻 R_B 组成的分压器分出电源电压的一半 V_{MID}，并将其加到运放的反相输入端。

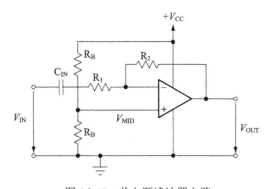

图16-47 单电源滤波器电路

对于简单的滤波器输入结构来说，无源阻容网络通常可以廉价地提供输入偏置电压。对于较复杂的滤波器结构（如二阶低通滤波器），阻容网络可能会影响滤波器的特性。为避免这一负载效应，要么需要在滤波器的计算中考虑阻容网络的影响，要么需要在提供偏置的阻容网络和实际的滤波电路之间增加输入缓冲器（图16-48）。这一电路中，电容 C_{IN} 为滤波器提供交流耦合输入，阻隔信号源可能存在的直流电平。V_{MID} 通过分压器从 V_{CC} 获得。运放接成电压跟随器，起缓冲和阻抗变换作用。V_{MID} 通过 R_1 和 R_2 组成的直流通路加到滤波器运放的同相输入端。

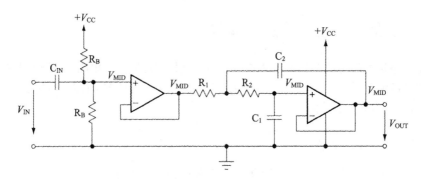

图 16-48   给 Sallen-Key 低通滤波器提供偏置

注意两个 R_B 的并联等效电阻和输入电容 C_{IN} 一起组成了一个高通滤波器。为了避免这一滤波器影响滤波器总体的低通特性，其转折频率必须远低于实际低通滤波器的转折频率[①]。

使用输入缓冲器不影响低通滤波器的特性，可以简化滤波器的计算过程。

对于高阶滤波器来说，第一级之外的每一级都从上一级获得偏置电压。

图 16-49 给出了偏置多重反馈低通滤波器的方法。输入缓冲器将信号源与滤波器隔离开，滤波器本身通过运放的同相输入端偏置。为此，偏置电压从低输出阻抗的 V_{MID} 生成电路取得。运放作为差动放大器工作，将输入缓冲器的偏置电压减去 V_{MID} 生成电路的偏置电压，使没有输入信号时的直流电平为 V_{MID}。[②]

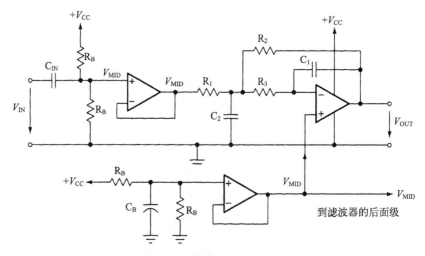

图 16-49   给二阶多重反馈低通滤波器提供偏置

为了降低成本，可以不用运放作为输入缓冲器，而直接使用无源偏置网络。此时为了避免阻容网络影响滤波器的特性，R_B 的值必须远大于使用运放时。

---

① 实际上还需要低于输入信号中最低频分量的频率。——译者注
② 更好理解的方式是回顾第 2 章讲过的基本原理：运放会在力所能及的范围内改变其输出电压，以使它的两个输入端保持电压相等。——译者注

Sallen-Key 和多重反馈（MFB）高通滤波器的偏置方式如图 16-50 所示。高通滤波器的输入电容提供了滤波器与信号源之间的交流耦合，因此不需要额外增加耦合电容。两个滤波器都采用图 16-50 下方的 V_{MID} 生成电路来提供偏置。多重反馈滤波器的偏置电压加到运放的同相输入端，而 Sallen-Key 滤波器的偏置通过唯一可能的直流路径（也就是 R_1）进行。这一电路中，交流信号通过运放提供的低阻路径流向地。

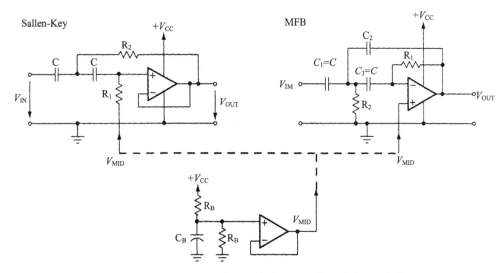

图 16-50　对 Sallen-Key 和多重反馈（MFB）高通滤波器进行偏置

16.8.2　电容的选择

滤波器中电容和电阻的误差取决于滤波器对元件值的灵敏度及其性能。这里的灵敏度是滤波器中元件值的改变对其性能影响程度的量度。需要考虑的重要的滤波器参数是转折频率 f_C 和品质因数 Q。

例如，当电容量改变±5%时，如果 Q 改变±2%，那么 Q 相对于电容量改变的灵敏度为 $s\dfrac{Q}{C}=\dfrac{2\%}{5\%}=0.4\dfrac{\%}{\%}$。下面的灵敏度近似式对二阶 Sallen-Key 和多重反馈滤波器成立：

$$s\frac{Q}{C}\approx s\frac{f_C}{C}\approx\pm0.5\frac{\%}{\%}$$

虽然 0.5(%/%)的改变看起来与理想值差别不大，但是对于高阶滤波器，每一级滤波器的 Q 和 f_C 差异的组合可能会显著影响滤波器的总体特性，使之与预期值明显不同。

如图 16-51 和图 16-52 所示，主要因为每一级滤波器中电容量的误差，设计为巴特沃思特性的八阶低通滤波器可以表现为切比雪夫特性。图 16-51 给出了滤波器每一级的理想频率响应与实际频率响应的差别。滤波器的总体特性如图 16-52 所示。在大约 30 kHz 处，理想频率响应与实际频率响应峰值的差异大约为 0.35 dB，也就是 4.1%的增益误差，这一增益误差相当大。

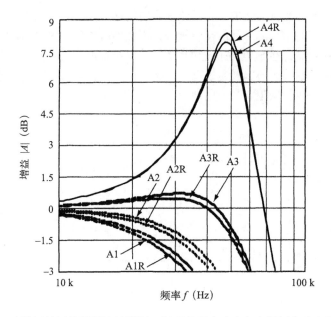

图 16-51   八阶巴特沃思低通滤波器每一级理想频率响应与实际频率响应的差别

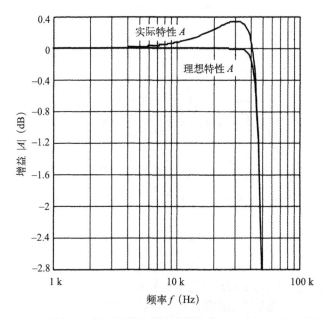

图 16-52   设计为巴特沃思特性的滤波器如何表现出切比雪夫特性

如果滤波器用在数据采集系统中,那么这么大的误差在系统位数超过 4 位时就会表现出来。作为比较,一个 12 位系统的最大满幅误差为 0.5 LSB,相当于通带内的最大偏差为–0.001 dB (0.012%)。

为了尽量减小 f_C 和 Q 的变化，高性能的滤波器中最好使用 NP0（C0G）[1]陶瓷电容。这类电容可以在很宽的温度和电压范围内保持其容量不变。电容的温度特性常用两个字母中间夹一个数字的代号表示，如 C0G、X7R、Z5U、Y5V 等。

C0G 陶瓷电容是最精确的。常见的容量范围从 0.5 pF 到大约 47 nF，误差可以做到±0.25 pF（容量较小的）或±1%（容量较大的）。这类电容的温漂典型值为 30 ppm/℃。

X7R 陶瓷电容常见的容量范围从 100 pF 到 2.2 μF[2]，其误差可以做到±1%，整个温度范围（−55℃～+125℃）内的容量变化为±15%。如果需要更高的容量，应选择钽电解电容。

其他的精密电容包含银云母电容、金属化聚碳酸酯电容等。在温度较高的情况下，可以使用聚丙烯电容或聚苯乙烯电容。

由于电容的容量序列不像电阻一样齐全，因此在设计滤波器时，应先选定电容的容量，再计算电阻的值。如果没有合适的精密电容来实现需要的滤波器特性，那么需要测量实际使用的电容的容量，然后根据实际值计算电阻值。在高性能的滤波器中，建议使用 0.1%的电阻。

16.8.3 元件的取值

滤波器中应当使用 1 kΩ～100 kΩ 范围内的电阻。电阻的值不应太低，以保证运放输出提供的电流不太大。这对于电源敏感的应用中使用的单电源运放来说尤其重要，这类运放的输出电流典型值往往在 1 mA 和 5 mA 之间。供电电压为 5 V 时，这也就对应电阻值不小于 1 kΩ。要求电阻值不大于 100 kΩ，是为了避免过大的电阻噪声。

电容量可以从 1 nF 到若干微法之间选择。1 nF 的下限是为了避免容量与寄生电容过于接近。例如，如果 Sallen-Key 滤波器中的运放的共模输入电容接近 C_1 的 0.25%（也就是 $C_1/400$），那么为了得到精确的滤波器响应，就必须考虑这一电容。多重反馈结构的滤波器不需要输入电容补偿。

16.8.4 运放的选择

为了让滤波器正常工作，最主要的运放参数是单位增益带宽。一般来说，为保证增益误差在 1%以内，运放的开环增益应当是滤波器的峰值增益（Q）的 100 倍（40 dB）以上（图 16-53）。

---

① 常误写作 NPO（COG）。事实上 NP0 的意思是"温度系数接近于 0（一般是±30 ppm/℃以内）"，而 C0G 跟第二类（铁电体）陶瓷电容的 X5R、Y5V、Z5U 之类两个字母中间夹一个数字的温度系数表示方法类似（都是 EIA-RS-198 中规定的），当然每一位代表的意义不同。——译者注

② 这些陶瓷电容的容量，目前都有更大的。看到 100 nF 的 C0G 电容或 100 μF 的 X7R 电容时请不要吃惊。

——译者注

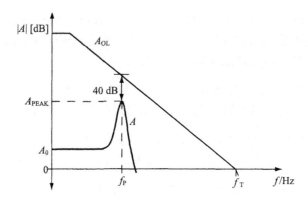

图 16-53 运放的开环增益（A_{OL}）与滤波器的响应（A）

下面的经验公式可以用来计算滤波器每一级运放需要的单位增益带宽。

(1) 一阶滤波器：

$$f_T = 100 \times 增益 \times f_C$$

(2) 二阶滤波器（$Q < 1$）：

$$f_T = 100 \times 增益 \times f_C \times k_i, \quad 其中 k_i = f_{Ci}/f_C$$

(3) 二阶滤波器（$Q > 1$）：

$$f_T = 100 \times 增益 \times \frac{f_C}{a_i} \sqrt{\frac{Q_i^2 - 0.5}{Q_i^2 - 0.25}}$$

例如，对于转折频率为 10 kHz、带内波动为 3 dB、直流增益 $A_0 = 2$ 的五阶切比雪夫低通滤波器来说，其第三级的 Q 最大（$Q_3 = 8.82$，$a_3 = 0.1172$）。这一级运放需要的单位增益带宽为：

$$f_T = 100 \times 2 \times \frac{10\ \text{kHz}}{0.1172} \sqrt{\frac{8.82^2 - 0.5}{8.82^2 - 0.25}} \approx 17\ \text{MHz}$$

对于转折频率 10 kHz 的单位增益巴特沃思低通滤波器，其第三级的 Q 最大（$Q_3 = 1.62$，$a_3 = 0.618$）。由于其 Q 比切比雪夫滤波器低，运放需要的单位增益带宽也更小：

$$f_T = 100 \times \frac{10\ \text{kHz}}{0.618} \sqrt{\frac{1.62^2 - 0.5}{1.62^2 - 0.25}} \approx 1.5\ \text{MHz}$$

滤波器中的运放需要很好的直流特性、低噪声和低信号失真。另一个决定滤波器速度的参数是压摆率。为了让运放的满功率特性满足要求，压摆率必须不小于

$$SR = \pi \times V_{PP} \times f_C$$

例如，对于单电源供电的 100 kHz 滤波器，输出摆幅为 5 V_{PP}，需要的最小压摆率为：

$$SR = \pi \times 5\ \text{V} \times 100\ \text{kHz} \approx 1.57\ \text{V/μs}$$

德州仪器公司提供很多种可以应用于单电源高性能滤波器电路的运放。表 16-5 中列出了一些适合的单电源运放（按压摆率排序）。

表 16-5　单电源运放选择指南（$T_A = 25\,°C$，$V_{CC} = 5\,V$）

运　放	带宽（MHz）	满功率带宽（kHz）	压摆率（V/μs）	输入失调电压（mV）	噪声（nV/(Hz)$^{1/2}$）
TLV2721	0.51	11	0.18	0.6	20
TLC2201A	1.8	159	2.5	0.6	8
TLV2771A	4.8	572	9	1.9	21
TLC071	10	1000	16	1.5	7
TLE2141	5.9	2800	45	0.5	10.5
THS4001	270	127 MHz（1 V_{PP}）	400	6	7.5

16.9　滤波器系数表

表 16-6 到表 16-12 列出了三种类型（贝塞尔、巴特沃思、切比雪夫）的滤波器的系数。切比雪夫滤波器的系数按带内波动不同（0.5 dB、1 dB、2 dB 和 3 dB）分为四个表格。

表头的参数如下。

- ❑ n——滤波器阶数。
- ❑ i——滤波器的第几级。
- ❑ a_i、b_i——滤波器系数。
- ❑ k_i——每一级转折频率 f_{Ci} 与滤波器总体转折频率 f_C 之比。这一比值可以用来确定滤波器中运放的单位增益带宽，也可以用来验证滤波器的设计（用测量每一级转折频率并将其和滤波器总体转折频率相比较的方式）。
- ❑ Q_i——每一级的品质因数。
- ❑ f_i/f_C——测试全通滤波器使用的比值。其中 f_i 是二阶滤波器相移为 180° 或一阶滤波器相移为 90° 时的频率。
- ❑ T_{gr0}——全通滤波器总的归一化群延迟。

表 16-6　贝塞尔滤波器的系数

n	i	a_i	b_i	$k_i = f_{Ci}/f_C$	Q_i
1	1	1.0000	0.0000	1.000	–
2	1	1.3617	0.6180	1.000	0.58
3	1	0.7560	0.0000	1.323	–
	2	0.9996	0.4772	1.414	0.69
4	1	1.3397	0.4889	0.978	0.52
	2	0.7743	0.3890	1.797	0.81
5	1	0.6656	0.0000	1.502	–
	2	1.1402	0.4128	1.184	0.56
	3	0.6216	0.3245	2.138	0.92

（续）

n	i	a_i	b_i	$k_i = f_{Ci}/f_C$	Q_i
6	1	1.2217	0.3887	1.063	0.51
	2	0.9686	0.3505	1.431	0.61
	3	0.5131	0.2756	2.447	1.02
7	1	0.5937	0.0000	1.648	–
	2	1.0944	0.3395	1.207	0.53
	3	0.8304	0.3011	1.695	0.66
	4	0.4332	0.2381	2.731	1.13
8	1	1.1112	0.3162	1.164	0.51
	2	0.9754	0.2979	1.381	0.56
	3	0.7202	0.2621	1.963	0.71
	4	0.3728	0.2087	2.992	1.23
9	1	0.5386	0.0000	1.857	–
	2	1.0244	0.2834	1.277	0.52
	3	0.8710	0.2636	1.574	0.59
	4	0.6320	0.2311	2.226	0.76
	5	0.3257	0.1854	3.237	1.32
10	1	1.0215	0.2650	1.264	0.50
	2	0.9393	0.2549	1.412	0.54
	3	0.7815	0.2351	1.780	0.62
	4	0.5604	0.2059	2.479	0.81
	5	0.2883	0.1665	3.466	1.42

表 16-7　巴特沃思滤波器的系数

n	i	a_i	b_i	$k_i = f_{Ci}/f_C$	Q_i
1	1	1.0000	0.0000	1.000	–
2	1	1.4142	1.0000	1.000	0.71
3	1	1.0000	0.0000	1.000	–
	2	1.0000	1.0000	1.272	1.00
4	1	1.8478	1.0000	0.719	0.54
	2	0.7654	1.0000	1.390	1.31
5	1	1.0000	0.0000	1.000	–
	2	1.6180	1.0000	0.859	0.62
	3	0.6180	1.0000	1.448	1.62
6	1	1.9319	1.0000	0.676	0.52
	2	1.4142	1.0000	1.000	0.71
	3	0.5176	1.0000	1.479	1.93

（续）

n	i	a_i	b_i	$k_i = f_{Ci}/f_C$	Q_i
7	1	1.0000	0.0000	1.000	–
	2	1.8019	1.0000	0.745	0.55
	3	1.2470	1.0000	1.117	0.80
	4	0.4450	1.0000	1.499	2.25
8	1	1.9616	1.0000	0.661	0.51
	2	1.6629	1.0000	0.829	0.60
	3	1.1111	1.0000	1.206	0.90
	4	0.3902	1.0000	1.512	2.56
9	1	1.0000	0.0000	1.000	–
	2	1.8794	1.0000	0.703	0.53
	3	1.5321	1.0000	0.917	0.65
	4	1.0000	1.0000	1.272	1.00
	5	0.3473	1.0000	1.521	2.88
10	1	1.9754	1.0000	0.655	0.51
	2	1.7820	1.0000	0.756	0.56
	3	1.4142	1.0000	1.000	0.71
	4	0.9080	1.0000	1.322	1.10
	5	0.3129	1.0000	1.527	3.20

表 16-8　带内波动为 0.5 dB 的切比雪夫滤波器的系数

n	i	a_i	b_i	$k_i = f_{Ci}/f_C$	Q_i
1	1	1.0000	0.0000	1.000	–
2	1	1.3614	1.3827	1.000	0.86
3	1	1.8636	0.0000	0.537	–
	2	0.0640	1.1931	1.335	1.71
4	1	2.6282	3.4341	0.538	0.71
	2	0.3648	1.1509	1.419	2.94
5	1	2.9235	0.0000	0.342	–
	2	1.3025	2.3534	0.881	1.18
	3	0.2290	1.0833	1.480	4.54
6	1	3.8645	6.9797	0.336	0.68
	2	0.7528	1.8573	1.078	1.81
	3	0.1589	1.0711	1.495	6.51
7	1	4.0211	0.0000	0.249	–
	2	1.8729	4.1795	0.645	1.09
	3	0.4861	1.5676	1.208	2.58
	4	0.1156	1.0443	1.517	8.84

（续）

n	i	a_i	b_i	$k_i = f_{Ci}/f_C$	Q_i
8	1	5.1117	11.9607	0.276	0.68
	2	1.0639	2.9365	0.844	1.61
	3	0.3439	1.4260	1.284	3.47
	4	0.0885	1.0407	1.521	11.53
9	1	5.1318	0.0000	0.195	–
	2	2.4283	6.6307	0.506	1.06
	3	0.6839	2.2908	0.989	2.21
	4	0.2559	1.3133	1.344	4.48
	5	0.0695	1.0272	1.532	14.58
10	1	6.3648	18.3695	0.222	0.67
	2	1.3582	4.3453	0.689	1.53
	3	0.4822	1.9440	1.091	2.89
	4	0.1994	1.2520	1.381	5.61
	5	0.0563	1.0263	1.533	17.99

表 16-9　带内波动为 1 dB 的切比雪夫滤波器的系数

n	i	a_i	b_i	$k_i = f_{Ci}/f_C$	Q_i
1	1	1.0000	0.0000	1.000	–
2	1	1.3022	1.5515	1.000	0.96
3	1	2.2156	0.0000	0.451	–
	2	0.5442	1.2057	1.353	2.02
4	1	2.5904	4.1301	0.540	0.78
	2	0.3039	1.1697	1.417	3.56
5	1	3.5711	0.0000	0.280	–
	2	1.1280	2.4896	0.894	1.40
	3	0.1872	1.0814	1.486	5.56
6	1	3.8437	8.5529	0.366	0.76
	2	0.6292	1.9124	1.082	2.20
	3	0.1296	1.0766	1.493	8.00
7	1	4.9520	0.0000	0.202	–
	2	1.6338	4.4899	0.655	1.30
	3	0.3987	1.5834	1.213	3.16
	4	0.0937	1.0432	1.520	10.90
8	1	5.1019	14.7608	0.276	0.75
	2	0.8916	3.0426	0.849	1.96
	3	0.2806	1.4334	1.285	4.27
	4	0.0717	1.0432	1.520	14.24

（续）

n	i	a_i	b_i	$k_i = f_{Ci}/f_C$	Q_i
	1	6.3415	0.0000	0.158	–
	2	2.1252	7.1711	0.514	1.26
9	3	0.5624	2.3278	0.994	2.71
	4	0.2076	1.3166	1.346	5.53
	5	0.0562	1.0258	1.533	18.03
	1	6.3634	22.7468	0.221	0.75
	2	1.1399	4.5167	0.694	1.86
10	3	0.3939	1.9665	1.093	3.56
	4	0.1616	1.2569	1.381	6.94
	5	0.0455	1.0277	1.532	22.26

表 16-10　带内波动为 2 dB 的切比雪夫滤波器的系数

n	i	a_i	b_i	$k_i = f_{Ci}/f_C$	Q_i
1	1	1.0000	0.0000	1.000	–
2	1	1.1813	1.7775	1.000	1.13
3	1	2.7994	0.0000	0.375	–
	2	0.4300	1.2036	1.378	2.55
4	1	2.4025	4.9862	0.550	0.93
	2	0.2374	1.1896	1.413	4.59
	1	4.6345	0.0000	0.216	–
5	2	0.9090	2.6036	0.908	1.78
	3	0.1434	1.0750	1.493	7.23
	1	3.5880	10.4648	0.373	0.90
6	2	0.4925	1.9622	1.085	2.84
	3	0.0995	1.0826	1.491	10.46
	1	6.4760	0.0000	0.154	–
7	2	1.3258	4.7649	0.665	1.65
	3	0.3067	1.5927	1.218	4.12
	1	4.7743	18.1510	0.282	0.89
8	2	0.6991	3.1353	0.853	2.53
	3	0.2153	1.4449	1.285	5.58
	4	0.0547	1.0461	1.518	18.39
	1	8.3198	0.0000	0.120	–
	2	1.7299	7.6580	0.522	1.60
9	3	0.4337	2.3549	0.998	3.54
	4	0.1583	1.3174	1.349	7.25
	5	0.0427	1.0232	1.536	23.68
	1	5.9618	28.0376	0.226	0.89
	2	0.8947	4.6644	0.697	2.41
10	3	0.3023	1.9858	1.094	4.66
	4	0.1233	1.2614	1.380	9.11
	5	0.0347	1.0294	1.531	29.27

表 16-11　带内波动为 3 dB 的切比雪夫滤波器的系数

n	i	a_i	b_i	$k_i = f_{Ci}/f_C$	Q_i
1	1	1.0000	0.0000	1.000	–
2	1	1.0650	1.9305	1.000	1.30
3	1	3.3496	0.0000	0.299	–
	2	0.3559	1.1923	1.396	3.07
4	1	2.1853	5.5339	0.557	1.08
	2	0.1964	1.2009	1.410	5.58
5	1	5.6334	0.0000	0.178	–
	2	0.7620	2.6530	0.917	2.14
	3	0.1172	1.0686	1.500	8.82
6	1	3.2721	11.6773	0.379	1.04
	2	0.4077	1.9873	1.086	3.46
	3	0.0815	1.0861	1.489	12.78
7	1	7.9064	0.0000	0.126	–
	2	1.1159	4.8963	0.670	1.98
	3	0.2515	1.5944	1.222	5.02
	4	0.0582	1.0348	1.527	17.46
8	1	4.3583	20.2948	0.286	1.03
	2	0.5791	3.1808	0.855	3.08
	3	0.1765	1.4507	1.285	6.38
	4	0.0448	1.0478	1.517	22.87
9	1	10.1759	0.0000	0.098	–
	2	1.4585	7.8971	0.526	1.93
	3	0.3561	2.3651	1.001	4.32
	4	0.1294	1.3165	1.351	8.87
	5	0.0348	1.0210	1.537	29.00
10	1	5.4449	31.3788	0.230	1.03
	2	0.7414	4.7363	0.699	2.94
	3	0.2479	1.9952	1.094	5.70
	4	0.1008	1.2638	1.380	11.15
	5	0.0283	1.0304	1.530	35.85

表 16-12　全通滤波器的系数

n	i	a_i	b_i	f_i/f_C	Q_i	T_{gr0}
1	1	0.6436	0.0000	1.554	–	0.2049
2	1	1.6278	0.8832	1.064	0.58	0.5181
3	1	1.1415	0.0000	0.876	–	0.8437
	2	1.5092	1.0877	0.959	0.69	

（续）

n	i	a_i	b_i	f_i/f_C	Q_i	T_{gr0}
4	1	2.3370	1.4878	0.820	0.52	1.1738
	2	1.3506	1.1837	0.919	0.81	
5	1	1.2974	0.0000	0.771	–	1.5060
	2	2.2224	1.5685	0.798	0.56	
	3	1.2116	1.2330	0.901	0.92	
6	1	2.6117	1.7763	0.750	0.51	1.8395
	2	2.0706	1.6015	0.790	0.61	
	3	1.0967	1.2596	0.891	1.02	
7	1	1.3735	0.0000	0.728	–	2.1737
	2	2.5320	1.8169	0.742	0.53	
	3	1.9211	1.6116	0.788	0.66	
	4	1.0023	1.2743	0.886	1.13	
8	1	2.7541	1.9420	0.718	0.51	2.5084
	2	2.4174	1.8300	0.739	0.56	
	3	1.7850	1.6101	0.788	0.71	
	4	0.9239	1.2822	0.883	1.23	
9	1	1.4186	0.0000	0.705	–	2.8434
	2	2.6979	1.9659	0.713	0.52	
	3	2.2940	1.8282	0.740	0.59	
	4	1.6644	1.6027	0.790	0.76	
	5	0.8579	1.2862	0.882	1.32	
10	1	2.8406	2.0490	0.699	0.50	3.1786
	2	2.6120	1.9714	0.712	0.54	
	3	2.1733	1.8184	0.742	0.62	
	4	1.5583	1.5923	0.792	0.81	
	5	0.8018	1.2877	0.881	1.42	

16.10　延伸阅读

[1]　D. Johnson, J. Hilburn, Rapid Practical Designs of Active Filters, John Wiley & Sons, 1975.

[2]　U. Tietze, C. Schenk, Halbleiterschaltungstechnik, Springer-Verlag, 1980.

[3]　H. Berlin, Design of Active Filters with Experiments, Howard W. Sams & Co, 1979.

[4]　M. Van Falkenburg, Analog Filter Design, Oxford University Press, 1982.

[5]　S. Franko, Design with Operational Amplifiers and Analog Integrated Circuits, McGraw-Hill, 1988.

第 17 章

设计滤波器的快速简便方法

17.1 引言

本章是为更熟悉数字电路、硬件描述语言和固件编程的工程师而编写的。他们当中的某些人可能会觉得，上一章的内容仿佛使其回到大学艰修一门困难的课程那样，宁愿忘掉也不愿重温！每个人都有自己的专业，现在的大学总是强调更"现代"的东西，模拟电路设计并不是一个热门学科。

由 Thomas Kugelstadt 编写的第 16 章是关于滤波器电路设计的最优秀的材料之一。他把本来可以写一本书的内容浓缩到了（不短的）一章中。然而，如果你像我一样，就可能想知道这一章内容能否再次浓缩——因为不是所有的滤波器设计任务都需要特定的滤波器响应类型（如切比雪夫或贝塞尔）、多个极点或增益。

让我们从下面的假设出发：

❑ 单位增益（带通滤波器除外）；
❑ 巴特沃思响应；
❑ 用单运放实现最多数目的极点；
❑ 如果可能，那么使用单电源供电。

这样能获得什么呢？答案是：

❑ 满足 90% 的滤波器设计任务；
❑ 本章介绍的方法！

为了照顾需要尽快设计出实用滤波器的初学者，我有意识地让本章介绍的内容和设计方法最简化。

17.2 快速实用滤波器设计

在已经知道所需的滤波器响应类型的情况下，可以跳过本节，直接从 17.3 节开始。

为了利用本章介绍的方法来设计滤波器，首先需要知道下面的内容。

❑ 需要通过以及需要阻止的频率范围。

- 转折频率，也就是滤波器开始工作的频率；或是中心频率，也就是滤波器的特性相对其对称的频率。
- 电容的初始容量：选择一个介于 100 pF 左右（对于高频滤波器）和 0.1 μF 左右（对于低频滤波器）之间的电容量。如果计算出的电阻值过大或过小，则重新选择电容量。

设计滤波器的第一步如下。

为初学者着想，滤波器的特性用图示法来表示。图中的阴影部分表示滤波器通过的频率范围，白色区域表示滤波器抑制的频率范围。现在还不需要考虑频率的具体值，这将在下面几节中详细讨论。设计的第一步是从图 17-1 到图 17-5 中选择合适的一张，使需要通过的频率范围位于阴影部分，需要阻止的频率范围位于白色部分。

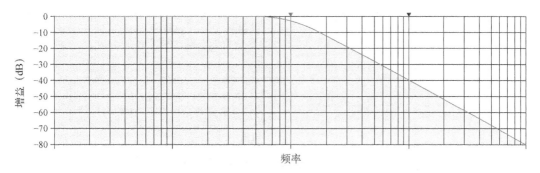

图 17-1　低通滤波器响应（见 17.3.1 节）

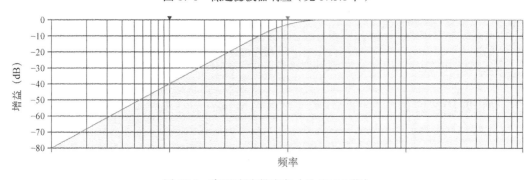

图 17-2　高通滤波器响应（见 17.3.2 节）

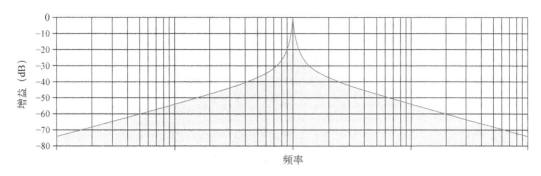

图 17-3　窄（单频点响应）带通滤波器响应（见 17.3.3 节）

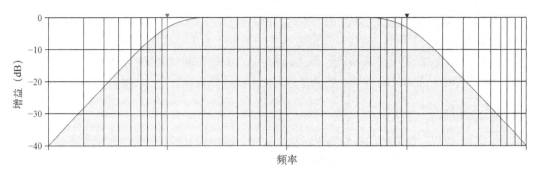

图 17-4   宽带通滤波器响应（见 17.3.4 节）

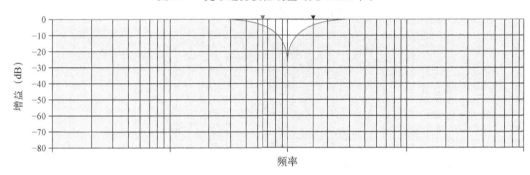

图 17-5   陷波（单频点抑制）滤波器响应（见 17.3.5 节）

17.3   设计滤波器

确定滤波器响应类型后，开始设计滤波器。

17.3.1   低通滤波器

设计步骤（图 17-6）

❑ 选择 C_1。

❑ 计算 $C_2 = C_1 \times 2$。

❑ 计算 R_1 和 R_2：$\dfrac{1}{2\sqrt{2} \times \pi \times C_1 \times 频率}$。

❑ 选择 $C_{IN} = C_{OUT} = C_1$ 的 $100 \sim 1000$ 倍（不需要很严格）。

❑ 完成！

深入讨论

所选的滤波器是一个具有巴特沃思响应的单位增益 Sallen-Key 滤波器。注意，在增加 C_{IN} 和 C_{OUT} 后，滤波器不再是纯粹的低通滤波器，而是一个宽带通滤波器；但是通过选择 C_{IN} 和 C_{OUT} 的容量，滤波器的高通频率可以远低于关心的频率区域。如果需要直流响应，电路应当更改为双电源工作。

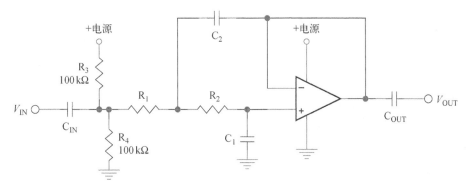

图 17-6 低通滤波器

17.3.2 高通滤波器

设计步骤（图 17-7）

❑ 选择 $C_1 = C_2$。

❑ 计算 R_1：$\dfrac{1}{\sqrt{2}\times\pi\times C_1\times 频率}$。

❑ 计算 R_2：$\dfrac{1}{2\sqrt{2}\times\pi\times C_1\times 频率}$。

❑ 选择 $C_{OUT} = C_1$ 的 $100\sim1000$ 倍（不需要很严格）。

❑ 完成！

深入讨论

所选的滤波器是一个具有巴特沃思响应的单位增益 Sallen-Key 滤波器。就像在低通滤波器的例子中一样，并不存在真正的有源高通滤波器，但是原因与前面不同。随着频率增高，运放的增益带宽积的作用会逐渐明显，最终形成低通响应特性，使电路变为一个宽带通滤波器。在设计时应当选择频率极限远高于所需带宽的运放。

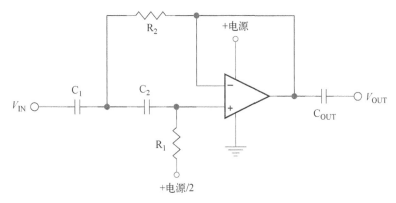

图 17-7 高通滤波器

17.3.3   窄（单频点响应）带通滤波器

设计步骤（图 17-8）

- ❏ 选择 $C_1 = C_2$。
- ❏ 计算 $R_1 = R_4 = \dfrac{1}{2 \times \pi \times C_1 \times 频率}$。
- ❏ 计算 $R_3 = 19 \times R_1$。
- ❏ 计算 $R_2 = \dfrac{R_1}{19}$。
- ❏ 选择 $C_{\mathrm{IN}} = C_{\mathrm{OUT}} = C_1$ 的 100～1000 倍（不需要很严格）。
- ❏ 完成！

深入讨论

所选的滤波器是一个改进的 Deliyannis 滤波器。Deliyannis 滤波器是多重反馈（MFB）带通滤波器的一种特殊情形，这种滤波器很稳定，对元件值的变化相对不敏感。电路的 Q 设置为 10，增益也为 10，因为这一电路的 Q 和增益存在下列关系：

$$\frac{R_3 + R_4}{2 \times R_1} = Q = 增益$$

我们没有选择更高的 Q，因为即使是现在的增益为 20 dB 的情况下，滤波器需要的增益带宽积也很容易达到或超过运放的指标。需要选择增益带宽积足够大的运放，使中心频率上开环增益至少留 40 dB 的余量。运放的压摆率也应当足够高，以便使中心频率上的信号能够达到需要的摆幅。

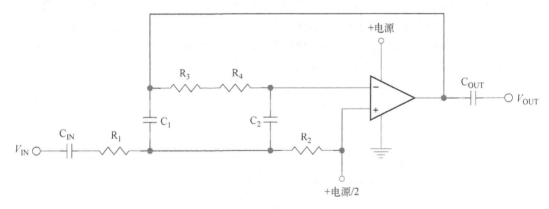

图 17-8   窄带通滤波器

17.3.4   宽带通滤波器

设计步骤（图 17-9）

❏ 按 17.3.2 节所述步骤设计一个高通滤波器，频率为频带的低端。

❑ 按 17.3.1 节所述步骤设计一个低通滤波器，频率为频带的高端。

❑ 选择 $C_{IN} = C_{OUT} =$ 低通滤波器中 C_1 的 100～1000 倍（不需要很严格）。

❑ 完成!

深入讨论

此滤波器是将一个 Sallen-Key 高通滤波器和一个 Sallen-Key 低通滤波器级联起来构成的。高通滤波器在低通滤波器前面，因此它带来的噪声会被后面的低通滤波器滤除。

进一步的深入讨论：窄带通与宽带通滤波器

在实现带通滤波器时，什么时候使用窄带通（单频点响应）滤波器电路更好？什么时候使用宽带通滤波器电路更好？在 Q 较高时，单频点滤波器显然是更好的选择。但是随着 Q 的下降，差异逐渐变得模糊。当非常尖锐的谐振峰退化成低频端的一个单极点滚降和高频端的一个单极点滚降时，阻带中会残留大量不需要的能量[1]。

Q 为 0.1（及以下）或 0.2 时，最好的实现方法是高通滤波器和低通滤波器的级联。Q 为 0.5 时，两者的通带响应几乎完全一致。此时可以选择窄带通滤波器（可用单个运放实现）来节省成本，或使用具有更好阻带抑制能力的级联方法。然而，随着 Q 越来越高，级联滤波器中两级的响应会互相影响，导致信号幅度变小。一个很好的经验法则是：宽带通滤波器通带的起始频率与结束频率应当至少相差 5 倍。

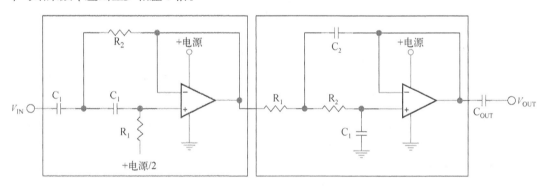

图 17-9　宽带通滤波器

17.3.5　陷波（单频点抑制）滤波器

设计步骤（图 17-10）

❑ 选择 C_0。

❑ 计算 R_0：$\dfrac{1}{2 \times \pi \times C_1 \times 频率}$。

❑ 计算 $R_Q = 20 \times R_0$。

---

[1] 本节的宽带通滤波器是两个二阶滤波器级联而成的。在 Q 足够低时，单频点滤波器相当于两个一阶滤波器级联，效果不如宽带通滤波器。——译者注

❑ 如果不需要精确调谐中心频率,可将 R_{o_low} 和 R_{o_adj} 用阻值为 R_o 的电阻替换。如果需要调谐,可用标准序列中比 R_o 低一个值的电阻作为 R_{o_low},串联一个电位器 R_{o_adj},并确认调节范围中包含了中心频率对应的电阻值 R_o。如果正确进行了这项工作,可以在保持陷波深度的同时微调中心频率。这一电路结构的优点是能够得到很深的陷波深度。

❑ 完成!

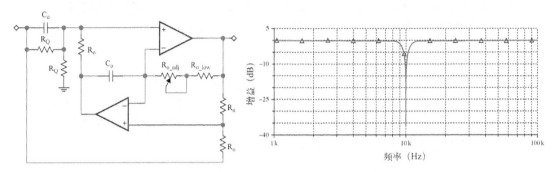

图 17-10   陷波滤波器

深入讨论

所选的滤波器是 Q 值设定为 10 的 Fliege 滤波器。通过改变 R_Q 的值,可以在不影响中心频率的情况下改变 Q。Q 和中心频率设置电阻 R_o 的关系为:

$$R_Q = 2 \times Q \times R_o$$

Fliege 滤波器的增益固定为 1。这一滤波器最好使用双电源,但使用单电源时也能工作。使用单电源时,应将原本接地的 R_Q 下端连接一个参考电压,并在输入端和输出端接入隔直电容(像前面的例子一样)。

许多设计师使用将在 17.4.3 节讲述的"双 T"结构来设计陷波滤波器。虽然双 T 结构非常流行,但是它也有很多问题。最大的问题是双 T 滤波器难以制造:允许元器件有 1%误差时的多次仿真表明,陷波中心频率和深度会有极大变化。双 T 滤波器的唯一实际优势是可以用单个运放实现。使用两个运放实现双 T 滤波器可以获得额外的稳定性,但是既然使用了两个运放,为什么不采用更容易实现的结构,例如 Fliege 滤波器? 为了成功使用双 T 滤波器,需要 6 个精密元件。与此相比,Fliege 滤波器可以在某一频率上产生很深的零点,而且通过调整 R_o 中的一个,可以方便地调谐这一频率。在相当宽的范围内,零点深度将保持一致。图 17-11 给出了调整 10 kHz Fliege 滤波器中的电位器使 R_o 变动 2%时的频率响应。

Fliege 滤波器的响应像是某些频率被"拿走"了:它对离中心频率稍远的频率几乎没有影响。图 17-10 中的频率响应表明,这一高 Q 值的带阻滤波器对 9 kHz 以下和 11 kHz 以上的频率几乎没有影响。图 17-11 表明调整电位器使 R_o 的值变化 2%时,中心频率可以在±1%左右的范围内调谐。这一方法是调节陷波频率的理想方法,因为陷波深度在调整时几乎不变。

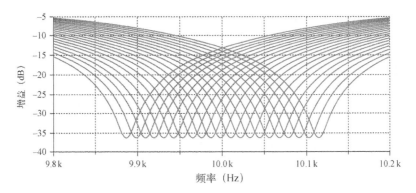

图 17-11 可变频率陷波滤波器

如果读者碰巧需要一个图 17-10 中所示的 10 kHz 陷波滤波器用于中波超外差收音机[①]，则元件的值如下：$R_o = 4.42 \text{ k}\Omega$，$C_o = 3600 \text{ pF}$，$R_{o\_low} = 4.32 \text{ k}\Omega$，$R_{o\_adj} = 200 \Omega$，$R_Q = 88.7 \text{ k}\Omega$。运放的带宽至少应为 100 MHz。我制作的这个滤波器已经稳定工作了 15 年，无须重新调整。

17.4 使用一个运放完成尽可能多的工作

上一节的设计步骤都很简单巧妙。不过我保证，使用简单的设计方法还能干出更巧妙的事情来。本节的某些电路设计为双电源工作，在单电源的情况下，需要对电路进行修改。

17.4.1 三极点低通滤波器

17.3.1 节介绍了如何简单快速地实现二极点低通滤波器。用单运放实现三极点低通滤波器也同样简单（图 17-12）。

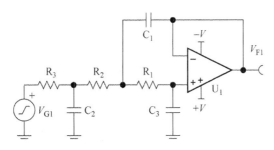

图 17-12 三极点低通滤波器

三极点低通滤波器的滚降率为 60 dB/十倍频程，而二极点低通滤波器为 40 dB/十倍频程。这一电路结构还解决了 Sallen-Key 滤波器电路中的另一个问题——前馈。在二极点 Sallen-Key 滤波器中，高频信号会漏过滤波器，尤其在运放不加电的情况下。三极点的电路结构在二极点 Sallen-Key 滤波器的输入端增加了一个 RC 低通滤波电路，使得无论后面的有源滤波电路出现什么情况，都至少能保证 20 dB/十倍频程的滚降率。

---

① 美国的中波电台间距为 10 kHz（国内为 9 kHz）。在使用超外差接收机收听相邻的两个电台中的一个时，另一个电台的载波的变频产物会在 10 kHz 处出现，造成讨厌的高频啸叫声，可能需要用陷波滤波器滤除。——译者注

这一滤波器的设计步骤如下。

- ❑ 选择 $R = R_1 = R_2 = R_3$。
- ❑ 计算初始值 $\text{fsf} = 2 \times \pi \times R \times$ 频率。
- ❑ 计算 $C_1 = 3.546/\text{fsf}$。
- ❑ 计算 $C_2 = 1.392/\text{fsf}$。
- ❑ 计算 $C_3 = 0.2024/\text{fsf}$。
- ❑ 选择容量最接近以上计算值的电容。
- ❑ 完成!

17.4.2 三极点高通滤波器

三极点高通滤波器与三极点低通滤波器一样简单（图 17-13）。其设计步骤如下。

- ❑ 选择 $C = C_1 = C_2 = C_3$。
- ❑ 计算初始值 $\text{fsf} = 2 \times \pi \times C \times$ 频率。
- ❑ 计算 $R_1 = 3.546/\text{fsf}$。
- ❑ 计算 $R_2 = 1.392/\text{fsf}$。
- ❑ 计算 $R_3 = 0.2024/\text{fsf}$。
- ❑ 选择阻值最接近以上计算值的电阻。
- ❑ 完成!

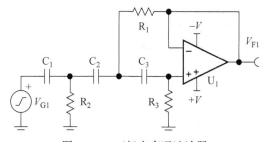

图 17-13 三极点高通滤波器

17.4.3 参差调谐与多谐振峰带通滤波器

到现在为止，本书还没有讨论一种很有意思并且很流行的滤波器结构——双 T 电路，这是有意为之的。之所以没有讨论双 T 电路，一部分原因是双 T 电路其实不是一种真正的带通滤波器，而是一个谐振在中心频率上的谐振电路，在理想状况下，中心频率处的增益是无穷大。所以在实际使用时，双 T 电路中心频率处的增益难以控制。双 T 电路还有一个问题是，它的阻带增益是 0 dB，也就是单位增益。因此，对于抑制带外信号，双 T 带通滤波器并不怎么有用。

双 T 带通滤波器及其频率响应如图 17-14 所示。

双 T 滤波器很难实现，因为它需要三个电阻，其中两个的阻值相等，第三个的阻值恰好是另外两个电阻阻值的一半；它还需要三个电容，其中两个的容量相等，第三个的容量恰好是另外两个电容容量的两倍。即使能找到这样合适的电阻和电容，它们也不一定能完全匹配。它们的温度系数也不一定相等，在温度变化时，它们也可能变得不匹配。另外，双 T 电路的谐振特性过于尖锐，以至于实际元件的特性可能会严重影响谐振峰的尖锐程度，甚至使谐振峰完全消失。图 17-15 是解决这一问题的改进电路。

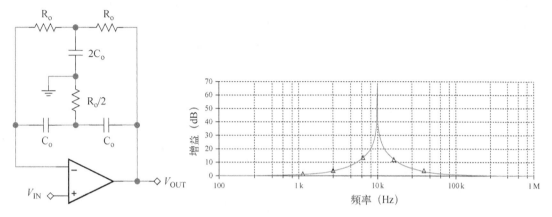

图 17-14　双 T 带通滤波器及其响应

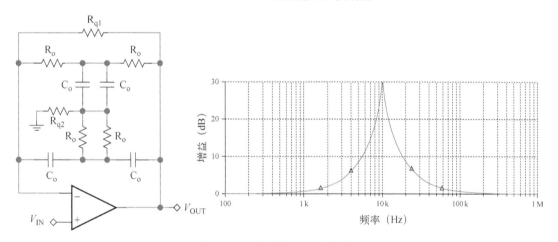

图 17-15　改进的双 T 电路结构

这一电路结构利用了并联电阻和电容的特性来简化工作。电路中增加了一个 R_0 和一个 C_0，这样，构造双 T 滤波器时，只需要四个相同阻值的电阻和四个相同容量的电容，而不再需要大小为 $1/2R_0$ 和 $2C_0$ 的电阻和电容。因为同批次的元件的一致性一般较好，所以找到这样的四个电阻和四个电容往往不难。

增加 R_{q1} 和 R_{q2} 是一个更加巧妙而罕见的改进。只要调节这两个电阻，就可以对电路的 Q 进行调整。在 $R_{q1} \gg R_0$ 时，R_{q1} 对中心频率几乎没有影响，然而它的作用相当于增加了图中两个串联的 C_0 的漏电流，因此会影响谐振峰的尖锐程度。类似地，在 $R_{q2} \ll R_0$ 时，R_{q2} 的作用相当于增加了图中两个并联的 C_0 的等效串联电阻（ESR），这也会影响谐振峰的尖锐程度。因此，在 R_{q1} 和 R_{q2} 的共同作用下，谐振峰的幅值和尖锐程度可以在某种程度上加以调节，尽管可能不会太精确。比较改进后与改进前的双 T 电路，可以看到，谐振峰幅度难以控制的倾向得以抑制，电路的频率响应变得更加合理。Q 也发生了变化，然而由于图中的频率使用了对数坐标并跨越了 4 个数量级，这一变化难以在图中体现出来。

　　另一个调节双 T 电路的 Q 的技巧是使串联的两个 R_o 或 C_o 的值变得不平衡。但是这需要不同量值的精密元件，这些元件的温度系数也可能不一致，导致滤波器的特性在温度变化时产生漂移。

　　上面我们简单介绍了双 T 滤波器，下面开始真正有意思的部分。如图 17-16 所示，在一个运放的反馈环中可以包含两个双 T 网络。反馈环中的这两个串联的双 T 网络可以分别独立调谐，形成图 17-17 所示的频率响应。

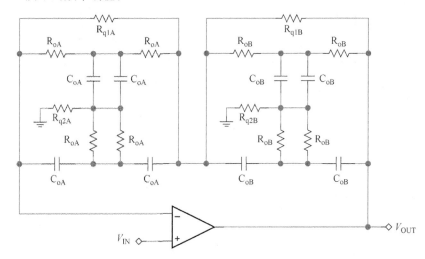

图 17-16　反馈环中的两个双 T 网络

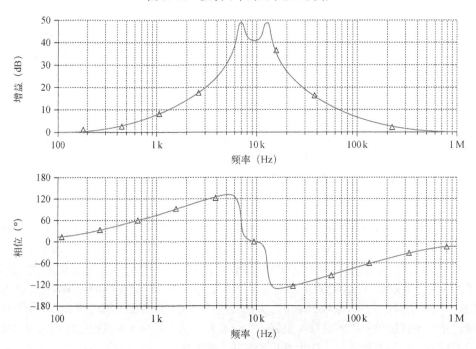

图 17-17　参差调谐滤波器的响应

在需要使滤波器在中心频率附近的一段窄频率范围内具有平缓的相位响应和群延迟时，经常应用上述参差调谐的方法。需要做出妥协的是，为了保证中心频率附近平缓的相位响应，滤波器的通带宽度会变宽。在使用这一电路结构时还需要注意，使用的运放的带宽要足够宽，不仅要能够处理中心频率处的信号，还要能够处理频率较高的峰处的信号。在频率较高的峰处，运放的开环增益至少要比闭环增益大 40 dB。上述例子中，使用了 1.5 GHz 的运放来仿真 10 kHz 的参差调谐滤波器，换句话说，运放的带宽要比滤波器的中心频率高五个数量级。

如果两个双 T 网络在频率上离得足够远，那么这一电路结构将变为具有两个谐振峰的带通滤波器，如图 17-18 所示。需要注意的是，在这一滤波器中，两谐振峰之间的相位响应并没有参差调谐滤波器中那么平缓，但是相位仍然通过 0° 点。然而，在这一滤波器中，设计的目标是两个谐振峰本身，而不是两谐振峰之间平缓的相位响应。在图 17-18 中，两谐振峰之间的谷并不很低。如果两谐振峰在频率上离得更远，或者电路的 Q 值更高的话，两谐振峰之间的谷会更低。如果想快速检测几个不同频率的音调，这一方法是最经济的。

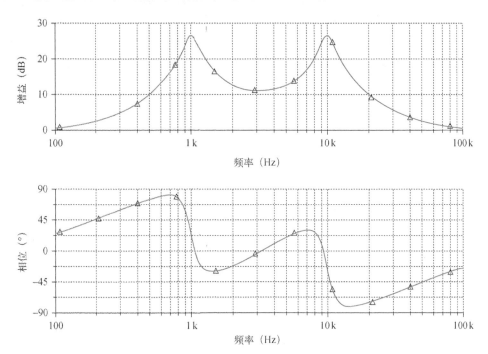

图 17-18 多峰带通滤波器

必须再次提醒读者关于运放带宽的注意事项。但是在这一情况下，由于电路的总增益没有上一个例子中那么高，对频率较高的峰处运放的开环增益的要求也没有那么严格。

17.4.4 单运放陷波与多频陷波滤波器

双 T 电路结构也可以用来构造单运放陷波滤波器（图 17-19）。像双 T 带通滤波器中一样，电路中增加了电阻 R_{q1} 和 R_{q2}，以便对 Q 和陷波深度进行调节。由于双 T 陷波滤波器的陷波频率难以调整，因此增加 R_{q1} 和 R_{q2} 使 Q 适当降低，能够更容易将陷波频点调整到滤除不需要的频率所需要的位置。

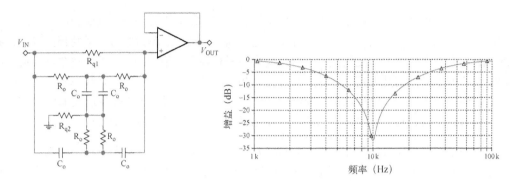

图 17-19   单运放双 T 陷波滤波器

不幸的是，双 T 电路会影响陷波频率附近大约两个十倍频程的信号的幅度。将图 17-10 和图 17-19 中的频率响应相比较可以发现，Fliege 电路对陷波频率附近的信号幅度几乎没有影响，而双 T 电路对从陷波频率的 1/10 到陷波频率的 10 倍频率的信号幅度都有明显影响。因此，双 T 电路作为陷波滤波器使用，并非最佳选择。然而为什么还要使用它呢？构造陷波滤波器只需要一个运放，这是双 T 电路的一个优势。双 T 电路的另一个优势是能够使用单个运算放大器获得多频点陷波响应，这样就可以在很宽的频率范围内获得两个独立的陷波响应，或者将两个陷波频率挨得足够近，构造一个带阻滤波器（图 17-20）。

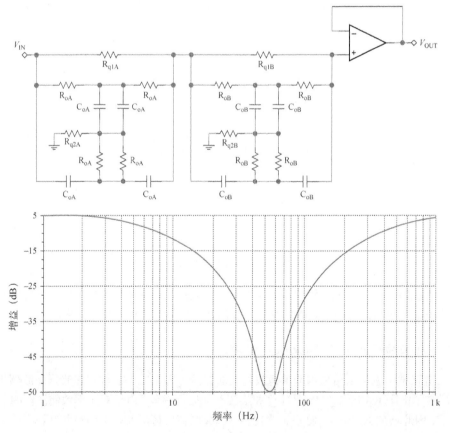

图 17-20   双 T 带阻滤波器

图 17-20 所示电路会严重影响 10 Hz ~ 300 Hz 的音频信号。然而对于通话语音中有严重杂音的情况，它可能很适用。

17.4.5 结合使用带通滤波器和陷波滤波器

双 T 陷波和带通滤波器也可以在同一电路中结合使用，如图 17-21 所示。

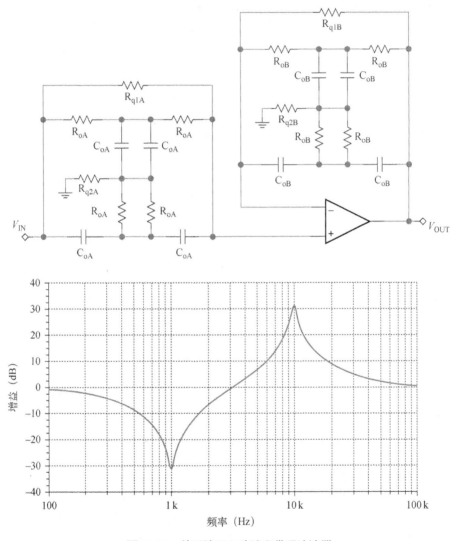

图 17-21 单运放双 T 陷波和带通滤波器

当然，也可以构造具有超过一个峰值响应或陷波响应的滤波器。但是在实践中，一级电路中的双 T 网络数目最好不要超过 2 到 3 个，因为运放附近的无源元件数目可能会过多，从而带来寄生参数的问题及其他问题。

17.5　设计辅助工具

就像第 5 章中的运放电路设计辅助工具一样，这里也介绍了滤波器电路设计的辅助工具。

17.5.1　低通、高通和带通滤波器设计辅助工具

本章介绍了种类繁多的滤波器，值得设计师仔细考虑。设计一种能实现上述所有滤波器的通用电路即使不是不可能的，也非常困难。图 17-22 给出了低通、高通和带通滤波器的通用电路。

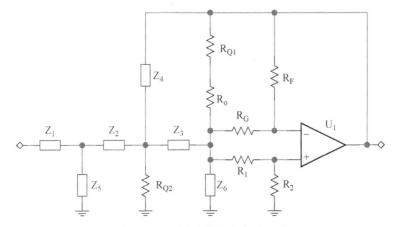

图 17-22　通用滤波器电路原理图

对于不同的滤波器，电路中的电抗元件 Z 可以是电阻，也可以是电容。对于某种确定的滤波器，并不是所有的元件都需要安装。有些元件可能是 0 Ω 电阻（短路），另一些元件可能不需安装［在设计辅助工具中标为"开路"（open）］。

这一电路可以实现低通、高通和带通滤波器。图中画出的是三极点 Sallen-Key 滤波器的电路，因为实现一个三极点 Sallen-Key 滤波器与实现一个二极点 Sallen-Key 滤波器一样简单。

与运放电路设计辅助工具类似，本书的图灵社区页面上提供了通用滤波器计算器（图 17-23）。与图中例子不同，计算器启动时，所有的电抗性元件的值和单位的文本框都是空白的。使用这一计算器时，首先要在 Filter type 下拉菜单中选择使用的滤波器类型：低通（LP）、高通（HP）或带通（BP）。然后，根据选择的滤波器类型填写下面各框内的内容。对于不同的滤波器类型（在 For 一列中指示），需要填写的框也有所不同。例如，三种滤波器类型都要填写频率，对于低通和高通滤波器，填写的是–3 dB 截止频率；对于带通滤波器，填写的是中心频率。所以，对于所有（ALL）类型的滤波器，都要输入频率。图中给出的例子是低通滤波器，因此只需要选择电容的序列（E6、E12 或 E24），并输入电阻的种子值（电容的容量会随之变化）。点击 Calculate 按钮，就可以计算出元件的量值。

在计算高通滤波器时，会发现电抗性元件文本框中左边一列（$Z_1 \sim Z_3$）变成了电容，而右边一列（$Z_4 \sim Z_6$）变成了电阻。此时需要输入一个种子电容量，而不是种子电阻值。与在低通滤波器中类似，下面的 7 个电阻值（从 R_0 到 R_2）要么是 0 Ω，要么是开路。这样，通用滤波器

电路及其印制电路布图就被配置成了三极点 Sallen-Key 滤波器电路。在选择带通滤波器（BP）选项时，Z_1 变为 0Ω，Z_5 和 Z_6 变为开路，下面的 7 个电阻中的一些需要安装，而另一些短路或开路，用来将电路配置成改进的 Deliyannis 滤波器。

Filter Type:	LP
For	**Enter**
ALL	Frequency (Hz): 15000
BPF	Q and Gain (V/V): 10
BPF	Resistor Scale (Ohms): 1000
BPF/LPF	Capacitor Sequence: E12
LPF	Seed Resistor (Ohms): 10000
HPF	Seed Capacitor (pF): 1000

Calculate

Z1	10000	Ohm	Z4	3.9	nF
Z2	10000	Ohm	Z5	1.5	nF
Z3	10000	Ohm	Z6	220	pF
Ro	open				
RQ1	open		RQ2	open	
Rg	open		Rf	0	Ohm
R1	0	Ohm	R2	open	

图 17-23   通用滤波器计算器

此外，计算器网页的右边给出了原理图和注意事项，针对不同的滤波器类型，注意事项有所不同。正确选择电阻值和电容量的量级需要一些经验。电容应当尽可能使用 1%精度的 NP0/C0G 介质陶瓷电容，尤其当滤波器要在宽温范围内工作时。尽管高容量的 NP0/C0G 陶瓷电容越来越普及，但是容量大于 10 000 pF 的产品仍然几乎没有[①]，而容量大于 1000 pF 的产品往往体积大，价格贵，难购买。要尽可能抵御使用 5%精度电容的诱惑，尤其是在带通滤波器中。选择 1%精度的电容，并且对采购和制造部门坚持这一观点吧。

图 17-24 给出了上述通用滤波器电路的印制电路板布图，以进一步帮助设计。布图中使用单层印制电路板，适用于 SO-8 封装的单运放和 1206 表面贴装电阻。

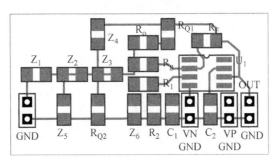

图 17-24   通用滤波器印制电路板布图

---

① 如果必须使用大容量精密电容，可以使用1%精度的有机薄膜电容，但应注意电介质材料的温度系数。

——译者注

在遇到需要使用多级滤波电路，并且不清楚数字信号处理算法对前端电路的需求（到底是要求前端电路具有高通滤波功能还是低通滤波功能），或者不知道两级同样的滤波电路对整个设计是否有好处等情况时，不妨使用这一解决方案，在印制电路板上实现通用滤波器电路。

17.5.2　陷波滤波器设计辅助工具

等等，还有更多！记得我刚说过设计包含陷波滤波器的通用滤波电路很困难吗？这项工作并没有留给读者。这里也提供了陷波滤波器设计辅助工具，如图 17-25 所示。

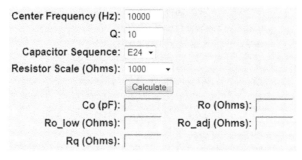

图 17-25　陷波滤波器计算器

就像前一节中的滤波器计算器一样，这个计算工具也提供了电路原理图。计算工具需要的主要输入是中心频率，用户可以调整 Q，选择电容的序列和电阻的数量级。正如注意事项中所述，最好不要让 Q 离 10 太远：$Q = 10$ 是在陷波效果和对带外频率的影响之间的较好的折中。计算工具假设用户需要中心频率调谐功能，如果不需要，只需将 R_{o_low} 和 R_{o_adj} 用另外一个阻值为 R_o 的电阻替换。

图 17-26 给出了上述陷波滤波器电路的印制电路板布图。由于电源布线不便，这一电路不得不使用双面印制板。如果使用双面板有困难，可以在背面用飞线连接电源。

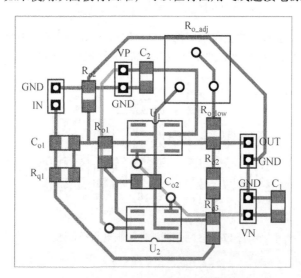

图 17-26　陷波滤波器印制电路板布图

17.5.3 双 T 滤波器设计辅助工具

本书图灵社区页面上还提供了计算双 T 带通和陷波滤波器的设计辅助工具。它们的用户界面相同，如图 17-27 所示。

需要确定的参数很少：输入中心频率，选择电阻和电容的序列，单击 Calculate。计算时还可以选择电阻的数量级。Q 一般不需要调整，默认情况下对带通滤波器有 30 dB 的通带增益，对陷波滤波器有 30 dB 的阻带抑制。对 Q 进行调整也是可能的，但是只能在有限范围内。需要记住，双 T 滤波器的中心频率无法方便调整，响应也不会非常理想。

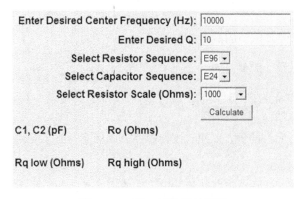

图 17-27　双 T 滤波器计算器

双 T 滤波器的印制电路板布图如图 17-28 所示。与陷波滤波器的情况类似，需要使用双层板布线，以便布通电源。调整 Q 用的电阻中有两个在背面。如果不需要调整 Q，电路中 4 个 R_o 和 4 个 C_o 组成的图形中心（即 R_{q2} 和 R_{q4} 上方的过孔）可以直接接地，4 个 Q 调整电阻也不用安装。需要注意的是，在这种情况下，电路的通带/阻带带宽很窄，幅度和中心频率也难以控制。

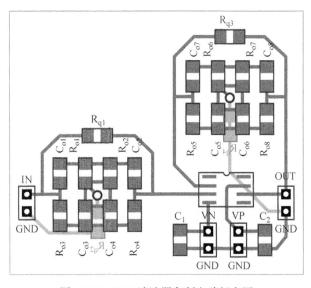

图 17-28　双 T 滤波器印制电路板布图

这一印制电路板布图支持一个陷波滤波器和一个带通滤波器。如果只需要陷波滤波器，在 R_{q3} 的位置安装 $0\,\Omega$ 电阻；如果只需要带通滤波器，在 R_{q1} 的位置安装 $0\,\Omega$ 电阻。电路也可以同时具备陷波和带通响应，如 17.4.5 节中所述。

17.6 小结

滤波器设计是一个被误导性信息、充满无穷无尽数学推导和图表的文献资料所困扰的主题。本书花了大量篇幅来消除这一领域的神秘色彩。在本章中，具备实际的元件量值、能够实际工作的电路取代了数学推导和练习。本书还花了大量的篇幅介绍在实验室中进行过广泛测试的滤波器电路，以及实现滤波器电路的最简单方式。

一般来说，滤波器设计需要：

- ❑ 知道需要通过和需要阻止的频率；
- ❑ 选择适当的电路结构；
- ❑ 计算滤波器中各元件的值，以使滤波器能够完成功能，前面提到的设计辅助工具能够帮助计算。

只要遵循设计步骤，就能获得良好的结果。随着滤波器设计的成功，读者在滤波器设计这一复杂领域的信心和经验也会逐渐增长。

第 18 章

高速滤波器

18.1　引言

高速滤波器设计曾是无源滤波器和分立元器件专属的领域。然而今天，运放已经发展到了能用来设计高速滤波器的速度。当然在速度很快时，滤波器设计也变得特别有挑战性。高速运放滤波器设计的主要限制因素是运放的开环带宽。7.6 节曾经讨论过开环带宽如何影响放大电路的性能。然而对滤波器来说，开环增益的影响在更低的频率下就会出现，可能让滤波器的行为变得不合直觉，甚至不能工作。如果读者喜欢挑战，那么高速滤波器设计会考验读者在模拟滤波器设计能力上的极限，只是要事先知道事情会变得奇怪！

下面考察运放带宽对每种类型的滤波器的影响（图 18-1）。

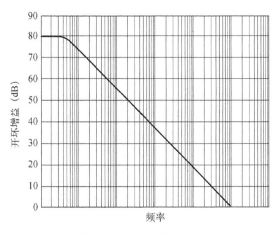

图 18-1　运放的开环响应

18.2　高速低通滤波器

由运放开环响应图（图 18-1）可知，显然，运放的开环响应一般具有低通滤波器的特性。因此，如果低通截止频率并不是非常关键，要做的全部事情就是选择一种在需要的–3 dB 转折频率上具有单位增益的运放。为了理解这一点，只需想象如何向一位经理解释，为何这一低通滤波器与单位增益跟随器等价。高速低通滤波器也可以具有增益，只需注意每 20 dB 的增益会使–3 dB 转折频率降低一个十倍频程。

显然，实现低通滤波器不会遇到什么问题。但是其他类型的滤波器就没有这么简单了。

18.3 高速高通滤波器

"并不存在真正的有源高通滤波器……随着频率增高，运放的增益带宽积的作用会逐渐明显，最终形成低通响应特性，使电路变为一个宽带通滤波器。在设计时应当选择频率极限远高于所需带宽的运放。"这里重复 17.3.2 节中的这段话是因为在高速情况下，电路必然更接近运放的开环特性限制。

实现高通滤波器时，必须选择开环带宽足够宽的运放，以使滤波器的响应开始滚降的频率高于需要处理信号的最高频率分量。

18.4 高速带通滤波器

在这里，情况变得真正有意思了，因为运放的特性限制会使谐振峰离开中心频率（使谐振频率变低），同时使谐振特性恶化。读者可能会问：这是为什么呢？我们认为滤波器的中心频率应该由电阻和电容决定，而容量和阻值并不会随频率变化。这是一个正确的问题，并且答案也是显然的：频率偏移来自运放本身。但这又是为什么呢？

答案来自运放的开环响应特性。在任何频率下，运放最终的速度限制都来自其开环响应特性。带通滤波器由低通滤波和高通滤波两部分组成，而其高通滤波特性受到开环响应特性的限制。在高通滤波特性接近开环响应特性时，其影响首先表现为幅度的限制，进一步表现为谐振频率的偏移。滤波器高通部分的特性受到运放带宽限制的影响，并影响了高通部分和低通部分共同作用的频点。这一受到影响的频率响应使谐振频率向低频端偏移。

为了说明这一效应，构造 17.3.3 节所示电路结构的滤波器并进行测试，结果如图 18-2 所示。图中的 3 组频率响应峰值对应 3 个不同的中心频率。在中心频率为 10 MHz（最右面一组峰值）、$Q = 1$（增益为 1）时，运放在 10 MHz 处的开环响应大致比滤波器的频响峰值高 30 dB，滤波器工作得很好。然而随着 Q（和增益）以 5 为步长增加，情况开始发生变化。在 $Q = 25$ 时，滤波器的增益几乎回到了 1，而频率偏移到了 6.5 MHz 左右。显然，滤波器特性接近开环响应特性影响了滤波器的性能。对于中心频率为 1 MHz 的带通滤波器，在 Q 较高时，尽管没有表现出频率偏移，仍然出现了幅度压缩的效应。只有 100 kHz 的滤波器的实际特性与理论特性几乎相符。

需要注意的是，图中的运放开环特性表明其增益带宽积大约是 1 GHz，换句话说，接近目前运放设计的领先水平。因此，这一运放能够构建的带通滤波器速度的实际限制如下：在单位增益和 $Q = 1$ 的情况下约为 10 MHz，或者说，是运放的增益带宽积指标的 1/100。在 Q 更高（如 $Q = 10$）的情况下，实际限制是运放的增益带宽积指标的 1/1000。或者说：

$$最高中心频率 = A_{\text{OL}}/(100 \times Q) \tag{18-1}$$

这一限制对低频的带通滤波器同样适用，因此需要十分小心！我保证，在读者的整个职业生涯中，肯定会不止一次遭遇这一频率限制。而这一使中心频率偏移的效应，对于不同批次的同型号运放可能表现不一样，甚至只在某些温度下出现。与第 6 章中讨论过的稳定性判据不同，这一效应在出现前并没有什么预警，而是像走夜路时掉下悬崖那么突然！在设计高速带通滤波器时，应当留足运放带宽的余量，因为运放带宽不足的效应可能会突然明显地出现：比如，一块电路板工作，另一块电路板不工作；一种布局下工作，另一种布局下不工作。如果需要滤波器具有较高的 Q，那么即使是频率相当低的带通滤波器也需要相当高速的运放。遇到这一限制时有两个选择：一是选择增益带宽积更高的运放，二是降低带通滤波器的 Q。一定要在产品投产之前把这项工作做好，而不要等产品在现场发生故障之后再做！

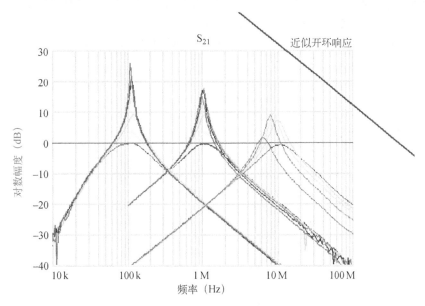

图 18-2 带通滤波器响应

18.5 高速陷波滤波器

高速陷波滤波器也有和高速带通滤波器类似的带宽限制。与带通滤波器中开环特性对峰值幅度和中心频率的影响相比，在陷波滤波器中，运放的带宽限制影响陷波深度。为了说明这一效应，构造 17.3.5 节所示电路结构的陷波滤波器并进行测试。滤波器使用 1 GHz 带宽的运放，中心频率为 1 MHz（不进行微调）。对于不同的 Q，结果如图 18-3 所示。

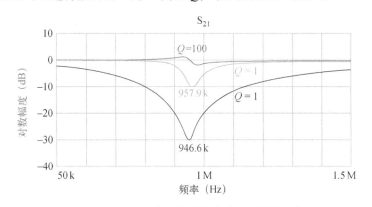

图 18-3 1 MHz 中心频率的陷波滤波器的响应

显然，中心频率受到的影响不是很明显，但是在 Q 变高时，滤波器的特性严重恶化。在 $Q=1$ 时，1 MHz 处的陷波深度可以达到 30 dB；然而增高 Q 只能让陷波深度变浅。这一电路结构完全不适用于大于 1 的 Q。

使用同样的电路结构搭建中心频率为 100 kHz 的滤波器，结果如图 18-4 所示。在中心频率为 100 kHz 时，Q 对陷波深度的影响也很容易看出来。很明显，在 $Q=1$ 时，即使是增益带宽积为 1 GHz 的运放，也只能用来制作 1 MHz 的陷波滤波器。如果需要 $Q=10$，1 GHz 的运放只能用来制作 100 kHz 的滤波器。最后我们要说，这一令人吃惊的限制程度完全是出乎意料的。

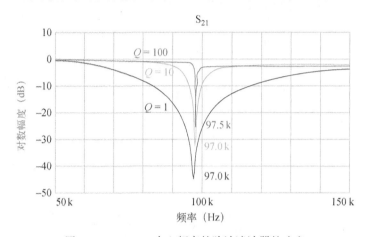

图 18-4   100 kHz 中心频率的陷波滤波器的响应

18.6   10 kHz 陷波滤波器的结果

前面的结果十分出乎意料。让我们进一步看看 10 kHz 中心频率的陷波滤波器的情况如何。$Q=100$ 和 $Q=10$ 时的响应如图 18-5 所示。

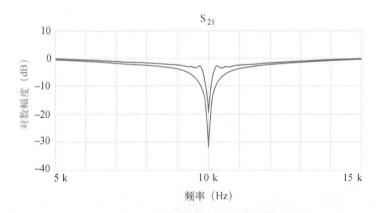

图 18-5   100 kHz 中心频率的陷波滤波器的响应

从图 18-5 中可以看出，即使在中心频率为 10 kHz 时，1 GHz 运放的带宽限制在 Q 足够高时也会显现出来。这可是 5 个数量级的频率之比，令人难以置信！

10 kHz 陷波滤波器可以应用在中波收音机中，因为相邻广播电台的载波会在音频中造成很响亮的 10 kHz 啸叫声[1]，尤其是在夜间。这种啸叫声会令收听者十分不适，如果收听时间较长，简直会让人抓狂。图 18-6 显示了使用 10 kHz 陷波滤波器前后某广播电台的音频频谱。尽管人耳对 10 kHz 不是很敏感，但应该注意在滤波前，10 kHz 是频谱中幅度最大的成分。这一频谱属于一个本地广播电台，在夜间采集。FCC 的规定允许载波频率有一定误差，这一电台的两边各有一个强台，其载波频率的细微误差在 10 kHz 产生的差拍会让听感更加不舒服。使用滤波器之后，10 kHz 处的啸叫声得到抑制，电平下降到和周围的信号相当。频谱上还可以看出 20 kHz 的信号（来源于隔了一个电台与之相邻的广播电台）和 16 kHz 的信号（来源于大西洋另一边的广播电台）。这些啸叫声不会成为问题，因为收音机中频通道中的滤波器会将其充分抑制。同时，无论情况如何，大部分人听不到 20 kHz 的声音。

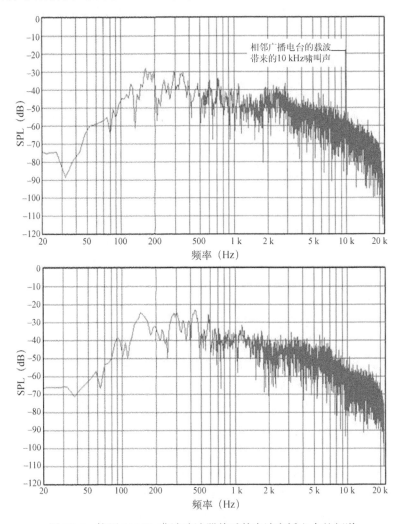

图 18-6   使用 10 kHz 陷波滤波器前后某中波广播电台的频谱

---

[1] 这是美国（中波广播电台间距为 10 kHz）的情况。在中国，中波广播电台的间距为 9 kHz，因此这一啸叫声的频率也为 9 kHz，需要使用 9 kHz 的滤波器。——译者注

　　同一信号的频谱瀑布图如图 18-7 所示。图中加宽了采样窗口，可以看出由于差拍效应的作用，10 kHz 的载波干扰是一串幅度在不停变化的峰值。使用陷波滤波器之后，峰值消失了，在 10 kHz 的陷波频率上只剩下轻微的波动。

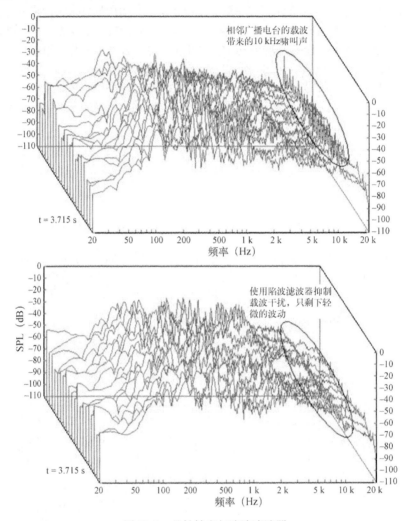

图 18-7　差拍效应与陷波滤波器

18.7　小结

　　高速滤波器设计是一个全新的领域。在高速滤波器设计中，即使是最先进（带宽最宽）的运放，也可能只是勉强可用。当然，如果设计时仔细注意了所有事项，那么也可以得到不错的结果。需要再次提醒读者的是，滤波器对运放带宽的要求远高于放大电路，有源滤波器中运放的带宽必须远大于处理相同频率信号的放大电路中运放的带宽。尤其是在设计带通滤波器和陷波滤波器时，更要加倍小心，严格测试。

第 19 章

运放在射频设计中的应用

19.1 引言

　　射频设计曾经是分立元器件的专有领域。新一代的高速电压反馈和电流反馈运放的出现，使得用运放进行射频设计成为可能。基于运放的射频电路更容易设计，与之相关的风险也比较小。实验室中对电路进行微调的工作几乎可以全部免除。然而，虽然有着很多优势，但是传统的射频电路设计师并不太愿意使用运放。在一大堆运放参数面前，射频电路设计师可能会感到手足无措，这主要是因为运放的某些参数跟他们熟悉的设计参数并没有直接的联系。本章意图在射频电路设计师和运放电路设计师之间架起一座桥梁，以便使射频电路设计师具备开始使用运放进行设计的基础知识。

19.2 电压反馈还是电流反馈

　　使用电压反馈运放更好，还是使用电流反馈运放更好？这是使用运放进行射频设计时遇到的第一个两难选择。工作频率通常是射频设计中要求最苛刻的一条，因此，运放的带宽成了关键的参数。数据手册中给出的带宽指标，是指运放接成单位增益电路时，由于内部补偿或寄生参数的影响，增益下降 3 dB 的那一点。这个参数对确定运放在射频应用中能够工作的实际频率范围来说，并不是很有用。

　　内部补偿的电压反馈运放的带宽是由内部的"主极点"补偿电容决定的。这种补偿方法限制了运放的增益带宽积不能大于某一恒定值。而电流反馈运放中没有主极点补偿电容，在增益较高时，工作频率也可以接近运放的最高工作频率。换句话说，电流反馈运放打破了增益和带宽的依存关系。然而，对这一依存关系的打破，并没有达到大多数设计师想要的程度。实践表明，与电压反馈运放相比，电流反馈运放只具备很小的优势。

19.3 射频放大器的电路结构

　　传统的射频放大器使用晶体管（早期是电子管）提供增益，如图 19-1 所示。直流偏置（$+V_{bb}$）在输出端通过偏置电阻 R_b 加到增益元件上。输出端的射频电流被电感 L_c 阻隔以免短路，直流偏置通过耦合电容与负载隔离。电路的输入和输出阻抗都是 50 Ω，以保证级间的阻抗匹配。

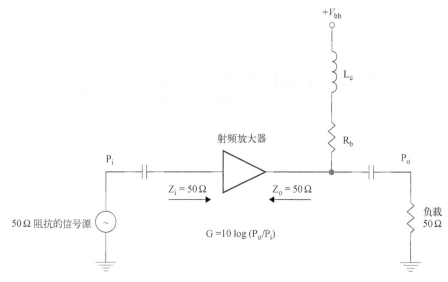

图 19-1　传统的射频放大电路

使用运放替换这一电路中的有源元件时，需要进行一些更改来适应运放的特点。

运放本身是差分输入的开环器件，其工作要求闭合的反馈环路。与接收机的自动增益控制（AGC）环路不同，运放的反馈环必须在每一级电路内部闭合。

在一级电路内闭合反馈环路有两种方法：同相放大和反相放大。这里的同相和反相，指的是这一级电路的输出与输入相位的关系。从射频设计的角度来看，同相和反相并没有什么区别。对于所有实际情况，同相放大和反相放大都能工作，而且效果相同。然而射频电路设计师更喜欢同相放大电路（图 19-2），因为在同相放大电路中，设置增益用的元件和阻抗匹配用的元件相互独立。

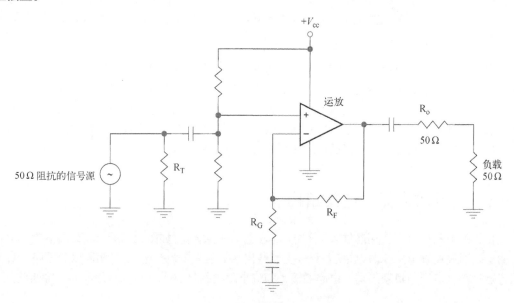

图 19-2　同相射频放大电路

同相放大电路的输入阻抗很高，所以输入端可以用 $50\,\Omega$ 电阻端接。电路的增益使用反馈电阻（R_F）和增益电阻（R_G）设定：

$$G = 20 \cdot \log \frac{1}{2}\left(1 + \frac{R_F}{R_G}\right) \text{dB}，对数增益$$

给定电路增益时，有：

$$1 + \frac{R_F}{R_G} = 2(10^{G/20})$$

电路的增益不要小于 1/2（$-6\,\text{dB}$），因为大部分运放是单位增益稳定的。

为了得到 $50\,\Omega$ 的输出阻抗，在运放的输出端串联一个 $50\,\Omega$ 电阻。$50\,\Omega$ 的输出阻抗与 $50\,\Omega$ 的负载阻抗构成一个分压器，使增益变为运放本身闭环增益的 1/2。所以，当运放的闭环增益为单位增益（$0\,\text{dB}$）时，整个电路的增益为 1/2（$-6\,\text{dB}$）。

在同相输入端的耦合电容后面，用一对分压电阻产生虚地，以将运放的工作点抬高到地和电源电压中间。这一对电阻的阻值相对 R_T 而言要足够大，但是相对运放的输入偏置要求要足够小。对射频电路设计师而言，这很少需要考虑，因为 $1\,\text{k}\Omega \sim 10\,\text{k}\Omega$ 的阻值一般来说是没问题的。这两个电阻的阻值应该相等，以构成可获得供电电压一半的分压器，给本级放大电路提供直流偏置（直流工作点）。

电路中需要使用耦合电容来隔离前后级，增益电阻 R_G 的虚地电位和真实的地也需要使用耦合电容来隔离。这些耦合电容在工作频率下需要具有低阻抗。电容的容量不应太小，否则可能会影响本级电路的增益，或造成电路工作频率范围内不可接受的增益波动。

19.4 用于射频设计的运放参数

运放的数据手册中给出的参数与射频设计中考虑的参数往往完全不同，在进行射频设计时，这可能成为一个问题。近年来，随着越来越多高速运放的推出，这一情况有所改变，但两者仍有一些差别。本节将讨论射频设计时需要的重要参数和指标，并介绍解析运放数据手册中的指标以满足射频设计需要的方法。

19.4.1 单级增益

运放电路设计师通常考虑电路的电压增益，而射频电路设计师通常考虑电路的功率增益：

$$绝对功率(\text{W}) = \frac{V_{RMS}^2}{50\,\Omega}$$

$$P_o(\text{dBm}) = 10 \cdot \log\left(\frac{绝对功率}{0.001\,\text{W}}\right)$$

在 $50\,\Omega$ 系统中 $\text{dBm} = \text{dBV} + 13$

正向传输系数 S_{21} 在电路的工作频率范围内指定。数据手册中不会给出 S_{21}，因为 S_{21} 与增益有关，而增益被增益电阻 R_G 和反馈电阻 R_F 设定。图 19-2 所示的同相放大电路的正向传输系数为：

$$S_{21} = A_L = \frac{V_L}{V_i} = \frac{1}{2}\left(1 + \frac{R_F}{R_G}\right)$$

数据手册中给出了运放的开环增益和相位。计算闭环情况下的增益和相位是设计师的责任。幸亏这件事并不难做：数据手册中通常会包含精心绘制的开环增益响应图，大部分情况下还会包含相位响应。闭环的增益响应草图可以通过在所需增益处绘制一条横穿曲线图的水平线，并使其在接近频率极限（由开环响应决定）处向下弯曲得到。开环响应曲线应当看作一种绝对最大值参数，电路的实际增益不应当太接近开环增益。

使用电流反馈运放有一个附加的好处：R_F 和 R_G 的值在数据手册中已经指定。要注意的是，此时数据手册中给出的增益并未考虑 50 Ω 阻抗匹配，因此在实际的电路中，对于给定的一组 R_F 和 R_G，增益会是数据手册中给出的增益值的一半。

19.4.2　相位线性度

设计师经常会关注射频电路的相位响应，尤其是在进行视频电路设计时。视频设计是射频电路设计中的一个特殊类型。与电压反馈运放相比，电流反馈运放通常具有更好的相位线性度。举例如下。

❑ 电压反馈运放 THS4001：微分相位误差 = 0.15°。[1]
❑ 电流反馈运放 THS3001：微分相位误差 = 0.02°。

19.4.3　频响峰值的调节

电流反馈运放的频响峰值可以方便地通过微调电阻调节，而不影响正向增益。图 19-3 给出了调节同相放大电路频响峰值的电路。反馈环中的微调电阻可以对环路增益进行调节，因此也会影响频率响应。然而信号增益仍然由 R_F 和 R_G 决定，不会受到这一调整的影响。

---

[1] 复合视频信号中的色度信号调制在色度副载波上，而色度副载波的相位包含了色调信息。微分相位误差是指在信号幅度发生变化时所发生的附加的相位变化。如果这一指标不好（值过大），放大的视频信号在显示时，随着亮度不同，色调会发生肉眼可见的变化。——译者注

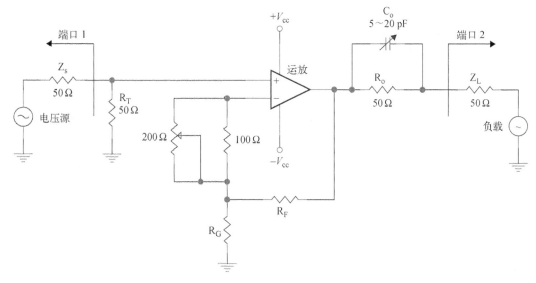

图 19-3 频响峰值的调节

由于增加了微调电阻，R_F和R_G的值必须减小以作为补偿，但R_F和R_G的比值以及信号增益仍应保持不变。依靠微调电阻的调整范围和适当减小的R_F值，可以调整电路的频响峰值，以适应电流反馈放大器参数的微小不同。

19.4.4 –1 dB 压缩点

在某一确定的输入频率下，放大器的实际输出功率比期望的输出功率低 1 dB 时的输出功率，称为–1 dB 压缩点。换句话说，与较低输出功率时的功率增益相比，放大器在–1 dB 压缩点处的实际功率增益降低了 1 dB。射频电路设计师在讨论电源电压时，经常使用–1 dB 压缩点这一术语。

运放电路设计师和射频电路设计师考虑电源电压的思路不同，这与他们设计的系统需求有关。

□ 对运放设计师而言，在进行诸如将运放和数据转换器连接的工作时，必须费尽心思避免信号到达运放的电源轨，以免损失信号精度。

□ 然而，射频设计师可能更关注如何"挤出"射频放大电路中最后的半个分贝增益。比如，只要稍微提高一些功率增益，广播发射机就可以覆盖更广的面积；而覆盖更广的面积，就拥有了更多的听众，从而能获得更多的广告收入。因此，输出信号略有削波是可以接受的，只要杂散辐射还在联邦通信委员会（FCC）[1]的相关规定允许的范围内。

标准的交流耦合射频放大器在工作频率范围内的–1 dB 压缩点功率相对恒定。然而对于运算放大器，最大输出功率则严重依赖于输入频率。运放的诸多指标中，作用与–1 dB 压缩点类似的是 V_{OM}（最大峰峰值电压摆幅）和压摆率。

① 在中国，对应的管理部门是工信部无线电管理局（国家无线电办公室）及各地无线电管理机构。——译者注

在频率较低时，增大固定频率输入信号的功率，最终会将输出驱动到电源轨"里面"，即达到 V_{OM} 指标的限制。数据手册中经常将 V_{OM} 分为两个指标给出，即最低和最高削波电平（V_{OL} 和 V_{OH}）。随着频率增高，运放的输出信号受到最快翻转速度（对阶跃响应来说）的限制。这就是运算放大器的压摆率限制。由于射频应用时运放输出端的匹配电阻的作用，电路实际的压摆率是数据手册指标的 1/2。

就像在其他应用场合中一样，最好的做法也许是避免运放工作到接近电源电压的程度。这是因为由此引起的不可避免的失真将在射频信号中产生谐波，而在 FCC 测试时，可能希望谐波分量尽可能少。然而，如果在–1 dB 压缩点处谐波失真仍然可以接受，那么这就是一种从电路中获取最大输出功率的有用方法。

19.4.5　噪声系数

当运放用作射频放大电路中的有源元件时，放大电路的噪声系数由运放的噪声决定。射频系统中电阻的热噪声对总噪声也有一些贡献，但射频系统中的电阻阻值一般很小，产生的噪声可以忽略。

运放射频电路的噪声取决于：

❑ 放大的带宽
❑ 增益

下面的例子中，运放的噪声为 $11.5\ \mathrm{nV}/\sqrt{\mathrm{Hz}}$ 。电路为 10.7 MHz 的中频放大器，信号幅度是 0 dBV，增益为 1。

图 19-4 从真实数据外推得来。本例中的 $1/f$ 转折频率比电路处理的频率低很多，因此，$1/f$ 噪声可以完全忽略（假设滤波器滤除了能够造成放大器或数据转换器饱和的所有噪声）。

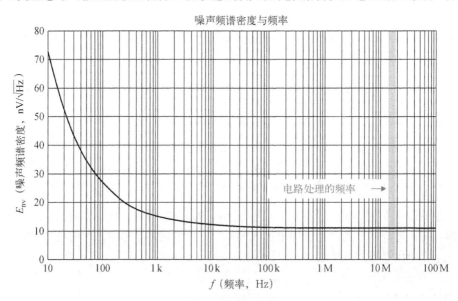

图 19-4　噪声带宽

在窄带的情况下，噪声可能会很低。表 19-1 中列出了不同带宽下的噪声和信噪比，可以看出减小带宽对降低噪声带来的好处。噪声被放大级的增益所放大，因此，如果放大级有很高增益，那么必须仔细选择低噪声的运放。如果放大器的增益不是很高，噪声也不会被放大很多，此时也许可以使用更便宜（但噪声也更高）的运放。

表 19-1 不同带宽的噪声

带宽（kHz）	E_{in}（μV）	信噪比（dB）
280	6.09	−104.3
230	5.52	−105.2
180	4.88	−106.2
150	4.45	−107.0
110	3.81	−108.4
90	3.45	−109.2

19.5 无线系统

二次变频蜂窝电话基站接收机的一个例子如图 19-5 所示。与传统的二次变频超外差接收机一样，这一接收机包含两个混频级。

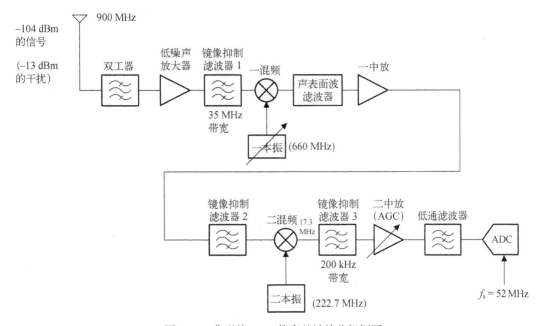

图 19-5 典型的 GSM 蜂窝基站接收机框图

希望在电路中某些放大级使用运放的射频电路设计师需要了解运放的最新发展。对模数转换器驱动、模数转换器驱动之前的低通滤波，甚至是第二中放，运放都是理想的选择。然而如果读者想用运放来放大 240 MHz 的一中频，会受到有限的开环增益的限制。这将运放的适用范围限制在这一设计的最后几级（二混频之后）。尽管在更高的频率下，可以使用单位增益缓冲器来进行阻抗匹配，然而在大部分情况下，运放并不适合特高频（UHF）的应用。

19.5.1   宽带放大器

电流反馈运放是宽带放大器的最佳选择。在下面的例子中，选择具有宽带宽和高压摆率的双运放 THS3202 进行测试。使用 THS3202 评估板可以方便地实现图 19-6 所示的电路。使用这一电路研究的关键问题是，基于运放的宽带放大器能提供多少增益，以及能在什么样的频率范围内工作。电路首先配置为一级放大，包含 THS3202 中的一个运放、301 Ω 的反馈电阻、16.5 Ω 的增益电阻以及 49.9 Ω 的反向匹配电阻。这样，放大器的增益为 20 倍。在连接 50 Ω 阻抗的测试设备时，本级电路的总增益为 10 倍。

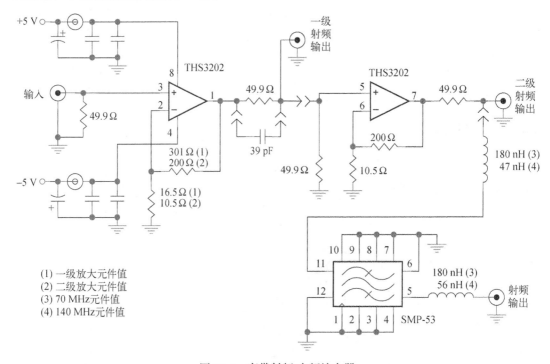

图 19-6   宽带射频/中频放大器

应当注意，与传统的射频电路相比，这一电路非常简单。电路中只包含放大器、端接（匹配）和退耦器件、增益电阻和反馈电阻。电路的增益完全由 301 Ω（R_F）和 16.5 Ω（R_G）的两个电阻确定。

电路增益可以使用电阻精确确定，是基于运放的射频放大器的一个主要优点。这一电路的幅频响应如图 19-7 中靠下的曲线所示。

运放电路本身的增益为 20，但是由于反向匹配电阻和负载阻抗的共同作用，电路的实际增益是 10。电路的–3 dB 转折频率大约是 390 MHz。如果需要平缓的频率响应，则电路只能使用到大约 200 MHz。带宽内输入和输出的电压驻波比（VSWR）大多好于 1.01∶1，在 200 MHz 左右的时候也只会上升到 1.1∶1 左右。大部分频率下的 S_{12} = –75 dB，在接近带宽限制时会上升到–50 dB 左右。

读者可能会疑惑，继续减小增益电阻（R_G），能不能使电路的增益继续增加？答案是肯定的，但是具有实际上的限制。记住，反馈电阻（R_F）是电流反馈运放稳定性的重要决定因素[①]，而为了增大增益，R_G 必须比 R_F 在比例上减小更多。很快，R_G 的值就会小到不现实的程度。对于不同的 R_F 进行的试验表明，使用小于 200 Ω 的 R_F 并无优势。在 $R_F < 200$ Ω 时，不管 R_G 的值是多少，频率响应中都会出现峰值。电阻值越小，频响劣化越严重。这是符合直觉的，因为电流反馈运放在 R_F 短路时无法工作。

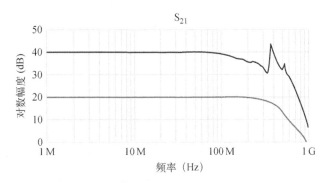

图 19-7　宽带射频/中频放大器的响应

为了得到更高的增益，需要将 THS3202 运放电路进行级联。由于 THS3202 是双运放，设计师可以在几乎不增加成本的情况下实现两级射频放大器。

为了将上述放大器改造为两级放大器，需要使用 200 Ω 的反馈电阻和 10.5 Ω 的增益电阻。第二级和第一级级联，两个电阻的值也与第一级相同。级间的端接电阻提供了隔离。可选的 39 pF 电容提供了增益峰值，用于补偿高频滚降。然而这一电容会使第一级运放具备电容性负载，也增加了第一级运放的增益出现峰值的趋势（如图 19-7 中上方曲线所示）。这使电路趋向于不稳定，同时也让三阶交调截取点（IP3）指标变得更差。如果需要最好的 IP3 指标，设计师需要从电路中去掉这一电容，同时忍受较小的带宽。电路其他的 S 参数与单级运放情况下相似。

在这里，信号幅度也十分重要。上面讨论的电路指标可能非常吸引人，但是，如果这些指标只能在信号幅度非常小的情况下达到，那么并不能体现出运放射频电路的优势。

数据手册中给出的最大和最小输入/输出电压限制了运放能够通过的信号幅度。这些参数给出了信号通过运放时的"硬"削波电压。因此，信号达到任意一个电压限制之后，–1 dB 压缩点紧接着就会出现。明智的设计师不会试图从一级电路中压榨出最后的一分贝增益，因为削波可能会造成大量的高次谐波。

对于 THS3202 构成的放大电路，运放可以输出 ±3.2 V 的摆幅；因此输出信号能摆动到 ±1.6 V，也就是 14 dBm 的输出功率。

19.5.2　中频放大器

图 19-6 中的电路可以与声表面波（SAW）滤波器连接，以构成高性能的中频放大电路。设

[①] 回顾第 9 章内容，增益确定时，电流反馈运放带宽和稳定性的要求将 R_F 的值限制在一个很窄的范围之内。在增益增加时，R_F 的合理取值会减小。——译者注

计中只需要考虑滤波器的插入损耗，因为随着滤波器的个体差异或批次不同，其插入损耗也有所不同。如果需要精确的增益，则既可以在电路中的某一级增加一个微调电阻，也可以在电路的每一级都增加一个微调电阻。除了对最高频率限制有些许影响之外，这种微调不会影响电路的调谐。

　　将这一两级运放宽带射频放大器和声表面波滤波器级联是一件非常简单的事情。Sawtek 公司提供了评估板以方便设计师制作原型。只需使用一根两头都是 SMA 连接器的短电缆，就能将两张评估板连接起来。将声表面波滤波器连接在放大器后面非常重要，这样运放产生的噪声会和带外信号一起被声表面滤波器滤除。如果将放大器接在声表面滤波器之后，放大器产生的宽带噪声会直接馈送到下一级[①]。

　　70 MHz 和 140 MHz 的中频放大器应用在蜂窝电话基站和卫星通信接收机中。对于 70 MHz 的中放，可以使用 Sawtek 845660 滤波器；对于 140 MHz，使用 Sawtek 854916 滤波器。这些滤波器需要输入和输出电感，在标准的 50 Ω 阻抗工作。使用 70 MHz 滤波器时，放大器的频率响应如图 19-8 中上面一条曲线所示；使用 140 MHz 滤波器的响应如图中下面一条曲线所示。

　　图 19-8 所示频响曲线的形状与 Sawtek 提供的滤波器的频响曲线几乎完全相同，这是本电路最好的特性。这一放大器可以在不引入不需要的谐波成分的情况下提供增益。70 MHz 声表面波滤波器的插入损耗约为 7 dB。140 MHz 声表面波滤波器的插入损耗约为 8 dB，然而在这一频率下，放大电路本身的增益已经开始下降，造成了增益的另一部分损失。仔细观察 140 MHz 的通带响应曲线，能看出放大电路的增益滚降带来的影响。

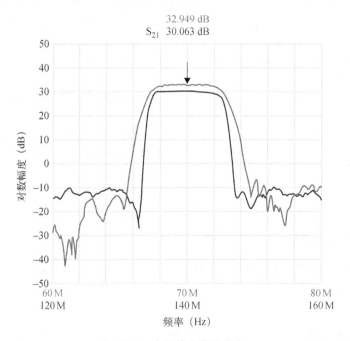

图 19-8　中频放大器的响应

---

① 然而必须再次强调，无源滤波器最大的优势就是它不受电源电压限制的极大动态范围。在本例中，声表面滤波器接在放大器后面时，输入端的带外噪声也有可能使放大器饱和。在真实的系统中，放大器前面和后面都应当具备适当的带通滤波器。——译者注

19.6　高速模拟输入驱动电路

大部分通信用模数转换器具有差分输入端。为了正确驱动这些模数转换器，需要差分的输入信号。驱动电路既可以用射频变压器实现，也可以用具备宽带宽、快建立时间、低输出阻抗、良好的输出驱动能力、1500 V/μs 量级的压摆率等特性的高速差分运放来实现。差分运放的增益一般设置为 1 或 2，主要用于缓冲，并将单端输入信号转换成差分信号。诸如交流声、噪声、直流成分、谐波成分等不需要的共模信号可以被抑制或消除。增益应该限制在满足差分信号电平（一般为 1~2 V）的程度。

图 19-9 所示的模拟输入驱动电路使用型号为 THS4141 的运放。THS4141 能够在宽频率范围和宽供电电压范围下高速、线性地工作，但是耗电量要略高于 BiCMOS 器件。在放大器输出端测量的–3 dB 带宽为 120 MHz。模拟输入 V_{IN} 通过交流耦合进入 THS4141，直流电压 V_{OCM} 提供输入共模电压。R_{47} 和 C_{57}、R_{26} 和 C_{34} 提供了需要的频率滚降特性。如果输入信号频率在 5 MHz 以上，需要高阶的低通滤波器（三阶以上）来滤除运放产生的二次谐波失真。

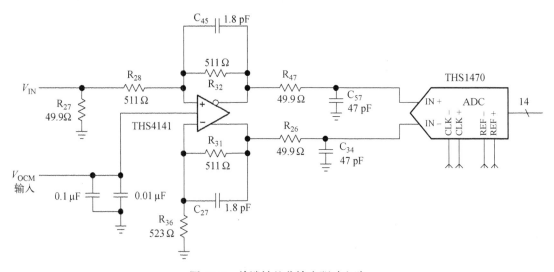

图 19-9　单端转差分输出驱动电路

19.7　小结

只要成本上的劣势能被设计上的灵活性所弥补，运放就适用于射频设计。运放用于射频设计时比分立的晶体管更加灵活，因为运放的偏置与增益和端接无关。电流反馈运放更适合于高频高增益的射频电路中，因为电流反馈运放不像电压反馈运放一样有增益带宽积的限制。

运放构成的射频放大器的 S 参数非常好。输入和输出的电压驻波比很好，因为端接与匹配电阻不会对偏置造成影响。反向隔离特性也很好，因为射频放大级由内含几十甚至上百个晶体管的运放构成，而不是单个晶体管。使用电流反馈运放时，正向增益也非常好。

　　与一般的运放电路设计不同，使用运放进行射频设计时需要考虑如下的参数和指标：相位线性度、–1 dB 压缩点（相对于一般的运放电路设计中的电源轨）、双音三阶交调截取点、频响峰值、噪声带宽等。在几乎所有情况下，使用运放构成的射频放大级的性能要好于使用单个晶体管构成的射频放大器。

第 20 章

低压运放电路的设计

20.1 引言

使用运放的电路最终会用于在市场上销售的电子产品。越来越多的电子产品使用电池供电。消费者需要更小、更轻便、但仍然具备上一代产品功能的新产品，手机就是一个很好的例子：2公斤重、砖头一样大的"大哥大"早已被小巧玲珑的智能手机所取代。这可能还不是最好的例子，因为手机中大部分运放集成到了高集成度的大规模集成电路中。然而不要误会，这些大规模集成电路中仍然包含使用运放的放大与滤波电路。从某种意义上说，设计师仍然需要设计使用运放的放大与滤波电路，然后将这些电路集成到大规模集成电路里面。由于这些集成电路使用单电池供电，因此它们中的运放电路大多是前面提到的单电源运放电路。

低电源电压与单电源一样，也成了发展趋势。最早的 Regency 牌半导体收音机使用 22.5 V 电池，我小时候的半导体收音机使用 9 V 电池，而现在使用的便携式收音机使用一节 1.5 V 电池。比起那些老收音机，这个 1.5 V 电池的收音机续航时间长、体积小、重量轻、灵敏度高。另外，低功耗也成了发展趋势：低功耗的电子产品可以工作更长时间而不充电或不换电池，并且不牺牲性能。

这些发展趋势要求运放本身的工作电压和功耗降低。随着产品供电电压的降低，常见的 ±15 V 电源电压的运放已经被电源电压越来越低的运放所取代，很多型号的运放甚至无法承受 ±15 V 的电源电压。乍一看，你可能认为这一点很吸引人：运放可以和逻辑电路在同一电源电压下工作，而不再需要单独的模拟供电了！然而，在低电源电压下工作也有坏处。本书已经提到过运放的输出电压范围指标：V_{OH} 和 V_{OL}。随着运放的电源电压越来越低，这两个指标变得越来越关键。对输入电压范围也有类似的限制。本章将介绍设计低电源电压运放电路的方法，以及优化低电源电压运放电路，使之在给定的电源电压范围内良好工作的方法。

20.2 关键的指标

对于电源电压范围有限的系统，有几项关键的指标需要重视。下面按照重要性依次讨论这些指标。

20.2.1 输出电压摆幅

出于两个理由，我们希望使用轨到轨输出（Rail-to-Rail Output，RRO）运放：第一，轨到轨输出运放的动态范围可以达到能够获得的最大值；第二，只要阻抗匹配，轨到轨输出运放可以驱动连接在同一电源上的任意的数据转换器。以 TLC227X 为例,轨到轨输出运放的输出级电路如图 20-1 所示。

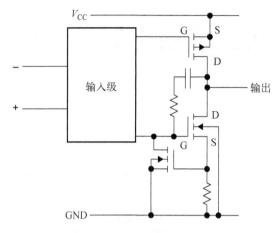

图 20-1　轨到轨运放的输出级

运放输出级的结构决定了轨到轨输出特性。轨到轨输出运放中使用包含上下两个晶体管的推挽结构输出,两个输出晶体管是互补的。互补对中的两个晶体管是以共源方式工作的增强型场效应管。考虑其中的 P 沟道输出管:管子工作在欧姆电阻区时,它和负载电阻构成一个分压器。当负载电阻很大或输出电流很小时,输出管的压降可以忽略。当较大的输出电流通过输出管时,由于源极–漏极电阻上的压降(V_{DS})的作用,输出摆幅也会降低。计算输出摆幅时,电源电压要减去这一压降。因此,实际的输出电压范围小于轨到轨的范围。

由于输出晶体管上的压降,轨到轨输出运放在驱动重负载时无法保证轨到轨输出特性。测量运放的输出电压摆幅时,负载电阻或输出电流是一个测试条件。负载电阻或输出电流的大小,是衡量运放输出端在流出或吸入一定电流时是否能保持轨到轨输出能力的一个度量。在选择轨到轨输出运放时,必须考虑需要的负载电阻或输出电流,因为这些条件限制了输出电压摆幅。

20.2.2　动态范围

运放的动态范围受 V_{OH} 和 V_{OL} 指标的影响,然而这是一个更宽泛的话题。让我们从最大输出电压摆幅 $V_{OUT(MAX)}$ 开始。最大输出电压摆幅定义为运放能够输出的最高电压(V_{OH})与运放能够输出的最低电压(V_{OL})之差。在运放的数据手册中能够很容易地查到 V_{OH} 和 V_{OL} 的值。我们可计算出:

$$V_{OUT(MAX)} = V_{OH(MIN)} - V_{OL(MAX)} \tag{20-1}$$

式(20-1)可以用来解释供电电压在对动态范围的限制上所起的作用。$V_{OH(MIN)}$ 是正电源电压减去上输出管的压降,所以 $V_{OH(MIN)}$ 与正电源电压成正比。对于任意的运放,其输出电压摆幅与供电电压成正比。因此,对于同样的运放,动态范围与供电电压成正比。

运放的 V_{OH} 与 V_{OL} 指标可能与供电电压接近,然而并不一定相等。这是因为真实的运放中的输出晶体管总有一些压降。所以,不可能有真正的"轨到轨"运放,除非运放内藏了 DC-DC

电源变换器来提升内部的电源电压。要达到完美的轨到轨指标，有很多困难需要克服。通过仔细的系统设计，可以达到需要的性能而不求助于这些极端措施。随着运放的 V_{OH} 和 V_{OL} 指标要求越来越严，半导体器件设计也受到了越来越严峻的挑战，因为这可能导致更大的功耗，并且使器件更容易闩锁。

20.2.3　输入共模电压范围

　　运放的输入电压范围受到限制，就像输出电压摆幅受到限制一样。这可能会带来麻烦，尤其是在输入信号以单电源工作时的地为参考并且幅度很小时。幸好真正的轨到轨输入（Rail-to-Rail Input，RRI）运放是可以实现的。然而这种运放在设计上也存在折中。有时，使用输入共模范围可以包含电源轨中的一端（地端或电源端）的运放就已经足够了。

　　输入共模范围可以包含地（而不包含正电源）的运放输入电路简图如图 20-2 所示。PNP 型输入晶体管的偏置由发射极电流源提供。在同相输入端接地时，偏置电流仍然流通，晶体管仍然可以工作。

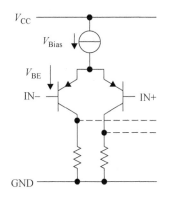

图 20-2　非轨到轨输入运放的输入电路

　　NPN 型晶体管输入的运放在输入电压接近正电源时也有类似的特性。NPN 型晶体管输入电路可以放大接近 V_{CC}，甚至稍大于 V_{CC} 的输入电压，但是在输入电压与地电位之差小于约 1.5 V 的范围内无法工作。使用两套输入端并联的输入电路可以解决这一问题（图 20-3）。

　　轨到轨输入运放的输入级中既有 PNP 型差分放大器，也有 NPN 型差分放大器。这样，轨到轨输入运放的共模输入电压可以覆盖稍低于地电位到稍高于电源电压的范围。如图 20-3 所示，这一并联输入电路既可以用双极型工艺制造，也可以用 MOS 工艺制造。在运放中包含两套互补的差分输入放大器使运放的输入共模电压范围（V_{ICR}）超过了电源电压的限制，然而在输入偏置电流、输入失调电压和失真方面必须付出代价。这一点会对低压直流耦合系统产生严重影响。

　　输入级有 3 个工作区域：

❑ 输入电压在约 –0.2 V ~ 1 V 时，PNP 型差分放大器工作，NPN 型差分放大器截止；
❑ 输入电压在约 1 V ~ (V_{CC} – 1 V)时，NPN 型和 PNP 型差分放大器都工作；
❑ 输入电压在约(V_{CC} – 1 V) ~ (V_{CC} + 0.2 V)时，NPN 型差分放大器工作，PNP 型差分放大器截止。

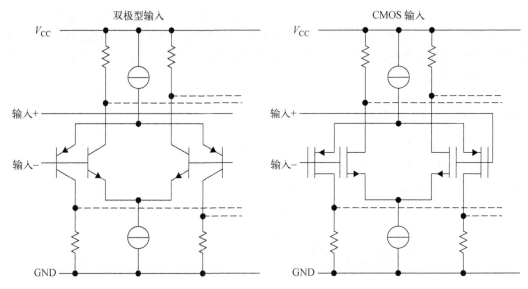

图 20-3　轨到轨输入运放的输入电路

图 20-4 显示了输入失调电压和输入偏置电流随输入共模电压的变化。

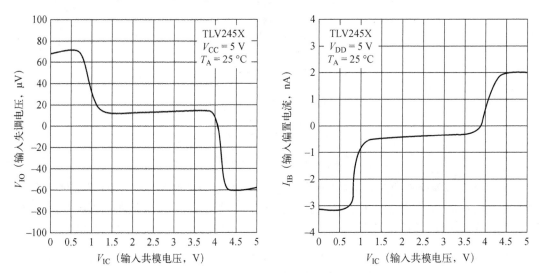

图 20-4　输入失调电压和输入偏置电流随输入共模电压的变化

同时具备轨到轨输入和轨到轨输出能力的运放称为轨到轨输入/输出（Rail-to-Rail Input/Output, RRIO）运放。

20.2.4　信噪比

噪声决定了系统能够处理的信息和信号的最低限度。放大器、接收机和其他信号处理设备的性能受到噪声的限制。与输入信号混合的噪声、运放本身产生的噪声、电阻的噪声和电源的噪声最终决定了系统能够恢复和测量的信号的大小。

噪声在一段时间内随机涨落，因此瞬时的信号或噪声电平并不能充分说明问题。因此，这里使用一段时间内的平均值［均方根（RMS）值］来描述信号和噪声。信噪比这一指标最初是作为噪声背景中信号质量的一个度量而提出的。在讨论信号质量时，信噪比是功率的比值，在电路输出端测量。由于阻抗不变，本节中提到的信噪比用电压的比值来表示。这里的信噪比是在运放输入端定义的，这就是说，所有的噪声电压，包括电阻产生的噪声，都要折算成运放输入端的均方根电压值。信噪比的定义为：

$$SNR = 20\log_{10}\left(\frac{V_{信号}}{V_{噪声}}\right) \tag{20-2}$$

将模拟信号链的输入端进行端接，并从输出端进行测量，是测量系统噪声的一个不错的出发点。根据电路的特性，这里的端接可以是接地、接 V_{REF}，或者是接其他的共模电压。如果输入具有特征阻抗（如 50 Ω），那么端接中应该包含这一阻抗。如果一切顺利，信号链引入的噪声应当非常低。对于低电平信号来说，仔细注意印制电路板布图和退耦技术，是非常重要的。

大多数信号来自传感器。传感器是感应被测量变化并将其转换为电压变化的器件。同时，传感器也会将其周围环境的某些其他变化转换为随信号一起出现的噪声。这种噪声几乎不可能与传感器信号分离，除非其性质被充分地了解。另外，当传感器与电路连接时，电缆也会拾取噪声和其他信号的串扰，热电偶之类的传感器的接点处也会拾取噪声。因此，进入电路的信号从来都不是干净的。

传感器通常具有很小的电压摆幅。因此，当传感器的输出电压变化进入数据转换器时，噪声应该比数据转换器的最低有效位（LSB）对应的电压小很多。考虑在整个测量范围内具有 10 mV 信号摆幅的温度传感器。如果传感器的输出摆幅对应模数转换器的满度输入电压（Full-Scale Voltage，FSV），那么最低有效位对应的电压非常小。式(20-3)给出了 12 位（位数在式中用 N 表示）的 ADC 的最低有效位对应的电压。

$$LSB = \frac{FSV}{2^N} = \frac{10\ mV}{2^{12}} = \frac{10\ mV}{4096} = 2.44\ \mu V \tag{20-3}$$

此时必须使用极低噪声的运放，因为 $20\ nV/\sqrt{Hz}$ 等效输入噪声电压的运放在带宽为 4 MHz 时会产生 40 μV 的噪声。运放对噪声的贡献如此之大，这就是为什么在有些系统中，输入级需要进行大量的滤波并具备"最优"的窄带宽[①]。如果电源存在噪声，那么噪声的一部分会通过运放到达输入端。计算电源噪声时应当除以电源抑制比，但是总有一部分残留的噪声能够到达运放的输入端。式(20-4)给出了电源抑制比 $k_{SVR} = 60$ dB，电源噪声 $V_{PS} = 10$ mV 时输入端的等效电源噪声。

$$V_{PS(输入)} = \frac{V_{PS}}{k_{SVR}} = \frac{10\ mV}{1000} = 10\ \mu V \tag{20-4}$$

当放大器与数据转换器连接时，噪声电平最终决定了转换出的数据中有效位的个数。当系

---

① 对于此例，由于温度一般是缓变量，只要选用 1/f 噪声足够小的运放，并在信号调理电路中进行适当的滤波，将带宽限制到足够窄，就可以将运放的噪声对整体噪声的贡献降到足够小。——译者注

统的噪声电平淹没了高精度数据转换器中的若干个最低位时，使用高精度数据转换器并没有意义。在这种情况下，你可以：

- 将信号链中的运放用低噪声器件替换；
- 将大量采样数据平均以便减少噪声的贡献[①]；
- 当噪声电平已经达到能够达到的最低值，或已经满足系统要求时，使用位数更少的数据转换器以节约成本。

20.3   小结

当应用限制在低电压供电时，很难达到很大的动态范围。新的运放设计更加强调输出电压的摆幅，以试图接近±15 V 供电的运放的动态范围。然而，低电压供电对动态范围提出了严酷的限制，半导体厂商降低 V_{OH} 和 V_{OL} 限制的努力也只能收复由于低电压供电而受限的动态范围中的一小部分。在设计电路时，设计师应当仔细选择电路的工作电压范围。

轨到轨输入的运放可以与和与电源轨相连的传感器一起工作。只要传感器的输出电压中的交流分量不超出运放的输入共模电压的范围，设计就是可靠的。轨到轨输入运放的性能被偏置电流、输入失调电压和增益变化带来的失真所限制，然而它对系统的信号处理能力的贡献是无价的。在各种运放中，轨到轨输出运放能够提供最大的输出电压摆幅。但是要注意，轨到轨输出运放的指标是在给定负载电阻或输出电流的情况下确定的，在负载电阻减小或输出电流增大时，运放的输出摆幅会大幅下降。轨到轨输入/输出的运放同时具备轨到轨输入运放的输入特点和轨到轨输出运放的输出特点，然而也同时具备两者的缺点。

最后需要注意的是，低电压设计总是单电源工作的，而单电源设计要难于双电源设计。记住本书在讨论单电源运放电路设计时所提出的设计步骤：确定两组数据点，联立方程解出斜率和截距，选择电路的类型，计算出元件的值。设计包含数模转换器的电路时有些不同，因为必须要考虑电流的方向。不过设计步骤大体上是一样的。

---

① 数据采集与处理中常用的过采样方法可以被看作这类方法的一种。——译者注

第 21 章

极端环境下的应用

21.1　引言

　　并非所有电路都为良好的工作环境而设计。有些电路需要工作在极端环境下，而有些应用中失效是不可接受的。尽管长期以来都可以购买到能在-55～125 ℃范围内工作的军用级运放，然而军用环境早已不是最严酷的：航天、石油钻探和地热等环境下的温度极限值更加严酷，振动和冲击也可能会损坏电路中的元器件。航天、医疗和汽车等应用要求系统具有高可靠性。对航天电子产品来说，维护是几乎不可能的[①]；如果医疗电子产品失效，可能会危及病人生命；如果汽车电子产品工作不正常，可能会造成交通事故。本章意图对这一领域进行简单的介绍：本章提出的技巧是极端环境下电路设计的出发点，而不是让系统在极端环境下工作的保证。设计师必须严格遵循其工作单位提出的鉴定试验条件，只有通过了相应的鉴定试验的系统，才适合在极端环境下工作。

21.2　温度

　　本节主要关注高温下的设计，这一领域是我最为熟悉的。在温度增高时，运放的某些参数会劣化，而随着温度的进一步增高，这种劣化的趋势有可能加速。换句话说，运放参数随温度升高的劣化趋势不一定是线性的，不同的参数劣化到不可接受时的温度也不一样。然而奇怪的是，另外一些指标却不随温度变化。表 21-1 列出了一种同时具有商业级和高温级产品的运放的参数对比。此处隐去了运放型号，因为生产厂家可能随时改变运放的指标。

表 21-1　常温和高温参数比较

参　　　数	商　业　级	高　温　级	单　　　位
V_{OS}	±125	±260	μV
$\Delta V_{OS}/℃$	1.5	2	μV/℃
I_B	±200	±250	nA
I_{OS}	±150	±150	nA
e_n	1.1	1.1	nV/$\sqrt{Hz}$
I_n	1.7	1.7	pA/$\sqrt{Hz}$

---

① 当然，载人航天除外。历史上也有使用载人航天器维护无人航天器（如使用航天飞机维护哈勃望远镜）的个别
　例子，但在大多数情况下，这么做是不值得的。——译者注

（续）

参 数	商 业 级	高 温 级	单 位
CMRR	120	113	dB
A_{OL}	110	110	dB
GBW	45	45	MHz
SR	27	27	V/μs
t_s	400	580	ns
THD+N	0.000 015	0.000 015	%
V_{OH}	(V±1) − 20.2	(V1) − 20.2	V
V_{OL}	(V±2) + 10.2	(V2) + 10.2	V
I_{SC}	+130/−245	130/−245	mA
Z_O	5	5	Ω
IQ	6	7.5	mA
PSRR	140	140	dB

从表 21-1 中可以看出，高温下某些参数（但不是所有参数）发生了变化。读者可以参考附录 B 来了解这些参数。下面会简要描述对用户来说这些参数意味着什么。当然，这些参数随温度升高的变化趋势并不总是坏消息。

21.2.1 噪声

和噪声相关的指标——e_n（等效噪声输入电压）、输入噪声电流（I_n）及总谐波失真加噪声（THD + N）——在高温下不变。也就是说，本例中常温下的低噪声运放到了高温下仍然是低噪声运放（这可能是选择这一运放的最优先理由）。与传导噪声有关的参数，如电源抑制比（PSRR）和共模抑制比（CMRR），也基本不受温度影响，这是另外一个好消息。

21.2.2 速度

与速度相关的指标——增益带宽积（GBW）和压摆率（SR）在高温下不变。尽管本例中的运放并不是特别高速，但其速度在高温下和常温下也保持一致。有些情况下，高速运放的带宽会随温度上升而升高，虽然可能只会上升几个百分点。这是极少数在高温下比在常温下要好的参数之一。

21.2.3 输出驱动能力和输出级

对这一器件来说又有一些好消息：其输出级似乎不受高温影响。最高和最低输出电压（V_{OH} 和 V_{OL}）、输出短路电流（I_{SC}）以及输出阻抗（Z_O）在高温下保持不变。如果你要驱动重负载或需要轨到轨输出，这是一个好消息。但是需要注意，大部分轨到轨运放在驱动负载时指标会有下降。注意参考数据手册中的图表总是明智的，尤其是对于这种可能互相影响的参数。

21.2.4 直流参数

高温下供电电流会增加，这会导致使用电池工作的系统中电池寿命的降低。在高温时，并非为精密的直流传感器应用设计的运放，其失调电压和输入偏置电流会增大。注意输入偏置电流：对于某些器件，输入偏置电流可能会随温度上升而增大几个数量级，如果忽略这一效应，最终产品在高温下可能无法工作。

21.2.5 最重要的参数

高温下最后一个会劣化的指标最重要：**寿命**。长期工作在高温下的集成电路在慢慢摧毁自己。高温下集成电路的寿命可能只有几千甚至几百小时，比常温下的寿命要短很多。在任务剖面中正确反映电路在高温下的工作时间非常重要。钻探是一个很好的例子：相比工具在井下应用的时间，电路实际承受高温的时间可能相对较短。钻井中的温度上升很缓慢（下降也很缓慢），直到电路处于最深点时才会达到最高温度。而航天应用可能会遭受非常快速的温度变化，因此器件会经历使其封装迅速劣化的热冲击条件。

21.2.6 极端环境下运放参数的最终注记

上述参数随温度的变化情况是针对上面的例子中的运放给出的，这并不一定适用于其他型号的运放。分析有疑问的每一个参数在高温下的变化情况是设计师的责任。为最差情况进行设计总是一个好想法，尤其是在极端环境下的应用中，而高温环境又是极端环境的一种。由于高温级的元器件要比商业级的贵很多，在原型设计中可能不得不使用商业级的元器件。好消息是高温级的元器件可能是由同型号的商业级元器件的裸片筛选后生产的，所以使用商业级元器件制作的产品原型很有可能在高温下能在短时间内正常工作。在这种情况下，商业级元器件和高温级元器件的区别在封装上：商业级元器件的裸片经过筛选，挑出高温下性能满足要求的，并使用耐高温的封装。

工作于这一领域的专家可以成为很有价值的信息来源。他们经常可以给出一个经受了严酷环境考验的元器件的目录，只要有可能，就应当优先选用目录内的元器件。

21.3 封装

关于极端环境下的应用，需要讨论的另一方面与封装有关，这包含集成电路本身、安装集成电路的印制电路板、将元件焊接在印制电路板上时使用的焊料等。这些问题必须认真分析理解，否则电路可能无法承受极端环境。

21.3.1 集成电路本身

很多集成电路生产厂家已经开始供应适用于极端环境应用的产品，然而产品的选择范围仍然很窄，价格可能也很高。这些集成电路可能使用专用的封装，与标准封装在外形尺寸和管脚引出上都不相同。幸运的是，大部分集成电路能工作在极端环境下，至少是短时间工作。

硅片很少是高温应用的限制因素。我只遇到过一种高温下不能正常工作的集成电路。除了这一集成电路及内置过热保护的集成电路之外，所有其他的集成电路都能够在高温下工作。大部分稳压器内置过热保护功能，其实过热保护在一般情况下并不必要，反而大大限制了能够在高温下使用的稳压器的范围。

问题从裸片上键合线的连接开始。高温加速了不需要的金属迁移，最终会导致键合处的失效。大电流会进一步加剧这一问题。恰当的高温键合技术对高温元器件来说是必需的。与此相关的是键合线的选择。对于高温下的工作，可能需要特殊合金制造的键合线。这些合金成分和键合技术都是厂家的商业秘密，设计师与厂家打交道时需要仔细确认厂家确实注意了这些问题。

想要进一步彻底了解键合线与裸片连接处在高温下的劣化效应的读者，可以搜索关键字Kirkendall voiding。为了增加某些关键器件的可靠性，有些公司使用“裸片回收”的技术，从不适用于极端环境的廉价封装中拆出裸片，拆除不合适的键合线，并将其二次封装到耐高温的陶瓷封装中。这一工作也可外协给专门的裸片回收公司。当然最好直接向集成电路生产厂家购买裸片并进行封装，但是并不是所有厂家都出售裸片——至少有一家主要的模拟集成电路厂家不出售裸片，这使得用户只能采用裸片回收的方式来将它们的产品应用在极端环境下。如果必须回收裸片，对拆出的裸片进行 100% 的测试是极其重要的，因为这一工艺并不能保证 100% 的成功率。显然，在进行封装时，寻找一个在高温应用方面具有经验并了解高温下封装和键合线要求的合作伙伴非常重要。

21.3.2　集成电路的封装

不同材料的热膨胀系数不同，这是高温条件下进行设计会遇到的一个基本问题。硅片本身具有自己的热膨胀特性，封装材料具有自己的热膨胀特性，键合线也具有自己的热膨胀特性（影响其长度），等等。黏合剂在高温下可能会失效。塑料在高温下可能会分解出腐蚀性或碱性气体。反复的温度循环可能会让水渗入封装。低温环境会使材料变脆，强烈的振动冲击可能会让一些部件断裂。这些问题对集成电路生产厂家和电路设计师来说都十分头疼。

最好且最便宜的解决方案也许是评估一下塑料封装的商业级器件在扩展的温度环境下的寿命。如果任务要求系统只工作几百或几千小时，并且对工作环境有充分的了解，在大部分情况下，商业级或工业级的塑封器件可以承受这些环境。然而如果器件要在时间以年计算的航天任务中使用，那么为了保证不发生器件失效，必须使用耐高温封装的器件。

耐高温封装一般使用陶瓷外壳和镀金管脚。陶瓷封装的直插与扁平封装器件在军用领域已经使用了几十年，并扩展到了其他极端环境应用领域。对于印制电路板面积受限的情况，这两种封装可能都不适用。有些元器件具有新型的、为极端环境设计的陶瓷表贴封装，但并非所有型号的元器件都具备新型的封装。

21.3.3　集成电路的互联

现在读者拥有了耐高温的集成电路，那么如何将它们安装到印制电路板上？如果使用Sn60Pb40 焊料将其焊接到 FR-4 印制电路板上，那么只是在浪费钱。这是因为板材在高温下会逐渐崩解成灰状，集成电路也会因为焊料融化而从板子上掉下来！高温应用需要完全重新考虑印制电路板材料和焊料。

1. 印制电路板设计

传统上高温印制电路板使用玻璃纤维增强的聚酰亚胺树脂材料，然而这种材料多孔并容易吸水。如果板材受潮，可能会报废。印制电路板走线一般镀金，但是在铜层和金层之间需要镀一层镍，否则金和铜的互溶会导致焊接点变脆[1]。

印制电路板也会热胀冷缩，所以高温印制电路板的孔径、过孔大小和线宽都比大部分设计师熟悉的要大。设计师可能会受到来自印制电路板布图部门的很大压力，但是在这一问题上坚持原则非常重要。通孔穿过印制电路板的所有层，限制板子的热胀冷缩，因此使用表贴元器件来减少通孔数量很有帮助。表贴元器件的重量必须很小，否则它们在强烈的振动冲击环境下有从印制电路板上脱离的趋势。表贴元器件要沿着同一方向布置，以避免印制电路板可能弯曲的方向上的机械应力。在印制电路板热胀冷缩时，焊盘和过孔处的连接可能会脱离。走线与焊盘或过孔的连接处应当使用泪滴状或颈缩状连接以消除应力。

2. 焊料

耐高温的电路应当使用高熔点（HMP）的焊料。最好的高熔点焊料似乎是 Sn05Pb92.5Ag2.5，其熔点为 280 ℃（536 ℉）。将新的焊点用高温焊料和普通焊料的混合物污染是不明智的，因此，使用这一焊料时需要更换新烙铁头。高熔点焊料的特性和普通焊料不同，有一个在高温焊料的特性上受挫的人将其形象地描述为"只能熔化一次的 silly putty"[2]。为了得到更像普通的 Sn60Pb40 焊料的焊点，我曾经不止一次被迫使用一种无铅焊料（Sn96Ag04）。高温焊料不容易向小孔中流动，因此需要全新的使用技巧。正像会焊接不代表能焊得很好一样，会焊接也不代表会使用高熔点焊料焊接。将高温焊接的任务留给熟悉高温焊料特性的技术员、安装工人或第三方焊接工厂，这才是明智的选择。

3. 黏合剂及其他固定元器件的方法

元器件焊接好之后，适用于极端环境下的电路板的组装工作尚未完成。有很多技术可以用来对可能遭受强烈振动冲击的电路板上的元器件进行固定，这些技术必须同时适用于高温环境。黏合剂通常采用耐高温树脂材料，但是必须注意其热膨胀系数不会对印制电路板或集成电路带来应力。

极端环境下的电路中经常需要使用绕制在耐高温磁芯上的磁环电感和变压器。将这些元器件固定在电路板上时，需要额外的非镀铜通孔以便使用耐高温绑线将其固定，或使用螺钉和盖板固定，或将磁环装入具有引脚的外壳进行安装。这些固定方式必须考虑所有可能方向上的振动冲击，如果有必要，可以结合使用黏合剂。

在某些应用（如钻探）中，体积受到严重限制，散热可能很困难。然而钻探工具本身离电路很近，可以作为很好的散热器使用。尽管由于井下的高温，工具本身的作用更像是均热板而不是散热器，然而钻探时的钻井液循环也能够带走热量。电路与工具本身的热耦合可能是一个难题，不过从事这一领域的每一家公司可能都有自己经过验证的方法。由于空间的真空，航天

---

① 在对可靠性有要求时，焊接时也许也需要对焊点和元器件管脚进行除金处理。——译者注
② silly putty 是一种儿童玩具用的材料，其主要特点是静置时间短时是有弹性的固体，静置时间稍长就会表现出流动性。——译者注

应用中不能指望通过散热器的气流[①]。热仍然可以流出散热器，但是换热效率会降低很多。植入式医疗器械无法使用散热器，因此低功耗设计是必需的。然而由于电池寿命的约束，植入式医疗器械往往已经采用了低功耗设计，这对热设计非常有利。

在受到强烈振动冲击的环境中，黏合剂和灌封材料用来固定会松动的元器件，以免它们成为多余物，落入关键部位或将电路短路。元器件松动可能会造成电路失效，也可能不会造成电路失效（退耦电容之类的元器件松动时，电路可能不会失效），然而必须保证松动的元器件不会使系统的其他部分失效。如果电路中有高电压，必须选择低电导率的耐高温黏合剂和灌封材料。

21.4　当失效不可接受时

美国科普节目《流言终结者》（*MythBusters*）中有句格言：“失败总是一种可能。”在高可靠性设计领域，这句话就可以理解为“失效总是可以接受的”。这也许是正确的，但是对设计师来说，经常要尽可能地反其道而行之。没有什么设计方法能保证系统永不失效，因为在某些条件下，所有电路都会工作不正常。解决这一问题的唯一途径是让失效只在特定的情况下发生，并使默认的失效模式总是导向安全。

有一类极端环境下的应用在失效时可能会造成人员伤害或财产损失。医疗器械属于这一类应用：植入式医疗器械的失效可能会危及病人生命，医疗设备的故障也可能会伤害病人。电路故障导致远处的油井出现漏油事故，是造成财产损失的一个例子。这类事件带来的法律问题可能会导致公司停业，如果公司的业主被判有过失，还可能有牢狱之灾。如果你是一名注册专业工程师，也可能背负法律责任。

很多方法可以用来降低失效率。从检查供电或电池开始是不错的起点。没有可靠的电源，再可靠的系统也会失效。可靠的电源是可靠的系统的基础，必须首先进行检查。

在这之后要干什么呢？为最差情况进行设计应该已经是标准的做法了：绝对不要根据器件的典型值进行设计。在这之后要做如下事情。

❑ 如果在任何情况下系统都必须工作，要对一系列假设的情况进行分析。电源失效时会怎么样？系统的默认状态是不是损失最小的？可变频率的起搏器应当转换为固定频率工作而不是关闭，这会削弱病人的能力，但是不会危及生命。我曾经参与设计一块大规模的绕接[②]的计算机板。为了考验板子的自诊断性能，经理会随便剪断一根线，然后观察项目组多久能发现这一故障。这样的分析和试验可能很讨厌，但这是排除某些失效模式，或为某些失效模式做出补偿的有效方式。

[①] 对于压力舱内的设备，强制通风能起到一定作用。但是由于失重的原因，即使舱内有空气，如果没有强制通风，也不能像地面上一样形成自然对流。——译者注

[②] 绕接是早期生产计算机电路板等大规模电路板的主要方式。这种方式通过专用工具将单芯导线用一定压力缠绕在有棱角的绕线端子上，以使导线和接线端子形成紧密的冷焊连接。绕接具有可靠性高（与钎焊相比可靠性高一个数量级）、寿命长、抗振动冲击等优点，但生产率低，装配密度低于当代的多层印制电路板，目前在一般的电子产品中已较少使用。——译者注

❑ 注意与晶体管相关的指标。很多设计师似乎能够聪明地使用晶体管，尤其喜欢在晶体管的偏置电路上显示他们的才能。然而晶体管的有些参数可能会随温度变化若干个数量级。我在应用这些晶体管开关或放大器电路时，会确认电路在从 $100\ \Omega$ 到 $1\ M\Omega$ 的任何一个量级的偏置电阻下工作正常，否则就应该改进电路的设计。如果你只使用运放，也并非高枕无忧：必须注意，运放的输入偏置电流也可能随温度有数量级的变化。

❑ 搭建原型以验证设计。仿真是设计的开始，而不是结束。

❑ 使用新技术和新产品并不总是好的想法。坚持使用经过验证的成熟技术是更明智的选择。

❑ 冗余是提高可靠性有效的方法。例如可以使用两套电源供电，正常工作时由两套电源共同为负载提供电流，其中一套发生故障时，另一套仍然能够提供负载所需的全部电流。又如两条冗余的信号链中任意一条失效，都不会影响信号的测量。

❑ 使系统依赖于非随机事件。我曾经见过一套用于水下井口的阀门控制系统，只有在一个定时器工作在特定频率，并以特定的速率向电容充电时，才会打开阀门。在其他情况下，阀门总是关闭的，以避免误动作漏油污染环境——一套聪明而简单的解决方案！类似方法的例子还有只有当系统收到特定的素数序列时才会执行关键动作，因为自然界中素数序列非常罕见。

❑ 彻底的测试是必要的。如果有一份明确的测试细则，严格按其执行能够减轻经理和无关人员承担的责任。如果没有，那么应当编写一份适应于产品的风险等级的测试细则，并在出售产品之前使这份细则获得公司法律部门的认可。

❑ 不要接受随意确定的、排得过紧的时间表。当产品失效有可能造成人员伤害或财产损失的危险时，赶工是十分愚蠢的行为。如果因为设计师没有时间深入研究而出现问题，负责任的只可能是设计师本人，尤其在设计师是一名注册专业工程师的情况下。在出现问题时，催你赶工的经理会迅速撇清关系，跑到找不到的地方。如果你获得的收益与承担的风险不相称，那么一定要拒绝赶工。记住"挑战者号"事故的来龙去脉吧：工程师不敢发表意见，结果造成了数人丧命。

我知道上面提到的都是一些非常无趣的想法。然而如果你在设计一个这样的系统，那么就真正对它负起责任来吧。

21.5　当产品寿命要求很长时

另一类极端环境下的设计与温度和振动冲击的极限无关。工作时间的极限是另外一个非常具有挑战性的设计领域。火星车之类的航天探测器、植入式医疗设备、远方的运输管线的监控设备、水雷引信等产品都需要长寿命工作。上面列举的这些产品执行的任务可能长达数年甚至数十年，在整个任务区间，系统必须能够可靠工作。对于诸如水雷引信的应用，大部分工作在系统寿命行将结束时进行。

这对电源系统提出了很高的要求，不论电源用的是电池、互感耦合和超级电容、原子能、太阳能还是其他供电方式。在设计长寿命系统时，有可能电源设计已经做好，不需要为选择供电方式操心。但是作为设计师，尽量减小电路的功耗以便节约关键而有限的能量来源是很有价值的。

超低功耗设计需要电源/电池工程师、数字电路设计师、软件/固件程序员以及模拟信号链设计师的共同努力。设计时会引入很多妥协和折中，然而，节能的主要方式是在设计中包含电源开关。例如，只有在需要从传感器采集信号时才给模拟信号链供电。系统的时钟频率也可以按需调整。

以上面提到的水雷引信为例，系统时钟平常以很低的频率工作，在发现目标运动时提高到一个中间频率，在进行敌我识别时全频率工作。时钟电路也是"电老虎"，因此需要专门设计低功耗的时钟振荡器。运放需要使用极低功耗的型号，电路设计要适应极低功耗运放额外的噪声、较大的失调电压和较低的带宽。最终的系统只有在需要的时候才消耗能量，其他时间都工作在极低功耗状态。如果考虑平均功率，系统可以工作几十年甚至上百年，尽管运行复杂算法时的瞬时功率可能与市场上的数据采集系统相差无几。

必须长时间工作的开关与监控电路，是设计极低功耗系统时需要注意的另外一个方面。在设计时不能放过哪怕一点点耗电的因素，甚至是静电放电（ESD）保护二极管的漏电流。开关与监控电路有可能非常棘手。拿不准设计方案时，不要忽视单片机的作用，尤其是在多个输入都可以触发系统工作的情况下。极低功耗的单片机可以用来方便地处理多个输入组合的各种情况。当然，所有的设计都必须制造原型机并彻底测试。

21.6　小结

我在以意外的、灾难性的方式失效的系统上有着长期而艰苦的经验。悲哀的是，比起成功，我们更容易回忆起失败。在从事这一行业几十年之后，我积累了很多在通往成功的路上的失败经验，看到了其他人的失败，并在其他设计师失败后收拾时局。所以我希望，自己的某些看法能帮助大家。然而，从来就没有什么方法、公式或窍门能够让人做出绝对可靠的设计，如果有的话，肯定早就发明出来了。

极端环境下的高可靠性设计是一个辨别和控制风险的过程，也就是说，首先处理设计中最可能失效的方面，然后处理设计中第二可能失效的方面，以此类推，直到设计足够可靠，或者说设计的失效率足够低，失效模式也能够控制，足以部署在指定的环境下。高可靠性设计不适合没有经验的设计师，也不适合总是想在设计中包含新功能，使用最新的、最花哨的元器件的设计师。然而，指着一个已经可靠工作了几年甚至几十年的系统，并告诉大家你在这样一个能够长久工作的设计中搭了一把手，是一件值得自豪的事情。已经有太多的高科技产品在出厂时几乎就已经过时，并在一两年内就会被新型号所取代。所以对于设计师来说，从事过高可靠性系统设计，既是值得自豪的一点，也是简历中的一个亮点。

第 22 章

稳 压 器

22.1 引言

第 5 章的表 5-1 列出了每种可能的增益和偏移量的组合所对应的运放电路。表中同相放大和反相放大的情形之间，有一行放大器的增益 $m = 0$，偏移量 b 可以为零、为正或为负的情形。这些情形对应的电路，就是本章所讨论的稳压器。设计稳压器时，需要解决一些独特而有趣的难题。

本书图灵社区页面有一些稳压器设计辅助工具。本章的最后包含了这些设计辅助工具的介绍。

22.2 稳压器的情形

22.2.1 虚地：$b = 0$

让我们从最简单的情形 $b = 0$ 开始。一般来说，这就是电路中的地，并不需要有源电路。然而市场上的确存在"有源地"这种元器件，并在线路驱动领域占据了特定的市场。在这里，我建议参考附录 D 中关于印制电路板接地技巧的讨论，而不是简单地把"$b = 0$ 就是接地"的答案扔给读者。

22.2.2 正电压和负电压稳压器：$b > 0$，$b < 0$

其他情形代表稳压器。偏移量 $b > 0$ 对应正电压稳压器，$b < 0$ 对应负电压稳压器。稳压器为电源应用设计，用于给电路的其他部分提供电源。稳压器的交流增益（$m \neq 0$）是不需要的，因为非零的交流增益会给稳压器的输出引入纹波。读者需要注意电路的纹波电压，以及运算放大器的电源抑制比（PSRR），这一参数表示电源中的纹波被运放抑制的比例。要十分注意使用开关稳压器供电的高增益运放电路，因为如果运放的电源抑制比不够高，纹波电压可能会被放大。本章主要关注正电压稳压器，使用正电源输入得到负电源输出的方法将在下一章介绍。

稳压器可以是线性稳压器，也可以是开关稳压器（使用内部的振荡器将电源斩波，以方便电压变换）。对于每一类稳压器，都有整本的著作来介绍和研究。本章介绍运放作为控制输出电压的反馈元件的原理，而不会详细讲述稳压器电路的设计细节。

　　稳压器中有一个有趣的类别是基准电压源。基准源可以简单到只包含一个稳压二极管，也可以和线性稳压器具有类似的结构，只是在输出精度（尤其是温漂）上优化过。基准源也可以用作一般的稳压器来给功耗较低的电路供电，然而这并不是它的设计用途。使基准源工作到最大输出电流，往往会影响其精度指标。

22.3　自制还是购买

　　集成稳压器是广泛应用的元器件。市场上供应各种不同输出电压、功率范围和封装的产品，其中有很多还具有多个输出。既然已经有这么多成熟产品了，为什么还要自己设计稳压器呢？

　　这是因为集成稳压器具有如下弱点。

- ❑ 钻探或地热等方面的应用需要承受高温环境。大部分的集成稳压器具有过热保护功能，在输出电流过大导致器件温度过高时，会自我保护以免烧毁。然而，在高温环境下的应用领域工作的设计师大多对元器件降额使用具有丰富的经验，也很熟悉影响元器件寿命的工作环境。对他们来说，过热保护是不必要的功能，并且会使大部分稳压器不适用于高温应用。
- ❑ 蜂窝电话基站安装在位置偏远的成千上万座小型建筑或外壳当中。基站是复杂而又耗电的设备，安装它的建筑或外壳需要空调，尤其是在天气炎热时。空调常见的失效模式是制冷剂泄漏。当制冷剂泄漏时，基站内的设备会过热保护，停止工作。很多给电路供电的电源模块有一种不好的特性：它们从故障中恢复时都需要断开电源并重新上电，或进行人工的"复位"操作，这对于位置偏远的系统并不适合。修空调的人不会帮你复位系统，远程系统要求供电能够自动从故障状态中恢复。所以，这类系统的设计师可能会选择自行设计供电电路。
- ❑ 市场上可能没有工作在特定频率的开关稳压器件供应。著名的 GE/RCA Superadio 3 收音机使用开关 DC-DC 转换器来将 9 V 直流升压转换为稳定的 15 V 电压用于调谐。这一需求有两个特别之处：一是调谐电压需要非常稳定，二是开关频率需要在调幅（AM）广播频率以上以避免干扰。由于原机中使用的开关电源集成电路早已停产，爱好者们发现在修理这一收音机时，很难用现有的集成电路来完成同样的任务。结合使用开关电源集成电路和 15 V 基准电压源可以满足要求，然而这一替代的解决方案相比原机中的方案，要占据较大的体积。

　　可能还有更多的原因会使读者自行设计稳压电路而不是购买稳压器，比如成本、货期、系统中有多余的运放或参考电压等。

22.4　线性稳压器

　　线性稳压器的工作原理如图 22-1 所示。从控制电路（运放的反馈环）的观点来看，线性稳压器和开关稳压器的工作原理类似。然而线性稳压器的工作原理更加简单，下面进行详细的说明。

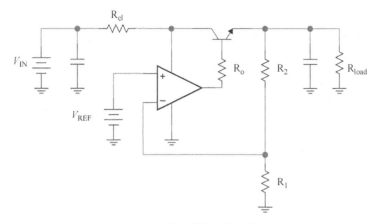

图 22-1 稳压器的工作原理

输入电压 V_{IN} 要比负载 R_{load} 上的电压高，以便使运放上方的晶体管工作在线性区域。输入电压和输出电压之间的压差不能为零。这一压差可以从数百毫伏到几伏不等。自行设计低压差稳压电路并不是一件容易的事情。

输入电压中的纹波和噪声需要使用滤波电容来滤除。选择滤波电容时，要使其对纹波的过滤效果尽可能好。值得花费时间来辨别纹波的特性并选择效果最好的滤波电容，因为这会大大减轻稳压器的工作负担，使设计容易得多。滤波不足可能会导致稳压器发生振荡，从而使设计失败。

电路中包含限流电阻 R_{cl}，其作用是在输出短路时提供保护。当输出发生短路时，限流电阻会烧断以保护电路中其他的元件。集成稳压器内部的限流电阻通常不这样连接，其中的保护措施也不这样具有破坏性。一言以蔽之，简单必须付出代价。

运放是环路的控制元件。运放的供电由输入电压提供，同时还需要一个参考电压。参考电压连接在运放的同相输入端，可以从电路外部提供，也可以由精密稳压二极管或精密电压基准集成电路提供。参考电压源需要精密的直流特性，尤其是电路需要在宽温度范围下使用时。

必须注意本书中多次重复的一句话，这句话非常适用于解释稳压器的环路控制元件：

运放会在力所能及的范围内改变其输出电压，以使它的两个输入端保持电压相等。

这句话可以用来推导所有的运放电路，并解释所有的运放应用。对于稳压器的情形，这句话阐释了运放作为稳压器的环路控制元件的工作原理。R_2 和 R_1 构成分压器，用于监测输出电压（本例中输出端是晶体管的发射极）。运放的反相输入端与分压器的输出端连接，运放的输出电压用于调整晶体管的基极偏置，从而改变输出电压，使运放的两个输入端电压相等；换句话说，让分压器的输出与参考电压相等。

现在简要解释电路中晶体管的工作原理。在稳压器设计的术语中，这一晶体管叫作**调整管**（pass transistor）。调整管可以是双极型晶体管，也可以是场效应管。调整管的功率要足够大，以便为负载提供足够的输出功率及电流，并承受压差带给其自身的耗散功率。因此，调整管是稳压器中最容易损坏的元件。很多小功率的集成稳压器内置了调整管，另外一些提供了外接调整管的方法。比起内置调整管，外接调整管能够耗散大得多的功率。对于本节中的例子，运放的输出端串联了电阻 R_o，以起到缓冲作用，限制调整管的基极电流。这也起到了保护作用：如果调整管击穿，电阻可以保护运放输出端不受损坏。

控制环路中运放的响应时间只受运放带宽的限制，在有些情况下这可能会带来问题。在 R_2 上并联电容可以加速运放的瞬态响应，而在 R_1 上并联电容可以减慢运放的瞬态响应。调整最佳的瞬态响应需要一些试验。无论如何，输出电压需要并联滤波电容，以便进一步滤除通过稳压器的纹波。当然，R_{load} 表示电路的负载。电路的负载不一定是阻性的，输出滤波电容已经使其成为容性负载。如果电路用于驱动感性负载，应当在调整管的集电极和发射极之间反向连接一个二极管，以便保护电路不受电感反激电压的冲击。在电路正常工作时，二极管工作在反偏状态；当 V_{OUT} 超过 V_{IN} 时，二极管正偏，起到保护作用。

22.5 开关稳压器

开关稳压器的例子如图 22-2 所示，它是图 22-1 所示电路的一个变体。

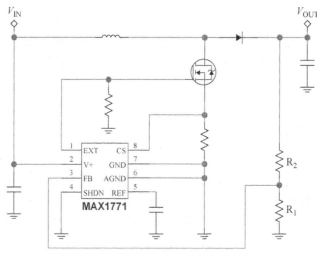

图 22-2 开关稳压器

第一眼看上去，电路可能难以理解，然而通过进一步的分析可以看出，图 22-1 中 R_2 和 R_1 组成的分压器仍然存在。分压器的输出接在控制器集成电路的反馈端（3 脚）。查控制器的数据手册会发现，反馈端与集成电路内部的"误差比较器"的反相输入端相连，而这一误差比较器就是一个运放。运放的同相输入端与内部的 1.5 V 基准源连接。了解了这一点，开关稳压器电路的总体结构看上去就与线性稳压器类似了。开关稳压器的控制环路的原理与线性稳压器类似：在线性稳压器中，运放的输出用于控制调整管的基极偏置；而在开关稳压器中，运放的输出用于控制晶体管的导通时间，在本例中，即电感的充磁时间。

本例中的开关电源控制器包含另外一个容易理解的运放电路——电流检测电路。很多稳压器中包含这一电路。图 22-2 中开关管的下端与控制器的电流反馈输入（8 脚）相连，并通过一个电流检测电阻接地。电流检测电阻的值很小，一般是几十或几百毫欧姆。控制器内部的比较器监测电流检测电阻上的电压降。本例中，比较器的另一输入与内部的 0.1 V 参考电压相连。当 CS 引脚的输入大于 0.1 V 时，比较器动作，控制器认为出现了过流现象，使开关管截止。

常用的开关电源变换电路结构包含用于将电源电压降低的降压（buck）电路和用于将电源电压升高的升压（boost）电路。需要注意升压开关电源变换电路的一种特性：如果控制器失效，内部开关电路不工作，那么输入电压将通过一个电感和一个二极管直通到输出。

图 22-2 中的 MAX1771 开关电源控制器是久经考验的老元器件，已经上市超过 30 年了。这一控制器可以用作"降压-升压"（buck-boost）开关电源变换电路，这种电路的输出电压可以高于输入电压，也可以低于输入电压[①]。MAX1771 在老收音机修复爱好者中很流行：老式的直流电子管收音机使用高压的"乙电池"来给电子管屏极供电（供电电压一般为 60～120 V），用这一器件制作的升压电路可以给这些老收音机提供乙电源。辉光数码管爱好者也用这一器件提供供电（一般是 170 V，每管电流数毫安）。这一器件是少数不包含过热保护功能的开关电源控制器，因此可以用于高温环境。

22.6 过压保护电路

考虑稳压器的一种失效模式：未经稳压的输入电压直接加到负载上。这几乎一定会造成灾难性的后果，因为如果未经稳压的输入电压不会造成问题，那么一开始就会直接使用输入电压，而不通过稳压器。幸好，我们可以增加过压保护电路，来大大降低这种失效模式导致灾难性后果的概率。当然凡事都没有绝对，稳压器和过压保护电路同时失效的情况也总会存在。但是考虑概率，除非遭受雷击或将电路错误地连接在市电上，这种情况不太可能发生。两者真的同时失效是一种十分出奇的情况，如果出现，需要重新考察整个系统的设计、实现，以及在运行时到底发生了什么。

过压保护电路有两种形式：一是在过压时断开电路，不让电压加到负载上；二是过压时将电源短路，以便使输入电路中的保险丝熔断。当然，第二种方式是不可恢复的，这可能适用于某些特定情况。但是，如果可恢复的过压保护电路设计起来一样简单的话，为何要设计不可恢复的过压保护电路呢？

考虑图 22-3 所示的电路。这一电路设计用来保护使用 5 V 稳压器供电的电路，稳压器的输入为 20 V，负载电流是 250 mA。输入电压 V_{IN} 来自稳压器的输出，V_{OUT} 接负载（图中用电阻表示）。这张图看上去很像图 22-1，但是有一些主要区别：首先，电路从输入电压而不是输出电压采样；其次，运放用比较器替代。

调整管使用为低集电极-发射极压差和大电流工作优化过的 PNP 开关管。由于管子的饱和压降很小，即使流过大电流，管子的耗散功率也很小，因此可以使用小封装体积。观察比较器在电路中的连接状况：

---

① 注意，图 22-2 是一个升压（boost）变换电路的例子。如果要构成降压-升压变换电路，需要两个电感及附加的电容、二极管等元件。使用两个开关管也可构成降压-升压变换电路，感兴趣的读者可以参考摩托罗拉公司应用笔记 "A Unique Converter Configuration provides step-up/down functions"（AN954）。——译者注

□ 反相输入端连接一个稳压二极管，提供电压参考；
□ 同相输入端连接一个分压器，以监测输入电压；
□ 输出端通过限流电阻连接调整管的基极。

在图 22-3 的直流转移特性中，输入电压很低时，比较器不工作。幸运的是，调整管的导通不一定需要比较器进入工作状态（只要基极拉低，调整管就能导通）。输入电压增高时，比较器开始工作，输出为低（同相输入端电压低于反相输入端）。1N4728 是 3.3 V 的稳压二极管，适用于本电路的情况。当然，可以通过更换其他型号的稳压二极管或调整分压电阻的值来微调电路的动作电压。当输入电压达到 5 V 时，同相输入端的电压仍然低于反相输入端由稳压二极管设置的阈值电压，比较器输出仍然为低，调整管仍然导通。输入电压继续增高时，比较器的同相输入端电压超过反相输入端电压，输出变高，使调整管截止。此时，输出电压变为 0，电流也变为 0。当然，晶体管总会有一些漏电流，不过这对于保护功能来说无关紧要。比较器输出电压会随输入电压增高。当输入电压很高时，这可能会带来问题，然而如果需要，可以增大基极串联的限流电阻的值（以调整管的压差增加为代价）[①]。

类似地，在比较器的反相输入端接入温度传感器，这一电路就变成了过热保护电路。如果巧用集电极开路输出的比较器，电路可以与过压保护电路共用同一个调整管。

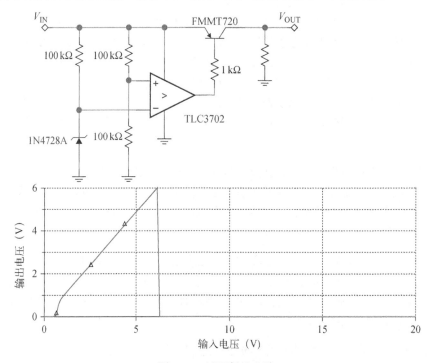

图 22-3　过压保护电路

---

① 过压保护电路中，比较器输出电压过高似乎并不会成为问题。因为比较器输出为高时，无论输入电压多高，调整管的 V_{BE} 都为 0，基极无电流。当然输入电压较高时最好增大基极串联的限流电阻的值的结论仍然是正确的；需要关注的是比较器输出为低时的基极电流。——译者注

22.7 有源负载电路

通过前面的介绍，读者应对稳压器电路的原理有了一定的理解。读者可以用本节介绍的有源负载电路来测试自己对前面介绍内容的理解程度。同时，有源负载电路也是非常有用的测试工具。

对图 22-1 所示电路做如下修改：

❑ 断开调整管与输入电压之间的连接；

❑ 允许调整参考电压；

❑ 使用一个电阻（阻值为 0.1 Ω、1 Ω、10 Ω 或 100 Ω）加上调整管的导通电阻作为负载。

进行了这些修改的电路如图 22-4 所示。这一有源负载电路能够有效地用来测试电源电路。如果使用大功率电阻作为假负载测试电源电路，负载电流会随电源的输出电压变化。使用本电路（取自 Maxim 半导体公司提供的示例电路）时，负载电流与电源的输出电压无关。

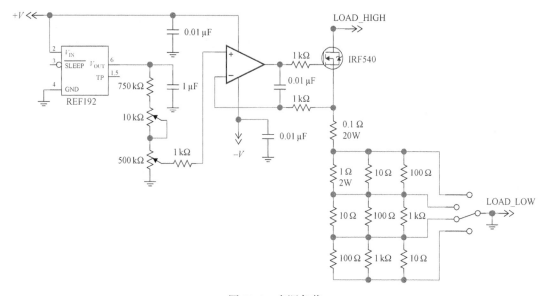

图 22-4 有源负载

考虑如下情形：

❑ LOAD_HIGH 和 LOAD_LOW 之间的电压为 1 V；

❑ 波段开关处于如图所示位置，总电阻为 10 Ω（另加 IRF540 的导通电阻）；

❑ 10 kΩ 电位器位于零点；

❑ 500 kΩ 电位器阻值调整为 500 kΩ。

因此：

❑ 运放的同相输入端和反相输入端的电压均为 1 V；

❑ 运放的输出到达了电源轨，因此晶体管处于完全导通状态，几乎相当于短路，没有压降；

❑ 因此，负载的压降完全落在 10 Ω 电阻上，电流为 100 mA。

将输入电压调整到 10 V：

❑ 运放的两个输入端电压仍然为 1 V；
❑ 运放的输出端电压为 4.732 V。这一具体的数字对读者可能没有什么意义，只是为了说明此时晶体管处于部分导通状态；
❑ 现在晶体管上的压降为 9 V，10 Ω 电阻上为 1 V；
❑ 总电流为(10 V–9 V) / 10 Ω = 100 mA，与前面相同。

因此，负载电流与电源电压无关。下面将 500 kΩ 电位器调整到 250 kΩ：

❑ 运放的两个输入端电压为 0.5 V；
❑ 运放的输出电压为 4.2 V；
❑ 晶体管上的压降为 9.5 V；
❑ 总负载电流为(10 V–9.5 V) / 10 Ω = 50 mA。

使用该电路时，500 kΩ 电位器用于电流细调，波段开关用于电流粗调。制作时需要注意元器件的功率，晶体管和功率电阻必须妥当散热。对于电源设计师来说，这一有源负载是便宜趁手的测试工具。它可以任意设置负载电流，因此可以把设计师从一大堆用作假负载的不同阻值的功率电阻中解放出来。

22.8 设计辅助工具

图 22-1 和图 22-2 所示的稳压器电路使用了电阻分压电路来设置输出电压。本书的图灵社区页面上给出了一个使用 JavaScript 实现的分压电路计算器（图 22-5）。使用这一辅助工具时，要知道参考电压和输出电压的值，并选择电阻的阻值序列和量级。计算器可能会计算出不止一组结果。

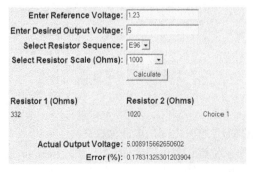

图 22-5 分压电路计算器

需要记住以下几点。

❑ 稳压器可以是线性稳压器，也可以是开关稳压器。对于开关稳压器，参考电压的值可能跟图中给出的例子相当不同。然而分压电路计算器只关心设定输出电压的反馈环，因此，电路的具体结构并不重要。计算时最重要的是正确地填写参考电压的值。

❑ 稳压器可能对电阻的量级敏感。如果数据手册中推荐了 R_1 的值，那么实际选择的 R_1 的值应该与其在一个数量级上。

❑ 这一计算器并未考虑输入、输出和参考电路的滤波和退耦，也不能计算开关稳压器中电感的值，以及帮助读者选择晶体管。上述工作需要特别的技巧，如果对这些方面没有足够了解，那么最好将设计的这些部分交给专家（或是严格遵循数据手册的指示）。

❑ 有些稳压器可能具有设置欠压保护的反馈环，这一反馈环中的分压电路也可以用本节提供的计算器来计算。只要知道内部参考电压的值，就可以使用这一计算器。

22.9 小结

即使认为自己在电源设计上并不熟练，运放电路设计师也可以应用其技能来设计稳压器的反馈环。读到这里的读者已经具备了设计电源电路所需的大部分基本技能，所以应当高兴地接受设计稳压器的任务，而不是被其吓倒。读者可以针对系统的需求来设计稳压器电路，并根据应用的实际需要决定是否给电路增加附加的功能。这些设计工作都只需要基本的运放电路设计技能！

第 23 章

负电压开关稳压电路

23.1 引言

如果设计电路时需要稳压器，读者会发现，市场上供应的稳压器绝大多数是正电压的。无论是对于线性稳压器还是开关稳压器，这一点通常都是成立的。本书前面已经讲过单电源运放电路的优点，读者应该也已经掌握了设计单电源运放电路的方法。一切都很理想。

然而，在一些不那么理想的状况下，仍然需要使用双电源供电，这可能是因为双电源电路的性能更好，也可能是其他的设计限制。这时候，可用的稳压器数量会减少到只有几种，这真让人泄气！

幸好有一些其他的变通方法来从正电源电压得到负电压。我没有听说过任何一种输入正电压可以得到负电压的线性稳压器。但是对于开关稳压器，可以用利用电路中的能量储存器件（一般是电感）来"欺骗"稳压器，得到负电压[1]。

23.2 典型的降压开关稳压电路

为方便起见，首先讨论降压开关稳压电路。这种电路用于将输入电压降到某一更低的电压。图 23-1 给出了典型的降压开关稳压电路的原理图。器件的具体型号并不重要，因为一般的降压开关电源控制器构成的电路都大同小异。对于具体的器件，读者需要参考对应的数据手册，以确认电路的微小差异。

这一电路是图 22-2 所示电路的一个变体，只不过将控制器换成了一般的降压开关电源控制器[2]。虽然原理图中没有我们的老朋友——运放，但是误差放大用的运放已经包含在控制器中，所以我们的讨论并没有离运放电路设计的主题太远！

---

[1] 如果需要的负电源电流很小，还可以采用 ICL7660 之类的电荷泵电路来得到负电压，甚至常用的 RS-232 收发器 MAX232 中的电荷泵也能"偷出"最多 20 mA 左右的电流。它们具体的性能请参见器件的数据手册。——译者注

[2] 要注意，图 22-2 中给出的是升压开关稳压电路，而图 23-1 中是降压开关稳压电路。比较两图可以发现，在两种稳压电路中，电感和二极管（此处是同步整流用的 MOS 管 Q_{LO}）的位置不同。——译者注

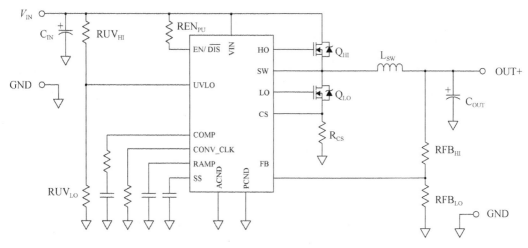

图 23-1　典型的降压开关稳压电路

下面介绍电路中主要的元件。

- 电路中需要某些形式的退耦（C_{IN} 和 C_{OUT}）。对于不关键的应用，可以分别使用一个电容；对于重要一些的应用，可以使用电解电容和陶瓷电容的并联组合。输入退耦电容 C_{IN} 可以降低电路对传导发射的敏感度；输出退耦电容 C_{OUT} 可以减小输出纹波。

- 大部分集成开关稳压器拥有多种类型的保护，如欠压锁定（UVLO）保护、短路保护和过热保护。在图 23-1 所示的电路中，欠压锁定保护的阈值由 RUV_{HI} 和 RUV_{LO} 组成的分压器确定。这一分压器在控制器内部连接到一个比较器，运放电路设计师也应该很熟悉比较器这一器件（不熟悉的读者可以参考 25.3 节）!

- 典型的开关电源控制器拥有一些输入引脚，如软起动（SS）、斜坡补偿电容（RAMP）、开关频率（CONV_CLK）、补偿（COMP）等。图 23-1 中画出的电路只是一种示意图，对于具体的器件，可能会包含这些引脚中的某一部分，接法也可能与图 23-1 完全不同。一言以蔽之，需要参考数据手册。

- 在图 23-1 所示的电路中，开关稳压器的主要输出是栅极驱动，提供开关波形。两个栅极驱动引脚——高端场效应管栅极驱动（HO）和低端场效应管栅极驱动（LO）——具有很强的驱动能力。使用低频信号驱动场效应管很容易，然而使用高频信号驱动场效应管并不容易，因为场效应管的栅极电荷和输入电容在高频时会起作用。场效应管 Q_{HI} 的功能是从 V_{IN} 取得能量以给电感 L_{SW} 充磁，Q_{LO} 的功能是在电感 L_{SW} 退磁时提供电流路径。电感充退磁的特性可以在 SW 引脚（主要用于给高端场效应管栅极驱动提供回流路径）处监测到。SW 上的波形通常是反映电感充退磁时间之比的一串方波脉冲，但也有可能包含锯齿波成分。

- 这一开关稳压器还包括电流检测输入。取样电阻 R_{CS} 通常阻值很小。因为取样电阻位于大功率开关管的电流路径上，所以必须注意这一电阻的功率。另一些开关电源控制器的电流检测取样电阻位于输出电压处，此时必须注意走线和寄生参数的影响。无论电流检测从何处取样，控制器中都必须放大 CS 输入端的信号，因此 CS 输入端接入控制器内部的一个放大电路。这一放大电路由运放构成，其输出端连接一个比较器。选择 R_{CS} 时需要让电流检测的动作电流大于最大输出电流，以使输出短路时，控制器能关闭稳压器。

这一检测短路并做出响应的动作非常快，但可能不是很精确。这里运放又一次起到了检测短路的作用。

❑ RFB$_{HI}$ 和 RFB$_{LO}$ 组成的分压器将输出电压进行分压，通过 FB 引脚连接到本节讨论的最后一组运放电路。这一电路位于稳压器的主反馈环中，将输出电压和参考电压的误差进行放大，用于控制 HO 和 LO 引脚输出的占空比，也就是 SW 引脚处监测到的波形。

一个典型的开关电源控制器中拥有至少三到四个反馈环。这些反馈环通常包含一个驱动比较器的简单运放电路。某些器件可能包含更多的反馈环。

了解了开关稳压电路的基本原理之后，现在就可以讨论如何改造稳压电路，使其能输出负电压了。之所以能这么做，都归功于我们的"小朋友"——控制器内部的运放！

有几种不同的方案可以让开关稳压电路输出负电压，它们都有各自的优势和劣势。

23.3 电感的附加绕组

SW 端存在交流电压。根据稳压电路和负载电流的不同，该点的波形可能也有不同的形状，但一般来说，波形是占空比跟负载电流相关的一串方波脉冲。当然在脉冲的正半周可能有些压降，也可能带一些类似锯齿波的成分。然而要点是，该点有功率很大的交流电压，其功率相当于负载的峰值功率需求。

交流电压都可以以相似的方式使用（即使不是正弦波）。在本节介绍的方案中，给电感 L$_{SW}$ 增加一个绕组，将其改造成变压器，就可以从次级获得附加的一路电压（图 23-2）。

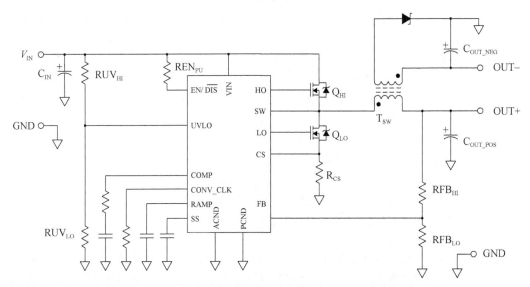

图 23-2 使用电感附加绕组的负电源输出方案

注意 L$_{SW}$ 改造成的变压器 T$_{SW}$ 的同名端（用圆点表示）。为了得到正确的输出，如图 23-2 所示的连接方式是非常重要的。让两个绕组紧密耦合也很重要，因为 SW 端的波形对于有效的能量传递来说并不是最理想的[①]。

电路中还使用了低正向压降的肖特基二极管进行整流，以得到负电压直流输出。二极管的压降和输出电压串联，如果二极管的正向压降过高，会影响输出电压。

输出端并联了滤波电容。二极管和电容构成了半波整流电路，对变压器次级的交流波形进行整流。

本方案的优点是简单。与单路正输出的开关稳压电路相比，只增加了一个肖特基二极管和一个（或一组）滤波电容，并将电感改为了变压器。

本方案的缺点包括：

❑ 负输出电压的调整率相对较差；
❑ 相对电感而言，变压器更加复杂；
❑ 输出采用半波整流电路，负输出电压的纹波较大；
❑ 负输出依赖于正输出，如果变压器初级没有电流，那么附加的负电源上也不可能取得电压。

23.4 附加电感

为前一个方案定制合适的变压器，可能比较费时且昂贵。图 23-3 所示的电路可以在不使用变压器的情况下得到负电源输出。

这一方案利用电容阻隔直流的特性来消除电感 L_{SW_NEG} 上的直流参考电压。将电感的另一端连接到地，把电感两端的电压进行滤波，就可以得到负电压，其幅度与从 L_{SW_POS} 得到的正电压相等，符号相反。肖特基二极管用来消除上下电瞬间可能存在的反向电压峰值。

本方案的优点包括：

❑ 仍然很简单，只需要增加很少的元器件；
❑ 不需要购买或定制变压器，只是在两处使用同样的电感；
❑ 与增加绕组的方案相比，调整率可能会好一些。正输出端的所有元件都在负输出端"镜像"了一下，其匹配性可以相当好。

本方案的缺点包括：

❑ 负输出的限流和短路检测特性没有正输出好，即使这些保护措施可以工作，动作也会较慢，导致场效应管受到电流应力冲击；

[①] 将 L_{SW} 换成变压器时，一定要注意降压开关稳压电路中电感饱和的问题依然存在，因此如果采用的变压器不合适（比如使用了未加气隙的铁氧体磁芯），会导致电路出现故障。如果读者想实际使用这一电路，不妨试试将两个绕组使用双线并绕的方式绕在合适大小的-26材质的铁粉芯磁环（磁导率为 75，俗称"黄白环"）或铁硅铝磁环（磁导率为 125 的最常见）上。与铁氧体相比，这两类磁环的相对磁导率较低且具有较强的抗饱和能力。磁环电感的具体计算推荐使用 Mini Ring Core Calculator 软件。——译者注

❏ 仍然没有在负输出上进行采样，因此负输出电压的调整率仍然不会非常好。

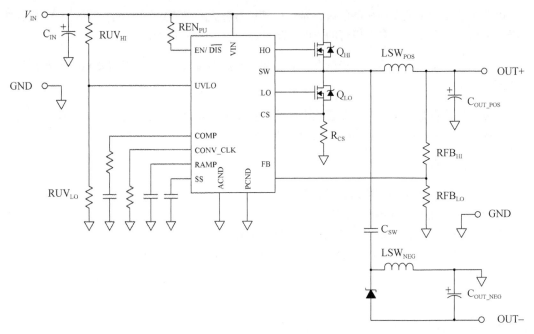

图 23-3　使用附加电感的负电源输出方案

23.5　用$-V_{OUT}$而不是地作为稳压器的参考点

本方案需要更改电感 L_{SW} 的连接方式。与正电压开关稳压电路相比，电感连接到地线上。在正电压开关稳压电路中以地为参考的电压，现在都变成了以$-V_{OUT}$为参考（图 23-4）。

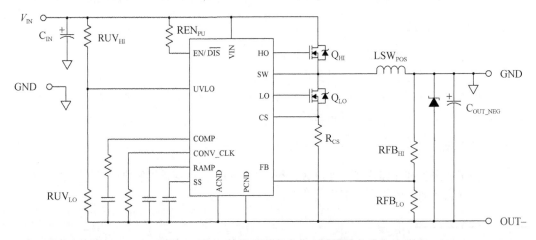

图 23-4　用$-V_{OUT}$作为参考点的负电源输出方案

本方案的优点是：

❏ 负输出电压的调整特性、限流特性、短路保护特性都由控制器保证。

本方案的缺点如下所示。

❑ 开关稳压器和辅助元件的数量加倍了，需要两个控制器集成电路来构成双电源，一个提供正电源，另一个提供负电源。这样，电源的静态电流、在电路板上占用的面积以及成本就都加倍了。

❑ 如果开关电源控制器有使能引脚，那么这一引脚无法使用。因为此时使能引脚逻辑电平的参考点是负电源，除非开关稳压器工作起来并达到稳定，否则这个参考不能使用。

❑ 印制板布图必须非常谨慎小心，否则很容易给电路的地线引入附加的开关电源噪声。

❑ 两个开关稳压器的频率不同，其纹波的差拍可能落在音频范围。

还有如下一些事情（不是优点也不是缺点）需要注意。

❑ 正负电源稳压器可以共用输入电容，这大概是电路中唯一可以共用的部分。虽然图上画出的是从输入连接到地的电容，有时从输入连接到输出（$-V_{OUT}$）的电容也是可取的。

❑ 注意电容和稳压器的耐压。记住以$-V_{OUT}$为参考时，输入电压范围也会相应降低。例如输出为-5 V时，安全输入电压范围为0～40 V的稳压器的输入电压必须小于35 V，因为参考点是从-5 V起算的。对于连接到$-V_{OUT}$的输入电容，这一点也是成立的。

❑ 由于输入范围的变化，欠压锁定保护的分压器电阻值可能也会发生变化。

❑ 两个反馈电阻 R_{FB} 也是如此。

❑ R_{CS} 的阻值可能不同。

❑ 肖特基二极管在上下电时保护电路，防止反向电压峰值。如果工作电流很小，也许可以省略。

❑ 正负输出的纹波电压波形不同，一般来说互为镜像。

23.6 其他方案

在使用降压–升压开关稳压电路或采用23.5节中的方案时，也可用变压器代替输出电感。这一方案的优点是可以提供两路与输入隔离的同样的电源，但是除此之外并没有其他优势。

有些参考资料推荐使用附加的开关场效应管来获得第二个输出。一般来说，可以使用 HO 或 LO 输出，或者从 SW 端取得交流电压，用于驱动另一个场效应管，组成一个"假的"开关电源。这样取出的电源实际上只是整流过的交流电压，并没有加以稳压。我不推荐这一方案，因为这样做会让控制器内的栅极驱动器同时驱动两个场效应管，需要克服的栅极电荷和输入电容都变成了 2 倍，从而给控制器增加了额外的负担。因此，本章详细介绍过的几种方案是更优的。读者如果对这一方案感兴趣的话，可以自己在网上搜索。

23.7 负电压有源负载

图 22-4 所示的有源负载电路只适用于正电压。如果需要调试负电压稳压器，需要将其改造为负电压工作的负载，幸好这一点很容易完成。图 23-5 所示的负电压有源负载需要使用一个负参考电压，借助单位增益反相放大电路可以容易地获得这一电压。这一电路中，N 沟道的 IRF540

换成了 P 沟道的互补型号 IRF9540, 使电路可以吸入负电流。

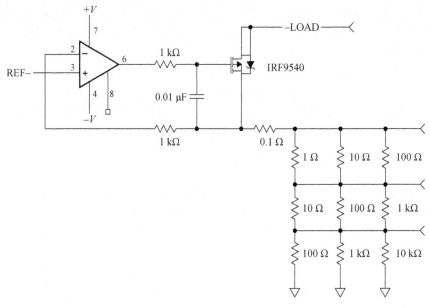

图 23-5 负电压有源负载

23.8 小结

使用正电压开关稳压器获得负电源是可行的。本章介绍的方案已经有数十年的历史, 并成功应用到了实际的项目中。每当市场上出现新的开关稳压器, 工程师们都会找到创新性的方法去使用它们, 其中就包括用来产生负电源。

第 24 章

其他应用

24.1 运放振荡器

讨论运放振荡器时，读者必须对前面学到的关于运放稳定性判据的知识反其道而行之。换句话说，振荡器是有意设计的、本质上不稳定的电路。

在这里，我们要重新回到反馈理论。关键点是：使运放不稳定的最佳方法是使用正反馈而不是负反馈。前面介绍的电路中都使用负反馈来限制运放电路中的信号摆幅，然而正反馈会增加电路的信号摆幅，对它们进行同相的放大，直到运放的输出饱和。这导致了一个很重要的选择：是使用运放还是使用比较器。比较器与运放十分类似，但是并不相同。

图 24-1 中的两个电路都振荡在约 10 kHz。我们马上可以看出，计算滤波器截止频率的方法并不适用。如果计算滤波器截止频率的方法适用，振荡器中 RC 电路的电阻值和电容量应当为 4.42 kΩ 和 3600 pF。而在实际电路中，电阻的值显著增加，以减缓电路的振荡频率，并且对于运放和比较器，电阻值也并不相同。但是相比元件是否适用，这只是一个小问题。

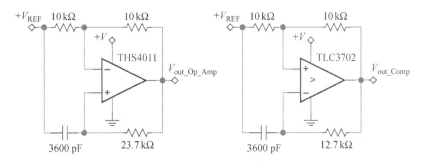

图 24-1　振荡器原理图

那么在这个应用实例中，使用运放和比较器的区别是什么呢？图 24-2 给出了答案。很明显，使用运放的振荡器电路的输出质量不如使用比较器的电路。通过前面的章节，读者已经熟悉了运放的 V_{OL} 和 V_{OH} 指标。在这里，输出电压指标将振荡器的输出电压限制到了约 0.8 V ~ 4.5 V。然而问题并没有结束：波形的前沿相当好，但是后沿的形状不同。运放的输出级有进入闩锁状态的趋势，并且需要一些时间来恢复。如果输出电压指标不足以说服读者使用比较器而不是运放，那么考虑一下闩锁产生的效应吧。重复进入和退出闩锁状态很容易使运放失效，而比较器专门为轨到轨的开关工作状态设计，非常适合应用在这一振荡器电路中。下一章将进一步讨论比较器的问题，可以把这里的介绍看作相关章节的引子。

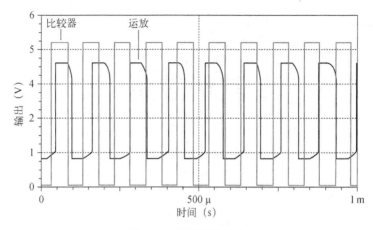

图 24-2 振荡器的输出

现在，我们考虑振荡器的工作原理。不考虑使用运放的电路，使用比较器的电路分析如图 24-3 所示。

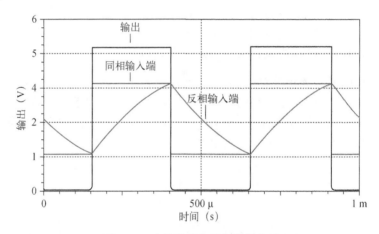

图 24-3 比较器振荡器电路的分析

图中包含了同相输入端和反相输入端的波形。同相输入端的情况比较容易分析：与比较器输出端和参考电压连接的分压器的输出与同相输入端相连。初始状态下，比较器的输出为低，同相输入端的电压约为 1 V；当比较器的输出变高时，分压器使同相输入端的电压变约为 4 V。

反相输入端的电路是 RC 充放电电路：初始状态下，电容两端的电压均为参考电压，但是由于输出端电压为低，电容进入放电周期，直到反相输入端的电压与同相输入端相同。此时，输出电压变高，电容进入充电周期，直到反相输入端的电压与同相输入端的电压相同。此时，比较器的输出又变为低。这就是这一电路的工作原理：电容不停地充放电，使反相输入端的电压交替赶上同相输入端的电压。

很多设计师需要正弦波振荡器而不是方波振荡器。将上述振荡器电路的输出进行滤波可以得到正弦波，但是最好不要在输出端，而是在反相输入端取得信号，因为反相输入端的三角波中包含的谐波成分比方波少，并且反相输入端的三角波的电压摆幅较小，在单位增益运放电路的输入摆幅限制之内。虽然使用比较器的反相输入端作为电路的"输出"有些反直觉，但是只要不对负载提供电流，这一用法就没有问题。如果负载可能需要电流，那么还是应当使用比较器的输出端。

24.2 组合运放与提高输出功率的方法

只要进行仔细的设计，构造主要指标好于其中任何一个运放的组合运放是可能的。

使用一个OPA277和一个OPA512构成的组合放大器如图24-4所示。OPA512包含在OPA277的反馈环中，作为输出缓冲器使用。OPA277、OPA512和组合运放的主要指标见表24-1。

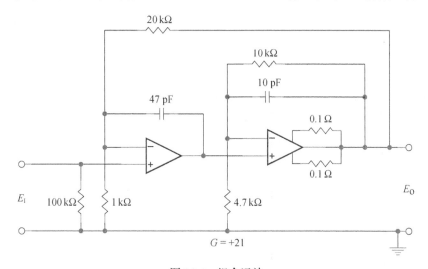

图 24-4 组合运放

表 24-1 组合运放的指标

参　　数	OPA277	OPA512	组合运放
V_{OS}	20 μV	6 mV	20 μV
漂移	0.15 μV/℃	65 μV/℃	0.15 μV/℃
I_B	1 nA	30 nA	1 nA
CMRR	130 dB	100 dB	130 dB
V_{OUT}	±13 V	±35 V	±35 V
I_{OUT}	5 mA	10 A	10 A
SR	0.8 V/μs	2.5 V/μs	2.4 V/μs

OPA512的压摆率较高，因此工作在一个局部的反馈环路中[①]。较慢的OPA277工作在外面的全局反馈环中。图中的47 pF电容提供少量的相移，帮助系统保持稳定。组合运放具有OPA277的输入指标和OPA512的输出指标（±35 V，10 A）。OPA277的压摆率是0.8 V/μs，由于OPA512的局部反馈环的增益为3，输出的压摆率可以达到2.4 V/μs。

---

① 电路中OPA512的局部反馈环将其配置为增益约为3的同相放大器。——译者注

组合高频运放可以按图 24-5 的方式来制作。在这一电路中，电流反馈运放的速度和输出功率的优势可以充分发挥。

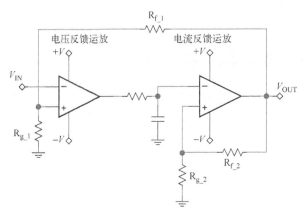

图 24-5   组合高频运放

在这一电路中，R_{f_2} 和 R_{g_2} 需要使用数据手册中推荐的值。在图 24-5 中，电流反馈运放具有增益。当然，只要不连接 R_{g_2}，电流反馈运放也可以工作在单位增益状态。然而需要记住，运放在单位增益时最不稳定。我通常习惯使电流反馈运放工作在增益为 2 的状态，以略为减缓其速度。两级之间的 RC 网络也起到减缓速度的作用，以防止电路发生自激振荡。也可以在 R_{f_1} 两端并联电容来降低电路的速度。需要注意的是，R_{f_1} 和 R_{g_1} 的值决定了电路整体的增益，而 R_{f_2} 和 R_{g_2} 的值决定了电压反馈运放的最大输出摆幅。电路整体的最大输出摆幅由电流反馈运放的 V_{OL} 和 V_{OH} 所决定。这一电路可能需要一些调试才能工作，为了达到可以接受的性能，有很多地方需要权衡和折中。

如果需要更大的功率怎么办？将运放并联也可以提高输出功率，如图 24-6 所示。与前面相同，图中电压反馈运放的输出端连接了一个 RC 低通滤波器。但在这里使用了两个电流反馈运放。每个电流反馈运放的输出端都串联了一个低阻值（1 ~ 5 Ω）的电阻，其具体值需要通过试验来确定。串联电阻的作用是对电流反馈运放之间微小的不匹配提供补偿，以避免运放工作时对其他运放的输出端的驱动产生的不良效应。需要注意电阻的功率，如果输出电流较大，可能必须采用大功率电阻。就像其他的模拟设计一样，这里也有一些折中：由于串联电阻的作用，输出级的电压摆幅有所减小。因为输出功率与输出电压的二次方成正比（$P = V^2/R$），这可能会严重影响输出功率，然而这是一项必要的折中。如果要提高输出功率，可以采用提高电源电压的方式，或者采用桥式输出（图 24-7）。印制板的寄生效应也会限制并联运放的数目。

图 24-7 中，V_{OUT} 是差分输出，两个输出端的输出电压大小相等、极性相反，这样，输出电压摆幅就提高了一倍，功率变为原来的 4 倍。有很多方法可以用来获得反相的两个信号。本例中，同相输出端的增益由 R_{f_1} 和 R_{g_1} 确定，反相输出端的增益由 R_{f_3} 和 R_{g_3} 确定，选择电阻的值使这两个增益相等，即可获得平衡输出。由于在 R_f 和 R_g 的比值相同时，同相放大电路的增益和反相放大电路的增益相差 1，所以电阻的值必须分别选择。增益应当满足关系式：

$$\left| \frac{-R_{f\_3}}{R_{g\_3}} \right| = 1 + \frac{R_{f\_1}}{R_{g\_1}} \tag{24-1}$$

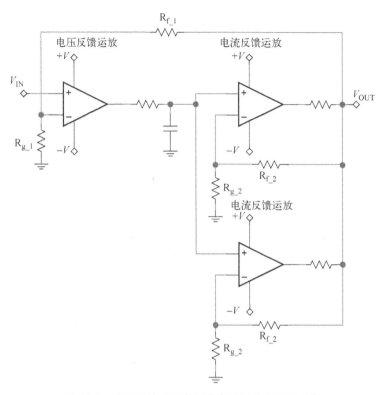

图 24-6　并联运放以提高组合高频运放的输出功率

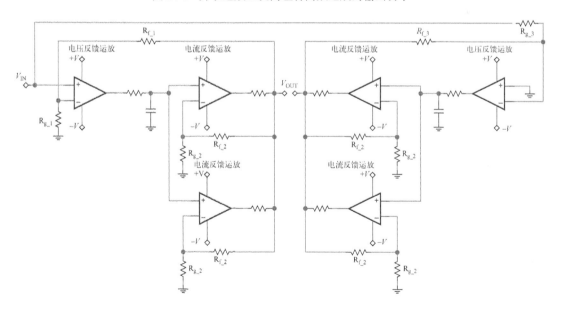

图 24-7　高速桥式混合运放

例如，在 $R_{f\_3}/R_{g\_3} = 4$、$1 + R_{f\_1}/R_{g\_1} = 4$ 时，电阻可以采用的取值为：

$$R_{f\_3} = 10.2 \text{ k}\Omega$$

$$R_{g\_3} = 2.55 \text{ k}\Omega$$

$$R_{f\_1} = 20 \text{ k}\Omega$$

$$R_{g\_1} = 10 \text{ k}\Omega$$

将这四个值代入式(24-1)，得：

$$\left|\frac{-10\ 200}{2500}\right| = 1 + \frac{20\ 000}{10\ 000} \tag{24-2}$$

上式两边都恰好等于 4，所以桥式放大器中同相输出和反相输出的值大小相等、极性相反，电路获得了平衡。这里假设电流反馈运放工作在单位增益（R_{g_2} 不连接）。

当然，本节讨论的提高输出功率的方法，也适用于低速的电压反馈功率运放。

第 25 章

常见的应用错误

25.1 引言

若你担任过多年为客户提供技术支持的模拟应用工程师，一定能从中总结出一些模式。从没有经验的新设计师，到遇到的问题甚至能够难倒最好的客户支持工程师的模拟设计专家，客户提出的所有问题几乎覆盖了模拟电路设计的各个方面。遗憾的是，仍然有一类问题让人唉声叹气：这类问题反映出的错误，我曾多次遇到，而且可能还会遇到很多次。我希望，本章介绍的常见错误能够让读者吸取其中的教训，并使其不再犯此类错误。

25.2 运放工作在小于单位增益（或规定增益）的情况

"单位增益稳定"这一说法是否让读者有所警觉？我在前面的章节中已经指出，运放在规定的最小工作增益下最不稳定。到现在，我希望每一位工程师都将这一点牢记于心！在本书第 1 版的巡展上，一位客户问我：他们有一个可编程增益运放电路，通过切换电阻将增益编程为 1、1/10 和 1/100（图 25-1），增益为 1 时电路工作正常；增益为 1/10 时，电路发生了振铃；增益为 1/100 时，电路发生了持续的振荡。我并不是在贬低犯这个错误的工程师，因为我自己也经常犯类似的错误：从元件柜里面抓出一个运放，迅速搭成一个电路，然后发现电路无法控制地振了起来。这时查数据手册可知，这里使用的运放在增益为 10 的情况下才稳定，而不是在单位增益的情况下稳定的。在这种情况下，除了更换另一型号的运放之外，没有更好的办法。

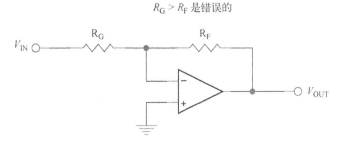

图 25-1　错误设计的运放衰减器

然而，这位客户所遇问题的解决方案非常简单：如图 25-2 所示，在同相运放缓冲器前面连接一个分压器即可。

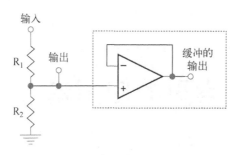

图 25-2   正确设计的运放衰减器

图中的运放工作在单位增益状态,因此是稳定的。分压器规则可以用来计算正确的衰减量。同相缓冲器的输入阻抗很高,不会影响分压器的输出电压,除非分压器使用了阻值特别大的电阻。

如果信号必须被反相,可以使用图 25-3 所示的反相衰减器电路。这是图 25-2 所示电路的一个变体,只不过同时考虑了运放的反馈电阻和输入电阻。

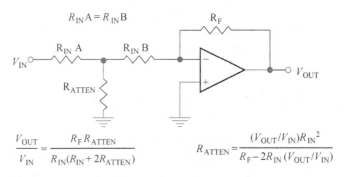

$$\frac{V_{OUT}}{V_{IN}} = \frac{R_F R_{ATTEN}}{R_{IN}(R_{IN} + 2R_{ATTEN})} \qquad R_{ATTEN} = \frac{(V_{OUT}/V_{IN})R_{IN}^2}{R_F - 2R_{IN}(V_{OUT}/V_{IN})}$$

图 25-3   反相输入运放衰减器

对图25-3所示的运放衰减器电路的一种主要反对意见是,附加的电阻给衰减器引入了噪声。这一意见从两个方面来说是错误的:首先,错误的运放衰减器电路(图 25-1)仍然包含电阻,而且阻值与正确电路的阻值相差无几;其次,会引入明显噪声的碳质电阻基本上已被淘汰,现在的金属膜电阻和厚膜电阻的噪声指标要好很多。

25.3   运放用作比较器

这一误用经常出现在成本敏感的设备中。如果电路中有一个四运放,其中的一个部分没有使用,并且恰好需要一个比较器的时候,这一运放往往会被用作比较器。我第一次遇到这一问题,是发现自己购买的昂贵的电话应答机不工作的时候。检查电路发现,其中有一个 LM324 里的一个运放处于开环工作状态,并且和一个逻辑门的输入相连。这是为什么呢?答案是,设计者查看了运放和比较器的电路符号,发现它们看起来很相似(图 25-4),因此认为两者的工作方式也完全一样!

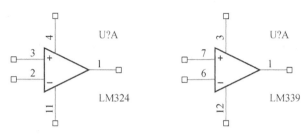

图 25-4　相似的原理图符号，完全不同的元件

　　然而，即使是运放和比较器的内部电路（图 25-5 和图 25-6），也没有给出关于它们的工作方式的多少信息。既然运放和比较器的电路符号几乎一样，内部电路也差不多，那么它们的具体区别在哪儿呢？它们的主要区别在输出级上。一言以蔽之，运放的输出级为线性工作所优化，而比较器的输出级为饱和工作所优化。

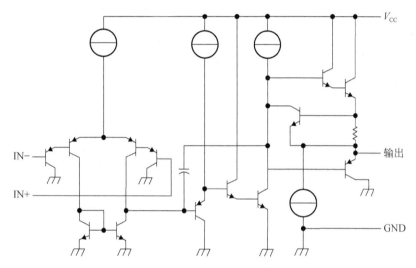

图 25-5　运放原理图一例

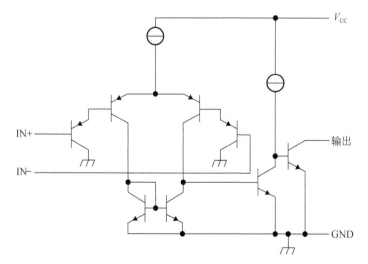

图 25-6　比较器原理图一例

除了正负号不同（后面会讨论这一问题），运放和比较器的输入级看起来几乎相同。运放的输出级要复杂一些，这提供了它们有所不同的线索。比较器的输出级与运放相比有显著不同，它包含了一个集电极开路的晶体管。但是应当注意，很多新型的比较器具备推挽输出，看上去与运放的输出级非常类似。

25.3.1 比较器

比较器是一种 1 位的模数转换器，具有一对差分模拟输入和一个数字输出。由于大部分比较器具有集电极开路输出，因此很少有设计师会将比较器误用为运放。集电极开路输出比较器的输出晶体管在设计时优化为提供较低的 V_{CE}，以便使其能够开关重负载。集电极开路的结构需要依靠外部电路来完成与电源的连接，以便构成完整的电路。有些比较器还提供外接的发射极引脚，此时设计师需要在外部电路中完成集电极与发射极的连接，才能完成整个电路。另外一些比较器使用场效应管（FET），具备漏极（而不是集电极）开路输出。这种比较器主要用来驱动重负载。

比较器是一种开环器件，不需要反馈电阻就可以工作。比较器一般用来比较两个输入端的电压，产生与输入电压相关的数字输出。

- ❏ 如果同相（＋）输入端的电压高于反相（－）输入端的电压，集电极（漏极）开路输出的比较器的输出端为低阻导通状态，推挽输出的比较器的输出端为高电平。
- ❏ 如果同相（＋）输入端的电压低于反相（－）输入端的电压，集电极（漏极）开路输出的比较器的输出端为高阻关断状态，推挽输出的比较器的输出端为低电平。

25.3.2 运放

运放是一种模拟元件，具有一对差分模拟输入和一个模拟输出。如果运放工作在开环状态，其输出端似乎会像比较器的输出一样工作。但这是好事吗？

运放针对闭环工作设计和优化。开环工作时，运放的输出结果无法预测，没有半导体厂家能对开环应用中的运放的工作方式做出保证。运放的输出晶体管被设计成用于输出模拟波形，因此具有很大的线性区域。开环工作时，这样的晶体管从线性区进入饱和区需要花费很长时间，使得上升和下降时间变得很长。

在某些情况下，将运放用作比较器侥幸会成功。例如使用 LM324 作为比较器时，运放的输出会达到电源轨并停留在那里，似乎并没有出现坏现象。然而，如果使用其他型号的运放，情况可能完全不同。

对于希望比较器具有快速响应特性的设计师来说，运放输出级的设计是件坏事。运放输出级中使用的晶体管并非开关晶体管。这些晶体管设计在线性区域工作，用于输出精确的模拟波形。在处于饱和状态时，它们可能不仅消耗比预期更多的功率，还有可能锁定，且恢复时间难以预测。一批器件的恢复时间可能只有几个微秒，而另一批器件可能需要长达数十毫秒。运放的恢复时间无法测试，因此无法在数据手册中规定。有些器件甚至不会从锁定状态中恢复！对于某些轨到轨运放，输出饱和可能会导致输出管热失控从而损坏。即使是最老到的设计师，也可能在无意中设计出饱和甚至开环的运放电路。[①]

那么，应答机损坏的原因究竟是什么？问题在于这一开环运放电路的低电平输出电压 V_{OL} 高于与其相连的数字逻辑电路的阈值电压。这两个电压非常接近，因此，运放的输出只要有一点点向上漂移，就会导致逻辑电路的输入一直为高。在开环状态下，运放的 V_{OL} 也无法规定。

25.4 未用运放的不恰当端接

使用运放时，最容易无意产生的错误，是对多运放集成电路中未用运放的不恰当连接。图 25-7 给出了未用运放的最常见连接方法。

许多设计师了解如何端接未用的数字电路输入，即将其连接到电源或地。然而对于如何端接未用的运放，他们可能毫无头绪。图 25-7 给出了我见过的一些端接方法。图中(1)~(4)是错误的，最后两种是正确的。

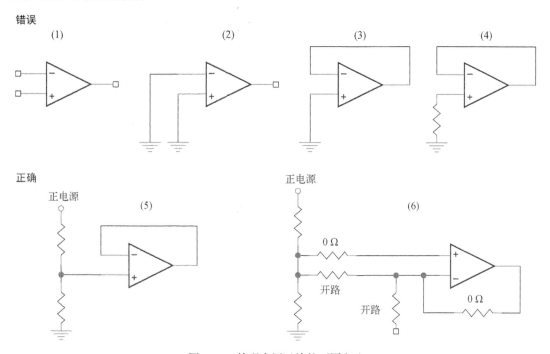

图 25-7　处理未用运放的不同方法

(1) 这是一种常见的错误。设计师可能觉得运放像家里的音频功放一样，于是将不用的端子悬空。这是运放使用中**最糟糕**的一种错误。开环运放的输出会饱和在电源的一个端电压上。由

---

① 关于运放开环运用，需要注意的问题尚还有两点：1. 某些运放（如 NE5532）内部有连接在同相输入端和反相输入端之间，并反向并联的两个二极管作为保护（参考 B.57 节）。这类运放显然无法应用于两输入端电压可能差别很大的开环应用；2. 超出共模输入电压范围时，很多运放的输出会产生相位反转，导致显然错误的结果。如果十分需要开环使用运放，建议仔细校核数据手册的参数，选择在特定应用场景下不会出现问题的型号。感兴趣的读者可参阅 ADI 公司教程 "Op Amp Output Phase-Reversal and Input Over-Voltage Protection"（MT-036）及应用笔记 "Using Op Amps as Comparators"（AN-849）。——译者注

于悬空的输入端会拾取环境中的噪声，因此运放的输出电压会在两个电源轨之间跳动，有时还会在无法预测的高频率振荡。

(2) 这是另外一种偶尔会遇到的糟糕方法。由于地平面的电位梯度，运放的一个输入端的电压通常会稍稍高于另一个输入端的电压。于是，最好的情况是运放的输出饱和在电源的一个端电压上。我们并不能保证运放的输出总是处于这个电压，因为一个输入端上电压的微小变化就可能导致运放的输出跳到另一个端电压。

(3) 这种方法虽比前面的好一些，但也没好到哪里去。如果运放在单电源下工作，输出会到达并停留在电源的一个端电压上。这可能会导致自加热、功耗增加等问题，甚至造成运放损坏。只有对于双电源工作的运放电路，这种端接方式才是可以接受的。

(4) 为在线测试设计电路板的设计师经常会采用这种端接方式。如果在单电源下工作，这样端接仍然会使输出到达电源的端电压。

(5) 这是推荐的最简单的端接方式。运放的同相输入端连接在正负电源轨之间的电压上，或者在双电源系统中接地。系统中可能已经具有了虚地，这样连这两个电阻都可以省去。运放的输出端也处于虚地电位（在双电源系统中是地电位）。

(6) 这种端接方式非常好。设计师考虑到了未来对电路进行修改的可能。在这一设计中，未用的运放可以通过改变电阻和跳线的连接的方法来使用。这一设计中未用的运放可以按需改造为同相或反相放大电路。

25.5 直流增益

当设计师忘记交流信号中的直流分量时，可能会产生问题。如图 25-8 所示，当交流信号源具有直流偏置时，可以通过耦合电容来隔离两边的直流电位（图 25-8 上半部分）。此时，电容阻断了直流分量，输出幅度为 $1\,V_{AC}$。如果省去耦合电容（图 25-8 下半部分），电路对信号的直流和交流分量的增益均为-10，这样输出电压应当为 $1\,V_{AC}$，$-50\,V_{DC}$。然而，电路的电源将输出电压限制在了 $\pm 15\,V_{DC}$，因此输出电压将饱和在 $-15\,V_{DC}$（减去运放的负电源轨限制）。

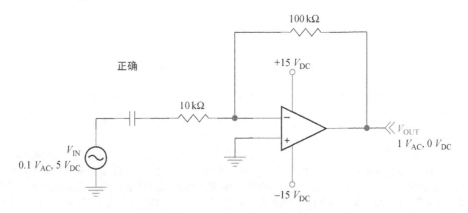

图 25-8　没有意料到的直流增益

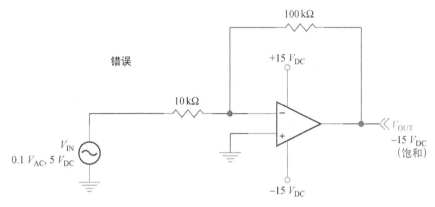

图 25-8　（续）

25.6　电流源

图 25-9 所示的运放电流源电路**必须**包含负载。在很多应用场景下，负载位于电缆末端，而电缆另一端用连接器与电路相连。连接器断开时，运放会处于正反馈状态，导致输出饱和在负电源上。

这一电路的输出电流为：

$$I_{out} = \frac{R_3 \cdot V_{IN}}{R_1 \cdot R_5} \ , \quad R_3 = R_4 + R_5 \ , \quad R_1 = R_2$$

注意需要让 $R_1 \sim R_4$ 远大于 R_5，R_5 远大于负载电阻 R_{LOAD}。

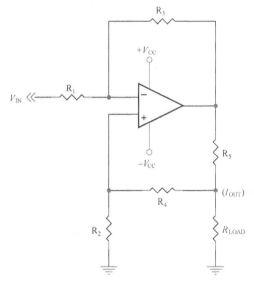

图 25-9　电流源

25.7　电流反馈运放：短路的反馈电阻

电流反馈运放（CFA）应用中最常见的错误，是将反相输入端与输出端直接相接（图 25-10）。

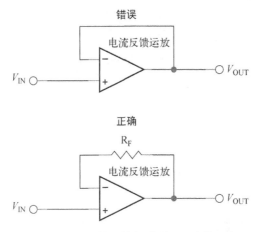

图 25-10　电流反馈运放的错误和正确使用方法

设计师总是试图利用电流反馈运放的速度与带宽优势来构造单位增益缓冲器。然而，将输出端和反相输入端直接相接并不是一个好方法，因为这样会引起电流反馈运放不稳定。电流反馈运放的稳定性条件与电压反馈运放（VFA）不同。

电压反馈运放的稳定性条件是：

$$A\beta = \frac{aR_G}{R_F + R_G}$$

而电流反馈运放的稳定性条件是：

$$A\beta = \frac{Z}{R_F\left(1 + \dfrac{Z_B}{R_F \parallel R_G}\right)}$$

从上述两个公式可以看出，电压反馈运放的稳定性等同地依赖于 R_F 和 R_G，而电流反馈运放的稳定性明显更加依赖于 R_F。如果 $R_F = 0$，那么式子的分母趋于 0，稳定性条件不再成立。图 25-11 给出了实际的数据手册中的曲线。

图 25-11 左半部分显示，只要稍稍改变 R_F 的值，就会极大影响电流反馈运放的响应特性。在电阻减小时，响应特性表现出振荡的趋势。对于电压反馈运放，这一影响小很多，并且趋势相反。要点是：使用电流反馈运放时，坚持遵循数据手册中推荐的反馈电阻阻值。实现同相缓冲器时也可以利用这一法则：只要将推荐阻值的反馈电阻连接在输出端与反相输入端之间，电路就会正常工作！

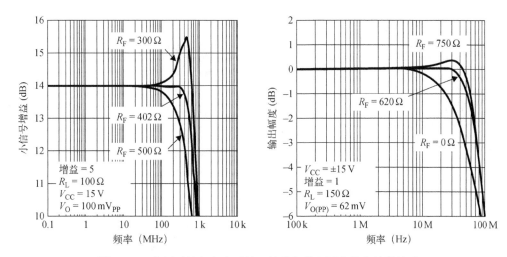

图 25-11　电压反馈与电流反馈运放的负载电阻和稳定性的关系

25.8　电流反馈运放：反馈环中的电容

当设计师使用电流反馈运放设计有源滤波器时，经常会在反馈环中放入电容（图 25-12 ）。然而，只有少数滤波器结构能够在使用电流反馈运放的情况下正常工作。Sallen-Key 滤波器可以正常工作，但是必须选择正确的反馈电阻阻值。这里的要点是：电流反馈运放并不是实现有源滤波器的最佳选择。如果有可能，最好选用其他器件。

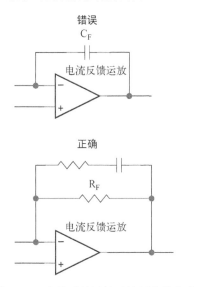

图 25-12　电流反馈运放反馈环中的电容

25.9　全差分运放：错误的单端端接

全差分运放最常见的应用之一是将单端信号转换为全差分信号。然而，当输入信号需要端接时，情况可能变得十分复杂。

如图 25-13 所示，计算 R_1 和 R_t 的公式中存在交叉引用。求解这一方程组需要一种目标寻找算法。如果电阻的值计算错误，可能会产生如下不良结果：

- 增益出错
- 差分失调
- 差分增益不匹配
- 阻抗匹配不正确

设计者可以考虑图 25-14 中所示的更简单的方法。

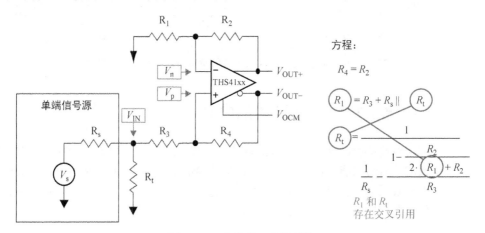

图 25-13   全差分运放的端接

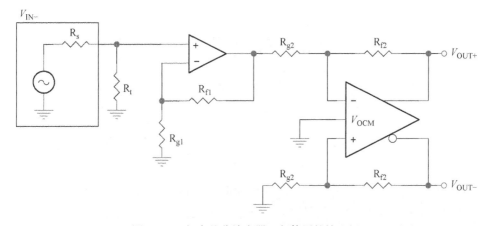

图 25-14   与全差分放大器一起使用的输入级

25.10   全差分运放：错误的直流工作点

单电源工作的全差分运放的工作点很容易弄乱（图 25-15）。在这一例子中，两个输出端的工作点有 3.3 V 的直流电位差。记住，对于全差分电路，直流偏置有两个可能的来源。本例中，

设计师正确地在 V_1 和 R_1 之间放置了交流耦合电容，但是忘了在 R_3 和地之间放置一个电容。在安装了第二个交流耦合电容（如图 25-16 所示）后，正确的直流工作点就建立起来了。

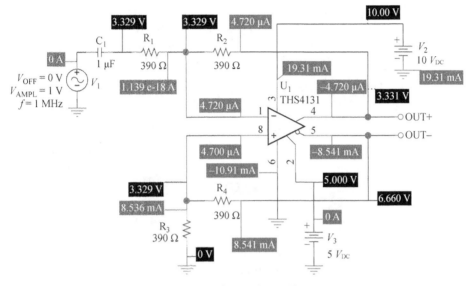

图 25-15　错误的直流工作点

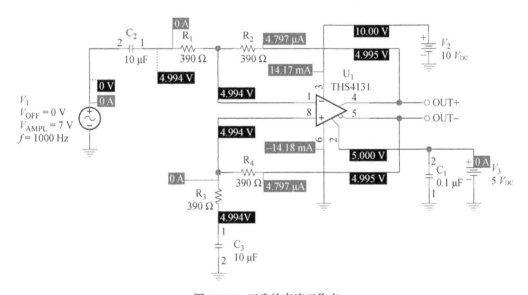

图 25-16　正确的直流工作点

25.11　全差分运放：错误的共模电压范围

当放大器的频响范围必须包含直流从而无法使用交流耦合电容时，对 V_{OCM} 输入端的错误使用会造成一个非常小但具有同样破坏性的问题。

考虑图 25-17 所示的电路。电路的直流工作点看上去很正确，输出电压应当在由 V_{OCM} 确定的共模电压输出点（由 $V_3 = 5\,V$ 建立）附近摆动。然而，交流仿真结果却很糟糕。为什么呢？

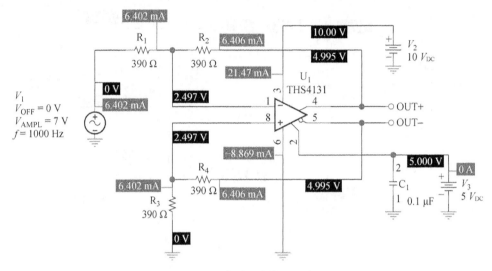

图 25-17   错误的共模电压范围

问题在于输入的共模电压范围没有包含负电源轨（在图中情况下是地电位）。这一问题有两个解决方案：一是将输入电压抬高到与 V_{OCM} 相同的直流电平[①]，二是换用输入共模范围包含负电源轨的全差分运放。图 25-18 显示了 V_{OCM} 对输出信号的影响。

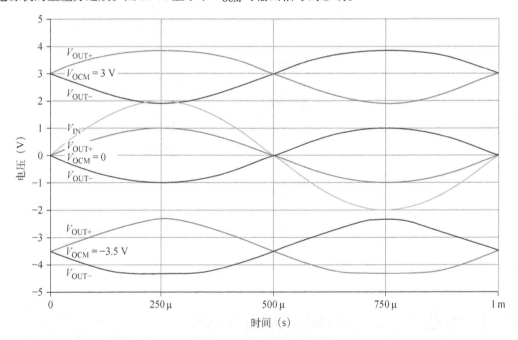

图 25-18 V_{OCM} 对输出的影响

[①] 如前一节所述，两个输入端的电压均需抬高。——译者注

当 V_{OCM} 使运放的输出电压过于靠近电源电压时，就会带来问题。最好的方法是尽可能保证两个输入端和 V_{OCM} 工作在同样的直流电平。

25.12　最普遍的应用错误：不恰当的退耦

最后我们来介绍最普遍的应用错误。这一错误甚至不包含运放，它涉及电路的支持元件——退耦电容。

在第 1 章中，我提到过一些至少是在模拟设计工程师那儿深入人心的元件型号。这里有另外一个：

0.1μF

需要退耦吗？好，所有人都知道要在每个元件的电源输入端放一个 0.1 μF 电容，然后工作完成。是这样吗？我可以用两个字来推翻这句话的正确性：

手机

将手机靠近你用 0.1 μF 电容退耦的原型板，在拨打电话的同时用宽带示波器监测电路的输出。你会看到严重的 2.4 GHz 泄漏！[①]如果系统中具有扬声器，并且使用了一个 GSM 手机的话，扬声器中会有规律地传出恼人的噗噗声干扰。

一个类似的问题来自手机基站的安装人员。他们曾经惊恐地打来电话，反映"系统中到处都是不知道从哪儿来的 90 MHz 噪声"。我询问了系统安装地点的经纬度坐标，他们提供了精确的坐标值。在 FCC 的数据库中快速查询之后，我得到了问题的答案。我询问他们是不是在 W___[②] 电台的铁塔附近。这是一座美国国家公共广播电台（NPR）的调频发射机，坐标与安装人员提供的相同，工作在 90.5 MHz，功率 100 kW。安装人员在电话里告诉我，发射机与他们只有 1.5 m 远，他们的手机基站和广播发射机位于同一位置！

这一问题的要点是，他们的板子是用 0.1 μF 的电容退耦的。电路的数字部分工作正常，但模拟部分受到了旁边大功率 90.5 MHz 调频电台的强烈干扰。按照一般的想法，电容的容量越大，能够滤除的干扰频率下限就越低。0.1 μF 的电容相对而言非常大，因此可以滤除几乎所有的干扰。这个"一般想法"是有问题的。从某种意义上说，事实与之恰巧相反。

0.1 μF 的退耦电容量到底是怎么流行起来的？我家附近的一家电子产品商店曾经用老式计算机主板作为墙面装饰。在白色背光下，那些绿色透明的计算机主板确实引人注目。然而，这些主板上也布满了 0.1 μF 的退耦电容。稍微研究一下这些电路板就会发现，这些老式计算机的时钟频率只有 1 MHz。

所以，0.1 μF 的退耦电容量似乎来源于 20 世纪 60 年代的晶体管–晶体管逻辑（TTL）电路

---

① 事实上一般的公众移动通信网工作在 800 MHz ~ 2 GHz 的某些频段，但这并不影响作者要阐述的 0.1 μF 电容对高频干扰退耦效果差的要点。——译者注

② 此处应为广播电台的呼号。美国规定广播电台的呼号以国家冠字 W 或 K 开始，后跟两到六个字母（一般为三个）。
——译者注

的退耦需求！现在，运放和其他模拟元器件能够工作到 3 GHz，尤其是几乎每个工程师都携带着一个 2 W 2.4 GHz 的发射机（手机），难道不应该重新思考一下这个电容量是否合适吗？

事实上，一个很好的 X7R 电介质 0.1 μF 陶瓷电容的自谐振频率在 10 MHz 左右。这是由于电容的寄生电感和电容自身形成了 LC 谐振回路。在 10 MHz 以下，电容器呈容性阻抗，在对数坐标图上，阻抗随频率的增加几乎是线性降低的，直到频率到达谐振频率。在谐振频率以上，"电容器"呈感性阻抗。由于电感阻挡高频，通过低频的特性，退耦电容对高于谐振频率的干扰并无滤除作用。

考察电容生产厂家提供的特性曲线，在 100 MHz 时，这个"德高望重"的 0.1 μF 退耦电容已经变成了一个电感，感抗（X_L）至少有 1 Ω。在 2.4 GHz 时，X_L 增大到了 10 Ω 以上。

关于退耦电容，有一个非常好的经验法则，就是将几个电容并联使用。0.1 μF 的电容能够工作到 10 MHz，1000 pF 的 NP0 电容工作在 100 MHz 仍然很好，33 pF NP0 电容可以有效滤除 2.4 GHz 范围的干扰。在板子的电源输入端，可以使用大容量的退耦电容以滤除低频纹波。

最后我们用另一句话取代那个"一般想法"：在怀疑退耦遇到问题时，请先试着减小（而不是增加）退耦电容的容量。

25.13　小结

本章收集了我多年来遇到的设计师们常犯的错误。列出这些错误的目的并不是为了贬低任何人的设计经验，而是为了指出常见的错误，以防止读者重新犯错。设计经验常是一系列错误、解决方案以及避免错误的方法的记忆。当你有机会从其他工程师的经验中学习的时候，一定要抱着感恩的心。

关于本章的内容，我收到过很多批评意见，尤其是对 25.2 节和 25.3 节。很多工程师按照里面指出的错误方式设计了很多年电路，当我指出他们的错误时，他们觉得受到了威胁。我觉得"我用这种方式设计了很多年，它确实可以工作"并不是值得重视的论据。对于这样的论据，我的回复是："那是因为你运气很好，还没有在这上面栽跟头。"

某个设计可以工作，并不代表这个设计一定很好。事实上，它可能位于失效的边缘，直到产品在使用中出现问题，导致昂贵和复杂的返修时，你才会注意到它。这断送了很多人的职业前程，尤其是在召回或返修影响了大批产品的时候。

对于明显的问题，一定不能给它们搞乱你的产品的机会。一定不要重蹈别人的覆辙，前面有的是为你量身定做的错误在等着你。

附录 A

电路理论回顾

A.1 引言

虽然本书尽量少使用数学公式，但是理解模拟电路毕竟离不开代数运算。本附录中的数学和物理知识都以循序渐进的方式组织，因此没有给出专门的习题。例如，介绍完分压器规则后，在引出其他概念时会多次使用它，这种使用就相当于练习了。

电路由无源和有源元件组成。元件以特定方式连接，以便完成所需功能。元件连接而成的这种结构称为**电路**，有时也称作**电路组态**（circuit configuration，或**电路结构**）。如何设计出新的电路结构，是模拟电路设计中具有技艺性的部分。当然，对于几乎所有的应用，都能找到已有的电路结构，因此不是所有的电路设计师都必须成为"技艺大师"。

当设计进行到电路层面时，必须列出电路方程，以预测和分析电路的性能。这里的回顾无意取代教科书中严格的电路建模方法，只准备讨论几个应当记住的常用公式。

有多少位电子工程师，就有多少种电路分析的方法。如果方程列得正确，每种方法都能得到一样的结果。不过，有些电路分析方法比较简单，不必进行所有的计算，这些方法也将在下面讲解。

A.2 欧姆定律

欧姆（Ohm）定律是电子学最基本的定律。欧姆定律可以用于单个元件、任意一组元件的组合或一个完整的电路。当流过电路任意部分的电流已知时，电路这一部分上的电压降等于电流和电路这一部分电阻的乘积：

$$V = IR \tag{A-1}$$

图 A-1 中，电流 I 流过总电阻 R 时，电阻 R 上的电压降为 V。

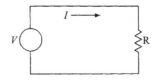

图 A-1　欧姆定律

图 A-2 给出了欧姆定律应用于单个元件的例子。电流 I_R 流经电阻 R，电阻 R 上的压降为 V_R。注意尽管 R 只是电路的一部分，计算 V_R 使用的公式仍然是式(A-1)。

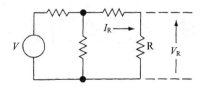

图 A-2   欧姆定律应用于单个元件

A.3   基尔霍夫电压定律

根据基尔霍夫（Kirchhoff）电压定律（图 A-3），串联电路中的电压降之和，等于电路中电压源的电压之和。这也就是说，电路中电压源提供的电压，都会变成电路中元件两端的电压降。注意，这里的电压之和是代数和。基尔霍夫电压定律的公式如下：

$$\sum V_源 = \sum V_{压降} \tag{A-2}$$

$$V = V_{R_1} + V_{R_2} \tag{A-3}$$

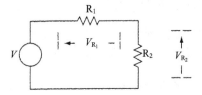

图 A-3   基尔霍夫电压定律

A.4   基尔霍夫电流定律

根据基尔霍夫电流定律（图 A-4），流入电路中某个结点的电流总和，等于流出该结点的电流总和。这里的电流来自电流源、来自某个元件或是来自某根导线，都是无所谓的，因为在结点看来，所有的电流都是一样的。基尔霍夫电流定律的公式如下：

$$\sum I_{IN} = \sum I_{OUT} \tag{A-4}$$

$$I_1 + I_2 = I_3 + I_4 \tag{A-5}$$

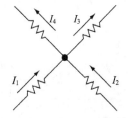

图 A-4   基尔霍夫电流定律

A.5　分压器规则

当电路没有输出负载时，分压器规则可以用来计算电路的输出电压。如图 A-5 所示，假设流过电路中所有元件的电流相同，使用欧姆定律得 $V = I(R_1 + R_2)$，变换得式(A-6)。在输出电阻 R_2 上使用欧姆定律，可得式(A-7)。

$$I = \frac{V}{R_1 + R_2} \tag{A-6}$$

$$V_{\text{OUT}} = IR_2 \tag{A-7}$$

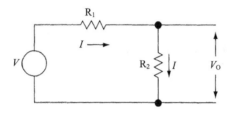

图 A-5　分压器规则

将式(A-6)代入式(A-7)，可得分压器规则的公式：

$$V_{\text{OUT}} = V \frac{R_2}{R_1 + R_2} \tag{A-8}$$

分压器规则很好记：输出电阻除以电路总电阻，再将这一比例乘以输入电压，即得输出电压。应当记住，分压器规则总是假定输出电阻上没有负载。如果输出电阻上并联了另外的元件，这一公式就不成立了。幸好，连在分压器电路后面的大部分电路都是输入电路，而输入电路多是高阻抗的。当有一个固定负载与输出电阻并联时，负载电阻和输出电阻的并联等效值可直接用于分压器计算，不会带来误差。当负载电阻是输出电阻的 10 倍时，很多人会忽略负载电阻，但这会带来 10%的误差。

A.6　分流器规则

当电路没有输出负载时，分流器规则可以用来计算输出支路（图 A-6 中 R_2）流过的电流。如图 2-6 所示，设流过两条支路的电流分别为 I_1 和 I_2，借助基尔霍夫电流定律可写出式(A-9)。借助欧姆定律可写出电路的电压（式(A-10)）。结合式(A-9)和式(A-10)，可得式(A-11)。

$$I = I_1 + I_2 \tag{A-9}$$

$$V = I_1 R_1 = I_2 R_2 \tag{A-10}$$

$$I = I_1 + I_2 = I_2 \frac{R_2}{R_1} + I_2 = I_2 \left(\frac{R_1 + R_2}{R_1} \right) \tag{A-11}$$

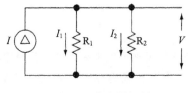

图 A-6   分流器规则

整理式(A-11)，得分流器规则的公式：

$$I_2 = I \left(\frac{R_1}{R_1 + R_2} \right) \tag{A-12}$$

可以看出，电路的总电流分成了两部分，电阻 R_1 与总电阻之比确定了通过 R_2 的电流。只要记住了分压器规则，就很容易记住分流器规则：其他支路的电阻除以并联总电阻，再将这一比例乘以输入电流，即得本支路的电流。

A.7   戴维南定理

在很多情况下，将电路中的某个部分隔离开来，有助于简化对电路该部分的分析。使用戴维南（Thévenin）定理，可以将电路中感兴趣的部分单独进行分析，而无须写出整个电路的环路或结点方程并求解联立方程组。戴维南定理可以将电路的剩余部分用简单的串联等效电路代替，从而简化分析。

有两个定理具有类似的功能。一个是本节介绍的戴维南定理，另一个是诺顿（Norton）定理。戴维南定理在输入源是电压源时使用，诺顿定理在输入源是电流源时使用。诺顿定理很少使用，感兴趣的读者可以参考电路分析方面的书籍。

考虑电路中需要替换的部分。图 A-7 中的虚线 × × 指出了需要替换的部分（虚线左边）。从需要替换部分的两个端点（连接到 R_3 左侧和 C 下侧）向左看，使用分压器规则计算电路这一部分在没有负载时的电压 V_{TH}。然后将独立的电压源短接，计算两端点之间的阻抗 R_{TH}。

计算出 V_{TH} 和 R_{TH} 之后，就可以用戴维南等效电路（也就是 V_{TH} 和 R_{TH} 的串联）代替电路中需要替换的部分（图 A-8）。

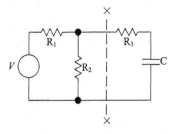

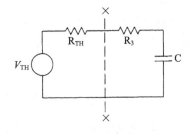

图 A-7   原始的电路   图 A-8   戴维南等效电路

戴维南等效电路是简单的串联电路，因此可以简化计算。事实上，使用戴维南定理的主要目的常常就是为了简化计算，因为这样做可以避免求解复杂的联立方程组。使用戴维南定理之后，电路中需要替换部分的具体工作情况就无从得知了，但是这不会成为问题，因为分析时本来也对这一部分不感兴趣。

下面举例说明戴维南定理的应用：求解图 A-9a 所示电路的输出电压 V_{OUT}。首先从端点 X–Y 向左看，计算开路电压 V_{TH}。应用分压器规则得：

$$V_{\text{TH}} = V \frac{R_2}{R_1 + R_2} \tag{A-13}$$

然后将电压源短路，计算端点 X–Y 左侧电路的等效阻抗 R_{TH}。显然，这一戴维南阻抗就是 R_1 和 R_2 的并联电阻（式(A-14)）。现在将 X–Y 左侧的电路用戴维南等效电路 V_{TH} 和 R_{TH} 替换（图 A-9b）。

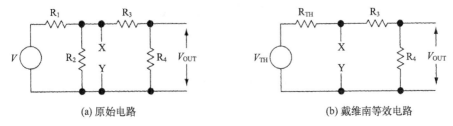

(a) 原始电路　　　　　　　　　　　　　　　(b) 戴维南等效电路

图 A-9　戴维南等效电路的例子

$$R_{\text{TH}} = \frac{R_1 R_2}{R_1 + R_2} = R_1 \parallel R_2 \tag{A-14}$$

注意上式中两条竖线（$\parallel$）表示两个元件的并联。

最后一步是计算输出电压。现在电路化简成了三个电阻的串联，使用分压器规则可以方便自然地计算出输出电压（式(A-15)）。很容易看出式(A-15)是电阻串联分压的形式，这很合理。与直接分析相比，使用戴维南定理和分压器规则还有一个显著的好处：最终结果的形式很容易看懂和使用，而不是一大堆系数和参数杂乱无章地混合在一起。

$$V_{\text{OUT}} = V_{\text{TH}} \frac{R_4}{R_{\text{TH}} + R_3 + R_4} = V \left(\frac{R_2}{R_1 + R_2} \right) \frac{R_4}{\dfrac{R_1 R_2}{R_1 + R_2} + R_3 + R_4} \tag{A-15}$$

为了对比，使用直接分析法求解同样的问题（图 A-10）。环路电流 I_1 与 I_2 如图所示，写出环路方程：

$$V = I_1(R_1 + R_2) - I_2 R_2 \tag{A-16}$$

$$I_2(R_2 + R_3 + R_4) = I_1 R_2 \tag{A-17}$$

变换式(A-17)，得式(A-18)，代入式(A-16)，得式(A-19)。

$$I_1 = I_2 \frac{R_2 + R_3 + R_4}{R_2} \tag{A-18}$$

$$V = I_2 \left(\frac{R_2 + R_3 + R_4}{R_2} \right) (R_1 + R_2) - I_2 R_2 \tag{A-19}$$

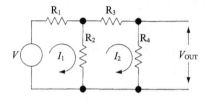

图 A-10   直接分析同一电路

整理得式(A-20)。使用欧姆定律写出式(A-21)，代入式(A-20)，得最终结果式(A-22)。

$$I_2 = \frac{V}{\dfrac{R_2 + R_3 + R_4}{R_2}(R_1 + R_2) - R_2} \tag{A-20}$$

$$V_{\text{OUT}} = I_2 R_4 \tag{A-21}$$

$$V_{\text{OUT}} = V \frac{R_4}{\dfrac{(R_2 + R_3 + R_4)(R_1 + R_2)}{R_2} - R_2} \tag{A-22}$$

由此可见，这样分析多做了很多无用功。另外，最终结果杂乱无章，看不出分压器的存在，难以使用。如果要将结果化为更容易看懂和使用的形式，需要进行更多的计算。

A.8   叠加定理

叠加定理对任何线性电路都适用。实质上，当存在独立的多个电压源或电流源时，可以分别计算每个源产生的电压或电流，然后计算出这些结果的代数和。这样不必写出一连串的环路或结点方程，可以简化计算。图 A-11 给出了一个例子。

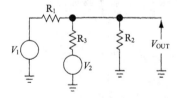

图 A-11   叠加定理示例

当 V_1 接地时，V_2、R_1 和 R_2 的并联电阻、R_3 三者组成一个分压器（图 A-12）。使用分压器规则可以方便地计算出这一电路的输出电压 V_{OUT2}：

$$V_{\text{OUT2}} = V_2 \frac{R_1 \| R_2}{R_3 + R_1 \| R_2} \tag{A-23}$$

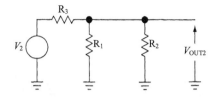

图 A-12　V_1 接地时的情况

同样，当 V_2 接地时，如图 A-13 所示，V_1、R_3 和 R_2 的并联电阻、R_1 三者组成一个分压器。使用分压器规则可计算出 V_{OUT1}：

$$V_{\text{OUT1}} = V_1 \frac{R_2 \parallel R_3}{R_1 + R_2 \parallel R_3} \tag{A-24}$$

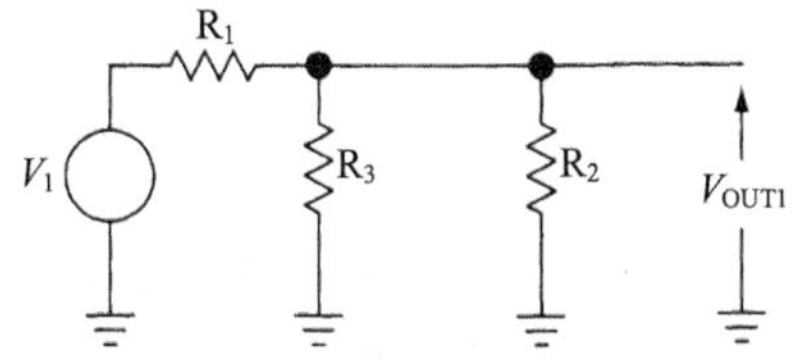

图 A-13　V_2 接地时的情况

对两个电压源完成计算后，将计算结果相加，可得最终解：

$$V_{\text{OUT}} = V_1 \frac{R_2 \parallel R_3}{R_1 + R_2 \parallel R_3} + V_2 \frac{R_1 \parallel R_2}{R_3 + R_1 \parallel R_2} \tag{A-25}$$

感兴趣的读者可以使用直接分析法分析这一电路，以更深入地理解使用叠加定理的好处。使用叠加定理得出的解形式简单，便于理解。观察式(A-25)容易看出，当两个电压源电压相等、极性相反，并且 $R_1 = R_3$ 时，输出电压为零。相比之下，从使用环路或结点方程计算出的结果中就很难看出这一点，除非进行大量的变换，将结果整理成对称的形式。

附录 B

理解运放的参数

B.1　引言[①]

本附录介绍运放数据手册中的参数。这里的内容冗长并且都是技术细节，因此我将其作为附录而不是正文的一章。尽管在本书前面的章节中，大部分常见的参数有所涉及，然而在这里会给出一些技术细节。如果要使运放电路的性能达到最佳，那么应当了解这些细节。

本附录中的参数以字母顺序（而不是重要性的顺序）列出，因为对于不同的应用领域，参数的重要性并不相同。每个（或每一类）参数的解释中都包含"相关性"部分，可以让读者迅速寻找对特定应用重要的参数。我标记出了一些对于各种应用都非常重要的参数，不论是设计什么，读者都需要注意这些参数。在表 B-1 中，这些参数用**加粗字体**标注，并在解释中予以注明[②]。

表 B-1 中不仅包含了器件的参数，也包含了器件的测试条件。运放的参数在规定的工作条件下测量。表中有些缩写既可以用来说明工作条件，也可以用来说明参数。

表 B-1 "单位"一栏中的单位采用国际单位制（SI）。表中的单位不包含数量级词头（如 p、μ、M 等）。数据手册中的实际值可能包含这些数量级词头。

运放手册中的参数表格一般包含三个部分。

B.1.1　绝对最大值

在工作和测试中，绝对最大值（absolute maximum rating）是绝对不可超过的极限值。超过这些极限值，器件的寿命就可能受到影响，甚至直接导致器件损坏。按照定义，"极限值"（limit）也就是最大值。因此如果指定了两端点的极限，一般使用"范围"（range）这一术语（如"工作温度范围"）。

B.1.2　推荐工作条件

推荐工作条件（recommended operating condition）与前面介绍的最大值类似，因为如果超过这些工作条件的限制，运放的性能就可能会下降。然而，在超出推荐工作条件限制的情况下工作，运放并不会损坏。

[①] 本引言保留了第 4 版的部分内容。——译者注

[②] 提醒读者：从数据手册的数十个甚至上百个参数中快速查找某个特定参数时，先从单位而不是名称开始筛选，可以节约大量的时间。——译者注

B.1.3　电气特性

电气特性（electrical characteristic）由器件的设计决定，它指的是器件本身可测量的电学特性。在器件用作电路的一部分时，这些电气特性可以用来预测器件的性能。出现在电气特性表格中的值是在器件的推荐工作条件下测量的。

表 B-1　运放工作条件和参数列表

缩　写	参　数	单　位
αI_{IO}	输入失调电流的温度系数（temperature coefficient of input offset current）	A/℃
αV_{IO}或 α_{VIO}	输入失调电压的温度系数（temperature coefficient of input offset voltage）	V/℃
A_D	微分增益误差（differential gain error）	%
A_M	增益裕量（gain margin）	dB
A_{OL}	**开环电压增益（open-loop voltage gain）**	**dB**
A_V	大信号电压增益（large-signal voltage amplification (gain)）	dB
A_{VD}	差分大信号电压增益（differential large-signal voltage amplification）	dB
B_1	**单位增益带宽（unity gain bandwidth）**	**Hz**
B_{OM}	最大输出摆幅带宽（maximum-output-swing bandwidth）	Hz
BW	带宽（bandwidth）	Hz
C_i	输入电容（input capacitance）	F
C_{ic}或$C_{i(c)}$	共模输入电容（common-mode input capacitance）	F
C_{id}	差分输入电容（differential input capacitance）	F
C_L	负载电容（load capacitance）	F
$\Delta V_{DD\pm(\text{或}CC\pm)}/\Delta V_{IO}$或 k_{SVS}	电源电压灵敏度（supply voltage sensitivity）	dB
CMRR 或 k_{CMR}	**共模抑制比（common-mode rejection ratio）**	**dB**
f	频率（frequency）	Hz
GBW	**增益带宽积（gain bandwidth product）**	**Hz**
$I_{CC-(SHDN)}$，$I_{DD-(SHDN)}$	供电电流（关断）（supply current (shutdown)）	A
I_{CC}，I_{DD}	**供电电流（supply current）**	**A**
I_I	输入电流范围（input current range）	A
I_{IB}	**输入偏置电流（input bias current）**	**A**
I_{IO}	输入失调电流（input offset current）	A
I_n	输入噪声电流（input noise current）	A/$\sqrt{\text{Hz}}$
I_O	输出电流（output current）	A
I_{OL}	低电平输出电流（low-level output current）	A
I_{OS}或 I_{SC}	短路输出电流（short-circuit output current）	A
CMRR 或 K_{CMR}	共模抑制比（common-mode rejection ratio）	dB
K_{SVR}	**电源抑制比（supply rejection ratio）**	**dB**
K_{SVS}	**电源灵敏度（supply voltage sensitivity）**	**dB**
P_D	功耗（power dissipation）	W
PSRR	**电源抑制比（power supply rejection ratio）**	**dB**
θ_{JA}	结至周围环境的热阻（junction to ambient thermal resistance）	℃/W
θ_{JC}	结至外壳的热阻（junction to case thermal resistance）	℃/W

（续）

缩　写	参　数	单　位
r_i	输入电阻（input resistance）	Ω
r_{id}，$r_{i(d)}$	差分输入电阻（differential input resistance）	Ω
R_L	负载电阻（load resistance）	Ω
R_{null}	调零电阻（null resistance）	Ω
r_o	输出电阻（output resistance）	Ω
R_S	信号源电阻（signal source resistance）	Ω
R_t	开环跨阻（open-loop transresistance）	Ω
SR	**压摆率（slew rate）**	**V/s**
T_A	工作温度（operating temperature）	℃
t_{DIS} 或 $t_{(off)}$	关断时间（关断）（turn-off time (shutdown)）	s
t_{EN} 或 $t_{(on)}$	开通时间（关断）（turn-on time (shutdown)）	s
t_f	下降时间（fall time）	s
THD	总谐波失真（total harmonic distortion）	%
THD+N	总谐波失真和噪声（total harmonic distortion plus noise）	%
T_J	最高结温（maximum junction temperature）	℃
t_r	上升时间（rise time）	s
t_s	稳定时间（settling time）	s
T_S 或 T_{stg}	贮存温度（storage temperature）	℃
V_{CC}，V_{DD}	**供电电压（supply voltage）**	**V**
V_I	**输入电压范围（input voltage range）**	**V**
V_{ic}	共模输入电压（common-mode input voltage）	V
V_{ICR}	输入共模电压范围（input common-mode voltage range）	V
V_{ID}	差分输入电压（differential input voltage）	V
V_{DIR}	差分输入电压范围（differential input voltage range）	V
$V_{IH\text{-}SHDN}$或$V_{(ON)}$	开通电压（关断）（turn-on voltage (shutdown)）	V
$V_{IL\text{-}SHDN}$或$V_{(OFF)}$	关断电压（关断）（turn-off voltage (shutdown)）	V
V_{IN}	输入电压（直流）（input voltage (DC)）	V
V_{IO}，V_{OS}	**输入失调电压（input offset voltage）**	**V**
V_n	**等效输入噪声电压（equivalent input noise voltage）**	**V / $\sqrt{\text{Hz}}$**
$V_{N(PP)}$	宽带噪声（broad band noise）	$V_{P\text{-}P}$
V_{OH}	**高电平输出电压（high-level output voltage）**	**V**
V_{OL}	**低电平输出电压（low-level output voltage）**	**V**
$V_{OM\pm}$	最大峰峰值输出电压摆幅（maximum peak-to-peak output voltage swing）	V
$V_{O(PP)}$	峰峰值输出电压摆幅（peak-to-peak output voltage swing）	V
$V_{(STEP)PP}$	阶跃电压峰峰值（step voltage peak-to-peak）	V
X_T	串扰（crosstalk）	dB
Z_o	输出阻抗（output impedance）	Ω
Z_t	开环跨阻抗（open-loop transimpedance）	Ω
Φ_D	差分相位误差（differential phase error）	°

（续）

缩　写	参　　数	单　位
ϕ_M	相位裕量（phase margin）	°
	0.1 dB平坦度带宽（bandwidth for 0.1 dB flatness）	Hz
	60 s壳温（case temperature for 60 seconds）	℃
	连续总功耗（continuous total dissipation）	W
	微分增益误差（differential gain error）	%
	微分相位误差（differential phase error）	°
	短路电流持续时间（duration of short-circuit current）	s
	输入失调电压的长期漂移（input offset voltage long-term drift）	V/月
	10 s或60 s管脚温度（lead temperature for 10 or 60 seconds）	℃

B.2　输入失调电流的温度系数（αI_{IO}）

输入失调电流的温度系数定义为输入失调电流的改变量与器件内部硅片温度的改变量之比。这一参数是给定温度范围内的平均值。

αI_{IO}说明了温度变化时输入失调电流的漂移。它的单位是 μA/℃。其测量方法是：首先在器件的极限温度下测量 I_{IO}，然后使用公式 $\Delta I_{IO}/\Delta℃$ 计算 αI_{IO}。

相关性[①]：工作在温度变化环境下的电流输入直流应用。

B.3　输入失调电压的温度系数（αV_{IO} 或 α_{VIO}）

输入失调电压的温度系数定义为输入失调电压的改变量与器件内部硅片温度的改变量之比。这一参数是给定温度范围内的平均值。

αV_{IO}说明了温度变化时输入失调电压的漂移。它的单位是 V/℃。其测量方法是：首先在器件的极限温度下测量 V_{IO}，然后使用公式 $\Delta V_{IO}/\Delta℃$ 计算 αV_{IO}。

相关性：工作在温度变化环境下的电压输入直流应用。

B.4　微分增益误差（A_D）

微分增益误差定义为直流电平变化时交流增益的变化。测量时，交流信号电平为 40 IRE（0.28 V_{pk}），直流电平的变化量是±100 IRE（±0.7 V）。A_D通常在 3.58 MHz（NTSC）或 4.43 MHz（PAL）的副载波频率下测量，其单位为百分比。

相关性：在模拟视频广播被数字视频广播替代的大形势下，本参数正在迅速变得不那么重要。

---

① 本附录保留了第 4 版对参数加注的"相关性""重要性"的标注和说明。——译者注

B.5　增益裕量（A_M）

增益裕量定义为单位增益频率点与-180°相位频率点之间的增益之差的绝对值。这一参数在开环条件下测量，单位为 dB。

增益裕量和相位裕量（ϕ_M）是描述电路稳定性的两种不同方式。由于轨到轨输出运放的输出阻抗相对较高，在驱动容性负载时，其相移相当明显。这一附加的相移减小了相位裕量，因此大部分轨到轨输出的 CMOS 运放驱动容性负载的能力较差。图 B-1 给出了增益裕量和相位裕量的图示。

相关性：本参数与非常重要的参数相位裕量密切相关。

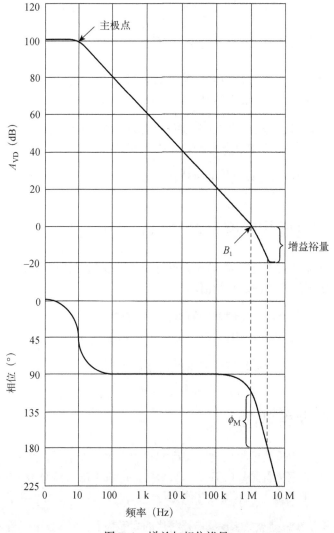

图 B-1　增益与相位裕量

B.6　开环电压增益（A_{OL}）

重要

开环电压增益定义为输出电压的变化量与输入端之间电压的变化量之比。这一参数可以表示为无量纲的比值（单位通常写作 V/V），也可以用 dB 表示。数据手册中一般会包含作为直流参数的开环电压增益值，以及一张开环增益与频率关系的图（类似图 B-1 的上半部分，只不过纵轴为 A_{OL}）。作为运放的一个参数讨论的开环电压增益指的是图 B-1 上半部分主极点左侧的水平部分，因此这个值只在直流和低频时有效。随着频率增长到运放的主极点频率，开环电压增益变得与频率相关，并被增益带宽积（GBW，见 B.19 节）所代替。

开环电压增益 A_{OL} 与差分大信号电压增益类似，不同点在于 A_{VD} 一般在有负载的条件下测量，而 A_{OL} 一般在空载条件下测量。这两个参数都在开环下测量。

相关性：本参数对高增益直流或低频电路非常重要，因为它可能影响电路的增益。

B.7　大信号电压增益条件（A_{V}）

大信号电压增益条件定义为测量大信号条件下的参数（如 Z_O 或 THD + N）的电路中输出电压的变化量与输入端之间电压的变化量之比。这一条件可以表示为无量纲的比值，也可以用 dB 表示。

相关性：在测量大信号条件下的参数时使用。

B.8　差分大信号电压增益（A_{VD}）

差分大信号电压增益参数定义为大信号时输出电压的变化量与输入端之间电压的变化量之比。这一参数可以表示为无量纲的比值，也可以用 dB 表示。这一参数有时也叫作差分电压增益。A_{VD} 与开环增益 A_{OL} 类似，不同点在于 A_{OL} 一般在空载条件下测量，而 A_{VD} 一般在有负载的条件下测量。这两个参数都在开环下测量。

B.9　单位增益带宽（B_1）

重要

单位增益带宽定义为开环电压增益大于等于 1（0 dB）的频率范围。这一参数的单位是 Hz。

相关性：本参数由幅频响应曲线穿过 0 dB（或指定的最小增益）的位置决定。高速运放的市场宣传材料上可能会明显地标出这一参数，然而只靠这一参数是无法进行设计的。尽管它非常重要，但是设计时需要的是整条开环响应曲线，因为几乎没有设计会使运放工作在其频率极限。对电压反馈运放，A_{OL} 和 B_1 可以用来估计开环响应，因为电压反馈运放的开环响应图包含两部分：起始部分的水平线（位于 A_{OL} 处）和 $-20\,\mathrm{dB}$/十倍频程下降并穿过 B_1 的部分，两者在主极点处相交（类似图 B-1 上半部分，纵轴更换为 A_{OL}）。

B.10　最大输出摆幅带宽（B_{OM}）

最大输出摆幅带宽定义为输出摆幅大于某个确定值或达到线性区域内最大的允许范围时的最高频率。这一参数也叫作满功率带宽，其单位为 Hz。

限制 B_{OM} 的因素是压摆率（SR）。频率越来越高时，输出会受到压摆率的限制，运放的响应速度不足以保持指定的输出摆幅。B_{OM} 与 SR 的关系如下：

$$B_{\mathrm{OM}} = \frac{SR}{2\pi V_{(\mathrm{PP})}} \tag{B-1}$$

相关性：本参数与更重要的压摆率（见 B.41 节）相关。当运放用来放大非正弦波信号，并具有大输出摆幅时，本参数是主要的决定因素。

B.11　带宽（BW）

带宽定义为最高频率减去最低频率。为了叙述的完整性起见，带宽被包含在此。描述诸如小信号（$-3\,\mathrm{dB}$）带宽、$0.1\,\mathrm{dB}$ 平坦度带宽和满功率带宽等参数时，带宽就是运放输出满足这些给定参数的最高频率。带宽的单位是 Hz。

相关性：带宽主要在其他参数的上下文中出现。为了使带宽成为一个完整的参数，需要给定某些条件。

B.12　输入电容（C_{i}）

输入电容定义为运放的一个输入端接地时两输入端之间的电容。这一参数的单位为 F。

C_{i} 是影响输入阻抗的寄生元件之一。图 B-2 给出了运放的输入端与地之间，以及两输入端之间的电阻和电容的模型。输入端上还存在寄生电感，但在低频时其效应可以忽略。在信号源阻抗较高时，输入对信号源的负载效应不能忽略，输入阻抗成为设计难点。

输入电容在两个输入端之间测量，其中的一个输入端接地。输入电容的量值一般在几皮法。在图 B-2 中，如果同相输入端接地，那么 $C_{\mathrm{i}} = C_{\mathrm{d}} \,\|\, C_{\mathrm{n}}$。

有时会给定共模输入电容 C_{ic}。在图 B-2 中，如果同相与反相输入端短路，那么 $C_{\mathrm{ic}} = C_{\mathrm{p}} \,\|\, C_{\mathrm{n}}$。$C_{\mathrm{ic}}$ 是共模信号源看到的对地的输入电容。

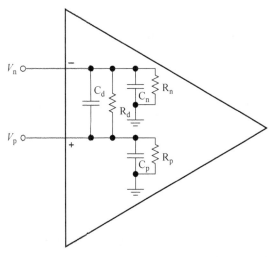

图 B-2 输入寄生元件

相关性：本参数和下面介绍的共模输入电容与高速应用最为相关，尤其是包含阶跃响应的高速应用。在高速应用中这一参数相当重要，然而其效应可以用压摆率（SR，见 B.41 节）来描述，因此没有将其加入重要参数的列表。需要个别关注这一参数的应用领域大多属于相对高级的应用，超出了本书的范围。

B.13 共模输入电容（C_{ic} 或 $C_{i(c)}$）

共模输入电容定义为共模信号源看到的对地的输入电容，其单位为 F。

C_{ic} 是影响输入阻抗的寄生元件之一。图 B-2 给出了运放的输入端与地之间，以及两输入端之间的电阻和电容的模型。输入端上还存在寄生电感，但在低频时其效应可以忽略。在信号源阻抗较高时，输入对信号源的负载效应不能忽略，输入阻抗成为设计难点。

在图 B-2 中，如果同相与反相输入端短路，那么 $C_{ic} = C_p \parallel C_n$。

B.14 差分输入电容（C_{id}）

差分输入电容定义为两个未接地的输入端之间的输入电容，其单位为 F。图 B-2 中，$C_{id} = C_d$。

B.15 负载电容条件（C_L）

负载电容条件定义为运放的输出端子与地之间的电容，其单位为 F。

在测量诸如 SR、t_s、Φ_m 或 A_m 等参数时，C_L 表示连接在运放输出端的容性负载。

相关性：读者需要注意负载电容会影响运放的稳定性：有些运放设计能够驱动容性负载，有些运放不能。如果需要驱动容性负载，那么应该选择一种专为其设计的运放。很多设计师在驱动容性负载上陷入了麻烦，比如他们使用运放生成了一个参考电压，并将运放当作稳压器来处理，在输出端并联了大容量的滤波电容。这样做是不妥当的，应当在输出端和电容之间串联一个电阻。

B.16　电源电压灵敏度（$\Delta V_{DD\pm(\text{或}CC\pm)}/\Delta V_{IO}$ 或 k_{SVR} 或 PSRR）

重要

电源电压灵敏度与电源抑制比 k_{SVR} 或 PSRR 相同。这一参数定义为电源电压的改变量与其引起的输入失调电压的改变量之比（用分贝表示）的绝对值。通常两个电源电压是对称变化的，其单位为 dB。

电源电压影响输入差分对的偏置点。由于输入电路固有的不匹配，偏置点的改变引起了失调电压的改变，从而导致输出电压的改变。

对于双电源运放，$k_{SVR} = \Delta V_{CC\pm}/\Delta V_{OS}$ 或 $\Delta V_{DD\pm}/\Delta V_{OS}$。参数 $\Delta V_{CC\pm}$ 表示正负电源是对称改变的。对于单电源运放，$k_{SVR} = \Delta V_{CC}/\Delta V_{OS}$ 或 $\Delta V_{DD}/\Delta V_{OS}$。还要注意，导致 k_{SVR} 非理想的机理与导致共模抑制比（CMRR）非理想的机理相同，因此在数据手册中它们都归类为直流特性。当把 k_{SVR} 和频率的关系绘制成曲线时，可以发现 k_{SVR} 随频率增高而恶化。

开关电源会产生 50 kHz ~ 500 kHz 甚至更高频率的噪声。在这一频率下，k_{SVR} 指标变得很差，因此电源上的噪声会反映到运放的输出端。

相关性：本参数会影响高增益或低噪声的应用。如果电源高频纹波较大（例如使用开关电源时），本参数也很重要。在任何情况下都应当使用适当的旁路技术，尤其是在电源噪声较大时。

B.17　共模抑制比（CMRR 或 k_{CMR}）

重要

共模抑制比定义为差分电压放大倍数与共模电压放大倍数之比。这一参数是通过测量输入共模电压的变化与其导致的输入失调电压的变化之比来测定的。这一参数的单位为 dB。

理想情况下，共模抑制比应当为无穷大，此时共模电压被完全抑制。

共模输入电压影响输入差分对的偏置点。由于输入电路固有的不匹配，偏置点的改变引起了失调电压的改变，从而导致输出电压的改变。反映这一参数实际机理的计算方法是 $\Delta V_{OS}/\Delta V_{COM}$。

共模干扰电压的一种常见来源是 50 Hz 或 60 Hz 交流噪声。必须注意以保证运放的 CMRR 不受电路中其他元件的影响而劣化。大电阻会使电路易受共模（和其他）噪声的干扰。一般来说，可以按比例减小电阻值并增大对应的电容量，以保证电路的响应不变。

相关性：任何放大小信号的增益级。本参数是经常容易忽视而导致电路的响应特性变差的参数之一。糟糕的电路板布图会恶化共模噪声，甚至可能是共模噪声的主要来源。在小信号幅度的信号调理电路中，只要可能，就应使用全差分运放来与共模噪声作斗争。

B.18 频率条件（f）

频率条件指的是测量某一参数时的频率，其单位为 Hz。

相关性：为了叙述的完整性起见，本条件包含在此。所有的设计都与频率相关。

B.19 运放的增益带宽积（GBW）

重要

增益带宽积定义为在某频率下测量的开环电压增益与测量频率的乘积，其单位是 Hz。增益带宽积如图 B-1 上半部分所示（见图中以 20 dB/十倍频程线性下降的部分）。

增益带宽积与单位增益带宽（B_1）类似。不过 B_1 指的是运放增益下降到 1 时的频率，GBW 指的是在某频率下增益与该频率的乘积，而该频率可能与 B_1 不同。

对于电压反馈运放，增益带宽积为常数。对于电流反馈运放，增益带宽积并无多大意义，因为在电流反馈运放中，增益和带宽之间并不存在线性关系。

在为某个特定应用选择运放时，带宽和压摆率都应该加以考虑（当然还要考虑其他因素，如功耗、失真和价格等）。

相关性：这一参数在高速电路中有所应用。然而这里的"高速"在高增益电路或滤波器电路中可能非常低。

B.20 供电电流（关断）（$I_{CC(SHDN)}$ 或 $I_{DD(SHDN)}$）

供电电流（关断）定义为运放关断时流入 V_{CC+}（V_{DD+}）或 V_{CC-}（V_{DD-}）引脚的电流，其单位为 A。

相关性：只有在运放具有关断功能时，才具备此参数。

B.21 供电电流（I_{CC} 或 I_{DD}）

重要

供电电流定义为运放在没有负载，并且输入端和/或输出端处于虚地电位的工作状态时，流入 V_{CC+}（V_{DD+}）或 V_{CC-}（V_{DD-}）引脚的电流，其单位为 A。

相关性：所有运放应用，尤其是低功耗应用。

B.22   输入电流范围（I_1）

输入电流范围定义为运放的输入端能够流出或流入的电流。这一参数通常规定为绝对最大值，其单位为 A。

相关性：电流输出的传感器信号调理电路。

B.23   输入偏置电流（I_{IB}）

重要

输入偏置电流定义为输出在规定电压时两输入端输入电流的平均值，其单位为 A。

为了正常工作，所有运放的输入电路都要求一定量的偏置电流。输入偏置电流的计算方法是两输入端输入电流取平均值：

$$I_{IB} = \frac{(I_N + I_P)}{2} \tag{B-2}$$

与双极型输入相比，CMOS 和 JFET 输入电路的输入电流要低很多。

在信号源阻抗较高时，需要考虑输入偏置电流的影响。如果运放的输入偏置电流过大，会对信号源构成负载，导致运放看到的信号源电压低于预期。如果信号源阻抗较高，最好的解决方案是使用 CMOS 或 JFET 输入的运放，或在信号源后面加一级高阻输入的缓冲级，以降低其阻抗，驱动高输入偏置电流的运放。

相关性：作者将这一参数标记为"重要"，因为它经常被忽视，导致电路不能工作。经常发生的事情是：某人使用一个交流耦合的同相放大电路，输入端除了耦合电容之外什么也没有连接。如果运放是理想的，那么同相输入端和反相输入端的电位保持相同，电路能够工作。然而实际的运放不是理想元件，其同相输入端需要某种偏置。一种非常简单的方法是在同相输入端连接两个相同阻值的电阻，一个接到正电源轨，另一个接到负电源轨。这两个电阻还可以方便地设定电路的直流工作点。另外，如果系统中有参考电压，也可以用一个高阻值电阻将输入端连接到参考电压。需要注意的是，在高温工作时，输入偏置电流可能会增大若干个数量级。由于输入偏置电流不足，在常温下正常工作的电路到了高温下可能完全无法工作。

B.24   输入失调电流（I_{OS}）

输入失调电流定义为输出在规定电位时两输入端输入电流之差，其单位为 A。

相关性：电流输出的传感器信号调理电路。在这种情况下，本参数取代输入失调电压成为一个重要的参数。由于电流输入的应用相对较少，作者没有将其列入重要参数的列表中。

B.25 输入噪声电流（I_n）

将运放的内部噪声电流等效为与输入端并联的理想电流源，该电流源定义为输入噪声电流，输入噪声电流的单位为 $A/\sqrt{Hz}$ 。

对设计师来说，重要的是计算器件对电路中噪声的贡献。计算这一噪声最简单的方法是使用下列公式：

$$e_{nt} = \sqrt{V_n^2 + (I_n \times R_s)^2} \tag{B-3}$$

其中 e_{nt} 为总噪声电压，V_n 为电压噪声（ $V/\sqrt{Hz}$ ），I_n 为电流噪声（ $A/\sqrt{Hz}$ ），R_s 为源电阻（ Ω ）。

相关性：电流输出的传感器信号调理电路。在这种情况下，本参数取代输入噪声电压成为一个重要的参数。由于电流输入的应用相对较少，没有将其列入重要参数的列表中。

B.26 输出电流（I_O）

输出电流定义为运放的输出端能够提供的电流，其单位一般为 A。

相关性：在驱动重负载时，本参数很重要。大部分电压反馈运放能驱动 $600\,\Omega$ 左右的负载。如果继续加重负载，可能导致输出级性能严重降低。电流反馈运放一般具有较强的输出能力，线路驱动器的输出能力更强。不要忽视音频放大器，这类放大器的输入和反馈结构与运放类似，并且可以输出相当大的功率。还有一些 TO-3 封装的高输出电流运放，能够在危险的电压下工作，使用它们时一定要注意安全!

B.27 低电平输出电流条件（I_{OL}）

低电平输出电流条件定义为测试 V_{OL} 时输出端吸收的电流，其单位一般为 A。

相关性：很少使用。

B.28 短路输出电流（I_{OS} 或 I_{SC}）

短路输出电流定义为运放输出端与地、两电源之一或其他指定点短接时，运放能够输出的最大电流。有时会规定使用一个低阻值串联电阻。这一参数的单位一般为 A。

当输出负载较重或短路时，需要注意运放的功耗指标，以使结温低于绝对最大值。参考数据手册中关于绝对最大值的章节以获得更多的信息。

相关性：本参数很少使用，除了在确定电路的失效模式时。

B.29　电源抑制比（k_{SVR} 或 PSRR）

重要

电源抑制比定义为电源电压的改变量与其引起的输入失调电压的改变量之比（用分贝表示）的绝对值。通常两个电源电压是对称变化的，其单位为 dB。

电源电压影响输入差分对的偏置点。由于输入电路固有的不匹配，偏置点的改变引起了失调电压的改变，从而导致输出电压的改变。

对于双电源运放，$k_{SVR} = \Delta V_{CC\pm}/\Delta V_{OS}$ 或 $\Delta V_{DD\pm}/\Delta V_{OS}$。参数 $\Delta V_{CC\pm}$ 表示正负电源是对称改变的。对于单电源运放，$k_{SVR} = \Delta V_{CC}/\Delta V_{OS}$ 或 $\Delta V_{DD}/\Delta V_{OS}$。还要注意，导致 k_{SVR} 非理想的机理与导致共模抑制比（CMRR）非理想的机理相同，因此在数据手册中它们都归类为直流特性。当把 k_{SVR} 和频率的关系绘制成曲线时，可以发现 k_{SVR} 随频率增高而恶化。

开关电源会产生 50 kHz～500 kHz 甚至更高频率的噪声。在这一频率下，k_{SVR} 指标变得很差，因此电源上的噪声会反映到运放的输出端。

相关性：本参数会影响高增益或低噪声的应用。如果电源高频纹波较大（例如使用开关电源时），本参数也很重要。在任何情况下都应当使用适当的旁路技术，尤其是在电源噪声较大时。

B.30　功耗（P_D）

功耗定义为提供给器件的功率减去器件传递给负载的功率。空载时，$P_D = V_{CC} \times I_{CC}$ 或 $P_D = V_{DD} \times I_{DD}$。这一参数的单位为 W。

相关性：在驱动重负载时本参数很重要。

B.31　电源抑制比（PSRR）

与 B.29 节相同。

B.32　结至周围环境的热阻（θ_{JA}）

结至周围环境的热阻定义为结温与环境温度之差和耗散功率的比值。这一参数的单位为 ℃/W。

θ_{JA} 由外壳到周围环境的热阻和结至外壳的热阻 θ_{JC} 决定。在器件封装与设备中其他部分没有很好的热连接[①]时，θ_{JA} 是较好的指示热阻的参数。数据手册中会列出不同封装的 θ_{JA}。在评估哪种封装最不会过热，或在已知功耗和环境温度的情况下估计结温时，这一参数很有用。

相关性：在驱动重负载时本参数很重要。它可以用来确定散热需求。

---

① 如器件本身没有固定在散热片上时。——译者注

B.33　结至外壳的热阻（θ_{JC}）

结至外壳的热阻定义为结温与外壳温度之差和耗散功率的比值。这一参数的单位为℃/W。

与 θ_{JA} 不同，θ_{JC} 与外壳至周围环境的热阻无关。在器件封装和设备中其他部分有良好的热连接时，θ_{JC} 能够更好地用来估计热阻。

数据手册中会列出不同封装的 θ_{JC}。在评估哪种封装最不会过热，或在已知功耗和外壳温度的情况下估计结温时，这一参数很有用。

相关性：在驱动重负载时本参数很重要。它可以用来确定散热需求。

B.34　输入电阻（r_i）

输入电阻定义为在一个输入端接地时两输入端之间的电阻。这一参数的单位是 Ω。

r_i 是影响输入阻抗的寄生元件之一。图 B-2 给出了运放的输入端与地之间，以及两输入端之间的电阻和电容的模型。输入端上还存在寄生电感，但在低频时其效应可以忽略。在信号源阻抗较高时，输入对信号源的负载效应不能忽略，输入阻抗成为设计难点。

输入电阻 r_i 是一个输入端接地时两个输入端之间的电阻。在图 B-2 中，如果同相输入端接地，那么 $r_i = R_d \parallel R_n$。根据运放输入的种类不同，r_i 的范围从 $10^7\,\Omega$ 到 $10^{12}\,\Omega$。

有时会给定共模输入电阻 r_{ic}。在图 B-2 中，如果同相与反相输入端短路，那么 $r_{ic} = R_p \parallel R_n$。$r_{ic}$ 是共模信号源看到的对地的输入电阻。

相关性：本参数是图 B-2 中给出的寄生元件之一。由于输入电阻通常非常大，本参数一般只与信号源阻抗非常高的应用（如光电倍增管放大器）相关。

B.35　差分输入电阻（r_{id} 或 $r_{i(d)}$）

差分输入电阻定义为两个未接地的输入端之间的小信号电阻。这一参数的单位是 Ω。

r_{id} 是影响输入阻抗的寄生元件之一。图 B-2 给出了运放的输入端与地之间，以及两输入端之间的电阻和电容的模型。输入端上还存在寄生电感，但在低频时其效应可以忽略。在信号源阻抗较高时，输入对信号源的负载效应不能忽略，输入阻抗成为设计难点。图 B-2 中，$r_{id} = R_d$。

相关性：本参数是图 B-2 中给出的寄生元件之一。由于输入电阻通常非常大，本参数一般只与信号源阻抗非常高的应用（如光电倍增管放大器）相关。

B.36　负载电阻条件（R_L）

负载电阻条件定义为测量诸如 A_{VD}、SR、THD + N、$t_{(on)}$、$t_{(off)}$、GBW、t_s、Φ_m 和 A_m 等参数

时运放的输出端与地之间的电阻，其单位为 Ω。

相关性：通常的运放输出级并不是设计用来驱动重负载的。电压反馈运放一般都能在不降低指标的情况下驱动 $600\,\Omega$ 左右的负载。电流反馈运放一般具有更强的输出能力，能驱动 $100\,\Omega$ 左右的 DSL 线路。如果对负载有任何疑问，请注意这一条件。

B.37 调零电阻条件（R_{null}）

调零电阻条件定义为在测量相位裕量或增益裕量等参数时与 C_L 串联的直流电阻，其单位为 Ω。

相关性：很少使用。

B.38 输出电阻（r_o）

输出电阻定义为在对实际的运放建模时，串联在理想运放的输出端和实际器件输出端之间的直流电阻。这一参数的单位为 Ω。

相关性：一般的运放电路设计并不关注这一参数（可以认为输出电阻为 0）。然而在设计驱动较重负载的输出级时，需要考虑这一参数，尤其是在校核输出电压摆幅时。

B.39 信号源电阻条件（R_S）

信号源电阻条件定义为信号源的输出电阻。这一条件的单位为 Ω。在测量诸如 V_{IO}、α_{VIO}、I_{IO}、I_{IB} 和 CMRR 等参数时，R_S 是一个测试条件。测试这些参数时 R_S 的典型值为 $50\,\Omega$。

相关性：很少使用。

B.40 开环跨阻（R_t）

在跨导放大器或电流反馈放大器中，开环跨阻定义为直流输出电压与反相输入端直流输入电流之比。这一参数的单位为 Ω。

相关性：使用电流反馈放大器的设计。

B.41 压摆率（SR）

重要

压摆率定义为输入端的阶跃变化导致的输出电压变化的速率（如图 B-3 所示），其单位为 V/s。运放的压摆率是其能够传递的信号摆动速度的最大值。压摆率一般在单位增益下测量。

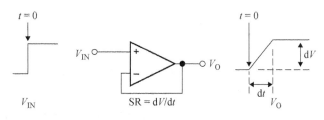

图 B-3　压摆率

为了保证通过运放的信号不受压摆率不足的影响而失真，运放的压摆率必须大于等于信号的最大摆动速度。对于正弦波，最大摆速出现在其过零点：

$$SR = 2\pi fV \tag{B-4}$$

其中 f 为信号频率，V 为信号电压峰值。

压摆率有时用 SR+ 和 SR– 表示。SR+ 表示正向跳变的压摆率，SR– 表示负向跳变的压摆率。对于许多应用，SR+ 和 SR– 相等时工作效果最好。

在大多数运放中，限制运放的压摆率的首要因素是内部补偿电容，这一电容使运放在单位增益下稳定。当为某种特定应用选择运放时，带宽和压摆率均应列入考虑范围。

相关性：当输入波形快速变化或在短时间内具有较大的跳变时，这一参数很重要。

B.42　工作环境温度条件（T_A）

工作环境温度条件定义为运放工作的环境温度。随着温度的改变，有些参数可能会发生变化，导致温度极限值处性能的下降。这一条件的单位是℃。

数据手册的绝对最大值部分列出了 T_A 的范围，超出这一范围的温度应力可能会导致器件的永久损伤。同时，达到这一温度极限值时，器件的功能和可靠性也无法保证。[①]

相关性：可能遭受温度强烈变化的系统。

B.43　关断时间（关断）（t_{DIS} 或 $t_{(off)}$）

关断时间（关断）定义为从关断电压加到运放的关断引脚到供电电流达到其最终值一半时的时间。这一参数的单位为 s。

读者需要仔细阅读数据手册，以了解运放的使能/禁止功能所需的逻辑电平。在有些运放中，这一功能的逻辑电平是相对负电源的，可能不得不采用逻辑电平转换电路。

相关性：只有在运放具有使能/禁止引脚，并使用该功能时，才关注此参数。

---

① 一般在数据手册中还会另外给出一个推荐的工作温度范围。——译者注

B.44　开通时间（关断）（t_{EN}）

开通时间（关断）定义为从开通电压加到运放的关断引脚到供电电流达到其最终值一半时的时间。这一参数的单位为 s。

读者需要仔细阅读数据手册，以了解运放的使能/禁止功能所需的逻辑电平。在有些运放中，这一功能的逻辑电平是相对负电源的，可能不得不采用逻辑电平转换电路。

相关性：只有在运放具有使能/禁止引脚，并使用该功能时，才关注此参数。

B.45　下降时间（t_f）

下降时间定义为输出电压从终值的 90% 跳变到 10% 所需的时间。这一参数的单位为 s。

相关性：主要与具有较大电压跳变的非正弦信号的系统相关。

B.46　总谐波失真（THD）

总谐波失真定义为输出信号中基频信号的各谐波分量的均方根电压值与输出信号总的均方根电压值之比。这一参数的单位为 dBc 或%。THD 这一参数不考虑噪声，而 THD + N 这一参数考虑噪声。

相关性：本参数和下面的 THD + N 主要在音频应用或其他信号完整性很重要的应用中考虑。

B.47　总谐波失真和噪声（THD + N）

总谐波失真和噪声定义为输出信号中噪声的均方根电压值和基频信号的各谐波分量的均方根电压值之和与输出信号总的均方根电压值之比。这一参数的单位为 dBc 或%。

THD + N 比较输入信号和输出信号的频率分量。理想状况下，如果输入信号是纯正弦波，输出信号也是纯正弦波。由于运放本身的非线性和噪声，输出不可能是纯正弦波。

THD + N 可以更简洁地表示为输出信号中所有其他的频率分量与基频之比：

$$\text{THD} + \text{N} = \left[\frac{(\sum \text{谐波电压} + \text{噪声电压})}{\text{基频}} \right] \times 100\% \tag{B-5}$$

B.48　最高结温（T_J）

最高结温定义为芯片能够工作的最高温度。随着温度的改变，有些参数可能会发生变化，导致温度极限值处性能的下降。这一条件的单位是℃。

　　数据手册的绝对最大值部分列出了 T_J 的范围，超出这一范围的温度应力可能会导致器件的永久损伤。同时，达到这一温度极限值时，器件的功能和可靠性也无法保证。

　　相关性：本参数与产生大量热的应用相关，如驱动重负载的高速运放（电流反馈运放是其中一种）或大功率运放。在诸如石油钻探和地热等高温环境下，本参数也很重要。

B.49　上升时间（t_r）

　　上升时间定义为输出电压从终值的 10% 跳变到 90% 所需的时间。这一参数的单位为 s。

　　相关性：主要与具有较大电压跳变的非正弦信号的系统相关。

B.50　稳定时间（t_s）

　　稳定时间定义为输入发生阶跃变化时，输出稳定在规定的终值误差范围内所需要的时间。这一参数也称作总响应时间 t_{tot}，其单位为 s。

　　相关性：稳定时间是一个和具体应用相关的参数，如在包含电容的滤波器电路中，电容能够存储能量，稳定时间就会与之相关。因此，本参数需要在具体的电路中测量。对信号快速变化的数据采集电路，本参数是一个设计要点。例如在使用运放作为多路开关和模数转换器之间的缓冲器的电路中，多路开关的通道切换会导致运放输入端发生阶跃变化。在模数转换器开始采样之前，运放的输出必须稳定在规定的误差范围之内。

B.51　贮存温度（T_S 或 T_{stg}）

　　贮存温度定义为运放可以长时间不加电贮存而不致损坏的温度。这一参数的单位为℃。

　　相关性：由于大多数运放都贮存在良好的环境中，这一参数在一般的应用中很少提到。然而在诸如太空探测器的应用中，本参数可能很重要，因为当探测器到达目的地时，接口电路才会加电。

B.52　供电电压条件（V_{CC} 或 V_{DD}）

　　重要

　　供电电压条件定义为加到运放电源引脚上的电压。对于单电源应用，这一条件指定为一个正值；对于双电源应用，这一条件指定为相对模拟地的正负值。这一条件的单位是 V。

　　供电电压经常在绝对最大值和推荐工作条件中给出。供电电压对电路的工作性能有重要的影响，因此，在数据手册的参数图表中，供电电压也会作为测试条件之一给出。在某些特性曲线图中，供电电压也会作为坐标变量出现。

相关性：所有的运放应用[①]。

B.53 输入电压范围参数/条件（V_I）

重要

输入电压范围参数定义为加在 IN+或 IN−引脚上的输入电压的范围。输入电压范围条件定义为，在测试 V_O 并绘制诸如"大信号反相脉冲响应与时间的关系"的图表时加在电路输入端的电压。输入电压范围可以作为参数，也可以作为条件，其单位为 V。

相关性：正如运放不一定具备轨到轨输出，运放也不一定具备轨到轨输入。相比下面的三个输入电压参数，本参数可能更加重要。忽略这一参数可能导致削波，其现象类似输出削波。在低增益或单位增益的放大级中，输入信号幅度可能较大，能够达到输入电压范围的限制，因此更容易遇到这种削波问题。

B.54 共模输入电压条件（V_{ic}）

共模输入电压条件定义为两输入端所共有的电压，其单位为 V。在测量诸如 V_{IO}、I_{IO}、I_{IB}、V_{OH} 和 V_{OL} 等参数时，通常指定 $V_{ic} = V_{DD}/2$（对单电源运放）。

相关性：当平衡（双线传输）的信号受到噪声影响，并且噪声被两根信号线同时拾取时。通过使用具备良好共模抑制比的差分放大器，共模噪声的影响能够得以抑制。

B.55 共模输入电压范围（V_{ICR}）

共模输入电压范围定义为运放能够正常工作的共模输入电压的范围，超出这一范围可能会导致运放工作出现问题。有时，这一参数也定义为能够使输入失调电压维持在某个给定范围之内的共模输入电压范围。这一参数的单位为 V。

共模输入电压 V_{ic} 定义为同相和反相输入端的电压的平均值。如果共模电压过高或过低，运放的输入电路可能会截止，运放无法正常工作（有时输出电压相位甚至会反转）。共模输入电压范围 V_{ICR} 规定了能够保证运放正常工作的输入电压范围。随着运放的工作电压降低和使用单电源的趋势，这一参数变得越来越重要。

相关性：当使用同相单位增益放大器放大达到两个电源轨的输入信号时，需要轨到轨输入

[①] 一定要记住：运放不加电源时无法正常工作！由于在绘制原理草图时运放的电源经常会省略，对于经验不足的工程师来说，忘记连接电源引脚并非一件很罕见的事情。更严重的是，有时不加电源的运放会通过输入端到电源引脚的保护或寄生元件获得不符合要求的供电，此时运放可能会进入数据手册无法保证的工作状态，带来奇怪的故障。——译者注

的运放。这种输入的一个例子是低电源电压的单电源系统中模数转换器的输入。高边电流检测电路需要运放在正电源轨处正常工作。

B.56　差分输入电压（V_{ID}）

差分输入电压定义为同相输入端相对反相输入端的电压。这一参数的单位为 V。

V_{ID} 通常给定为绝对最大值，因为超过这一限制的电压应力可能导致器件的永久损坏。

相关性：本参数是一个绝对最大值，在正常使用时很少提到。

B.57　差分输入电压范围（V_{DIR}）

差分输入电压范围定义为使运放能够正常工作的差分输入电压的范围，超出这一范围可能导致运放工作出现问题。这一参数的单位为 V。

有些器件内部具有保护电路[①]，流入输入端的电流需要加以限制。

相关性：正常情况下，本参数并非设计要点。

B.58　开通电压（关断）（$V_{\text{IH-SHDN}}$ 或 $V_{\text{(ON)}}$）

开通电压（关断）定义为需要施加在关断引脚上以使器件开通的电压。这一参数的单位为 V。

相关性：只有在运放具有使能/禁止引脚，并使用该功能时，才关注此参数。

B.59　关断电压（关断）（$V_{\text{IL-SHDN}}$ 或 $V_{\text{(OFF)}}$）

关断电压（关断）定义为需要施加在关断引脚上以使器件关断的电压。这一参数的单位为 V。

相关性：只有在运放具有使能/禁止引脚，并使用该功能时，才关注此参数。

B.60　输入电压条件（V_{IN}）

输入电压条件定义为测试 V_{n} 时加在电路输入端的电压。这一参数的单位为 V。

相关性：为了叙述的完整性起见，本条件包含在此。

---

① 如连接在同相输入端和反相输入端之间，并反向并联的两个二极管。闭环工作条件下，同相输入端和反相输入端的电压相等，保护电路不会工作。常见的运放 NE5532/5534 中就具备这一保护电路。——译者注

B.61 输入失调电压（V_{IO} 或 V_{OS}）

重要

输入失调电压定义为欲抵消运放内部的直流失调而需要加在输入端的电压。这一参数的单位为 V。

所有运放的同相和反相输入电路都不可能完全匹配，它们在制造过程中存在不可避免的差异。为了抵消这种不匹配，在运放的同相和反相输入端之间加的电压（一般很小）称为输入失调电压，符号为 V_{IO}。V_{IO} 是折合到输入电压的参数，这就是说它会受到电路的闭环增益的放大。

当电路需要直流精度时，必须关注输入失调电压。使用某些单封装运放提供的调零引脚，是对失调电压进行调零的一种方法（图 B-4）。图中，调零电位器的两端连接在两根调零引脚上，动触头串联一个电阻之后连接在负电源上。对输入失调进行调零时，首先短接两个输入端，然后调整电位器，使输出为零。

相关性：对精密直流应用很重要。对交流应用，这一参数可能完全无关紧要。

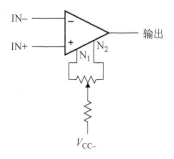

图 B-4 失调电压的调整

B.62 等效输入噪声电压（V_n）

重要

等效输入噪声电压定义为在指定频率下等效为与输入端并联的理想电压源的内部噪声电压。这一参数的单位是 $V/\sqrt{Hz}$。

测量本参数时，在电路的输出端测量噪声（输入端连接到虚地），并除以放大电路的增益。假设连接在输入端的幅度等于 V_n 的噪声源被一个理想放大器放大，那么在输出端得到的信号与测量到的噪声等值。

数据手册中，V_n 可以给定为若干个频率上的值并列入工作特性表格，也可以用图示来描述。

相关性：对于大部分应用领域，低噪声是一项重要的指标，因此本参数也很重要。我并没有遇到过这样的应用，其中电路的噪声可以任意大，而不在某些方面影响性能。

B.63 高电平输出电压条件或参数（V_{OH}）

重要

高电平输出电压条件定义为在输出引脚上施加给定的负载电流时,运放输出的高电平电压。测量 V_{OH} 时,给定的负载电流 I_{OH} 的幅度可能为 1 mA、20 mA、35 mA 或 50 mA 等。在测量其他参数时,V_{OH} 可以作为条件列出。这一参数或条件的单位为 V。

相关性: V_{OH} 和 V_{OL} 是最经常用来描述运放输出摆幅的参数。因此,这里将它们而不是 $V_{OM\pm}$ 或 $V_{O(PP)}$ 标为"重要"。输出摆幅在大信号应用中更加重要,然而读者应当时刻注意这一参数,尤其是在输出电压容易超过输出范围的直流应用中。

B.64 低电平输出电压条件或参数（V_{OL}）

重要

低电平输出电压条件定义为在输出引脚上施加给定的负载电流时,运放输出的低电平电压。测量 V_{OL} 时,给定的负载电流 I_{OL} 的幅度可能为 1 mA、20 mA、35 mA 或 50 mA 等。在测量其他参数时,V_{OL} 可以作为条件列出。这一参数或条件的单位为 V。

B.65 最大峰峰值输出电压摆幅（$V_{OM\pm}$）

最大峰峰值输出电压摆幅定义为运放使用正负电源供电时能够不削波输出的最大峰峰值电压。这一参数的单位为 V。

相关性: 如果数据手册中给定这一参数而不是 V_{OH} 和 V_{OL},那么它与 V_{OH} 和 V_{OL} 同等重要。然而很少有数据手册给定这一参数,因此这里并未将其标为"重要"。

B.66 峰峰值输出电压摆幅条件或参数（$V_{O(PP)}$）

峰峰值电压输出摆幅条件定义为测量诸如 A_{VD} 或 SR 等参数时设置的输出峰峰值电压条件。

峰峰值电压输出摆幅参数 $V_{O(PP)}$ 定义为运放能够输出的最大峰峰值电压。测量这一参数时,V_{DD}、THD + N、R_L 和 T_A 是典型的测试条件。

这一条件或参数的单位是 V。

相关性: 如果数据手册中给定这一参数而不是 V_{OH} 和 V_{OL},那么它与 V_{OH} 和 V_{OL} 同等重要。然而很少有数据手册给定这一参数,因此这里并未将其标为"重要"。

B.67　阶跃电压峰峰值条件（$V_{(STEP)PP}$）

阶跃电压峰峰值条件定义为在测试诸如 t_S 的参数时使用的阶跃电压峰峰值。这一条件的单位是 V。

相关性：这是一个测试条件，与设计师关系不大。

B.68　串扰（X_T）

串扰定义为被驱动的通道的输出电压变化与由此引起的未被驱动的通道输出电压变化之比。这一参数的单位为 dB。

X_T 反映了 IC 封装或系统中通道之间的分离程度。它是由通道之间的感性耦合、容性耦合、通过电源的耦合或其他耦合途径引起的。

相关性：只与单个封装中包含多个运放的情况有关。

B.69　输出阻抗（Z_O）

输出阻抗定义为在闭环组态下串联在理想运放与实际输出之间的、与频率相关的小信号阻抗。这一参数的单位为 Ω。

相关性：经常与 r_o（见 B.38 节）混淆。Z_O 中包含寄生的感性和容性成分，而 r_o 中不包含。只有在驱动重负载时才关注本参数。

B.70　开环跨阻抗（Z_t）

开环跨阻抗定义为跨导放大器或电流反馈放大器中与频率相关的输出电压变化与引起这一变化的反相输入端输入电流变化之比。这一参数的单位为 Ω。

相关性：使用电流反馈放大器或跨导放大器的设计。

B.71　微分相位误差（Φ_D）

微分相位误差定义为直流电平变化时交流相位的变化。测量时，交流信号电平为 40 IRE（0.28 V pk），直流电平的变化量是±100 IRE（±0.7 V）。Φ_D 通常在 3.58 MHz（NTSC）或 4.43 MHz（PAL）的副载波频率下测量，其单位为°（度）。

相关性：在模拟视频广播被数字视频广播替代的大形势下，本参数正在迅速变得不那么重要。

B.72 相位裕量（ϕ_M）

重要

相位裕量定义为 180°与单位增益处的相移之差的绝对值。ϕ_M 在开环条件下测量，其单位为°（度）。

$$\phi_M = 180° - B_1 \text{处的相移} \tag{B-6}$$

增益裕量和相位裕量是描述电路稳定性的两种不同方式。由于轨到轨输出运放的输出阻抗相对较高，在驱动容性负载时，其相移相当明显。这一附加的相移减小了相位裕量，因此大部分轨到轨输出的 CMOS 运放驱动容性负载的能力较差。图 B-1 给出了增益裕量和相位裕量的图示。

相关性：本参数是运放稳定性的一种量度标准，因此对于所有的运放电路都很关键。读者应当努力保证相位裕量大于 60°，然而有些具体情况可能会要求更大的增益裕量。根据定义，当相位裕量达到 180°时，电路将变成振荡器。

B.73 0.1 dB 平坦度带宽

0.1 dB 平坦度带宽定义为在满功率输出时增益保持在名义值周围±0.1 dB 的频率范围。这一参数的单位是 Hz。

相关性：这一参数与运放的单位增益带宽有关。然而它更侧重于通带的平坦程度。对于整个频率范围内增益的绝对数值都很关键的应用，这一参数非常重要。

B.74 60 s 壳温

60 s 壳温定义为管壳能够安全承受 60 s 的最高温度。这一参数通常作为绝对最大值给出，作为自动焊接工艺的指导数据。这一参数的单位为℃。

相关性：本参数只与自动焊接技术（尤其是波峰焊和回流焊）相关。

B.75 连续总功耗

连续总功耗定义为运放能够耗散的总功率(包括负载)。这一参数通常作为绝对最大值给出。在参数表格中，它可能随环境温度和封装类型而不同。它的单位为 W。

相关性：本参数包括负载的功耗，不要将其与供电电流 I_{CC} 或 I_{DD} 相混淆。与本参数最相关的应用是音频功率输出应用或其他需要连续输出大功率的应用。

B.76　短路电流持续时间

短路电流持续时间定义为输出能够与电路中的地短路的时间长度。这一参数通常作为绝对最大值给出，其单位为 s。

相关性：本参数通常是"绝对最大值"里面的一个。它描述了一种在通常状况下不应发生的情况：将运放的输出端直接与地短路。除了经验不足导致的意外之外，我没有发现过什么情况与这一参数相关。需要注意的是，对于一般的单运放、双运放或四运放，总有至少一个输出引脚在电源引脚（而不是地引脚）旁边。因此，在诸如探头从引脚上滑脱之类的情况下，输出引脚更可能与电源而不是地短路，通常会导致运放输出损坏。本参数并没有说明输出与电源短路时会发生什么。因此，在输出与电源发生短路的情况下，常常需要更换运放。

B.77　输入失调电压的长期漂移

输入失调电压的长期漂移定义为输入失调电压的变化与时间变化之比。这一参数通常按月平均，其单位为 V/月。

半导体器件的正常老化会导致器件参数的变化。输入失调电压和输入失调电流等参数都具有长期漂移，这类长期漂移参数表示对应的参数随时间变化的趋势（类似地，输入失调电流的长期漂移的单位为 A/月）。

相关性：本参数对诸如传感器接口电路的直流应用很重要。在这类应用中，电路会加电很长时间，并且没有自动校准机制。这种情况下，长期漂移会成为误差持续增加的来源。

B.78　10 s 或 60 s 管脚温度

10 s 或 60 s 管脚温度定义为管脚能够安全承受 10 s 或 60 s 的温度。这一参数通常作为绝对最大值给出，作为焊接工艺的指导数据。这一参数的单位为℃。

相关性：本参数只与焊接技术（尤其是波峰焊）相关。

附录 C

运放的噪声理论

C.1 引言[①]

运放的噪声是一个相当复杂的话题，值得用一个附录来讨论。运放电路的功能是用某种方式对输入信号进行处理。然而在现实世界中，输入信号中总是会叠加不希望出现的噪声。

运放的噪声是一个理论性很强、有些深奥难懂的话题。噪声主要与生产运放的半导体工艺（以及用于制造无源元件的材料）有关。因此，除了寻找不同型号的元件并进行试验，直到噪声降低到可接受的水平外，并没有什么更好的办法消除运放的噪声。我在长期的工作中积累了如下若干经验。

- 很多年前，我们意外发现 OP90 在极低频率的噪声很低，并且因此运用了该型号的运放。
- 文献详细记载了碳质电阻的热噪声特性。金属膜电阻的噪声特性要好很多。
- 高阻值电阻的噪声要大于低阻值电阻，因此设计低功耗低噪声电路相当困难。
- 稳压二极管是散弹噪声的重要来源。如果噪声与之相关，不要使用稳压二极管。
- EL2125C 大概是噪声最低的运放之一，尽管有些更新的型号在频率较高时噪声更小[②]。
- 在音频范围内，可以使用高速运放 THS4131 作为低噪声差分放大器。

诸如此类。设计师的工作是控制噪声。对设计师而言，了解噪声理论，能够避免设计失误，以及选用错误的元件。事实上，几乎没有办法能够降低市场上现成的元器件的噪声，因此，元器件的选用对降低噪声非常重要。读者应当为自己的设计做"噪声预算"，我使用一个电子表格来进行这项工作。这一电子表格中包含每个运放的噪声、放大级的增益（噪声会随信号一起被放大）以及其他参数，诸如预期的信号幅度与由供电电压和运放本身决定的 V_{OH} 和 V_{OL} 限制的比较。计算结果中包含信噪比、总噪声以及信号幅度离削波电平的距离。计算中包含了数据转换器，因为削波电平与数据转换器也有关系。在电子表格中，我还估计了每一级的功耗。有了这些计算结果，在真正搭建原型电路时，几乎不会遇到意外情况。电子表格可以成为分析模拟信号链的有力工具。本书图灵社区页面给出了这一电子表格的一般化版本，读者可以用它来开始自己的设计。

---

① 保留了部分第 4 版内容。——译者注

② 说到噪声非常低的运放，这里必须提一句：低噪声运放 LT1115 的手册正文的第一句话说，它是 "the lowest noise audio operational amplifier available"，注意这个口气！——译者注

C.2   噪声的特征

噪声是一种完全随机的信号，在任何时刻，其瞬时值和相位都无法预测。噪声可能由运放内部产生，可能由相关的无源元件产生，也可能由外部噪声源产生并叠加到电路上。

C.2.1   均方根噪声与峰峰值噪声

噪声电压的瞬时值为正和为负的概率是相等的。在图上，它表现为以 0 为中心的随机波形。由于噪声源的幅度随时间随机变化，因此描述噪声源只能采用概率密度函数。最常见的概率密度函数是高斯概率密度函数。高斯概率密度函数有一个幅度的平均值，这是最可能出现的幅度值。瞬时幅度大于或小于平均值的噪声的出现概率按照钟形曲线降低，这一钟形曲线关于平均值对称（图 C-1）。

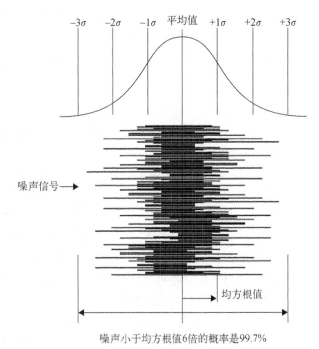

图 C-1   噪声能量的高斯分布

σ 是高斯分布的标准差，也是噪声电压和电流的均方根（RMS）值。噪声的瞬时幅度在 68% 的时间内位于 $\pm 1\sigma$ 之内。理论上说，噪声的瞬时幅度可以趋近于无穷大，然而随着幅度增大，其出现概率会迅速减小。在 99.7% 的时间内，噪声的瞬时幅度位于 $\pm 3\sigma$ 之内。

σ^2 是相对于平均值的平均均方变化量。这也就是说，相对于平均值的平均均方变化量 $\overline{i^2}$ 或 $\overline{e^2}$ 与 σ^2 相同。热噪声和散弹噪声（见后）具备高斯概率密度函数，而其他形式的噪声不具备。

C.2.2　本底噪声

关闭所有输入信号源，并且恰当端接输出时，电路中存在的噪声电平叫作本底噪声。本底噪声决定了电路能够处理的最小信号。读者的任务是使电路处理的信号电平大于本底噪声，而小于削波电平。

C.2.3　信噪比

信号中噪声所占的比例用信噪比（SNR）来定义：

$$\frac{S_{(f)}}{N_{(f)}} = \frac{信号均方根电压}{噪声均方根电压} \tag{C-1}$$

换句话说，信噪比就是信号电压与噪声电压之比（这也是其得名的原因）。信噪比常用来确定音频信号链的质量：信噪比越大，信号质量越好。当然，在音频领域之外，信噪比还有更多应用：任何信号和噪声之比都可以用信噪比来描述。信噪比可以作为系统的一个指标，而可接受的信噪比水平随应用领域不同而不同。

C.2.4　多个噪声源

当电路中存在多个噪声源时，它们所产生的总的均方根噪声等于每个噪声源的均方根噪声的平方和的平方根：

$$E_{总RMS噪声电压} = \sqrt{e_{1RMS}^2 + e_{2RMS}^2 + \cdots + e_{nRMS}^2} \tag{C-2}$$

换句话说，这是设计师在处理噪声时需要注意的唯一一项违反直觉的事情。如果电路中有两个幅度相同的噪声源，其总噪声并不是单个噪声源的 2 倍（增加 6 dB），而只比单个噪声源增加 3 dB。考虑一个非常简单的例子，两个幅度为 2 V_{RMS} 的噪声源：

$$E_{总RMS噪声电压} = \sqrt{2^2 + 2^2} = \sqrt{8} \approx 2.83\ V_{RMS} \tag{C-3}$$

因此，如果电路中有两个相等的噪声源，总噪声只比具有一个噪声源的情况大 $20 \times \log(2.83/2) = 3.01$ dB，而不是直觉认为的两倍（6 dB）。

这一关系意味着系统中最大的噪声源倾向于主导系统的总噪声。考虑包含一个 10 V_{RMS} 和一个 1 V_{RMS} 噪声源的系统：

$$E_{总RMS噪声电压} = \sqrt{10^2 + 1^2} = \sqrt{108} \approx 10.05\ V_{RMS} \tag{C-4}$$

其中的 1 V 噪声源对总噪声几乎没有贡献。

C.2.5　噪声的单位

噪声通常以谱密度表示，其单位为 $V / \sqrt{Hz}$ 或 $A / \sqrt{Hz}$。这一单位不太容易理解。观测到的实际噪声电平与频率范围相关。

举例如下。

- 一个噪声指标为 $2.5\,\text{nV}/\sqrt{\text{Hz}}$ 的运放工作在音频范围（20 Hz～20 kHz），增益为 40 dB。输出电压为 0 dBV（1V）。
- 首先计算出 $\sqrt{\text{Hz}}$ 部分：$\sqrt{20\,000-20}\approx141.35$。
- 然后将其与噪声指标相乘：$2.5\times141.35=353.38\,\text{nV}$，这是等效输入噪声电压（$E_{\text{IN}}$）。输出噪声还需要乘上 100 倍（40 dB）的增益。

现在可计算出信噪比：

$$353.38\,\text{nV}\times100\approx35.3\,\mu\text{V}$$
$$\text{SNR(dB)}=20\times\log(1\,\text{V}\div35.3\,\mu\text{V})\approx20\times\log(28\,329)\approx89\,\text{dB} \tag{C-5}$$

对于本应用，这一运放是很好的选择。然而要记住，无源元件是附加的噪声来源，可能会降低系统的性能。由于 1/f 效应（见后），低频时噪声也有所增加。设计交流耦合系统的设计师非常幸运：他们只需选择 1/f 效应开始出现的频率低于关心的最低频率的运放即可。

C.3　噪声的类型

运放及其外围电路中常见的噪声类型有五种：

(1) 散粒噪声（shot noise）；

(2) 热噪声（thermal noise）；

(3) 闪变噪声（flicker noise）；

(4) 猝发噪声（burst noise）；

(5) 雪崩噪声（avalanche noise）。

设计中可能存在上述噪声中的一部分或者全部，这使得具体的系统拥有自己独特的噪声频谱特性。诚然，在大多数情况下，难以从系统的总噪声特性中区分出不同类型噪声的影响。然而了解噪声产生的一般原因能够帮助设计师优化设计，减少电路处理的具体频率范围内的噪声。正确的低噪声设计可能会涉及上述系统内部的噪声源和来自外部的噪声之间的权衡。

C.3.1　散粒噪声

散粒噪声是瓦尔特·H.肖特基（Walter H. Shottky）发现的，所以又称为肖特基噪声[①]。有时这种噪声也称为量子噪声。这种噪声由导体中载流子运动的随机涨落产生。换句话说，电流并不是一种连续的现象。电流是电子与施加电压方向相对应的运动。当电子遇到势垒时，势能

---

① 英文文献中有时认为散粒噪声（shot noise）是肖特基噪声（Shottky noise）的缩写。然而肖特基作为一个德国人，他自己描述散粒噪声用的词是 Schrotrauschen，而 Schrot 就是谷粒或者霰弹，也就是散粒噪声中的散粒（shot）的意思。——译者注

会积攒起来，直到电子具有足够的能量来穿越势垒。电子穿越势垒时，这些势能会突然转化成动能。一个不错的类比是断层中应力的突然释放会引发地震。

每个电子随机地穿越势垒（如半导体元器件的 PN 结）时，能量先存储起来，然后在电子穿过势垒的同时得到释放。这种能量的突然释放会给电流带来一个突然的微小涨落，仿佛发出了"砰"的一声（图 C-2）。

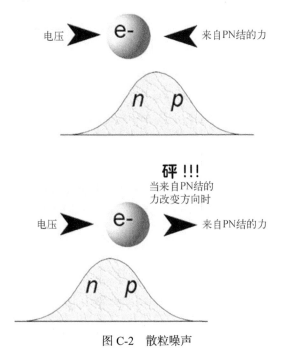

图 C-2　散粒噪声

所有电子穿越势垒时的"砰"声集合起来，就组成了散粒噪声。经过放大的散粒噪声听起来就像霰弹（shot）打在水泥墙上。

散粒噪声有下面一些特点。

❑ 散粒噪声总是和电流相关。如果没有电流，那么也没有散粒噪声。
❑ 散粒噪声和温度无关。
❑ 散粒噪声在频谱上是平的，或者说它的功率谱是均匀的。也就是说，在横轴为频率的图上，散粒噪声表现为固定的值。
❑ 散粒噪声在任何导体中都存在，不只是在半导体中。金属导体中的缺陷或杂质可以产生势垒。然而由于导体中势垒的数量相对运动电子的数量来说非常少，因此导体中散粒噪声的电平也非常小。相比而言，半导体中的散粒噪声要明显得多。

散粒噪声的均方根值可以表示为：

$$I_{sh} = \sqrt{(2qI_{dc} + 4qI_{o})B} \tag{C-6}$$

其中 q 是电子的电荷（1.6×10^{-19} C），I_{dc} 是平均正向直流电流（单位为 A），I_o 是反向饱和电流

（单位为 A），B 为带宽（单位为 Hz）。

如果 PN 结是正向偏置的，那么 I_0 为 0，式中的第二项就没有了。PN 结的动态电阻为：

$$r_{\mathrm{d}} = \frac{kT}{qI_{\mathrm{dc}}} \tag{C-7}$$

根据欧姆定律，可得散粒噪声电压的均方根值[①]：

$$E_{\mathrm{sh}} = kT\sqrt{\frac{2B}{qI_{\mathrm{dc}}}} \tag{C-8}$$

其中 k 是玻尔兹曼常数（1.38×10^{-23} J/K），q 是电子的电荷（1.6×10^{-19} C），T 是热力学温度（单位为 K），I_{dc} 是平均直流电流（单位为 A），B 为带宽（单位为 Hz）。

C.3.2 热噪声

热噪声有时按其发现人姓氏称作约翰逊（Johnson）噪声。热噪声由导体中电子的热扰动产生，也就是说，加热导体时，它的热噪声就会变大。电子每时每刻都在运动，永不停息。热会扰乱电子对导体上施加的电压的响应，在电子的运动上叠加随机成分（图 C-3）。只有在绝对零度时，热噪声才为零。

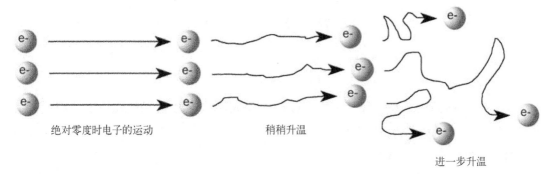

绝对零度时电子的运动　　　稍稍升温

进一步升温

图 C-3　热噪声

与散粒噪声类似，热噪声的频谱是平的，或者说它的功率谱是均匀的（也就是说这是一种**白噪声**）。然而，热噪声与电流无关。

在 100 MHz 以下，热噪声可以用奈奎斯特（Nyquist）提出的关系式计算：

$$E_{\mathrm{th}} = \sqrt{4kTRB} \tag{C-9}$$

或

$$I_{\mathrm{th}} = \sqrt{\frac{4kTB}{R}} \tag{C-10}$$

---

① 注意这一噪声电压值与 I_{dc} 成反比。这一特性可以用来鉴别系统中的噪声是否主要是散粒噪声。——译者注

其中 E_{th} 是热噪声电压的均方根值（单位为 V），I_{th} 是热噪声电流的均方根值（单位为 A），k 是玻尔兹曼常数（1.38×10^{-23} J/K），T 是热力学温度（单位为 K），R 是电阻（单位为 Ω），B 是噪声带宽（$f_{max} - f_{min}$，单位为 Hz）。

电阻的热噪声与其阻值和温度正相关。在高增益的输入级中，要注意不要让电阻工作在高温下。降低电阻的阻值也可以使热噪声降低。

C.3.3　闪变噪声

闪变噪声也称作 $1/f$ 噪声。闪变噪声的来源，是物理学中最古老的未解之谜之一。这种噪声普遍存在于自然界和很多人类活动中。所有的有源元件和很多无源元件都会产生闪变噪声。良好的制造工艺会降低闪变噪声，因此闪变噪声可能与半导体晶体结构的缺陷有关。

闪变噪声有下面一些特点。

❑ 闪变噪声随频率降低而升高，因此它又叫 $1/f$ 噪声。
❑ 闪变噪声与元件中通过的直流电流有关。
❑ 闪变噪声在每个倍频程（或十倍频程）内的功率相等。

闪变噪声可用如下公式计算：

$$E_n = K_e \sqrt{\left(\ln \frac{f_{max}}{f_{min}} \right)} \quad I_n = K_i \sqrt{\left(\ln \frac{f_{max}}{f_{min}} \right)} \tag{C-11}$$

其中 K_e 和 K_i 是表示 1 Hz 处 E_n 和 I_n 的比例系数（单位为 V 和 A），f_{max} 和 f_{min} 是最高和最低频率（单位为 Hz）。

闪变噪声存在于碳质合成电阻中。碳质合成电阻中的闪变噪声经常称作过量噪声（excess noise），因为这种噪声附加在热噪声上，使电阻的总噪声超过热噪声水平。其他类型的电阻也会表现出大小不同的闪变噪声，其中线绕电阻的闪变噪声最小。由于闪变噪声和元件中通过的直流电流正相关，因此在电流很小时，热噪声会占据主要地位，此时电阻的类型对电路噪声的影响很小。

在运放电路中，为了降低功耗而将电阻按比例放大，可以减小闪变噪声。然而，这么做的代价是增大了热噪声。

C.3.4　猝发噪声

猝发噪声也称作"爆米花"噪声（popcorn noise）。这种噪声与半导体材料的缺陷和重离子注入有关。猝发噪声的特征是离散的高频脉冲。脉冲的重复率有快有慢，但其幅度保持恒定，是热噪声幅度的几倍。从扬声器中播放时，猝发噪声表现为重复率在 100 Hz 以下的砰声，就像爆米花爆裂时的声音，爆米花噪声就是因此得名的。可以通过清洁的器件工艺来得到低猝发噪声，然而这是电路设计师无法控制的。

C.3.5　雪崩噪声

PN 结工作在反向击穿状态时会产生雪崩噪声。在 PN 结耗尽层中强反向电场的作用下，得到足够动能的电子碰撞晶格中的原子时，会撞出更多的电子–空穴对（图 C-4）。这种碰撞是完全随机的，会产生类似散粒噪声的随机电流脉冲，但其强度要比散粒噪声大得多。

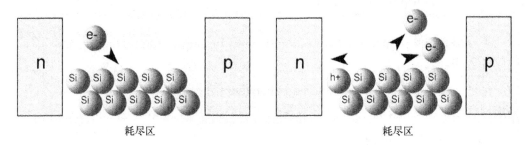

耗尽区　　　　　　　　　　　　　耗尽区

图 C-4　雪崩噪声

当反偏 PN 结耗尽区中的电子–空穴对得到足够能量，从而导致雪崩效应时，会产生一系列随机的强噪声尖峰。这种噪声的幅度与材料特性相关，因此很难预测。

稳压二极管的反向击穿会导致雪崩噪声[①]，如果运放电路中包含稳压二极管，雪崩噪声可能会成为主要的噪声来源。最好的消除雪崩噪声的方法是重新设计一个不使用稳压二极管的电路。

C.4　噪声的颜色

上面介绍的噪声类型非常有趣。然而，真实的运放电路中的噪声是上面这些噪声中某些或全部的叠加。从总的噪声中分离出这些不同类型的噪声是非常困难的。幸好有一种其他的方式来描述噪声：噪声的颜色。用颜色来描述噪声的方法来自于对光线颜色的大致类比，与噪声的频谱特性有关。很多颜色都可以用来描述噪声，其中有些跟实际的颜色相关，另外一些可能更贴合心理声学领域的说法。

白噪声位于噪声颜色范围的中央，这一颜色范围从紫到蓝到白，再到粉红和红/棕。噪声的频谱特性与频率以幂函数的形式相关，这些颜色与噪声频谱特性的幂次相关（表 C-1）。

---

① 严格来讲，稳压二极管中的击穿机理有两种：一是齐纳（Zener）击穿（在击穿电压为 5～8 V 以下的稳压二极管中起主要作用），二是雪崩击穿（在击穿电压超过 8 V 的稳压二极管中起主要作用）。它们的物理机理不同，齐纳击穿电压的温度系数为负，产生的噪声较小；雪崩击穿电压的温度系数为正，产生的噪声较大。英文中常常不加区分，将稳压二极管统称为 Zener diode。关于反向击穿，尚有如下几点需要注意：1. 只要不出现热失控，这两种反向击穿都是可以恢复的；2. 由于这两种击穿的温度系数符号相反，在 5～8 V 击穿电压的稳压二极管中，两种击穿的效应都会体现出来，通过控制击穿电压或增加正偏的补偿二极管，可以凑出接近于 0 的温度系数，这就是为什么高精度恒温基准源（如 LM399 和 LTZ1000）的稳定电压大多处于 5～8 V 范围；3. 三极管 BE 结的反向击穿电压很低（对硅管而言约 6 V，锗管更低）。这种反向击穿会破坏三极管的噪声特性，因此如果一个三极管要在低噪声电路中使用，那么不要测量其 $V_{BR(EBO)}$。——译者注

表C-1 噪声的颜色

颜　　色	频谱特性
紫	f^2
蓝	f
白	1
粉红	$1/f$
红/棕	$1/f^2$

颜色之间有无穷多的变化，频率的每一种幂次都是可能的。某些噪声是窄带的，或者只在一个频率上出现。然而这些噪声主要由电路外部的噪声源产生，它们的存在给设计师提供了关于噪声来源的线索：测得的噪声来自外部，而非内部。噪声没有"纯色"的：在高频区域，所有的噪声都会开始滚降，因此也会变得粉红起来。前面提到的运放噪声的频谱特性落在白噪声到红色/棕色噪声的区域（图 C-5）。

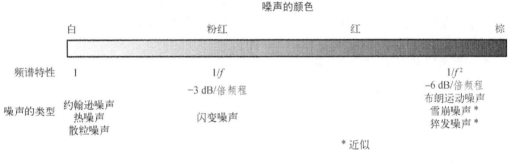

图 C-5 噪声的颜色

C.4.1 白噪声

白噪声是功率谱相对频率是常数，亦即功率谱与频率无关的噪声。中心频率 f_0 变化时，只要带宽恒定，噪声的功率也是恒定的。白噪声的名称来源于它与白光的相似性，因为白光中各种颜色的量相同。

当以频率为横轴绘制频谱图时，白噪声表现为一条恒定值的水平线。散粒噪声和热噪声大致上说是白色的。当然没有纯粹的白噪声这种东西：按照定义，白噪声的频谱一直延伸到无穷，其总功率也是无穷大。因此，实际情况下的白噪声在频率足够高时总会变为粉红噪声。

持续的雨声和空闲频道上的无线电噪声都近似具有白噪声的特性。

C.4.2 粉红噪声

粉红噪声的功率谱与频率呈现 $1/f$ 关系（不包括直流）。粉红噪声每倍频程（或十倍频程）内的能量相等。这意味着粉红噪声的幅度随频率按对数曲线下降。粉红噪声在自然界中很普遍：很多所谓的随机事件具有 $1/f$ 特性。闪变噪声呈现 $1/f$ 特性，也就是说它的滚降率是 3 dB/倍频程。

C.4.3　红色/棕色噪声

红色噪声作为一种噪声类型，并没有得到广泛认可。很多文献中省略了这种颜色，直接从粉红噪声跳到棕色噪声。列出这种颜色不是为了别的，纯粹是因为审美上的原因：如果噪声颜色范围的最低端是棕色，那么粉红噪声应当改为茶色噪声。既然粉红噪声是粉红的，那么在它右边的噪声也应该是红的。红色噪声的名称与红光相关，因为红光的能量集中在可见光的低端。当然，这一类噪声模拟了布朗（Brown）运动，因此棕色（brown）噪声的名字也许更恰当。红色/棕色噪声有−6 dB/倍频程的频响特性，其频率谱遵循 $1/f^2$ 特性（不包括直流）。

红色/棕色噪声也存在于自然界中：大片水体的声学特性接近于红色/棕色噪声的特性。雪崩噪声与猝发噪声的特性接近红色/棕色。不过这类噪声的滚降特性出现在频率的很低端，也许将这类噪声看作粉红噪声更加适当[①]。

C.5　运放的噪声

本节介绍运放及其外围电路的噪声与前面提到的噪声类型之间的关系。

C.5.1　噪声转折频率与总噪声

运放的手册中不会给出自己的噪声是散粒噪声、热噪声或是闪变噪声，甚至不会说明自己的噪声是白噪声或粉红噪声。手册中实际给出的是输入等效噪声与频率的关系图。这张图通常分为两个部分：

❑ 在低频区域，粉红噪声起主导作用；
❑ 在高频区域，白噪声起主导作用。

对典型的运放的真实噪声进行测量，可以发现运放噪声的特性既包含白噪声，也包含粉红噪声（图 C-6）。因此，单独使用任何一类噪声的公式，都不足以在图上给出的频率范围内描述运放的总噪声。描述运放的总噪声时，需要将噪声分为粉红噪声部分和白噪声部分，然后根据式(C-2)的均方根相加规则得出总噪声。

---

① 以雪崩噪声为例：雪崩噪声在频率较高时的特性近似白噪声。在频率低端，其功率谱与频率遵循 $1/f^\gamma$ 关系，根据条件的不同，γ 有可能超过 1，接近 1.5。在某些文献中，这种 $1/f^\gamma$（$0 < \gamma < 2$）的噪声统称为 $1/f$（粉红）噪声；而按本书分类，这类噪声的颜色分布在从白到红的范围内。对雪崩噪声和猝发噪声的具体频谱特性感兴趣的读者可以参考 A.M. Zaklikiewicz 的论文 "1/f noise of avalanche noise"（doi:10.1016/S0038-1101(98)00204-4）和 "Influence of burst noise on noise spectra"（doi:10.1016/0038-1101(81)90205-7）。——译者注

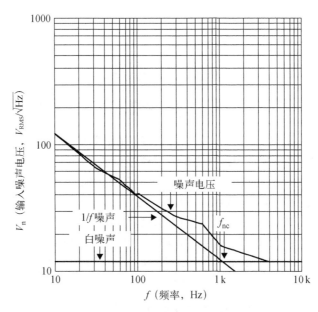

图 C-6　典型的运放噪声特性

C.5.2　噪声转折频率

噪声转折频率 f_{nc} 定义为频谱上 $1/f$ 噪声和白噪声相等的频率点。注意在图 C-6 中，由于噪声源的均方根相加规则，f_{nc} 处实际的噪声电压要高于 $1/f$ 噪声和白噪声。

可以从图上用直观方法确定 f_{nc} 的值。对于图 C-6 所示的情况，f_{nc} 略高于 1 kHz。从图上确定 f_{nc} 的方法如下：

❑ 将曲线的白噪声（水平）部分向左延长到 10 Hz；
❑ 将曲线的粉红噪声部分在 10 Hz 到 100 Hz 的部分以直线近似向右下方延长；
❑ 两条延长线的交点处的频率就是 f_{nc}。在交点处，白噪声和粉红噪声的幅度相等。此处的总噪声约为单独的噪声幅度的 $\sqrt{2}$ 倍（见 C.2.4 节）。对于图中所示的运放，约为 $17\,nV/\sqrt{Hz}$ 。

这一方法对于大多数应用来说足够好。然而从图 C-6 的实际噪声曲线中可以看出，曲线的小波动使得精确计算变得不可能。然而有一种精确地估计 f_{nc} 的方法：

❑ 确定最低可能频率（如图上的 10 Hz）处的粉红噪声；
❑ 计算它的平方；
❑ 减去白噪声电平的平方（均方根规则也可用于噪声相减）；
❑ 乘以上述频率（如 10 Hz），这样就得到了 $1/f$ 噪声的贡献；
❑ 除以白噪声电平的平方，就可得到 f_{nc}。[①]

---

① 本书早期版本在这一章节后面尚有若干实例，以及介绍运放电路的噪声模型的内容。感兴趣的读者可以参考本书之前的版本，如 TI 公司同名设计参考 "Op amps for everyone"（SLOD006B）以及 TI 公司应用报告 "Noise Analysis in Operational Amplifier Circuits"（SLVA043B）。——译者注

C.6   小结

我在此给出一些提示，其中有一些在前面已经强调过。

- 如果在设计交流耦合的系统，应当选用 $1/f$ 效应开始出现的频率低于放大的最低频率的运放。
- 如果在设计直流耦合的系统，可以通过低通滤波抑制噪声，或者给电路增加阻尼，使其不会对频率高于所需响应时间的强噪声源做出响应。
- 不稳定的电路表现得像蓝色或紫色噪声：不要以为你的运放具有蓝色或紫色的噪声特性，而应当去处理电路的不稳定性问题。
- 离散频率的噪声来自电路外部。应当识别出这些噪声及其来源，并在其源头解决问题。在改进布局、布线及退耦都不奏效的情况下，最后一招应该是增加陷波滤波器。
- 电子表格是计算运放的噪声预算的有力工具。C.7 节介绍了一种计算噪声使用的电子表格。

C.7   设计辅助工具：噪声计算用电子表格

我使用的噪声计算用电子表格见表 C-2。表中以一个调幅收音机的设计作为例子。假设输入信号幅度从 1 μV 到 1 mV。电路共有 3 级，第一级是增益为 40 dB 的高放级，假设优质的调谐槽路在 1 MHz 频率处为其提供±30 kHz 带宽；高放级后面跟着混频器（假设没有损耗）和两级中放，每一级中放的带宽都是 5 kHz。第一级中放的增益为 20 dB，第二级中放的增益为 13 dB，输出信号的最大幅度接近模数转换器的最大输入范围。

第一级运放是噪声为 $1\,\mathrm{nV}/\sqrt{\mathrm{Hz}}$ 的高速运放，其工作电流为 10 mA。运放也可以工作在±5 V 电压下，只要运放的速度不会受到影响，并且器件本身支持这一供电电压。在使用低压供电时，读者需要确认数据手册上供电电压对参数（如削波电平）的影响。

第二级和第三级运放采用低速、低功耗器件。第三级采用轨到轨运放，不会超出模数转换器的输入电压范围（0～5 V）。

电子表格只计算总供电电流的幅度，因为通常主要关注总的供电电流。可以认为正负电源的供电电流相等（总供电电流除以 2），除非在有很多单电源供电器件的情况下。

本电子表格最多支持 6 级放大。可以通过增加和复制表格中的行来增加更多的级数。如果要计算的级数少于 6 级，只需将多余的级数的增益、噪声、电流和电压填为 0。

这一假想的例子中没有自动增益控制（AGC），灵敏度为 1 μV（信噪比 12 dB）。此时在模数转换器的输入端只有 45 mV 电压。实际的接收机需要自动增益控制。

表C-2　噪声计算用电子表格

输入信号

最小输入信号	1.0E-06	V_{PP}
最大输入信号	1.0E-03	V_{PP}

运放各级参数

级数	增益 dB	V_{OL}	V_{OH} V	电源 正 V	负 V	mA	饱和 V_{PP}	带宽 Hz	输入噪声 nV/sqrt(Hz)
1	40	2	2	15	15	10	26	60 000	1
2	20	2	2	15	15	10	26	5000	10
3	13	0.1	0.2	5	5	2	4.7	5000	10
4	0	0	0	5	5	0	5	5000	0
5	0	0	0	5	5	0	5	5000	0
6	0	0	0	5	5	0	5	5000	0
ADC	0						5		

级数	噪声 nV/sqrt(Hz)	mA	最小输出电压 V_{PP}	最大输出电压 V_{PP}	回退 (V_{sat}/V_{OUT}) dB	输出噪声 nV	最低频率	最高频率	最小信噪比 dB	最大信噪比 dB	供电电流
1	1	10	1.00E-04	1.00E-01	4.83E+01	2.45E+04	970 000	1 030 000	1.22E+01	7.22E+01	20
2	10	10	1.00E-03	1.00E+00	2.83E+01	2.55E+04	452 500	457 500	3.19E+01	9.19E+01	2
3	10	0	4.47E-03	4.47E+00	4.42E-01	2.57E+04	452 500	457 500	4.48E+01	1.05E+02	2
4	0	0	4.47E-03	4.47E+00	9.79E-01	2.57E+04	452 500	457 500	4.48E+01	1.05E+02	0
5	0	0	4.47E-03	4.47E+00	9.79E-01	2.57E+04	452 500	457 500	4.48E+01	1.05E+02	0
6	0	0	4.47E-03	4.47E+00	9.79E-01	2.57E+04	452 500	457 500	4.48E+01	1.05E+02	0
ADC			4.47E-03	4.47E+00	9.79E-01						20

输出部分

总增益	73	dB
最小输出	4.47E-03	V_{PP}
最大输出	4.47E+00	V_{PP}
最小信噪比	1.22E+01	dB
供电电流	44	mA

附录 D

印制电路板布图技术

D.1 一般考虑

前面的讨论集中在如何设计运放电路、如何使用集成电路以及如何使用相关的无源元件等方面。为了让设计取得成功，我们还必须考虑电路中的另外一种元件：用来安装电路的印制电路板（PCB）。

D.1.1 印制电路板是运放电路设计中的一种元件

运放电路是一种模拟电路，它与数字电路大不相同。在印制电路板上，运放电路应当占据单独的部分，并使用特别的布图技术。

印制电路板对射频电路和高速模拟电路的影响最为明显。然而这里提到的常见错误甚至可以影响音频电路的性能。本附录的目的是讨论设计师常犯的一些错误，说明这些错误如何影响性能，并提供避免这些问题的简易方法。

在模拟电路设计中，印制电路板的设计应当对电路"透明"，也就是说，印制电路板本身对电路产生的各种效应都应当减到最小。这样，量产的模拟电路的工作状况就能够与设计和原型保持一致。

在电路设计领域的长期工作中，我发现了一种非常不好的趋势：印制电路板布图工作由单位中专门的部门从事，而这些部门的专业人员与其说是电子工程师，不如说是画家：对于布图对射频和模拟性能的影响，他们没有任何经验，也不会进行特别的考虑。他们习惯于将所有的点按照原理图连接起来，并将其称作"完成"工作。很多设计工程师认为，印制电路板布图是设计的"下游"工作，或者说，进行印制电路板布图是在浪费自己的时间。

考虑印制电路板的关键性以及印制电路板布图可能会对电路性能产生的影响，这种态度必须改变！如果关心印制电路板上模拟电路的工作情况是工程师的责任，并且工程师要对电路出现的问题负责的话，那么工程师就应当是实际进行印制电路板布图工作的那个人。工程师应当主动承担这项工作，而不是只是为了完成任务，将其视作"浪费时间"（就像我曾经认为的那样）。

印制电路板布图软件的价格通常非常昂贵，超出了工程师个人的承受范围。好在工程师可以使用诸如 Design Spark PCB 之类的免费布图软件来重新掌控对印制电路板布图的控制权[1]。工

---

[1] 现在有一些免费的在线电路设计工具也具有印制板布图功能，其中的一些还是 PCB 生产厂家提供的服务，可以在浏览器中方便地完成从设计到制造的整个流程。——译者注

程师可以自行布图并进行验证,然后将正确的布图结果送到布图部门,并告诉他们:"像这样做,电路就能够工作。"

以上是我关于工程师进行印制电路板布图的一些观点。

D.1.2　原型,原型,原型!

一般的设计流程要求尽早进行印制电路板布图设计,尤其是对于大型数字电路。数字电路在布图之前通常会进行仿真,在大多数情况下,产品印制电路板就是原型印制电路板,甚至可能会出售给客户。数字设计师可以通过割线和飞线的方法来修正小错误,对门阵列和 Flash 存储器进行重新编程,然后进入下一个项目。但是对模拟电路,情况并不是这样:有些常见的设计失误并不能通过割线和飞线的方法来修正。

我曾经不幸地接手过由一名熟悉用割线和飞线的方法修正错误的工程师设计的简单的模拟电路。这一电路中,运放的同相输入端和反相输入端接反了,而且还需要增加一个 RC 时间常数电路来避免竞争条件。由于这些问题导致的返工,以及返工中出现的其他问题,致使安排紧凑的生产计划被耽误了几百小时。而如果事先搭建一个原型,那就只需要花费不到一天的时间。

D.1.3　噪声源

噪声是限制模拟电路性能的主要因素。附录 C 介绍了运放内部的噪声。其他的噪声来源包括以下几种(详见 13.6 节)。

- ❏ 传导发射:模拟电路产生并通过电路连接传导到其他电路中的噪声。在一般的模拟电路中这类噪声可以忽略,除非是大功率的电路(如从电源获得大电流的音频放大器)。
- ❏ 辐射发射:模拟电路产生并辐射到空间中的噪声。在一般的模拟电路中这类噪声可以忽略,除非电路中具有高频信号(如视频信号)。
- ❏ 传导敏感:外部电路产生并通过电路连接传导到模拟电路中的噪声。模拟电路至少会通过电源、地、输入和输出与"外部世界"相连。噪声可以通过这些连接(以及任何其他的连接)传导到电路内部。
- ❏ 辐射敏感:外部电路产生并通过空间辐射被模拟电路接收到的噪声。在很多情况下,模拟电路会和高速数字电路(如 DSP 芯片)位于同一块印制电路板上。高速的时钟和开关的数字信号会产生严重的射频干扰(RFI)。辐射噪声的来源不胜枚举:数字系统中的开关电源、荧光灯、附近的个人电脑、雷雨中的闪电等[1]。即使是在音频电路中,外界的射频干扰仍然可以在输出端产生相当大的噪声。在音频设备附近放置一个 GSM 手机并拨打电话,就可以获得对辐射敏感噪声的感性认识。

上述的任何一种噪声或它们的组合,都可以导致印制电路板无法使用。

---

[1] 劣质的手机充电器和电动车充电器也是辐射噪声的重要来源。这类充电器产生的干扰谐波丰富,覆盖 100 kHz～30 MHz 的频段,能够导致方圆几十米之内的短波接收机无法接收到任何有用信号。这是城市里的业余无线电爱好者遇到的主要困扰之一。——译者注

D.2 印制电路板的机械构造

为具体的应用选择具有正确机械特性的印制电路板是非常重要的。

D.2.1 为应用选择正确的材料

印制电路板的材料分为很多种级别，由美国电气制造商协会（NEMA）定义。对于设计师来说，如果这个协会和电子工业界联系紧密，并对材料的电阻率和介电常数等参数进行控制的话，将是非常方便的。遗憾的是，情况并非如此。NEMA 是一个电气安全组织，所以印制电路板材料的不同级别描述了板材的可燃性、高温下的稳定性以及吸湿性等参数。因此，NEMA 等级相同的板材，其材料的电气参数并不一定相同。如果对于某种特定的应用，板材的电气参数很关键的话，则必须咨询板材的制造商。

层压板材按其防火等级（FR）分类。FR-1 是阻燃性能最差的板材，而 FR-5 是阻燃性能最好的（表 D-1）。

表 D-1 印制电路板材料

板材等级	材料/注记
FR-1	纸/酚醛树脂：常温下可冲压，对潮湿的抵抗力差
FR-2	纸/酚醛树脂：适用于消费电子产品中的单面板，对潮湿的抵抗力较好
FR-3	纸/环氧树脂：机械和电气性能较为平衡
FR-4	玻璃布/环氧树脂：机械和电气性能均很好
FR-5	玻璃布/环氧树脂：高温下强度很好，具有阻燃性

不要使用 FR-1 板材。这种板材制作的印制电路板上的大功率器件对板材加热一段时间后，板上就会出现烧焦的斑点。这一等级的层压板材最常见的是纸质基板。

FR-4 板材在工业级设备中最常使用，而 FR-2 板材在大批量的消费类电子产品中最常使用。这两种板材似乎已经成了工业标准。偏离这些标准可能会减少板材提供商和印制电路板生产厂家的选择范围，因为大部分生产厂家的加工设备都是按照标准置办的。当然，也有一些应用要求使用特殊的材料。市面上有一些适用于高温的 FR-4 板材，如果可以应用这类板材而不是更常用的特殊板材，可以大幅节约开支。

对于频率非常高的应用，需要使用特氟隆（聚四氟乙烯）甚至是陶瓷基板；对于高温应用，聚酰亚胺基板是很好的选择。然而必须注意：越不常用的板材肯定越昂贵。

在选择基板材料时需要注意吸湿性问题。板材的几乎所有与性能有关的特性都会受到潮气的负面影响。这包括板材的表面电阻率、介质漏电、击穿和拉弧电压以及机械稳定性等。另外要注意工作温度。高温会出现在预料之外的地方，比如在高速开关的大规模数字集成电路附近。需要注意，在对流中热空气会上升，因此如果对温度敏感的模拟电路恰好位于一个 500 脚的大型集成电路上方，那么印制电路板和电路的特性会很容易受到其发热的影响。

D.2.2 覆铜与镀铜

大部分板材具有覆铜层，因为铜箔与基板材料能够很好地结合。

在选择基板材料之后需要选择铜箔厚度。对于大部分应用，35 μm（1 oz[①]）的铜厚就足够了。如果电路消耗的功率很大，70 μm（2 oz）的铜厚可能更好。不要使用17.5 μm（1/2 oz）的铜厚，因为这种情况下线路和焊盘之间容易断裂。同时应当避免走线宽度的突然改变，比如在走线和焊盘/过孔相交的地方。使用泪滴状的过孔和焊盘能够使走线宽度的改变变缓，从而避免薄铜箔中的机械应力集中点。

大部分印制电路板布图软件可以绘制泪滴状过孔/焊盘。布图软件的另一个常见功能是布线时使用圆弧代替直角。如果使用直角布线，尽量使用135º的角度，避免90º的角度。

D.2.3 多少层最好

设计师必须根据电路的复杂程度来确定印制电路板的层数。

1. 单面板

非常简单的消费电子产品有时使用单面板制造。单面板一般使用廉价板材（FR-1或FR-2），覆铜厚度也比较薄。使用单面板的设计有时会包含很多跳线，用于模拟双面板的走线。这种方法只推荐对低频电路使用。由于后面会提到的理由，这种设计方法很容易受到辐射噪声的影响。单面板设计较难进行[②]，因为有很多地方容易出错。然而，很多复杂的设计也可以用单面板实现，但是在设计时需要充分考虑各种因素。如果设计要求大量低成本的印制电路板，就必须发挥创造力。

2. 双面板

比单面板稍微复杂一点儿的是双面板。虽然也有一些FR-2的双面板，但是双面板通常还是使用FR-4材料制造。FR-4材料的强度更大，能够更好地支撑过孔。双面板比单面板更好布线，因为双面板包含两层铜箔，不同层上的走线可以交叉。但是在模拟电路中，我们不推荐交叉走线的方式。只要可能，底层就应当作为地平面使用，其他所有信号都走顶层。地平面能够提供以下好处。

- 地通常是电路中最常使用的连接点。如果底层是一张连续的地平面，对于布线来说是最方便的。
- 连续的地平面增加了印制电路板的机械强度。
- 连续的地平面能够降低电路中所有接地点的阻抗，减少不必要的传导噪声。
- 连续的地平面给电路中的每个网络都增加了对地的分布电容，能够帮助减少辐射噪声。
- 对于从印制电路板下方来的辐射噪声，连续的地平面能够起到屏蔽作用。

3. 多层板

尽管双面板具有以上好处，但其仍然不是印制电路板的最好结构，尤其是针对敏感或高速

---

① 印制板的铜厚常以单位面积上的铜重表示。由于历史原因，其单位常用英制（即每平方英尺面积上铜箔的盎司数），为 oz/ft² （1 oz = 28.35g，1ft² = 929.03cm²），工程上一般简写为 oz。按公制单位表示，1 oz 的铜厚相当于 35 μm。——译者注

② 事实上，电路板层数越多，设计就越容易。这与没有经验的工程师的直观感觉相反。——译者注

的设计。双面板最常见的板厚是 1.6 mm，这一厚度对全面实现前面提到的优点来说太厚了。比如，由于板厚的原因，分布电容其实十分小。

关键的设计需要使用多层板。下面的有些理由是显而易见的，有些则不那么显而易见。

- 对于电源和地，多层板提供了更好的布线方式。如果电源也布成一张平面，那么只要就近向下打过孔，就可以将电路与电源或地相连。
- 提供更多的信号走线层，使布线更加容易。
- 电源平面和地平面之间的分布电容可以抑制高频噪声。
- 可以获得更好的电磁干扰或射频干扰（EMI/RFI）抑制。从马可尼的时代起，人们就知道**镜像平面效应**：当导线接近一张与之平行的导体平面时，大部分高频电流会沿着相反方向从导线正下方直接回流。导线与平面上导线的镜像构成了一条传输线。由于两个电流大小相等、方向相反，传输线对辐射噪声有相当强的抑制能力。这种传输线结构也能够更好地耦合信号。镜像平面效应对地平面和电源平面同样有效，但是平面必须是连续的。平面上的任何缝隙或不连续都会导致上述有利效应的消失，后面对此有进一步讨论。
- 在小批量生产中，多层板可以降低总生产成本。虽然多层板的制造费用比双面板昂贵，然而满足 FCC 或其他机构对 EMI/RFI 要求的测试可能更加昂贵。如果遇到了 EMI/RFI 问题，可能需要重新设计印制电路板并重新进行一轮 EMI/RFI 测试。比起双面板，多层板的 EMI/RFI 性能最多能够提高 20 dB。如果生产批量较小，那么从一开始就设计制造较好的印制电路板，比试图节省成本，但冒着无法通过费用在十几万甚至几十万元的测试的风险要合理得多。

D.3　接地

良好的接地属于系统设计需要考虑的事项。从产品的方案设计评审阶段，就应当考虑接地的问题。

D.3.1　最重要的规则：分离地与电源

抑制噪声最有效和简单的方法之一是分割电路的模拟部分与数字部分的地。在多层板中，通常会有一层或多层专门用作地平面。如果设计师不够小心，模拟电路的地也会直接连接到地平面上。而模拟电路的地和数字电路的地，在原理图中又是同一个网络。因此，自动布线器会将所有的地连接在一起，造成灾难性的后果。对于数模混合电路板，在事后分开数字地和模拟地几乎不可能。[①]

---

① 将数字地和模拟地分开的思想，源于将同一板上的数字电路与模拟电路尽量分开。如果将包括地平面在内的所有元素均按照模拟和数字分开，只在模数转换器或数模转换器上连接，那么这块板的性能应当与模拟和数字分别布图并使用板间电连接器连接的两块板一致。然而地平面分割的前提是，除了在模数转换器或数模转换器处之外，所有的元器件及布图均能使用地平面分割线分割成互不相连的两个部分。然而，如果有走线（尤其是高速数字走线）跨地平面分割，则走线上的信号无法利用镜像平面效应，经最短路径回流，反而可能造成更严重的干扰。所以，与其机械地将地平面进行分割，不如在一开始就妥善布局，将模拟部分与数字部分分开。只有在某些无法将数字走线与模拟部分严格独立的情况下，地平面分割才有显著的价值。关于这一点，可以参考 Henry W. Ott 的论文 "Partitioning and Layout of a Mixed-Signal PCB"。——译者注

正如分割数字地和模拟地一样，分割数字电源和模拟电源也很重要[①]。分割的电源可以通过很多方式从一套电源获得，最常见的方法是将一根电源引线通过串联两个小电阻的方式分成两根，分别对数字部分和模拟部分进行供电。这样，数字部分和模拟部分的退耦电容和这两个电阻构成的低通滤波器能够滤除高频噪声。

D.3.2 其他的接地规则

□ 不要重叠模拟地/电源平面和数字地/电源平面（图 D-1）。将模拟电源和模拟地重叠放置，数字电源和数字地重叠放置。如果模拟平面和数字平面发生了重叠，高速的数字噪声会通过重叠平面的分布电容耦合到模拟部分，这违背了平面分割的初衷。我通常会使用"对光检测"的方法来检查可能发生串扰的电路：不管电路板有多少层，在对光检查时，都应当能看到模拟和数字平面之间透光的分割。如果看不到，就说明有一些不该重叠的平面发生了重叠。当然，在印制电路板送厂加工**之前**，使用印制电路板布图软件或 Gerber 查看器来查看光绘图是最简单的办法。

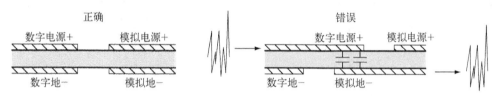

图 D-1 数字和模拟平面的布置

□ 分割地平面并不是说要将印制电路板上的地在电气上分离。它们总会有一个公共点，这个公共点最好是单一的低阻抗连接，所有的地平面都应该在这个公共点单点连接。通常，公共点应当位于电连接器附近。然而对于电路中含有混合信号元件（如模数转换器）的情况，公共点可能会在混合信号元件附近。其他情况下，例如在模拟和数字电源由开关电源变压器的不同绕组提供时，公共点应当位于电源上。没有什么未卜先知的好办法能事先告诉设计师哪种连接方式更好，因此应当在布图时为这些可能的公共点位置留出焊盘。这样，在出现问题时，可以迅速修改。我有另外一条设计笔记：在我见过的至少一个设计中，由于模拟平面和数字平面在数据转换器处没有连接，地平面电位的"回弹"使模数转换器精度尽失。在这个例子里，两个平面在数据转换器正下方分割，而将两个平面相连的电阻也位于数据转换器下方。这是共地点为何如此重要的一个好例子！

□ 将数字信号远离电路的模拟部分非常重要。如果高速数字信号和敏感的模拟走线混杂在一起，那么分割平面、保持模拟走线最短，以及对无源元件的仔细布局都没有什么用处。在印制电路板布图上，数字信号必须在模拟部分之外，并且不能与模拟平面重叠。否则就像图 D-2 中一样，侵入模拟部分的高速数字走线会形成一条"天线"，从而对模拟部分造成干扰。

□ 大部分数字时钟的频率很高，这导致走线和平面之间很小的分布电容都能感应相当大的噪声。要记住时钟信号属于脉冲信号，具有丰富的高次谐波。因此，能够造成干扰的频率分量不光是时钟的基频，也可能是时钟基频的若干倍。

---

① 分割电源往往更重要，因为对电源的有效分割与退耦能够显著减少传导噪声。Henry W. Ott 的论文中介绍了电源分割的若干注意事项。——译者注

❑ 将电路的模拟部分放置在离输入/输出（I/O）接口尽可能近的地方非常重要。数字设计师通常习惯于大电流集成电路，可能会从模拟部分扯出一条 1.27 mm（50 mil）宽，十几厘米长的走线，认为降低走线的电阻有助于减少噪声。但这实际上在板上形成了一个又长又瘦的电容，将数字平面上的噪声耦合进运放的输入端，从而使问题更加严重！如果系统必须要求这样的走线，那么在与走线位于同一位置的其他层不应有任何走线或平面，以保证数字平面或数字信号线上的噪声不会通过这样的走线耦合进模拟部分。

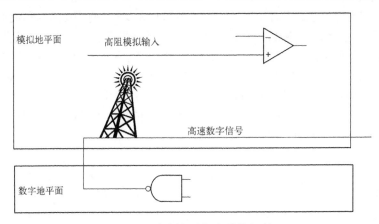

图 D-2　印制电路板走线的辐射

D.3.3　一个好例子

图 D-3 给出了印制电路板布图的一个例子。在这一系统中，包括电源在内的所有电路都放置在一张印制电路板上。印制电路板具有三组分离的地/电源平面：一组给电源部分，一组给数字部分，一组给模拟部分。模拟和数字部分的平面只在电源部分相连，并且挨得很近。电源线上的高频传导噪声用电感（扼流圈）抑制。在这一例子中，设计师将低频模拟电路与低频数字电路挨在一起，使高频的模拟信号和数字信号在物理上离得很远。这是一个细心设计的良好布局，只要注意良好的布图规则与退耦，这一设计有很大的可能性可以一次成功。

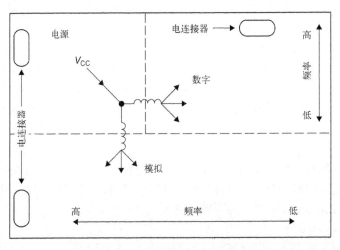

图 D-3　细心的印制电路板布图

D.4　无源元件的频率特性

在模拟电路设计中，选择正确的无源元件非常重要。大部分情况（但不是所有情况）下，正确与错误的无源元件可以安装在同样的焊盘上。在一开始，就应当仔细考虑无源元件的高频特性，并在印制电路板上使用正确的元件封装。

要注意模拟电路中使用的所有无源元件的频率极限。无源元件的工作频率具有限制，超出限制工作会导致一些无法预测的结果。读者可能会认为下面的讨论只与高频电路相关，然而，在通过辐射和传导进入低频电路的噪声的作用下，无源元件也可以表现出其高频特性。例如，一个简单的运放低通滤波器在射频下可能会变成高通滤波器。

D.4.1　电阻

电阻的高频特性可以用图 D-4 所示的等效电路近似描述。

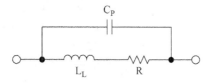

图 D-4　电阻的高频模型

电阻通常分为三种：线绕电阻、碳质合成电阻和薄膜电阻。线绕电阻由电阻丝绕成，因此不难理解在高频时，线绕电阻呈现电感特性。薄膜电阻上的电阻薄膜也呈螺旋状，大部分设计师没有注意过这一点[①]。因此，薄膜电阻在高频时也呈现出电感特性。然而，阻值小于 2 kΩ 的薄膜电阻通常适用于高频工作。

电阻的两个端帽是平行的，具有一定的寄生电容。通常，这一电容会通过电阻本身放电，导致其效应无关紧要。然而对于非常高的频率，和电阻并联的电容会减小整体的阻抗。

D.4.2　电容

电容的高频特性可以用图 D-5 所示的等效电路近似描述。

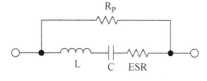

图 D-5　电容的高频模型

模拟电路中，电容通常作电源退耦、滤波器元件、级间耦合等用途。理想电容的容抗随频率增加而减小：

---

① 为了增加电阻值，高阻值的直插薄膜电阻上的金属膜或碳膜会有螺旋状的沟槽，以增加薄膜的长度。片状表贴薄膜电阻的频率特性要好很多。——译者注

$$X_C = \frac{1}{2\pi f C} \tag{D-1}$$

其中 X_C 是容抗（Ω），F 是频率（Hz），C 是电容量（F）。

这样，10 μF 的电解电容在 10 kHz 时容抗为 1.6 Ω，100 MHz 时为 160 μΩ。这符合事实吗？

实际上，电解电容的容抗不可能低到 160 μΩ 这么小。薄膜电容和电解电容是用多层材料卷绕而成的，这样就带来了寄生电感。陶瓷电容的自感明显更小，工作频率可以更高。同时，极板之间会有一些漏电流，可以等效为电容的并联电阻；极板本身的电阻等效为电容的串联电阻。

在关键的模拟电路和射频电路中，最好使用高稳定性、低温度系数的 C0G/NP0 类型陶瓷电容，甚至是银云母电容。对于需要在温度变化较大或具有极端温度的环境下工作的系统，这些类型的电容具有明显的优势，然而这些电容的容量通常较小，较大容量的电容体积较大，价格昂贵，并且难以获得。

X7R 电介质的陶瓷电容是品质次优的选择。这类电容的容量随温度有着明显的变化，尤其是在 125℃ 以上。由于开关电源设计师的要求，市场上有大容量的 X7R 电容供应[1]。与电解电容相比，X7R 电容的等效串联电阻（ESR）显著更小，因此要达到相同的纹波抑制效果，使用的容量可以更小。然而，这类电容在振动冲击条件下最常见的失效模式是击穿[2]，因此需要小心使用。陶瓷电容的 ESR 如此之小，可能会导致某些稳压器工作不稳定。所以有时会增加小阻值的串联电阻来使电路稳定。

D.4.3　电感

电感的高频特性可以用图 D-6 所示的等效电路近似描述。

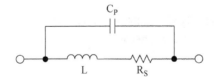

图 D-6　电感的高频模型

电感的感抗由下列公式描述：

$$X_L = 2\pi f L \tag{D-2}$$

其中 X_L 是感抗（Ω），F 是频率（Hz），L 是电感量（H）。

这样，10 mH 的电感在 10 kHz 时感抗 628 Ω，100 MHz 时为 6.28 MΩ。这符合事实吗？

---

① 其实是由于 X7R 材料属于铁电陶瓷，其介电常数很大，所以大容量陶瓷电容通常会用此类材料制造。另外还有 Y5V 等工作在居里点附近的铁电陶瓷材料，其常温下的介电常数更大，但温度特性极差，不适合在关键场合应用。——译者注

② 陶瓷电容在过压条件下，最常见的失效模式也是击穿。因此在高纹波的情况下（如开关电源中），必须对耐压降额使用。——译者注

实际上，电感的感抗不可能有 6.28 MΩ 这么大。电感的寄生电阻很容易理解：电感用导线绕成，每单位长度的导线具有一定的电阻。寄生电容不太好形象地说明，可以认为电感的每一圈线圈跟接近它的线圈构成了一个电容。电感的寄生电容限制了这一 10 mH 电感的最高工作频率在 1 MHz 以下。即使是较小的线绕电感，在 10 ~ 100 MHz 的范围内也可能变得无效。

D.4.4　印制电路板上意料之外的无源元件

正如前面介绍的无源元件一样，印制电路板本身的特性也形成了与上述无源元件效应类似的元件，只是不那么明显。

1. 印制电路板走线的特性

印制电路板的布图可能使其易受辐射噪声的干扰。良好的布图能够降低模拟电路对辐射噪声源的易感性。然而，足够大的射频能量总能影响电路的正常工作。如果遵循了良好的设计技巧，能够影响电路工作的射频能量的大小将大到电路在正常工作时不会遇到的水平。

2. 走线构成的天线

如果印制电路板上的走线或元件构成了天线，那么印制电路板将容易受到辐射噪声的干扰。天线理论是一门复杂的学科，超出了本书所讨论的范围。这里只给出一些基本要点。

- 鞭状天线

鞭状天线（直导体天线）是一种基本类型的天线。由于寄生电感的作用，直导体可以接收外部场源发出的电磁场通量。直导线的阻抗由阻性成分和感性成分组成：

$$Z = R + \mathrm{j}\omega L \tag{D-3}$$

在直流和低频情况下，阻性成分是主要的因素。然而随着频率增加，感性成分变得更加重要。在 1 ~ 100 kHz 范围内的某一处，感性成分会超过阻性成分，此时，这一直导体不再是低电阻连接，而成了一个电感。

印制电路板上导线的电感计算公式如下：

$$L(\mathrm{\mu H}) = 0.0002X \cdot \left[\ln\left(\frac{2X}{W+H}\right) + 0.2235\left(\frac{W+H}{X}\right) + 0.5 \right] \tag{D-4}$$

其中 X 是导线长度，W 是导线宽度，H 是导线厚度。（这三个数值的单位都是 mm。）

从式中可以看出，电感与导体的直径关系不大，因为电感随周长的对数变化。一般的导线或印制电路板走线的电感量位于 6 ~ 12 nH/cm。

例如，10 cm 的印制电路板导线具有 57 mΩ 的电阻和 8 nH/cm 的电感，因此在 100 kHz 时，电感的感抗达到 50 mΩ。在 100 kHz 以上，导线的电感（而不是电阻）起主要作用。

经验证明，鞭状天线的长度大约为信号波长的 1/20 时，就能拾取相当大的能量；而在长度为信号波长的 1/4 时，拾取的能量达到峰值。因此，上述 10 cm 的印制电路板导线在 150 MHz

以上，就成了相当有效的天线。需要记住，虽然数字板上的时钟发生电路的工作频率可能达不到 150 MHz，但是时钟发生电路输出的是方波，而方波包含丰富的高次谐波成分，在这些高次谐波下，印制电路板走线可能会成为良好的天线。如果直插元件安装时引脚长度留得过长，元件的引脚也可以形成天线。尤其是当引脚弯曲时，可能形成下面所述的环天线。

- 环天线

另外一种主要的天线类型是环天线。将直导体弯成半环形或完整的环形，其电感会大幅度地增加。电感的增加会降低通过导体耦合进电路的噪声的最低频率。

大多数数字电路设计师精通环天线的理论，尽管他们自己可能意识不到这一点。数字电路设计师懂得如何不让关键的信号形成环路。有些人尽管从来不会将高速时钟信号或复位信号做成环路，然而他们将这种布线技巧用在模拟电路布图上时，可能会适得其反，构造出信号环路来。印制电路板走线构成的环天线很容易识别，不过缝隙天线和环天线一样有效，但是更难以识别。考虑图 D-7 中的三种情况。

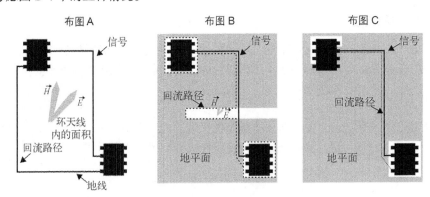

图 D-7　环天线和缝隙天线

布图 A 是不好的设计。这一布图根本没有利用地平面，信号线和地线构成了一个环路，环路中的电场 E 和与之垂直的磁场 H 使其变成一个环天线。经验表明，对如图 D-7 所示的环天线来说，每一条臂的长度为 1/2 波长时最灵敏。然而即使每一条臂的长度是波长的 1/20，环天线依然相当有效。

布图 B 要好一些，但是平面上有一条沟槽（可能用于信号线走线），这一沟槽构成了缝隙天线。

布图 C 是最好的设计。这一设计下，信号和回流通路相互重叠，能够完全消除环天线的效应。

3. 走线的反射

反射和匹配与环天线的理论密切相关，但是又有不同，值得用单独一节讨论。

显然，印制电路板上的走线不可能都是直线，因此，走线会有转角。图 D-8 给出了三种转角的方式，从左向右依次变好。大部分计算机辅助设计（CAD）系统都支持这三种转角方式。

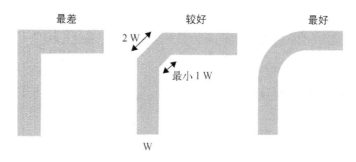

图 D-8　印制电路板走线的转角

高速的数字布线经常会使用直角转角。当印制电路板走线呈直角拐弯时，可能会造成反射。这主要是因为在拐弯处，线宽变成了直走线宽度的 1.414 倍。这影响了传输线的特性，尤其是走线的分布电容和自感，导致反射。

尽管 45°转角[1]更好，但是这种转角方式仍然没有保证线宽在拐弯处固定。

圆角转角在走线改变方向时保持宽度，将走线宽度变化导致的反射减到最低。然而圆角转角并不能消除环天线效应。对于进阶的印制电路板布图工程师，我建议将圆滑走线的工作尽可能放在后面，使其成为给焊盘增加泪滴和铺铜之前的最后一步。否则在移动走线时，CAD 软件要做大量的数值计算，从而变得很慢[2]。

4. 走线和平面之间的电容

由铜箔构成的印制电路板走线在穿过其他层走线的上下方时，会与其构成电容。对于在相邻层互相穿过的走线，这很少成为问题。然而，在不同层互相重叠的导线会形成又长又瘦的电容。这一电容量的计算方法如图 D-9 所示。

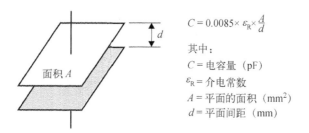

$$C = 0.0085 \times \varepsilon_R \times \frac{A}{d}$$

其中：
C = 电容量（pF）
ε_R = 介电常数
A = 平面的面积（mm^2）
d = 平面间距（mm）

图 D-9　印制电路板走线到平面的电容公式

5. 走线之间的电容与电感

印制电路板走线不是无限薄的。走线有一定的厚度，一般以每平方英尺[3]铜箔的重量（单位为盎司）表示。盎司数越大，铜箔越厚。如果两条走线并排放置，那么它们之间会有容性和感性耦合（图 D-10）。这种耦合效应的公式可以在关于传输线或微带线的参考文献中找到，但是由于过于复杂，并没有包含在本附录中。

---

① 也就是两个 135°转角。——译者注
② 对于大部分设计，135°转角的走线效果已经足够好。如非必要，可以不使用圆角转角。——译者注
③ 关于印制板铜厚的单位，请参考第 349 页脚注①。——编者注

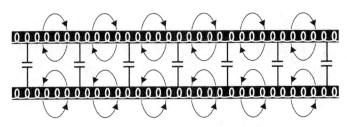

图 D-10　平行的信号走线间的耦合

除非需要传输线效应或微带线效应，信号线不应当平行放置。如果必须平行布线，相邻两根信号线中间应当留出至少 3 倍线宽的距离。

如果模拟电路设计中使用了兆欧级的大电阻，线间的电容可能会成为问题。运放的同相和反相输入端之间的电容可能很容易引起振荡。

6. 过孔的电感

只要布线约束要求使用过孔（图 D-11），就会引入一个寄生电感。已知过孔直径 d、深度为 h 的过孔的电感 L 可以由如下公式估算：

$$L \approx \frac{h}{5}\left(1 + \ln\left(\frac{4h}{d}\right)\right)\text{nH} \tag{D-5}$$

为减少过孔电感的影响，最好在信号线上尽量少使用过孔。我在印制电路板布图上有一条观点：花费在布局上的时间从来都不会浪费。我在原理图布局阶段就花很多时间：将电路的各个部分好好整理并按逻辑布置，使用形状与实际元器件类似的原理图符号，对于大规模集成电路，不按功能对管脚进行分类。如果在这样的原理图里面能够尽量减少交叉的出现，那么在印制电路板布图时，由于在原理图里已经使用了避免交叉的策略，过孔和跨层走线的数目也可以减到最少。这样，大量的布局布线工作其实在原理图阶段已经完成，因此印制电路板布局布线就很容易了。

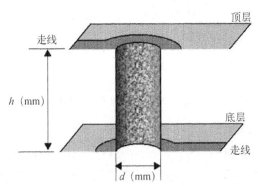

图 D-11　过孔电感的测量

7. 残留助焊剂的电阻

不清洁的电路板也会影响模拟电路的性能。如果电路中有大电阻（数兆欧以上），就需要特别注意电路板的清洁工作。完工的电路组件可能会受到残留的助焊剂或清洁剂的影响。过去几年中，电子工业和其他工业部门一起更加注重环保。危险的化学药剂正在从生产过程中撤出，包括必须使用有机溶剂清洗的助焊剂[①]。水溶性助焊剂的使用越来越普遍，然而水本身容易被杂质污染，而这些杂质会降低印制电路板的绝缘性能。在清洗高阻电路时，使用新鲜的蒸馏水相当重要。有些应用可能会要求使用传统的有机助焊剂和有机溶剂，例如包含数十兆欧电阻的超低功耗电池供电设备。保证印制电路板清洁最好的办法是使用蒸汽清洗机。

D.5　退耦

噪声能够通过印制电路板上的电源线和运放的电源管脚传播到模拟电路中。退耦电容可以用来为模拟电路局部提供低阻抗的电源，从而减少通过电源耦合进来的噪声。

D.5.1　数字电路：模拟电路的一大问题来源

我们必须了解一些数字逻辑门的电气特性，以便解决模拟电路和数字电路位于同一块板上时可能遇到的问题。如图 D-12 所示，典型的数字输出包含两个三极管，连接在电源与地之间。输出为高时，上方的三极管导通，下方的截止；输出为低时，下管导通，上管截止。因为对于每种逻辑状态，都有一个三极管截止，所以在输出稳定在某个状态时，逻辑门的功耗很低。

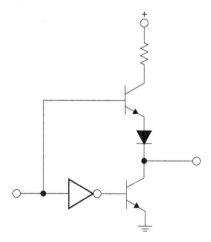

图 D-12　典型的逻辑门输出结构

---

① 有一种观点是，电子工业在工艺上的最大问题之一是使用三氯乙烯等含氯有机溶剂（所谓"洗板水"中大都含有高浓度的三氯乙烯）清洗印制电路板。这类溶剂不光会对健康和环境产生严重危害（这些危害都可以通过良好的防护避免），更严重的是，三氯乙烯在潮湿环境下容易水解，而水解产生的氯离子对塑封器件的可靠性有毁灭性影响（这类溶剂很容易渗入塑料封装，而当氯离子浓度大于 0.4 ppm 时，塑封器件内的铝金属化就会遭到腐蚀。据统计，相当部分的塑封大规模数字集成电路失效由铝金属化腐蚀所引起），从而降低产品的可靠性与寿命。这种影响在短期内并不会表现出来，因此几乎一定不会被追溯到清洗工序。尽管大部分消费类电子产品的使用寿命短于这种影响表现出来的时间，然而对有可靠性指标要求并使用了工业级塑封元器件的产品，这种影响无法避免，并且可能是毁灭性的。事实上，有很多不含氯的溶剂能够将印制电路板清洗到同样干净的程度。——译者注

在输出的逻辑状态改变时，情况会发生戏剧性的变化。在一段很短的时间内，两个晶体管会同时导通。在这段时间里，两管在电源和地之间形成了低阻通路，因此从电源吸收的电流会显著增加。此时，功耗急剧上升又迅速回落，造成了电源电压的下跌和对应的电流尖峰。这一电流尖峰将辐射射频能量。在印制电路板上可能有数十、数百甚至上千个这种辐射源，因此它们的总体效应可能相当严重。这种尖峰的频率无法预测，它们会产生宽带噪声，在整个频谱范围内都具备丰富的谐波。对于这种噪声，需要进行全面的抑制，而不只是滤除某些特定频率。

D.5.2   选择合适的电容

表 D-2 中列出了常见电容类型的最高可用频率。

表 D-2   电容的推荐最高工作频率

类　　型	最高频率
铝电解电容	100 kHz
钽电解电容	1 MHz
云母电容	500 MHz
陶瓷电容	1 GHz

从表中可以看出，对于超过 1 MHz 的频率，钽电解电容会失去作用。对于更高频率进行有效退耦，需要陶瓷电容。必须要了解电容的自谐振频率并设法避免电容发生自谐振，否则电容不但不会产生帮助，反而可能使问题变得更糟。图 D-13 给出了两种常见退耦电容（10 μF 钽电容和 0.01 μF 陶瓷电容）的频率特性。

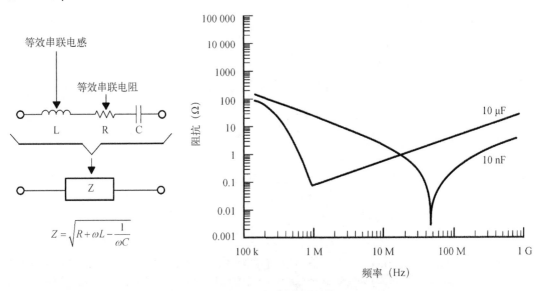

图 D-13   电容的自谐振

应当将这些数据看作典型值，因为对于不同厂家生产的产品以及不同等级的产品，其频率特性可能有所不同。最重要的是，保证最小的退耦电容的自谐振频率高于需要抑制的噪声的最高频率，否则电容会工作在电感性区域。Kemet 公司的网站上有一个非常好的设计辅助工具，可以用来获得他们生产的电容的自谐振频率等指标。

D.5.3 集成电路级退耦

对高频噪声退耦的最常见方法是在运放的电源管脚和地管脚（对双电源运放是正负电源管脚）之间连接一个或多个电容。保证从引脚到退耦电容的路径最短非常重要，否则引线的自感会影响退耦电容的效果。

每一个运放封装，不管是单运放、双运放或是四运放，都应当包含一个退耦电容。电容的容量应当仔细选择，以便抑制电路中的噪声。

在某些棘手的情况下，在运放的供电线路上串联一个 $10\sim100\,\Omega$ 的电阻可能有用[①]。退耦电容是噪声的第一道防线，而这一电阻与退耦电容组成了低通滤波器，成为对退耦电容的有益补充。电阻应当位于退耦电容之前（靠近电源一边）而不是之后。当然，增加电阻也会产生代价：电阻会降低轨到轨的电压范围，降低程度取决于运放的功耗。如果将运放看作阻性有源元件，那么电阻与运放就构成了一个分压器，而运放位于分压器的下臂。是否能够使用这一方法，需要对具体问题进行具体分析。

D.5.4 板级退耦

输入电路板的电源往往会包含相当大的低频纹波，需要使用大容量退耦电容。这一退耦电容主要用于滤除低频纹波，因此可以使用铝电解电容或钽电解电容[②]。电源输入端可以增加一个陶瓷电容，以滤除可能会在电路板之间互相耦合的高频开关噪声。

D.6 输入与输出的隔离

许多噪声问题来自从电路的输入端和输出端传导进入电路的噪声。由于无源元件在高频下的性能限制，电路对高频噪声的响应相当不好预测。

在传导噪声的频率与电路的工作频率范围相差甚大时，可以通过在输入端或输出端增加滤波器的方法来抑制噪声。如在音频运放电路中，为了抑制射频噪声，只需增加能够抑制射频噪声、而对音频几乎没有影响的无源 RC 低通滤波器。

通过辐射耦合到模拟电路当中的噪声可能会产生很大影响，以至于除了对电路进行充分的屏蔽之外，没有其他的解决方法。屏蔽盒（又称**法拉第笼**）必须仔细设计以保证导致问题的频率无法进入电路。这意味着屏蔽盒上面不能有线度大于 1/20 波长的孔或槽。

---

① 在成本允许的情况下，使用适当大小的电感或磁珠可能会更好。——译者注

② 钽电解电容寿命长、体积小、等效串联电阻适中，因此在退耦上使用广泛。然而在使用钽电解电容时，必须注意三点：1. 钽电解电容（尤其是液体电解质钽电解电容）不能承受反向电压，哪怕是零点几伏的反向电压，都会使其性能产生不可逆的严重下降；2. 钽电解电容耐过电压能力差，输入的电压尖峰也会对其产生损伤；3. 反向电压和过电压对钽电解电容造成的损伤，最终会造成电容击穿，从而使电源短路，甚至可能使电容本身爆炸。因此，在输入纹波较大时，钽电解电容在耐压上必须充分降额使用。——译者注

屏蔽盒的一个良好例子如图 D-14 所示。盒子上留出了孔以便对可调元件进行调节,然而这些孔足够小,干扰信号(调频和调幅广播频段)无法漏入。设计印制电路板时,可以为屏蔽盒预留位置,这样在必要时可以方便增加屏蔽。如果使用了屏蔽,问题经常会严重到需要在电路的输入/输出端使用磁珠的程度。[①]

图 D-14　印制电路板的屏蔽

D.7　封装

常见的运放封装内可能包含一个、两个或四个运放。单运放经常会提供诸如失调调零的附加管脚,而双运放和四运放只提供同相输入、反相输入以及输出。如果需要失调调零等附加功能,那么只能采用单运放。需要注意的是,单运放的调零管脚可以起到次要输入端的作用,使用时必须参考数据手册进行仔细处理。常见的运放管脚引出如图 D-15 所示。

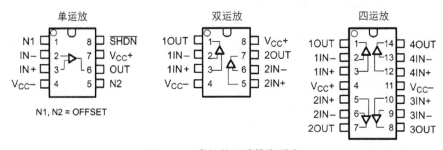

图 D-15　常见的运放管脚引出

单运放的输入端和输出端位于封装两侧。对于高频应用,较长的走线可能会成为劣势。因此,有些高速运放在输入端同侧(如图 D-15 最左图的 1 脚)提供了另一个输出端,这样能够减小反馈路径的长度。

立体声电路中通常会使用双运放,而需要多个滤波级的滤波器通常会使用四运放。然而这么做是有代价的:尽管现代制造工艺对同一硅片上的多个运放能够提供高度的隔离,但是仍然

---

① 此时电源上也许也要增加穿心电容作为退耦。老式电视机的调谐器(高频头)中,经常会遇见这种元件。

——译者注

会有一些串扰。如果放大器之间的隔离非常重要，那么仍然应当使用单运放。串扰不止是因为集成电路本身：使用双运放或四运放时，运放周围高密度布置的无源元件也是串扰的来源。

除了安装密度之外，双运放和四运放还能提供其他的优点：运放在封装内部一般呈镜像布置，因此，如果需要若干个相似的放大级，只需对一个放大级进行布图，另外的放大级可以通过镜像得到。图 D-16 给出了使用四运放的四个反相放大级的镜像布图。

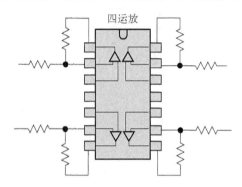

图 D-16　四运放封装的镜像布图

图 D-16 中并未给出使电路工作需要的所有连接，尤其是单电源工作时的参考电压生成电路。使用第四个运放作为参考电压生成的电路如图 D-17 所示。[①]

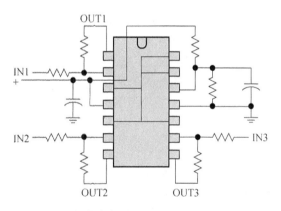

图 D-17　包含参考电压生成的四运放电路布图

D.8　小结

在模拟电路印制电路板设计时需要注意的事项如下。

D.8.1　一般事项

❑ 将印制电路板看作电路的一个元件。

---

① 这种做法需要具体问题具体分析。如在放大较高频的信号时，由于运放内部的串扰，用同一封装中闲置运放来产生参考电压并不一定明智。参考电压如何生成最好，往往必须通过试验才能得到结论。——译者注

❑ 了解电路会遭受的噪声类型，并理解其性质。
❑ 制造原型电路。

D.8.2　电路板结构

❑ 使用高品质板材，如 FR-4。
❑ 多层板的 EMI/RFI 性能比双面板好 20 dB。
❑ 使用分离的、不重叠的地平面和电源平面。
❑ 将电源平面和地平面放在印制电路板的内层而不是外层。

D.8.3　元件

❑ 注意走线和其他无源元件的频率特性。
❑ 对于高速模拟电路，使用表贴元件。
❑ 保持走线最短。
❑ 需要长线时，选用尽量窄的走线。
❑ 正确端接未用运放。

D.8.4　布线

❑ 切勿使数字走线侵入模拟部分，或使模拟走线侵入数字部分。
❑ 保证进入运放反相输入端的走线最短。
❑ 切勿使进入运放同相输入端和反相输入端的走线具有较长的平行部分。
❑ 最好减少过孔的使用。然而过孔的自感很小，少量的过孔很少造成问题。
❑ 不要使用直角走线。如果有可能，应当使用圆角走线。

D.8.5　退耦（旁路）

❑ 使用正确类型的电容以抑制传导频率范围内的噪声。
❑ 在电源输入连接器处使用钽电解电容抑制电源纹波。
❑ 在电源输入连接器处使用陶瓷电容抑制高频传导噪声。
❑ 在每个运放的电源管脚处使用陶瓷电容。有时需要不止一个电容以覆盖不同的频率范围。
❑ 如果发生振荡，换用更小的电容，而不是更大的电容。
❑ 对于棘手的情况，增加串联电阻。
❑ 将模拟电源与模拟地进行旁路，而不要将模拟电源与数字地进行旁路。

附录 E

单电源运放电路集锦

E.1 引言

本附录包含了一些单电源运放电路。这些电路大都有些特别，因而不好包含在本书前面的章节中。

E.2 衰减器

将反相放大电路中的 R_G 换成 T 形电阻网络，可以得到反相衰减器电路[1]（图 E-1）。

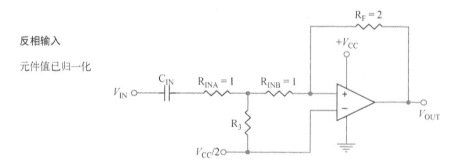

图 E-1　反相衰减器电路

图中，R_g 用 R_{inA}、R_{inB} 和 R_3 组成的 T 形电阻网络来替换。表 E-1 给出了不同的衰减量对应的 R_3 的归一化值。表中没有的衰减量可以用下面的公式计算：

$$R_3 = \frac{V_O / V_{IN}}{2 - 2(V_O / V_{IN})} \tag{E-1}$$

表 E-1　衰减量与归一化的 R_3 值

衰减量（dB）	V_{OUT}/V_{IN}	R_3
0	1.0000	∞
0.5	0.9441	8.4383
1	0.8913	4.0977
2	0.7943	0.9311
2	0.7079	1.2120

---

[1] 这一电路来自 William Ezell 的设计笔记。

（续）

衰减量（dB）	V_{OUT}/V_{IN}	R_3
3.01	0.7071	1.2071
3.52	0.6667	1.000
4	0.6310	0.8549
5	0.5623	0.6424
6	0.5012	0.5024
6.02	0.5000	0.5000
7	0.4467	0.4036
8	0.3981	0.3307
9	0.3548	0.2750
9.54	0.3333	0.2500
10	0.3162	0.2312
12	0.2512	0.1677
12.04	0.2500	0.1667
13.98	0.2000	0.1250
15	0.1778	0.1081
15.56	0.1667	0.1000
16.90	0.1429	0.083 33
18	0.1259	0.072 01
18.06	0.1250	0.071 43
19.08	0.1111	0.062 50
20	0.1000	0.055 56
25	0.0562	0.029 79
30	0.0316	0.016 33
40	0.0100	0.005 051
50	0.0032	0.001 586
60	0.0010	0.000 5005

使用归一化的 R_3 设计衰减器电路的步骤如下：

❏ 为 R_F 和 R_{IN} 选择一个阻值，一般在 1 kΩ 和 100 kΩ 之间；
❏ 将 R_{IN} 等分为 R_{INA} 和 R_{INB}；
❏ 根据图 E-1 中 R_F、R_{INA}、R_{INB} 的归一化系数，将第一步选择的阻值乘以相应的系数，得出 R_F、R_{INA}、R_{INB} 的阻值；
❏ 根据衰减量在表格中选择归一化值，并将其乘以第一步选择的阻值，得出 R_3 的阻值。

例如，如果 R_F 为 20 kΩ，则 R_{INA} 和 R_{INB} 为 10 kΩ，3 dB 的衰减器中 R_3 的阻值为 12.1 kΩ。

E.3 模拟电感

图 E-2 所示电路反转了电容的工作方式，得到一个模拟的电感。电感中电流不能突然变化，因此在给电感加上一个直流电压时，电流会**缓慢**上升，与电感串联的电阻的压降会缓慢下降。

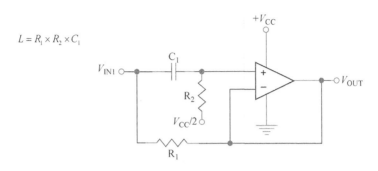

图 E-2 模拟电感

低频比高频更容易通过电感，这一点与电容相反。理想电感的电阻为 0，因此，直流能够没有阻碍地通过电感，而在无穷高频率下，电感的阻抗是无穷大。

如果直流电压突然通过 R_1 加到反相输入端，那么在一开始，运放会忽略这一突然加上的电压，因为它会通过 C_1 同样地加到同相输入端。此时运放表现出高阻抗，像电感一样。

随着 C_1 通过 R_2 充电，R_2 上的压降降低，运放的输出端通过 R_1 从电路的输入端吸取电流。随着电容充电，这一过程继续进行，最后，运放的同相输入端、反向输入端和输出端电压均接近于虚地（$V_{CC}/2$）。

当 C_1 充满电之后，R_1 起到限流作用，因此，R_1 表现为模拟电感中的串联电阻。这一串联电阻限制了模拟电感的 Q 值。真实电感的等效串联电阻一般比模拟电感小很多。

模拟电感有如下的一些局限性。

❏ 电感的一端必须连接到虚地。
❏ 由于串联电阻 R_1 的作用，模拟电感的 Q 不可能很大。
❏ 模拟电感不具备真实电感那样强的能量存储能力。真实电感中磁场的突然减小可以导致很大的反向电压尖峰，而模拟电感中的电压幅度被运放的输出摆幅限制，所以反向尖峰不会比输出摆幅更大。

这些局限性限制了模拟电感的使用。然而模拟电感有一种非常适合的应用场合：图示均衡器。

为了设计图示均衡器，我们从图 E-3 左侧所示的基本运放电路开始。图中画出了电感 L 的串联寄生电阻 R_S。电感与 C_2 串联谐振，电路在谐振频率处起到放大或衰减作用，增益由电位器 R_2 滑动触头的位置决定。串联电阻 R_S 决定了电路的 Q，从而决定了覆盖整个音频频段所需的均衡器级数。图 E-3 右侧所示电路中，前面介绍的模拟电感电路取代了电感 L。为了构造图示均衡器，可以增加更多的与 R_2 并联的电位器，以便对不同频段进行均衡。

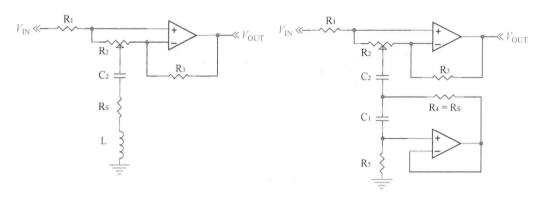

图 E-3   图示均衡器

对爱好者来说，使用这一电路制作图示均衡器可能较为困难，因为图示均衡器需要特别的多联直滑式电位器。印制电路板的寄生参数也会增加制作跨越 3 个十倍频程（20 ~ 20 000 Hz）的图示均衡器的困难。

E.4   精密整流器

精密整流器电路如图 E-4 所示。

$$E_{\text{O 峰值}} = \frac{-R_{\text{O}}}{R_{\text{I}}} E_{\text{1 峰值}} = -5E_{\text{1 峰值}} \tag{E-2}$$

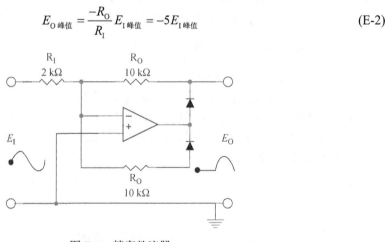

图 E-4   精密整流器

如果需要，可以为半波整流器增加增益。将二极管放入反馈环路，可以使非线性减少到非常小。

E.5   交流到直流变换器

交流到直流变换器电路如图 E-5 所示。

$$E_{\text{O 平均值}} = 0.9E_{\text{1}} \text{RMS}$$
$$E_{\text{1}} = 6 \text{ mV} \sim 6 \text{ V}, \text{ RMS 为 10} \sim 1000 \text{ Hz} \tag{E-3}$$

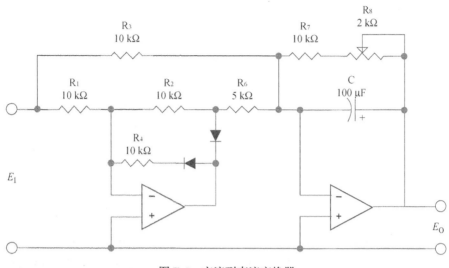

图 E-5　交流到直流变换器

这一电路其实是全波整流器和低通平滑滤波器的组合，可以用于测量或控制上的精密变换。

E.6　全波整流电路

全波整流电路如图 E-6 所示。这是一种精密的绝对值电路。

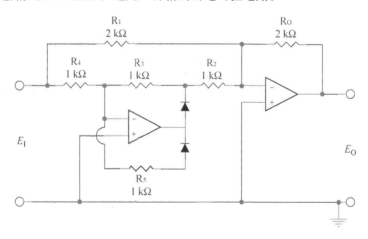

图 E-6　全波整流电路

E.7　音调控制

图 E-7 所示的音调控制电路是一种不太寻常的运放电路。这一电路第一眼看上去与双 T 滤波器电路有些相似，但实际上并非双 T 电路。它其实是单极点低通滤波器和单极点高通滤波器的一种组合，并附加了放大和衰减功能。

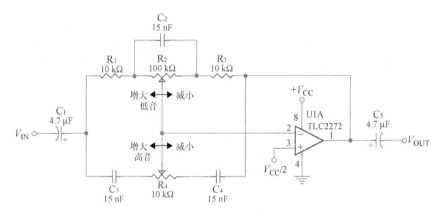

图 E-7　音调控制器

音调调整的中心频率为 1 kHz。这一电路为低音和高音提供约±20 dB 的提升和抑制。为了降低成本，电路使用最少数量的元件来实现。不像其他类似的电路，本电路使用线性电位器，而不是对数电位器。两个电位器的阻值不同是不可避免的，但是除了耦合电容之外，其他电容的容量都一样。理想的容量是 0.016 μF，这个容量是 E24 序列中的一个值。由于 E24 序列的电容较难以获得，电路中使用了更常用的 E12 序列中的 0.015 μF。尽管这一容量也不太常见，但是寻找不常见容量的电容比寻找不常见阻值的电位器要容易一些。

图 E-8 给出了电位器处于两端、1/4 和 3/4 位置时电路的响应。电位器位于中间位置时，响应是平坦的（有几个毫分贝的误差），这一响应没有在图中给出。电路在降低成本和使用线性电位器方面采取的折中带来了一些非线性，因此，1/4 和 3/4 位置处的响应并不是精确的 10 dB 和 −10 dB，这意味着电位器在两端区域，调整的灵敏度最大。当然对听者来说这可能是一个好特性，因为在电位器中段可以仔细调节响应，而在两端调节时反应较明显。调节时，中心频率也会略微改变，然而应该不会影响听感。调整时接近中心频率的频率区域比两端的频率区域变化更明显，这可能也是听者喜欢的特性。音调控制并不是精密的音频电路，所以听者可能会喜欢这些折中。

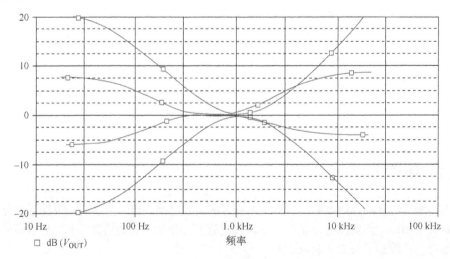

图 E-8　音调控制器的响应

E.8 曲线拟合滤波器

任务通常要求模拟电路设计师设计对带外频率抑制最大的高通与低通滤波器。但情况并不总是这样，有时任务要求设计符合某种特定的响应曲线的滤波器。每个人都知道单极点滤波器每十倍频程滚降 20 dB，双极点滤波器每十倍频程滚降 40 dB。实现一个响应与之不同的滤波器，可能是一项具有挑战性的工作。

我们无法从滤波器中得到超出其设计指标的特性。单极点滤波器无法得到 20 dB/十倍频程之外的响应，而 20 dB 这一值是确定的，无法增加也无法减少。更陡的滚降率需要双极点滤波器（40 dB/十倍频程）。如果设计师对这些值不满意，则需要使用频率相近的滤波器，并使其频率范围重叠起来。

曲线拟合滤波器的一个常见应用是 RIAA 均衡器（图 E-9）。这种均衡器用于补偿黑胶唱片生产时所进行的频率均衡[①]。因为大多数用户并不需要播放黑胶唱片，所以很多新型的音频设备取消了 RIAA 补偿电路。尽管近年来 CD 得到了很大普及，但是仍然有一群音频发烧友保存了大量黑胶唱片，其中有些没有 CD 版本，或者已经绝版。

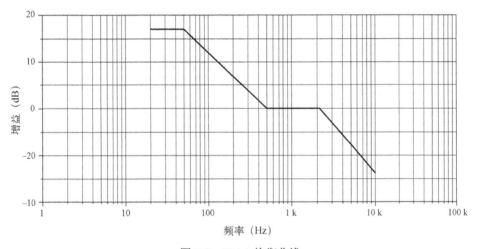

图 E-9 RIAA 均衡曲线

RIAA 均衡器有 3 个频率转折点：

- ❑ 20 ~ 50 Hz 增益 17 dB
- ❑ 500 ~ 2120 Hz 增益 0 dB
- ❑ 10 kHz 处增益 –13.7 dB

RIAA 均衡器通常还会包含另外一个频率转折点，位于 10 Hz 处，用于抑制唱机的唱头臂发生谐振而导致的低频噪声。电路的标准输入阻抗是 47 kΩ，电路中这一输入阻抗可以用单电源电路的输入偏置电阻方便实现，电路和唱机之间用电容耦合以隔绝直流。假定唱机的输出电平为 12 mV。

---

① 由于黑胶唱片本身固有的特性，刻录时必须加重高频，抑制低频，以限制声槽宽度，并抑制高频噪声。——译者注

我们评估了从纸质文献和网络上找到的很多 RIAA 均衡器电路，其中有一些根本无法工作，有一些不能方便地转化为单电源供电的电路，还有一些和 RIAA 规定的指标相差甚远。为了实现 RIAA 均衡器，人们设计了很多电路。事实上，为了找到最好的 RIAA 均衡器电路，曾经举办过比赛。图 E-10 给出了一个不错的例子。

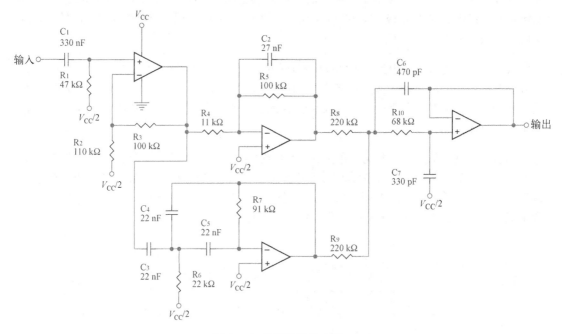

图 E-10　均衡前级放大器

本电路的结构非常灵活，大部分 RIAA 频率转折点可以独立调节。

- R_1 和 C_1 用来设定低频响应。
- U_{1A}、R_2 和 R_3 用来控制电路的总增益。
- R_4 和 R_5 控制电路的低频增益。
- R_5 和 C_2 控制 50 Hz 低频转折点。
- C_3、C_4、C_5、R_6、R_7 和运放构成了 500 Hz 高通滤波器。这一滤波器抵消了 50 Hz 滤波器的效应，使响应平坦地越过 1 kHz，直到 2120 Hz 的低通滤波器开始起作用。
- R_8、R_9、R_{10}、C_6、C_7 和运放构成了 2120 Hz 低通滤波器。输入电阻拆分成了两个电阻，构成加法器。

电路的总体响应如图 E-11 所示。500 Hz 响应比理想曲线高 0.8 dB，2120 Hz 响应比理想曲线低 1.3 dB。在不使用更多的运放或更复杂的设计技巧的情况下，这一电路是效果最好的之一，它应当能够提供相当好听的声音回放效果。

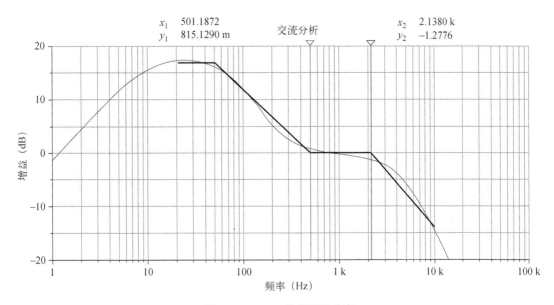

图 E-11　RIAA 均衡器的响应

索　引

说明：索引按汉语拼音顺序排列。页码中包含 f 的项目表示该页中的插图，包含 t 的项目表示该页中的表格。

J

其他